现代数控技术系列（第4版）

普通高等教育"十一五"国家级规划教材

现代数控机床
伺服及检测技术

（第4版）

王爱玲　王俊元　马维金　彭彬彬　编著

U0222564

国防工业出版社

·北京·

内 容 简 介

本书在阐述数控伺服系统原理、半导体变流技术的基础上,重点介绍伺服系统常用传感器及检测装置、步进式伺服系统、直流伺服系统、交流伺服系统,并介绍位置伺服系统的典型实例。最后简要介绍直线伺服系统及新型驱动技术和电液伺服系统。

本书可作为机械设计制造及其自动化专业、数控技术及机械电子专业方向的本科生教材和参考书,也可供从事数控技术领域工作的工程技术人员参考。

图书在版编目(CIP)数据

现代数控机床伺服及检测技术/王爱玲等编著.
—4 版 . —北京:国防工业出版社,2016.4
(现代数控技术系列/王爱玲主编)
ISBN 978 - 7 - 118 - 10741 - 8

Ⅰ.①现... Ⅱ.①王... Ⅲ.①数控机床 – 伺服系统②数控机床 – 检测 – 技术 Ⅳ.①TG659

中国版本图书馆 CIP 数据核字(2016)第 080154 号

※

国防工业出版社出版发行

(北京市海淀区紫竹院南路 23 号 邮政编码 100048)
三河市鼎鑫印务有限公司印刷
新华书店经售

*

开本 787×1092 1/16 印张 20¼ 字数 460 千字
2016 年 4 月第 4 版第 1 次印刷 印数 1—5000 册 定价 55.00 元

(本书如有印装错误,我社负责调换)

国防书店:(010)88540777 发行邮购:(010)88540776
发行传真:(010)88540755 发行业务:(010)88540717

"现代数控技术系列"（第4版）编委会

"现代数控技术系列"(第4版)总序

中北大学数控团队近期完成了"现代数控技术系列"(第4版)的修订工作,分六个分册:《现代数控原理及控制系统》《现代数控编程技术及应用》《现代数控机床》《现代数控机床伺服及检测技术》《现代数控机床故障诊断及维修》《现代数控加工工艺及操作技术》。该系列书2001年1月初版,2005年1月再版,2009年3月第3版,系列累计发行超过15万册,是国防工业出版社的品牌图书(其中,《现代数控机床伺服及检测技术》被列为普通高等教育"十一五"国家级规划教材,《现代数控原理及控制系统》还被指定为博士生入学考试参考用书)。国内四五十所高等院校将系列作为相关专业本科生或研究生教材,企业从事数控技术的科技人员也将该系列作为常备的参考书,广大读者给予很高的评价。同时本系列也取得了较好的经济效益和社会效益,为我国飞速发展的数控事业做出了相当大的贡献。

根据读者的反馈及收集到的大量宝贵意见,在第4版的修订过程中,对本系列书籍(教材)进行了较大幅度的增、删和修改,主要体现在以下几个方面:

(1)传承数控团队打造"机床数控技术"国家精品课程和国家精品网上资源共享课程时一贯坚持的"新""精""系""用"要求(及时更新知识点、精选内容及参考资料、保持现代数控技术系列完整性、体现教材的科学性和实用价值)。

(2)通过修订,重新确定各分册具体内容,对重复部分进行了协调删减。对必须有的内容,以一个分册为主,详细叙述;其他分册为保持全书内容完整性,可简略介绍或指明参考书名。

(3)本次修订比例各分册不太一样,大致在30%~60%之间。

变更最大的是以前系列版本中《现代数控机床实用操作技术》,由于其与系列其他各本内容不够配套,第4版修订时重新编写成为《现代数控加工工艺及操作技术》。

《现代数控原理及控制系统》除对各章内容进行不同程度的更新外,特别增加了一章目前广泛应用的"工业机器人控制"。

《现代数控编程技术及应用》整合了与《现代数控机床》重复的内容,删除了陈旧的知识,增添了数控编程实例,还特别增加一章"数控宏程序编制"。

《现代数控机床》对各章节内容进行更新和优化,特别新增加了数控机床的人机工程学设计、数控机床总体设计方案的评价与选择等内容。

《现代数控机床伺服及检测技术》更新了伺服系统发展趋势的内容,增加了智能功率模块、伺服系统的动态特性、无刷直流电动机、全数字式交流伺服系统、电液伺服系统等内容,并对全书的内容进行了优化。

《现代数控机床故障诊断及维修》对原有内容进行了充实、精炼,对原有的体系结构进行了更新,增加了大量新颖的实例,修订比例达到60%以上。第9章及第11章5、6节全部内容是新增加的。

(4)为进一步提升系列书的质量、有利于团队的发展,对参加编著的人员进行了调整。给学者们提供了一个新的平台,让他们有机会将自己在本学科的创新成果推广和应用到实践中去。具体内容见各分册详述及引言部分的介绍。

(5)为满足广大读者,特别是高校教师需要,本次修订时,各分册将配套推出相关内容的多媒体课件供大家参考、与大家交流,以达到共同提高的目的。

中北大学数控团队老、中、青成员均为第一线教师及实训人员,部分有企业工作经历,这是一支精诚团结、奋发向上、注重实践、甘愿奉献的队伍。一直以来坚守着信念:热爱我们的教育事业,为实现我国成为制造强国的梦想,为我国飞速发展的数控技术多培养出合格的人才。

从20世纪80年代王爱玲为本科生讲授"机床数控技术"开始,团队成员在制造自动化相关的科技攻关及数控专业教学方面获得了20多项国家级、省部级奖项。为适应培养数控人才的需求,团队特别重视教材建设,至今已编著出版了50多部数控技术相关教材、著作,内容涵盖了数理理论、数控技术、数控职业教育、数控操作实训及数控概论介绍等各个层面,逐步完善了数控技术教材系列化建设。

希望本次修订的"现代数控技术系列"(第4版)带给大家更多实用的知识,同时也希望得到更多读者的批评指正。

2015 年 8 月

第 4 版引言

本书主要介绍数控技术中的伺服基础知识,系统地阐述了伺服系统中常用的传感器及检测装置、步进式伺服系统、直流伺服系统和交流伺服系统以及直线伺服系统、电液伺服系统等的工作原理及其应用。

本书自 2002 年第 1 版出版以来深受读者欢迎,2005 年应广大读者的要求进行了认真的修改、补充,修订出版,2009 年 3 月再次修订,出版第 3 版。从 2009 年至今,由于数控技术的发展,需再次修订。

在再版之际,除修正原来的笔误、印刷错误外,根据相关技术发展和原版使用情况,更新了伺服系统发展趋势的内容,增加了智能功率模块、伺服系统的动态特性、无刷直流电动机、全数字式交流伺服系统、电液伺服系统等内容,最后对全书的内容进行了优化。书中内容是在近几年本专科教学实践及面向工厂从事数控技术开发与应用的工程技术人员的培训实践基础上编写而成的。编写中在着力基本概念和基本原理阐述的同时,特别注重实际应用。

本书由中北大学王爱玲、王俊元任主编,马维金、彭彬彬任副主编。第 1 章由王爱玲编写,第 2 章由王俊元编写,第 3 章由马维金编写,第 4 章由段能全编写,第 5 章由彭彬彬编写,第 6 章由杨福合编写,第 7 章由刘丽娟编写,第 8 章由梅林玉编写,第 9 章由张纪平编写。王俊元教授对全书进行了统稿和审阅,王爱玲教授进行了全书的终审。对上述同志为本书修订再版所做的工作一并致谢。

鉴于我们的水平和经验有限,书中难免有疏漏或不妥之处,敬请广大读者批评指正。

作者

2015 年 8 月

目　　录

第1章 概 述

　　伺服系统是指以机械位置或角度作为控制对象的自动控制系统。在自动控制理论中,伺服系统称为随动控制系统,它与恒值控制系统相对应。在数控机床中,伺服系统主要指各坐标轴进给驱动的位置控制系统。伺服系统接受来自 CNC 装置的进给脉冲,经变换和放大,再驱动各加工坐标轴按指令脉冲运动。这些轴有的带动工作台,有的带动刀架,通过几个坐标轴的综合联动,使刀具相对于工件产生各种复杂的机械运动,加工出所要求的复杂形状工件。

　　进给伺服系统是数控装置和机床机械传动部件间的联系环节,是数控机床的重要组成部分。它包含机械、电子、电机(早期产品还包含液压)等各种部件,并涉及强电与弱电控制,是一个比较复杂的控制系统。要使它成为一个既能使各部件互相配合协调工作,又能满足相当高的技术性能指标的控制系统,的确是一个相当复杂的任务。在现有技术条件下,CNC 装置的性能已相当优异,并正在迅速向更高水平发展,而数控机床的最高运动速度、跟踪及定位精度、加工表面质量、生产率及工作可靠性等技术指标,往往又主要决定于伺服系统的动态和静态性能。数控机床的故障也主要出现在伺服系统上。可见提高伺服系统的技术性能和可靠性,对于数控机床具有重大意义,研究与开发高性能的伺服系统一直是现代数控机床的关键技术之一。

　　一般主轴驱动系统只要满足主轴调速及正反转功能即可,但当要求机床有螺纹加工功能、准停功能和恒线速加工等功能时,就对主轴提出了相应的位置控制要求。此时,主轴驱动系统也可称为主轴伺服系统,只不过控制较为简单。

　　位置控制系统通常分为开环和闭环控制两种。开环控制不需要位置检测与反馈;闭环控制需要有位置检测与反馈环节,它是基于反馈控制原理工作的。

1.1　伺服系统的组成

　　数控机床伺服系统的一般结构如图 1-1 所示。它是一个双闭环系统,内环是速度环,外环是位置环。速度环中用作速度反馈的检测装置为测速发电机、脉冲编码器等。速度控制单元是一个独立的单元部件,它由速度调节器、电流调节器及功率驱动放大器等各部分组成。位置环由 CNC 装置中的位置控制模块、速度控制单元、位置检测及反馈控制等各部分组成。位置控制主要是对机床运动坐标轴进行控制,轴控制是要求最高的位置控制,不仅对单个轴的运动速度和位置精度的控制有严格要求,而且在多轴联动时,还要求各移动轴有很好的动态配合,才能保证加工效率、加工精度和表面粗糙度。

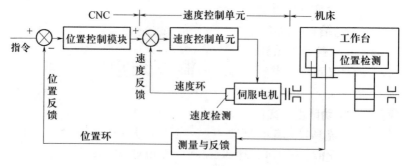

图 1-1 伺服系统结构图

1.2 对伺服系统的基本要求

数控机床集中了传统的自动机床、精密机床和万能机床三者的优点,将高效率、高精度和高柔性集中于一体。而数控机床技术水平的提高首先依赖于进给和主轴驱动特性的改善以及功能的扩大,为此数控机床对进给伺服系统的位置控制、速度控制、伺服电机、机械传动等方面都有很高的要求。本节主要叙述前三者。

由于各种数控机床所完成的加工任务不同,它们对进给伺服系统的要求也不尽相同,但通常可概括为以下几方面。

1. 可逆运行

可逆运行要求能灵活地正反向运行。在加工过程中,机床工作台处于随机状态,根据加工轨迹的要求,随时都可能实现正向或反向运动。同时要求在方向变化时,不应有反向间隙和运动的损失。从能量角度看,应该实现能量的可逆转换,即在加工运行时,电动机从电网吸收能量变为机械能;在制动时应把电动机的机械惯性能量变为电能回馈给电网,以实现快速制动。

2. 速度范围宽

为适应不同的加工条件,例如所加工零件的材料、类型、直径、部位以及刀具的种类和冷却方式等的不同,数控机床要求进给能在很宽的范围内无级变化。这就要求伺服电动机有很宽的调速范围和优异的调速特性。经过机械传动后,电机转速的变化范围即可转化为进给速度的变化范围。目前,最先进的水平是在进给脉冲当量为 $1\mu m$ 的情况下,进给速度在 $0\sim240m/min$ 范围内连续可调。

对一般数控机床而言,进给速度范围在 $0\sim24m/min$ 时,都可满足加工要求。通常在这样的速度范围还可以提出以下更细致的技术要求。

(1) 在 $1\sim24000mm/min$ 即 $1:24000$ 调速范围内,要求速度均匀、稳定、无爬行,且速降小。

(2) 在 $1mm/min$ 以下时具有一定的瞬时速度,但平均速度很低。

(3) 在零速时,即工作台停止运动时,要求电动机有电磁转矩以维持定位精度,使定位误差不超过系统的允许范围,即电机处于伺服锁定状态。

由于位置伺服系统是由速度控制单元和位置控制环节两大部分组成的,如果对速度控制系统也过分地追求像位置伺服控制系统那么大的调速范围而又要可靠稳定地工作,

2

那么速度控制系统将会变得相当复杂,既提高了成本又降低了可靠性。

一般来说,对于进给速度范围为 1:20000 的位置控制系统,在总的开环位置增益为 $20s^{-1}$ 时,只要保证速度控制单元具有 1:1000 的调速范围就可以满足需要,这样可使速度控制单元线路既简单又可靠。当然,代表当今世界先进水平的实验系统,速度控制单元调速范围已达 1:100000。

3. 具有足够的传动刚性和高的速度稳定性

这就要求伺服系统具有优良的静态与动态负载特性,即伺服系统在不同的负载情况下或切削条件发生变化时,应使进给速度保持恒定。刚性良好的系统,速度受负载力矩变化的影响很小。通常要求承受额定力矩变化时,静态速降应小于 5%,动态速降应小于 10%。

4. 快速响应并无超调

为了保证轮廓切削形状精度和低的加工表面粗糙度,对位置伺服系统除了要求有较高的定位精度外,还要求有良好的快速响应特性,即要求跟踪指令信号的响应要快。这就对伺服系统的动态性能提出两方面的要求:一方面在伺服系统处于频繁的起动、制动、加速、减速等动态过程中,为了提高生产率和保证加工质量,则要求加、减速度足够大,以缩短过渡过程时间。一般电机速度由 0 到最大,或从最大减少到 0,时间应控制在 200ms 以下,甚至少于几十毫秒,且速度变化时不应有超调;另一方面是当负载突变时,过渡过程前沿要陡,恢复时间要短,且无振荡。这样才能得到光滑的加工表面。

5. 高精度

为了满足数控加工精度的要求,关键是保证数控机床的定位精度和进给跟踪精度。这也是伺服系统静态特性与动态特性指标是否优良的具体表现。位置伺服系统的定位精度一般要求能达到 $1\mu m$ 甚至 $0.1\mu m$,高的可达到 $(\pm 0.01 \sim \pm 0.005)\mu m$。

相应地,对伺服系统的分辨率也提出了要求。当伺服系统接受 CNC 送来的一个脉冲时,工作台相应移动的单位距离称为分辨率。系统分辨率取决于系统稳定工作性能和所使用的位置检测元件。目前的闭环伺服系统都能达到 $1\mu m$ 的分辨率。数控测量装置的分辨率可达 $0.1\mu m$。高精度数控机床也可达到 $0.1\mu m$ 的分辨率,甚至更小。

6. 低速大转矩

机床的加工特点,大多是低速时进行切削,即在低速时进给驱动要有大的转矩输出。

7. 伺服系统对伺服电机的要求

数控机床上使用的伺服电机,大多是专用的直流伺服电机,如改进型直流电机、小惯量直流电机、永磁式直流伺服电机、无刷直流电机等。自 20 世纪 80 年代中期以来,以交流异步电机和永磁同步电机为基础的交流进给驱动得到了迅速的发展,它是机床进给驱动发展的一个方向。

由于数控机床对伺服系统提出了如上的严格技术要求,伺服系统也对其自身的执行机构——电动机提出了严格的要求。

(1)从最低速到最高速电机都能平滑运转,转矩波动要小,尤其在低速如 0.1r/min 或更低速时,仍有平稳的速度而无爬行现象。

(2)电机应具有大的较长时间的过载能力,以满足低速大转矩的要求。一般直流伺服电机要求在数分钟内过载 4~6 倍而不损坏。

3

（3）为了满足快速响应的要求，电机应有较小的转动惯量和大的堵转转矩，并具有尽可能小的时间常数和起动电压。电机应具有耐受 4000rad/s^2 以上角加速度的能力，才能保证电机可在 0.2s 以内从静止起动到额定转速。

（4）电机应能承受频繁起动、制动和反转。

1.3　伺服系统的分类

1.3.1　按调节理论分类

1. 开环伺服系统

开环伺服系统（图1-2）即无位置反馈的系统，其驱动元件主要是功率步进电动机或电液脉冲马达。这两种驱动元件工作原理的实质是数字脉冲到角度位移的变换，它不用位置检测元件实现定位，而是靠驱动装置本身，转过的角度正比于指令脉冲的个数；运动速度由进给脉冲的频率决定。

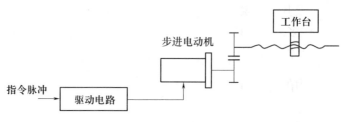

图1-2　开环伺服系统

开环系统的结构简单，易于控制，但精度差，低速不平稳，高速扭矩小。一般用于轻载负载变化不大或经济型数控机床上。

2. 闭环伺服系统

闭环系统是误差控制随动系统（图1-3）。数控机床进给系统的误差，是 CNC 输出的位置指令和机床工作台（或刀架）实际位置的差值。闭环系统运动执行元件不能反映运动的位置，因此需要有位置检测装置。该装置测出实际位移量或者实际所处位置，并将测量值反馈给 CNC 装置，与指令进行比较，求得误差，依此构成闭环位置控制。

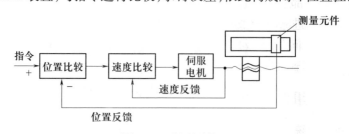

图1-3　闭环系统

由于闭环伺服系统是反馈控制，反馈测量装置精度很高，所以系统传动链的误差、环内各元件的误差以及运动中造成的误差都可以得到补偿，从而大大提高了跟随精度和定位精度。目前闭环系统的分辨力多数为 $1\mu\text{m}$，定位精度可达（ $\pm 0.01 \sim \pm 0.05$ ）mm；高精度系统分辨力可达 $0.1\mu\text{m}$。系统精度只取决于测量装置的制造精度和安装精度。

3. 半闭环系统

位置检测元件不直接安装在进给坐标的最终运动部件上(图1-4),而是中间经过机械传动部件的位置转换,称为间接测量。亦即坐标运动的传动链有一部分在位置闭环以外,在环外的传动误差没有得到系统的补偿,因而伺服系统的精度低于闭环系统。

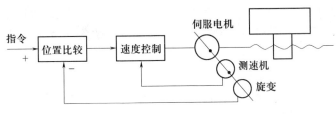

图1-4　半闭环系统

半闭环和闭环系统的控制结构是一致的,不同点只是闭环系统环内包括较多的机械传动部件,传动误差均可被补偿,理论上精度可以达到很高。但由于受机械变形、温度变化、振动以及其他因素的影响,系统稳定性难以调整。此外,机床运行一段时间后,机械传动部件的磨损、变形及其他因素的改变,容易使系统稳定性改变,精度发生变化。因此,目前使用半闭环系统较多。只在具备传动部件精密度高、性能稳定、使用过程温差变化不大的高精度数控机床上才使用全闭环伺服系统。

1.3.2　按使用的驱动元件分类

1. 电液伺服系统

电液伺服系统的执行元件为液压元件,其前一级为电气元件。驱动元件为液动机和液压缸,常用的有电液脉冲马达和电液伺服马达。数控机床发展的初期,多数采用电液伺服系统。电液伺服系统具有在低速下可以得到很高的输出力矩,以及刚性好、时间常数小、反应快和速度平稳等优点。然而,液压系统需要油箱、油管等供油系统,体积大。此外,还有噪声、漏油等问题,故从20世纪70年代起逐步被电气伺服系统代替。只是具有特殊要求时,才采用电液伺服系统。

2. 电气伺服系统

电气伺服系统全部采用电子器件和电机部件,操作维护方便,可靠性高。电气伺服系统中的驱动元件主要有步进电动机、直流伺服电机和交流伺服电机。它们没有液压系统中的噪声、污染和维修费用高等问题,但反应速度和低速力矩不如液压系统高。现在电机的驱动线路、电机本身的结构都得到很大改善,性能大大提高,已经在更大范围取代液压伺服系统。

1.3.3　按使用直流伺服电机和交流伺服电机分类

1. 直流伺服系统

直流伺服系统常用的伺服电机有小惯量直流伺服电机和永磁直流伺服电机(也称为大惯量宽调速直流伺服电机)。小惯量伺服电机最大限度地减少了电枢的转动惯量,所以能获得最好的快速性。在早期的数控机床上应用较多,现在也有应用。小惯量伺服电机一般都设计成有高的额定转速和低的惯量,所以应用时,要经过中间机械传动(如齿轮副)才能与丝杠相连接。

5

永磁直流伺服电机能在较大过载转矩下长时间工作以及电机的转子惯量较大,能直接与丝杠相连而不需中间传动装置。此外,它还有一个特点是可在低速下运转,如能在1r/min甚至在0.1r/min下平稳地运转。因此,这种直流伺服系统在数控机床上获得了广泛的应用。自20世纪70年代至80年代中期,在数控机床上占绝对统治地位,至今,许多数控机床上仍使用这种电机的直流伺服系统。永磁直流伺服电机的缺点是有电刷,限制了转速的提高,一般额定转速为1000~1500r/min。而且,结构复杂、价格较贵。

2. 交流伺服系统

交流伺服系统使用交流异步伺服电机(一般用于主轴伺服电机)和永磁同步伺服电机(一般用于进给伺服电机)。由于直流伺服电机存在着一些固有的缺点,其应用环境受到限制。交流伺服电机没有这些缺点,且转子惯量较直流电机的小,使得动态响应好。另外在同样体积下,交流电机的输出功率可比直流电机提高10%~70%。还有交流电机的容量可以比直流电机造得大,达到更高的电压和转速。因此,交流伺服系统得到了迅速发展,已经形成潮流。从20世纪80年代后期开始,大量使用交流伺服系统,到今天,有些国家的厂家,已全部使用交流伺服系统。

1.3.4 按进给驱动和主轴驱动分类

1. 进给伺服系统

进给伺服系统是指一般概念的伺服系统,它包括速度控制环和位置控制环。进给伺服系统完成各坐标轴的进给运动,具有定位和轮廓跟踪功能,是数控机床中要求最高的伺服控制。

2. 主轴伺服系统

严格来说,一般的主轴控制只是一个速度控制系统。主要实现主轴的旋转运动,提供切削过程中的转矩和功率,且保证任意转速的调节,完成在转速范围内的无级变速。具有C轴控制的主轴与进给伺服系统一样,为一般概念的位置伺服控制系统。

此外,刀库的位置控制是为了在刀库的不同位置选择刀具,与进给坐标轴的位置控制相比,性能要低得多,故称为简易位置伺服系统。

1.3.5 按反馈比较控制方式分类

1. 脉冲、数字比较伺服系统

该系统是闭环伺服系统中的一种控制方式。它是将数控装置发出的数字(或脉冲)指令信号与检测装置测得的以数字(或脉冲)形式表示的反馈信号直接进行比较,以产生位置误差,达到闭环控制。脉冲比较伺服系统如图1-5所示。

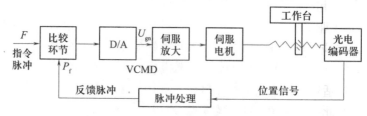

图1-5 脉冲比较伺服系统

该系统比较环节采用可逆计数器,当指令脉冲为正、反馈脉冲为负时,计数器做加法运算;当指令脉冲为负、反馈脉冲为正时,计数器做减法运算。指令脉冲为正时,工作台正向移动;为负时,工作台做反向运动。

指令脉冲 F 来自插补器,反馈脉冲 P_f 来自检测元件光电编码器。两个脉冲源是相互独立的,而脉冲频率随转速变化而变化。脉冲到来的时间不同或执行加法计数与减法计数若发生重叠,都会产生误操作。为此在可逆计数器前还有脉冲分离处理电路。

可逆计数器为 12 位计数器,允许计算范围是 $-2048 \sim +2047$。外部输入信号有加法计数脉冲输入信号 UP、减法计数脉冲输入信号 DW 和清零信号 CLR。

12 位可逆计数器的值反映了位置偏差,该计数值经 12 位 D/A 转换,输出双极性模拟电压,作为伺服系统速度控制单元的速度给定电压,由此可实现根据位置偏差控制伺服电机的转速和方向,即控制工作台向减少偏差的位置进给。

当计数器清零时,相当于 D/A 变换器输入数字量为 800H,D/A 输出量为 $U_{gn}=0$,电机处于停转状态;当计数器值为 FFFH 时,D/A 输出量为 $+U_{REF}$ 最大值;当计数器值为 000H 时,D/A 输出量为 $-U_{REF}$ 最小值。U_{REF} 为 D/A 装置的基准电压。改变 U_{REF} 之值或调整 D/A 输出电路中的调整电位器,即可获得速度控制单元所要求的控制电压极性和转速满刻度电压值。

脉冲、数字比较伺服系统结构简单,容易实现,整机工作稳定,在一般数控伺服系统中应用十分普遍。

2. 相位比较伺服系统

相位比较伺服系统中,位置检测装置采取相位工作方式,指令信号与反馈信号都变成某个载波的相位,然后通过两者相位的比较,获得实际位置与指令位置的偏差,实现闭环控制。

相位比较伺服系统的结构框图如图 1-6 所示。该系统采用了感应同步器作为位置检测元件。由感应同步器工作原理可知,当它工作在相位方式时,它是以定尺的相位检测信号经整形放大后所得到的 $P_B(\theta)$ 作为位置检测信号。指令脉冲 F 经脉冲调相后转换成重复频率为 f_0 的脉冲信号 $P_A(\theta)$,它与 $P_B(\theta)$ 是两个同频率的脉冲信号,其相位差 $\Delta\theta$ 即为指令位置和实际位置的偏差。$\Delta\theta$ 的大小与极性由鉴相器判别检测出来。鉴相器在系统中起了比较环节的作用。鉴相器的输出是与此相位差 $\Delta\theta$ 成正比的电压信号,再用这个电压信号经放大后去控制速度单元驱动电动机带动工作台运动。

当指令脉冲 F 为正时,经脉冲调相后,$P_A(\theta)$ 产生正的相位移 $+\theta$,经与反馈脉冲 $P_B(\theta)$ 比较后,鉴相器输出 $\Delta\theta=+\theta_0$。伺服系统按指令脉冲的方向使工作台做正向移动,以消除 $P_A(\theta)$ 与 $P_B(\theta)$ 间的相位差。当指令脉冲 F 为负时,则 $P_A(\theta)$ 产生负的相位移 $-\theta$,此时 $\Delta\theta=-\theta_0$,伺服电机驱动工作台做反向运动。当指令脉冲 $F=0$,且工作台处于静止状态时,$P_A(\theta)$ 与 $P_B(\theta)$ 应为同频率、同相位的脉冲信号,经鉴相器鉴别后,其输出 $\Delta\theta=0$,工作台维持不动。

相位伺服系统适用于感应式检测元件(如旋转变压器、感应同步器)的工作状态,可得到满意的精度。此外由于载波频率高,响应快,抗干扰性强,很适于连续控制的伺服系统。

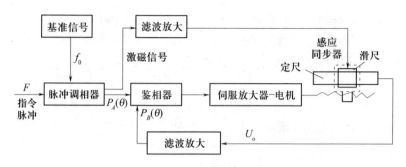

图 1-6　相位比较伺服系统

3. 幅值比较伺服系统

幅值比较伺服系统是以位置检测信号的幅值大小来反映机械位移的数值,并以此信号作为位置反馈信号,一般还要将此幅值信号转换成数字信号才与指令数字信号进行比较,从而获得位置偏差信号构成闭环控制系统。

幅值比较伺服系统的位置检测元件多用感应同步器或旋转变压器。其系统结构框图如图 1-7 所示。

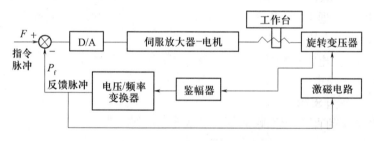

图 1-7　幅值比较伺服系统

幅值伺服系统是以位置检测信号的幅值大小来反映机械位移的数值,并以此作为位置反馈信号与指令信号进行比较构成的闭环位置控制系统。该系统的特点之一是,所用的位置检测元件应工作在幅值方式上。

幅值系统工作前,指令脉冲 F 与反馈脉冲 P_f 均没有,比较器输出为 0,这时,伺服电机不会转动。当指令脉冲 F 建立后,比较器输出不再为零,其数据经 D/A 变换后,向速度控制电路发出电机运转的信号,电机转动并带动工作台移动。同时,位置检测元件将工作台的位移检测出来,经鉴幅器和电压频率变换器处理,转换成相应的数字脉冲信号,其输出一路作为位置反馈脉冲 P_f,另一路送入检测元件的激磁电路。当指令脉冲与反馈脉冲两者相等,比较器输出为零,说明工作台实际移动的距离等于指令信号要求的距离,指引电机停转,停止带动工作台移动;若两者不相等,说明工作台实际移动距离不等于指令信号要求的距离,电机就会继续运转,带动工作台移动直到比较器输出为零时再停止。

在以上三种伺服系统中,相位比较和幅值比较系统从结构上和安装维护上都比脉冲、数字比较系统复杂和要求高,所以一般情况下脉冲、数字比较伺服系统应用得广泛,而相位比较系统又比幅值比较系统应用得多。

4. 全数字伺服系统

随着微电子技术、计算机技术和伺服控制技术的发展,数控机床的伺服系统已开始采

8

用高速、高精度的全数字伺服系统。使伺服控制技术从模拟方式、混合方式走向全数字方式。由位置、速度和电流构成的三环反馈全部数字化、软件处理数字 PID,使用灵活,柔性好。数字伺服系统采用了许多新的控制技术和改进伺服性能的措施,使控制精度和品质大大提高。

1.4 伺服系统的发展历史与发展趋势

1.4.1 伺服系统的发展历史

伺服机构的产生早于数控机床。早在 20 世纪 40 年代,伺服机构已在技术领域内取得较大的进展,当时主要用于炮弹跟踪等一些位置随动系统,一般只要求稳、准、快,对调速要求不高,所以只有位置反馈,没有速度反馈,如自整角机等。

到 20 世纪 50 年代,伺服机构开始用于数控机床,当时主要采用步进电动机驱动,由于受大功率晶体管生产条件的制约,步进电动机的输出功率难以提高,所以当时的数控机床切削量很小,效率较低,只用于复杂型面的加工。

1959 年,日本富士通 FANUC 公司开发研制了电液脉冲马达,即步进电动机加液压力矩放大器,使伺服驱动力矩大大提高,因此很快被推广,从而也扩展了数控机床的应用。20 世纪 60 年代几乎是电液伺服的全盛时期。

由于液压机构的噪声、漏油、效率低、维护不便等本质上的缺点,不少厂家都致力于电动伺服的研制。如德国 SIMENS 公司、美国 GE 公司等都在直流电动机上下功夫研究,力图研制一种高灵敏度的直流伺服电机。从电动机旋转运动平衡方程式可推得电动机的加速度为

$$\frac{\mathrm{d}n}{\mathrm{d}t} = \frac{M_d - M_z}{\dfrac{GD^2}{375}} \qquad\qquad (1-1)$$

式中　$M_d - M_z$——峰值(加速)扭矩,即电动机输出力矩与负载力矩之差;

　　　　GD^2——飞轮转矩,$GD^2 = 4gJ$,其中,g 为重力加速度,J 为转动惯量($\mathrm{kg \cdot m^2}$)。

从式(1-1)可知,要增大加速度,需增大电动机的输出力矩,即增大峰值扭矩,或减小电动机的转动惯量。

当时,普通直流电动机本身惯量较大,电动机的加速度较低,难以满足伺服动态响应指标,又由于在提高电动机的峰值(加速)扭矩上受到限制,所以不少电动机研制厂都极力通过减小电动机的转动惯量来提高电动机的响应灵敏度。日本安川电机厂于 1963 年研制成功一种采用无槽小直径转子的新型直流电动机,并命名为小惯量直流伺服电机。就该电动机本身来讲,其电气时间常数确实较小,但在实际应用中,与机床传动机构连接后,由于惯量匹配等问题使得带负载能力较差,未能全面综合解决机床进给伺服驱动的各项要求,使用中存在着一定的局限性。

在此期间,美国盖梯斯(CETTYS)公司设想以提高电动机的加速扭矩来提高其加速度。通过对电动机磁性材料的研究,该公司在永磁式直流电动机上采用陶瓷类磁性材料,并同时加大转子直径,使电动机在不引起磁化的条件下能承受额定值 10~15 倍的峰值扭

矩,达到较好的扭矩/惯量比。1969 年,CETTYS 公司终于成功地推出了大惯量直流伺服电机。该电动机由于转子的转动惯量大,容易与机床传动机构达到惯量匹配。一般可直接与丝杠相连,这既提高了其精度和刚度,也减小了整个系统的机电时间常数,使得原来极力回避的大惯量实际上反而成了优点。同时,由于它能瞬时输出数倍于额定扭矩的加速扭矩,因而动态响应大大加快,这种电动机推出后较快地得到了广泛应用。日本 FANUC 公司于 1974 年向美国 CETTYS 公司买了该项技术专利,并采用 PWM 晶体管脉宽调制系统作为其驱动控制电源,于 1976 年正式推出以大惯量电动机为基础的闭环直流伺服系统,并结束了自己开创的电液开环伺服系统。

由于直流电动机需利用电刷换向,因此存在换向火花和电刷磨损等问题。为此,美国 GE 公司于 1983 年研制成功采用鼠笼式异步交流伺服电机的交流伺服系统。它主要采用了矢量变换控制变频调速,使交流电动机具有和直流电动机一样的控制性能,并具有机构简单、可靠性高、成本低以及电动机容量不受限制和机械惯性较小等优点。随着微处理器应用技术的发展,日本于 1986 年又推出了数字伺服系统。它与以往的模拟伺服系统相比,在确保相同速度的要求下,通过细分来减小脉冲当量,从而提高了其伺服精度。从伺服驱动的发展来看,其性能当然是后者优于前者,但到目前为止,除了电液脉冲马达已被淘汰外,其他均有一定市场。就步进电动机来说,由于控制简单,一个脉冲转一个步距角,无需位置检测,又具有自锁能力,所以较多地应用于一些经济型数控机床上。尤其在我国,由于经济型数控机床有较大的市场,近年来,各有关科研机构也先后对步进电动机及驱动控制做了有效的改进,如电动机从反应式发展成永磁式、混合式。驱动控制电路也先后出现了高低压控制、恒流斩波电源、调频调压等多种改进电路,这使得输出力矩和控制特性均有了较大的提高。但由于固有的工作方式,有些伺服指标也难以提高,如调速范围窄,矩频特性软,起、停必须经过升降频过程控制,所以只能用于要求较低的场合。对于交、直流两种伺服系统来说,由于交流电动机的制造成本远低于直流电动机,而驱动控制电路虽然交流比直流复杂,但随着微电子技术的迅猛发展,两者也将会相差不多。因此,交流伺服的性能价格比必将优于直流伺服,即交流伺服有可能完全取代直流伺服,但这只是指在旋转电动机的范围内。

还有另一种直线电动机进给伺服系统,它是一种完全机电一体化的直线进给伺服系统,它的应用也将使整个机床结构发生革命性的变化。所谓直线电动机,其实质是把旋转电动机沿径向剖开,然后拉直演变而成。采用直线电动机直接驱动机床工作台后,即取消了原旋转电动机到工作台之间的一切机械中间传动环节,它把机床进给传动链的长度缩短为零,故这种传动方式被称为"零传动",也称为"直接驱动"(Direct Drive)。

在数控及相关技术的迅猛发展中,超高速切削、超精密加工等先进制造技术也在逐步成熟,走向实用阶段。随着该类技术的进一步发展、提高,对机床的各项性能指标又提出了越来越高的要求。特别是对机床进给系统的伺服性能提出了更高、甚至苛刻的要求,既要有很高的驱动推力、快速进给速度,又要有极高的快速定位精度。为此,尽管当前世界先进的交直流伺服(旋转电动机)系统,在微电子技术发展的支持下,其性能也大有改进,但是由于受到传统机械结构(即旋转电动机 + 滚珠丝杠)进给传动方式的限制,其有关伺服性能指标(特别是快速响应性)已难以突破提高。为此,国内外有关专家也曾先后提出了用直线电动机直接驱动机床工作台的有关方案。随着各项配套技术的发展、成熟,当今世界先进工业发达地区的机床行业正在迅速掀起"直线电动机热"。

1.4.2 数控伺服系统的发展趋势

伺服系统是数控系统的重要组成部分。伺服系统的静态和动态性能直接影响数控机床的定位精度、加工精度和位移速度。当前伺服系统的发展趋势是：

1. 交流化

由原来的 DC 伺服系统转化成 AC 伺服系统。目前，AC 伺服系统几乎占据了国际市场，发达国家的 AC 伺服电机在所有产品中的占有率达到了 80% 以上，但是在国内可以生产 AC 伺服系统的企业几乎找不到。由此推断，在不久的将来，除了少数微型电机领域以外的原来 DC 伺服电机占据的市场外，所有的市场将被 AC 伺服电机占有。

2. 全数字化

以电子器件为主的伺服控制单元将被使用新型高速微处理器和专用数字信号处理机的控制单元完全取代，进而促进伺服系统的全数字化。实现完全数字化，对实现软件伺服控制十分有利，而使得现代控制理论的模糊控制、神经元网络、人工智能、最优控制等先进算法能应用于伺服系统。

3. 小型化和微型化

目前，功率场效应管（MOSFET）、绝缘门极晶体管（IGBT）、功率晶体管（GTR）等大部分新型功率半导体器件被伺服控制系统采用。通过这些器件的利用，伺服单元输出回路的功耗有所下降，系统的反映速度也有所加强，消除工作噪声。尤其是开始使用智能控制功率模块（Intelligent Power Modules，IPM）伺服控制系统，其将能耗、过温、过压、过流保护、输入隔离及故障诊断等功能全都集成在了一个不是很大的模块当中。

4. 高度集成化

新型的伺服系统将原有伺服系统划分方法进行了升级，利用单一的、集成且功能强大的控制单元控制系统。同一控制单元有相同功能的，其单元的性能可以通过软件设置系统参数来改变。此外，还可以通过接口和外部设备位置或者力矩传感器组成的闭环控制系统来改变。使得设备本身自带传感器组成半闭环控制系统。在集成化提高的同时，也明显减少了整个控制系统的空间，使整个设备的安装和调试简单化。

5. 智能化

目前所有工业控制设备发展的大趋势就是智能化，而伺服驱动系统作为一种高级的工业控制装置也不可避免。智能型产品是如今最新的信息化伺服控制单元的设计形式。而所谓的智能则主要体现在下面几个功能上：

（1）参数记忆的功能可以实现，通过人机对话，完成系统中所有参数的相关设计，利用软件设置的方法进行相应的修改，存储数据时通过保存伺服单元来实现。利用通信接口和上位计算机来修改相关运行数据参数。

（2）伺服驱动系统具有自诊断系统，可以进行自身故障分析，将系统运行中出现的问题原因和诊断结果实时反映到用户的界面，便于工作人员对系统进行监控和及时维护。

（3）某些伺服系统还设计了参数自整定的程序。为了使得系统性能稳定，必须要对系统参数进行闭环调节，耗费大量人力、物力。伺服单元带有自整定功能的可以在试运行的过程中,对系统内部参数进行自动整定,使设备达到最优化的程度,这也是伺服系统未来的发展方向。

6. 高抗干扰性

伺服系统有两方面的抗干扰能力,其中一方面是对于周边设备,伺服系统没有干扰;另一方面是伺服系统不被周边设备所干扰。从干扰介质上分类干扰分为传导干扰和辐射干扰等,解决办法也应该从分析干扰源上着手。防止干扰的常用方法有:加超导磁环、隔离、滤波器、屏蔽等。有专家提出了一种消除干扰脉冲和因电机轴抖动而产生的误码脉冲的算法,将此算法应用于实际的交流伺服控制系统中,结果显示在编码器分辨率不变的前提下,系统的检测精度得到极大提高。

7. 模块化和网络化

在国外,工厂自动化(Factory Automation,FA)工程技术在飞速发展,并且显示发展势头非常旺盛。它以工业局域网技术为基础的,为适应工业局域网技术发展趋势,专用的局域网接口和标准如 RS - 232C 或 RS - 422 等串行通信接口在新型的伺服系统中都有配置。设置这些接口使伺服单元同其他控制设备之间相互连接的能力明显增强了,进而也更容易与 CNC 控制系统相连接了,想要把几台甚至是数十台的伺服单元与上位计算机连接组合成一个大的数控系统,仅仅用一根光缆或者是电缆就可以做到。此外,还可通过串行接口,连接可编程控制器(PLC)的数控模块。

第2章　伺服控制基础知识

数控机床伺服检测系统中广泛使用各种调节器等集成电路以及功率半导体器件,这些元器件模块的性能对伺服系统动静态特性影响较大。

本章介绍伺服控制的相关基础知识。

2.1　运算放大器

在伺服系统各种调节器中广泛应用了运算放大器(Operational Amplifier,简称 OP、OPA、op - amp、运放)。在维修伺服系统时,遇到最多的就是运算放大器了。而伺服系统故障,又是在数控机床中最容易发生的故障,因而很好地学习运算放大器是十分必要的。

运算放大器是一种直流耦合,差模(差动模式)输入,通常为单端输出(Differential - in, single - ended output)的高增益(gain)电压放大器。

一个理想的运算放大器具备下列特性:无限大的输入阻抗、等于零的输出阻抗、无限大的开回路增益、无限大的共模排斥比、无限大的频宽。最基本的运算放大器如图 2 - 1 所示。一个运算放大器模组一般包括反相输入端(倒向输入端)、同相输入端(非倒向输入端)和输出端。反、同相输入端一般用"-"和"+"号标出。

当外部接入不同的线性或非线性元器件组成输入和负反馈电路时,运算放大器可以灵活地实现各种特定的函数关系。在线性应用方面,可组成比例、加法、减法、积分、微分、对数等模拟运算电路。本节主要介绍其中的几种运算电路。

2.1.1　反相比例放大器

图 2 - 1 所示是反相比例放大器。

运算放大器是一种应用最为广泛的线性器件,这种集成电路有非常优越的特性。它具有很高的放大倍数,其放大倍数可以达到 100dB,也就是它的放大倍数可以达到 10 万倍。

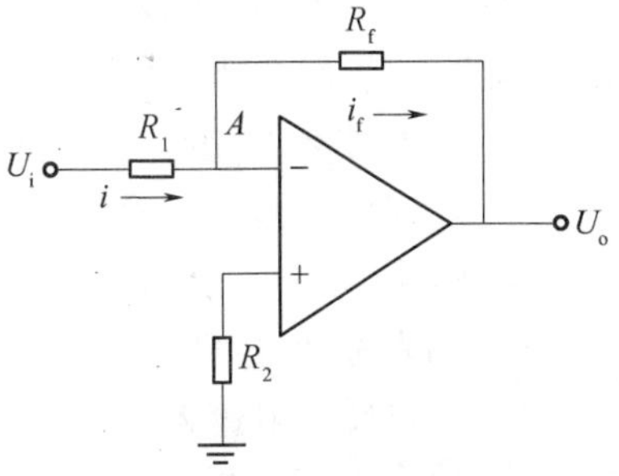

它具有两个输入端,一个是反相输入端,用负号表示,也就是输入与输出是反相的。另一个是同相输入端,用正号表示,输入信号与输出信号是同相的。

这两个输入端的内阻非常之大,大到可以认为不向

图 2 - 1　反相比例放大器

运算放大器内部流过电流,实际上是由两个分别反相偏置的二极管或者反相偏置的 PN 结所阻隔。既然是这样,也不是绝对地不流电流,很可能有微小的漏电流在流动着,这个电流在宏观上可以认为不流过电流。

通过上述分析,只要输入端送入很小的电压,例如毫伏级,那么输出端肯定会得到上百伏的电压,这当然是不可能的,因为运算放大器的电源电压也不过是十几伏。因此,肯定就要饱和,输出达到运放的电源电压。为此,一定要加上反馈,以保证它们的线性关系。所以在反相输入端与输出端加上了一个反馈电阻,这个反馈电阻称为 R_f。

输入信号是 U_i,输出信号是 U_o。而同相输入端没有接入信号,所以通过一个电阻 R_2 接地,很显然,同相输入的信号电压为0。

由于运算放大器的放大倍数非常大,同相端电位为0,那么反相端电位也应为0。因为 A 点与 R_2 之间不可能有电流流动,既然 R_2 已经接地,那么 A 点的电位就是地,但这一点不可以接地,所以称为"虚地",是地的电位,但不可接地。这一点是虚地的条件有两个:一个是放大倍数非常大;另一个是不向运放的里边流过电流。

既然 A 点电位已定,那么就可以根据欧姆定律求出 R_1 上走的电流 i,$i = U_i/R_1$。

对于结点 A 来说,流入结点电流是 i,而流出的只有 i_f 一个电流,所以 $i = i_f$。那么就可以求出 U_o 的大小,即有

$$U_o = -i_f R_f = -\frac{U_i}{R_1} R_f \qquad (2-1)$$

所以

$$\frac{U_o}{U_i} = -\frac{R_f}{R_1} \qquad (2-2)$$

这说明这个放大器的放大倍数是由 R_f 与 R_1 的数值运算求得的,放大倍数与运算放大器本身的参数无关。我们学习过模拟放大器,不论什么结构,什么器件,没有一个放大器它的放大倍数是与器件参数无关的。只有采用运算放大器之后,其放大倍数与器件参数无关,这样会给调正带来较大的方便。因此,运算放大器广泛地应用在模拟电路中。为什么它的放大倍数与器件的参数无关呢?最重要的也是两条,就是放大倍数非常大,而且输入内电阻也是无穷大,是牺牲了放大倍数,而获得了如此优良的放大特性。输入电阻无穷大也是相对的。

那么送到运算放大器上的信号,在作为各种调节器时,是多么大呢?是从 +10V 到 -10V,也就是以伏特计。

在放大倍数中的负号表示是反相的,也就是 U_i 为正,那 U_o 肯定是负的。因为电流总是由高流向低的,输出点的电流是由 A 流入的,而 A 是 0V,显然 U_o 一定是负的。当然,U_i 也可以是负的,那么 U_o 变成了正的。

调节 U_f 就可以调节放大倍数。比如希望放大倍数提高,有两个途径可以实现:一个是提高 R_f 的值;另一个是减少 R_1 的值,这两种方法,从公式上看,都可以提高放大倍数。

但是,如果降低 R_1 就要向信号源要更多的电流,如果信号源的内阻很大,也就是它的能量有限,一旦要的电流大了,那么 U_i 的值也小下来。这样放大倍数提高了,但由于信号源内阻降的增大,信号源输入信号减少,输出信号不一定有很大的增加。增加 R_f 可以提高放大倍数,对信号源所要的电流没有增加,与原来一样大,但是输出信号却增加了。

当然,放大倍数的增加,肯定对系统的稳定性有影响,对干扰信号的鉴别能力也下降了,要照顾到各方面情况来确定放大倍数。

R_2 上不流过电流,那么为什么不干脆短路掉呢?R_2 上不流过电流是不真实的。流

过的电流很小,以纳安级计算,这个电流是一个漏电流。同样,A 点也向负端流过一个漏电流。为了平衡这个漏电流,使同相端与反相端所产生的电压差为 0,最好让这个漏电流不论流在 R_2 上,还是流在 R_1 与 R_f 上,产生的电压相等才好。这样,就要求 $R_2 = R_1 // R_f$。

对于漏电流来说,输入信号为 0,输出信号也为 0,全是地的信号,这时,R_1 与 R_f 不正是并联吗? 它们一端接地,一端接在 A 处,那么 R_2 不正好是 R_1 与 R_f 并联吗?

这种反相比例运算放大器在调节器中用得很少,用得比较多的是反相比例加法运算放大器。但是,这一段中讲的最基本问题应该记牢:第一是关于虚地的概念,为什么称为虚地? 为什么 A 点电位是地,但不能接地。第二是如果放大器的放大倍数下降,虚地就不可能是虚地。第三是不向运放中流过电流,如果流过进了电流,运放坏了,这时运放的放大倍数就不对了。以上这三个概念在实际中是非常有意义的。

2.1.2 反相比例加法运算放大器

图 2-2 是有两个输入信号的反相比例加法运算放大器。

这两个输入信号也与前面讲的反相比例放大相类似。A 点仍然是虚地,那么可以求出 i_1 与 i_2,$i_1 = \dfrac{U_{i1}}{R_1}$,$i_2 = \dfrac{U_{i2}}{R_2}$,而 A 点不向运算放大器中流入电流,那么

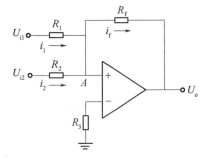

$$i_f = i_1 + i_2 = \frac{U_{i1}}{R_1} + \frac{U_{i2}}{R_2} \quad (2-3)$$

而 U_o 的大小为

图 2-2　反相比例加法运算放大器

$$U_o = - i_f R_f = - \frac{R_f}{R_1} u_{i1} - \frac{R_f}{R_2} U_{i2} \quad (2-4)$$

可以看出 U_o 的大小由两部分组成,第一部分是 U_{i1} 单独作用在运放中所获得的值,第二部分是 U_{i2} 单独作用在运放中所获得的值。这两部分之和就是输出电压的大小。

这个特性特别重要,所以把运算放大器称为线性组件,就是因为它具有叠加性质,这个叠加性质不仅表现在这里,还要表现在以后一些放大器中。输出回路好像各不相干。但是 A 点必须是虚地,当输入信号有正有负时,这时势必影响 i_f 电流,不论满足什么情况,A 点一定是地电位。

通常 $R_1 = R_2 = R$,那么 $U_o = \dfrac{R_f}{R}(U_{i1} + U_{i2})$。同样,$R_3 = R_1 // R_2 // R_f$。

也要注意到,R_f 接在反相输入端与输出端之间。调节放大倍数时,可以分别调节,也可以共同调节,但也要注意到信号源能提供的电流有多大。

当然更多个输入端也是可以的,这就是叠加原理。各个输入信号在运放中起到各自的作用。

2.1.3 同相比例放大器

如图 2-3 所示。同相比例放大器输入端是同相端,U_i 通过 R_2 接入同相端。

15

因为 R_2 上不流过电流,因此 B 点电位就是 U_i,而 A 点与 B 点电位相等(与虚地概念类似),A 点电位也是 U_i,那么电流 i 可计算出,$i = U_i/R_1$。电流 i_f 也可能计算出来:

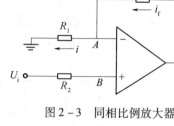

图 2 - 3　同相比例放大器

$$\frac{(U_o - U_i)}{R_f} = i_f, i = i_f$$

所以

$$\frac{U_i}{R_1} = \frac{U_o - U_i}{R_f}$$

整理一下得出

$$U_o/U_i = 1 + R_f/R_1$$

同相放大器比反相放大器的放大倍数大一倍,因为 R_f/R_1 比较大,所以,可以看做与反相放大器一般大。另一点就是没有负号,这表明输入信号与输出信号是同相位的。

同相放大器与反向放大器有一个非常重要的不同点,就是同相放大器不向信号源要电流(或者说要得很少很少)。而反相放大器要提供 U_i/R_1 的电流。因此同相放大器多用于内阻很大的信号放大,如热电阻、热电偶等信号的放大。只要能提供一个运放的漏电流就可以了。

另一点值得注意的就是同相放大器的反馈回路,这个反馈回路同样是负反馈回路,R_1 的一端接地,另一端接在输入点上,很显然反馈回路的放大倍数调整与输入信号源无关。这条支路的电流是由运放的总电源提供的。

R_2 的大小还与反相放大器相类似,即 $R_2 = R_1 // R_f$。也是为了平衡偏差电压。

2.1.4　积分运算放大器

如图 2 - 4 所示,就是积分运算放大器。

B 点电位应与地相同,因为 R_2 上没有电流,那么 A 点电位也是地。

向电容器 C_f 的充电电流 $i = U_i/R_1$,这里要注意的是这个 i 是一个不变的值,它只与输入信号的大小 U_i 和 R_1 的阻值有关,和别的因素无关。特别要注意它与反馈电路的状态无关,与 C_f 的大小无关,与 C_f 上充的电压大小无关。

因此,电容 C_f 上的充电电流是一个不变的值(当然是指 U_i 不变时)。那么 C_f 两端电压的大小是 $-\dfrac{i\Delta t}{C_f} = U_o$,$C_f$ 上的电压就是 U_o,也就是说 $U_o = -\dfrac{U_i}{C_f R_1}\Delta t$,若 $t_0 = 0$ 时是充电的起点,那么 $U_o = -\dfrac{U_i}{C_f R_1}(t - t_0) = -\dfrac{U_i}{C_f R_1}t_0$。$C_f R_1$ 为充电的时间常数,用 T_1 代表,T_1 只与电路参数有关。如果 U_i 是一个变量,那么输出电压 $U_o = -\dfrac{1}{T_1}\int_{t_0}^{t} U_i \mathrm{d}t$,所以,称为积分放大器。

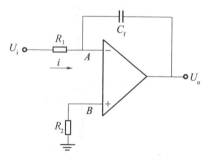

图 2 - 4　积分运算放大器

如果 U_i 的波形如图 2-5 所示，是一个振荡方波，那么通过积分放大器之后，就是三角波。

如果 U_i 是一个不变的电压，那么积分放大器的输出波形如图 2-6 所示，当输出电压达到一定的值（饱和值）就不再增加了，这时整个工作状态已达到了极限值。

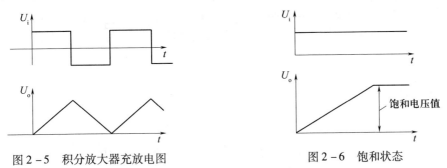

图 2-5　积分放大器充放电图　　　　　图 2-6　饱和状态

积分放大器的时间常数是 $T_1 = C_f R_1$，是表示输出电压 U_o 上升状态的一个参数。

2.1.5　比例积分运算放大器

如图 2-7 所示，在反馈回路中串入电阻 R_f，串入 R_f 的目的如下所述：积分放大器对输入信号的反应是有滞后的，要经过一个时间常数来制约。而在实际工作中，常常要求反应是实时的，为此串入 R_f，R_f 串入应与充电电流的大小无关，也就是充电电流 $i = U_i/R_1$。

然而，电流 i 却在 R_f 上造成一个电压，即 $U_o' = -\dfrac{R_f}{R_1}U_i$，这个数值恰好正是比例环节中的输出结果。而输出电压是由 R_f 及 C_f 上的两部分电压组成的，即 $U_o = U_o' + U_o''$，U_o' 是由 R_f 上压降产生的，而 U_o'' 正是由 i 向电容 C_f 上充电的电压，正好是积分运算放大器的结果。即 $U_o'' = -\dfrac{1}{T}\displaystyle\int_{t_0}^{t} U_i \mathrm{d}t$。因此，可以说比例积分运算放大器是比例放大器与积分放大器的叠加。比例放大部分就是由 R_f 产生的电压，它可以保证立即反应，而积分部分是 C_f 产生的电压，它可以保证积分的效应，只要有信号，哪怕是非常微小，只要时间足够长，就可以输出很大的信号。

如图 2-8 所示，由于有 R_f，所以当 $t=0$ 时，就出现了输出，这一部分是比例部分；然后在这一部分的基础上增加，这一部分就是积分部分。积分时间常数是 $T_i = R_1 C_f$，而与 R_f 无关。这一点很重要，在设备维修中调整电位器时不要弄错。

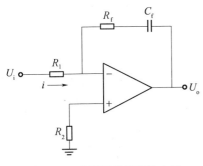　　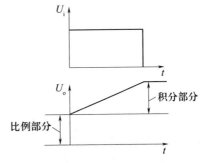

图 2-7　比例积分运算放大器　　　　图 2-8　比例积分放大器输入输出波形图

2.1.6 运算放大器作为比较器使用

在数控设备中,运算放大器作为比较器使用有两种类型:①两个信号直接进行比较;②工作在滞环状态。

（1）两个信号直接进行比较（图2-9） 输入信号 U_{i1} 与 U_{i2} 分别加在运算放大器的同相和反相输入端,这时输出端的信号 U_o 应为什么值呢? 当然,只能是正饱和值电压或者是负饱和值电压,是正还是负饱和电压取决于 U_{i1} 及 U_{i2}。其比较结果,见表2-1。

这个表是基于这么一个基本概念形成的:在比较器中,哪一方作用强,就向哪一方倾斜。无论是同相还是反相、是正的输入信号还是负的输入信号。

表2-1 比较器条件与输出关系

条 件		输 出
$U_{i1} > 0$	$U_{i2} > 0$　$U_{i1} > U_{i2}$	负饱和电压
	$U_{i1} < U_{i2}$	正饱和电压
	$U_{i2} < 0$	负饱和电压
$U_{i1} < 0$	$U_{i2} < 0$	正饱和电压
	$U_{i2} < 0$　$\mid U_{i1} \mid > \mid U_{i2} \mid$	正饱和电压
	$\mid U_{i1} \mid < \mid U_{i2} \mid$	负饱和电压

这种形式是在比较器中常见到的一种形式,R_1 及 R_2 的电阻值,一般做成相等的,以平衡漏电流所造成的偏差电压。

（2）比较器工作在滞环状态 如图2-10所示,在比较器中加入了一个正反馈,R_f 是正反馈的电阻。

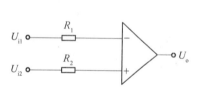

图2-9 比较器

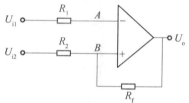

图2-10 处于滞环状态

由于 U_o 有输出,那么 B 点的电流就不仅仅取决于 U_{i2} 的大小与正负了,还要取决于 $U_o \rightarrow R_f \rightarrow B \rightarrow R_2 \rightarrow U_{i2}$ 这条支路。

这种电路常常是工作在这么一个状态,U_{i2} 接上一个参考电压,这个电压可正、可负,一般是可调的,但比较过程中,它是一个不变量。而 U_{i1} 由负变大,直到变为正,再增大。然后,再向相反方向变化。由于接上了正反馈,这个返回的状态与去的状态就不完全一样（图2-11）。

为了说明这个问题,假定 U_{i2} 接到参考电压 U_R 上,U_R 是正的电压,而 U_{i1} 是负电压,逐渐地向正的方向增大。很明显,这时 U_o 输出是正的饱和电压。但是,随着 U_{i1} 的增大,直到达到 A 点的电位比 B 点的电位高时,输出电压才由正饱和变为负饱和。这个翻转点的电压值可由下式计算出来:

$$U_{i1} > \frac{U_{饱和(+)} - U_R}{R_f + R_2} R_2 + U_R \qquad (2-5)$$

18

整理后,可得出

$$U_{i1} > \frac{U_{饱和(+)}R_2 + U_R R_f}{R_2 + R_f} \qquad (2-6)$$

从这以后,U_{i1}增长,输出就一直是负饱和电压。

如果U_{i1}开始减小,当U_{i1}减小到T_1点,但这时B点的电位应由下式计算:

$$U_B = U_R - \frac{U_R - U_{饱和(-)}}{R_f + R_2}R_2 = \frac{U_{饱和(-)} + U_R R_f}{R_2 + R_f}$$
$$(2-7)$$

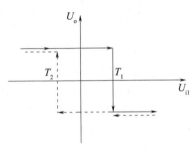

图 2 – 11　滞环输出电压随 U_{i1} 而变化的情况(返回用虚线表示)

由正饱和电压换为负饱和电压,很显然,U_B的电位远小于T_1点的电位,所以,当$U_{i1} = T_1$时翻转不了,还要小下去,直到U_{i1}的电位小于U_B的电位,才可能翻转,这一点就是T_2,由T_1及T_2就造成了一个滞环,很像继电器特性,利用这个滞环可以解决很多问题,甚至在交流调速中采用了这一方案。

滞环的宽度是可以调整的,通过调整及R_2及R_f就可以调整滞环的宽度。

2.2　电力半导体器件

2.2.1　晶闸管(SCR)

1. 晶闸管的结构和符号

晶闸管是在半导体二极管、三极管之后发现的一种新型的大功率半导体器件,它是一种可控制的硅整流元件,亦称可控硅。

晶闸管的外形如图 2 – 12 所示,分为螺栓形和平板形两种,螺栓形元件带有螺栓的那一端是阳极 A,利用它可与散热器固定,另一端的粗引线是阴极 K,细线是控制极(又称门极)G,这种结构更换元件很方便,用于 100A 以下的元件。平板形元件,中间的金属环是控制极 G,离控制极远的一面是阳极 A,近的一面是阴极 K,这种结构散热效果比较好,用于 200A 以上的元件。

晶闸管是由四层半导体构成的。图 2 – 13(a)所示为螺栓形晶闸管的内部结构,它主要由单晶硅薄片 P_1、N_1、P_2、N_2 四层半导体材料叠成,形成三个 PN 结。图 2 – 13(b)和图 2 – 13(c)分别为其示意图和表示符号。

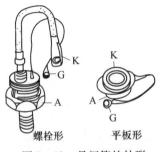

螺栓形　　平板形

图 2 – 12　晶闸管的外形

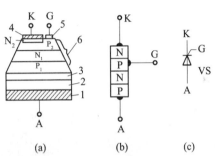

(a)　　　　(b)　　　　(c)

图 2 – 13　晶闸管

1—铜底座;2—钼片;3—铝片;4—金锑合金片;

5—金硼钯片;6—硅片。

2. 晶闸管的工作原理

在晶闸管的阳极与阴极之间加反向电压时,有两个 PN 结处于反向偏置,在阳极与阴极之间加正向电压时,中间的那个 PN 结处于反向偏置,所以晶闸管都不会导通(称为阻断)。那么晶闸管是怎样工作的呢?下面,通过实验来观察晶闸管的工作情况。

如图 2-14 所示,主电路加上交流电压,控制极电路接入 E_g,在 t_1 瞬间合上开关 S,在 t_4 瞬间拉开开关 S,则电阻 R_L 上的电压 u_d 的波形如图 2-14 所示。

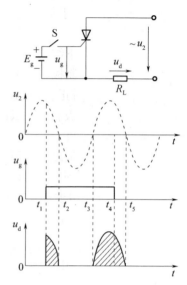

可见,当 $t = t_1$ 时,晶闸管阳极对阴极的电压为正,由于开关 S 合上,使得控制极对阴极的电压也为正,所以晶闸管导通,晶闸管压降很小,电源电压 u_2 加于电阻 R_L 上;当 $t = t_2$ 时,由于 $u_2 = 0$,所以流过晶闸管电流小于维持电流,晶闸管关断,之后晶闸管承受反向电压不会导通;当 $t = t_3$ 时,u_2 开始从零变正,晶闸管的阳极对阴极又开始承受正向电压,这时控制极对阴极有正电压 $u_g = E_g$,所以晶闸管又导通,电源电压 u_2 再次加于 R_L 上;当 $t = t_4$ 时,$u_g = 0$,但由于这时晶闸管处于导通伏态,则维持导通;当 $t = t_5$ 时,由于 $u_2 = 0$,晶闸管又关断,晶闸管处于阻断状态。这种现象称为晶闸管的可控单向导电性,为什么出现这种特性呢?

图 2-14 晶闸管工作情况的实验图

根据晶闸管的内部结构,可以把它等效地看成是两只晶体管的组合,其中一只为 PNP 型晶体管 VT_1,另一只为 NPN 型晶体管 VT_2,中间的 PN 结为两管共用,如图 2-15 所示。

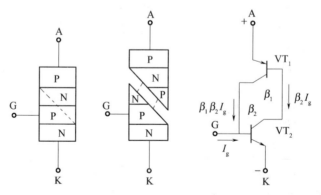

图 2-15 晶闸管的工作原理

当晶闸管的阳极与阴极之间加上正向电压时,这时 VT_1 和 VT_2 都承受正向电压,如果在控制极上加一个对阴极为正的电压,就有控制电流 I_g 流过,它就是 VT_2 的基极电流 I_{b2},经过 VT_2 的放大,在 VT_2 的集电极就产生电流 $I_{c2} = \beta_2 I_{b2} = \beta_2 I_g$($\beta_2$ 为 VT_2 的电流放大系数),而这个又恰拾是 VT_1 的基极电流 I_{b1},这个电流再经过 VT_1 的放大作用,便得到 VT_1 的集电极电流 $I_{c1} = \beta_1 I_{b1} = \beta_1 \beta_2 I_g$($\beta_1$ 为 VT_1 的电流放大系数),由于 VT_1 的集电极和 VT_2 的基极是接在一起的,所以这个电流又流入 VT_2 的基极,再次放大。如此循环下去,形成了强烈的正反馈，即 $I_g = I_{b2} \to I_{c2} = \beta_2 I_{b2} = I_{b1} \to I_{c1} = \beta_1 \beta_2 I_g$，直至元件全部导通为止，这个导通过程是在极短的时间内产生的，一般不超过几微秒，称为"触发导通过程"；在晶闸管导通后，VT_2 的基极始终有比控制电流 I_g 大得多的电流流过，因此当晶闸管一经导通，控制极即使去掉控制电压，晶闸管仍可保持导通。

当晶闸管阳极与阴极间加反向电压时，VT_1 和 VT_2 便都处于反向电压作用下，它们都没有放大作用，这时即使加入控制电压，导通过程也不可能产生。如果起始时，控制电压没加入或极性接反，由于不可能产生起始的 I_g，这时即使阳极加上正向电压，晶闸管也不能导通。

综上所述可得以下结论：

(1) 起始时若控制极不加电压，则不论阳极加正向电压还是反向电压，晶闸管均不导通，这说明晶闸管具有正、反向阻断能力。

(2) 晶闸管的阳极和控制极同时加正向电压时晶闸管才能导通，这是晶闸管导通必须同时具备的两个条件。

(3) 在晶闸管导通之后，其控制极就失去控制作用。欲使晶闸管恢复阻断状态，必须把阳极正向电压降低到一定值（或断开，或反向）。

晶闸管的 PN 结可通过几十至几百安的电流，因此它是一种大功率的半导体器件，由于晶闸管导通时，相当于两只三极管饱和导通，因此，阳极与阴极间的管压降为 1V 左右，而电源电压几乎全部分配在负载电阻 R_L 上。

2.2.2　全控型电力半导体器件

变频调速技术的发展，同现代功率开关器件的研制与发展是密切相关的。由于晶闸管（SCR）元件不具备自关断能力，且开关速度低，限制了常规晶闸管变频器的性能与应用范围。20 世纪 80 年代以来，各种具备自关断能力的全控型、高速型功率集成器件不断研制成功，使得变频器技术跨入了电力电子技术的新时代。这些器件有：可关断晶闸管 GTO、电力晶体管 GTR、功率场控晶体管 SIT、静电感应晶闸管（SITH）、MOS 晶闸管 MCT 及 MOS 晶体管 MGT 等。这些现代功率开关的问世，使电力电子技术由顺变时代走入今天的逆变时代，各种各样的 PWM 变频电路在新型功率开关器件的支持下进入了机电一体化的实用领域。

全控型器件即具备自关断能力的半导体器件，可分为三大类型：双极型、单极型和混合型。各种全控型器件的符号及等效电路见表 2 - 2。

表 2 - 2　各种全控器件的符号及等效电路

类型\结构	双 极 型 器 件				单 极 型 器 件	
名称	晶体管	达林顿管	可关断晶闸管	静电感应晶闸管	场控晶体管	静电感应晶体管
代号	GTR	Darlington	GTO	SITH	功率 MOSFET	SIT
等效电路					N沟　P沟	N沟　P沟

类型 结构	复合型器件					
名称	绝缘门极晶体管	MOS 晶闸管	MOS 晶体管（MCT）			
代号	IGBT	MCT	达林顿式	并联式	串联式	混合式
等效电路	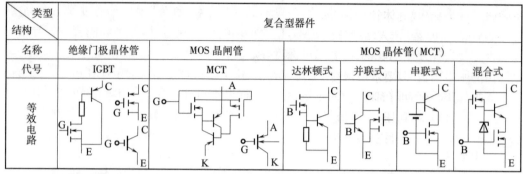					

1. 双极型器件

双极型器件指器件内部电子和空穴两种载流子参与导电的半导体器件。

（1）可关断晶闸管（Gate Turn - off Thyristor, GTO） 高电压大电流双极型全控器件。目前最大容量为5000V、4500A和9000V、1000A,工作频率一般（1～2）kHz。主要缺点是:门极反向关断电流大,开关缓冲电路要消耗一定能量且需要快速恢复二极管、无感电阻、无感电容等器件。其主要优势在于GTO是四层器件,在电压和电流方面均有充分发展的空间,在高电压大电流领域将取代传统晶闸管。

（2）功率晶体管（Giant Transistor, GTR） 具有控制方便、开关时间短、高频特性好、通态压降较低等优点。目前最大容量为400A、1200V,工作频率可达5kHz,在500kW以下的应用场合竞争力极强。其主要缺点是存在局部过热引起的二次击穿现象,且由于GTR是三层结构的双极型器件,其电压难以超过1500V。

（3）静电感应晶闸管（Static Induction Thyristor, SITH） 又称场控晶闸管。在栅极上加反向偏压时为阻断状态,除去反偏压即为导通状态。其工作温度高,动态特性均匀,导通电阻小,正向压降低,开关速度快,开关损耗小且$\frac{di}{dt}$、$\frac{du}{dt}$耐量大。但SITH的制造工艺复杂,目前尚未达到实用阶段。

2. 单极型器件

单极型器件,指器件内部只有多数载流子参与导电的半导体功率器件。

（1）功率场控晶体管（Power Mosfet） 功率MOSFET又称为功率场效应管,其开关时间很短,一般为纳秒数量级,工作频率可达30kHz以上。该器件属电压控制型,控制较方便,不会发生二次击穿现象,且热稳定性好、抗干扰能力强。目前耐压等级为1000V,电流等级为200A。

（2）静电感应晶体管（Static Induction Transistor, SIT） SIT为三层结构,不仅可以工作在开关状态,也可以工作在放大状态,是一种非饱和输出特性的器件。输出功率大、失真小,输入阻抗高,开关特性好且抗辐射能力强。目前SIT的频率可达（30～50）MHz,电流200A、电压1500V。

3. 混合型器件

混合型器件又称为复合型器件,指双极型和单极型器件的集成混合器件。既具备双极型器件电流密度高、导通压降低的优点,又具备单极型器件输入阻抗高、开关速度快的优点,其中IGBT器件也不存在二次击穿问题。

（1）MOS门极晶体管（MOS Gate Transistor, MGT） 由功率场效应管与功率晶体管复合而成,其基本结构形式有达林顿式、并联式、串联式及串并联混合式。

（2）绝缘门极晶体管（Insulated Gate Bipolar Transistor, IGBT）　又称为绝缘栅晶体管,是发展最快且已走入实用化的一种复合型器件。系列化产品电流容量为(10~400)A,电压等级为(500~1400)A,工作频率为(10~30)kHz 之间,在中频以上交流电源、各种直流开关电源及其他要求高速度、低损耗的领域,IGBT 有取代 GTR 和 MOSFET 的趋势。

（3）MOS 晶闸管（MOS-Controlled Thyristor, MCT）　MCT 由功率场效应管与晶闸管复合而成。具有高电压、大电流、低通态压降、高电流密度、高输入阻抗、低驱动功率和高开关速度等优点。是目前电力半导体器件中被评价最高的一种混合器件,但目前产品还没有完全系列化。

（4）功率集成电路（Power Integrated Circuit, PIC）　功率集成电路是指功率器件与驱动电路、控制电路以及保护电路的集成。目前 PIC 被分为两大类:一类是高压集成电路 HPIC,是横向高耐压电力电子器件与控制电路的单片集成;另一类是智能型功率集成电路 SPIC,是纵向功率集成器件与控制电路、保护电路及传感电路的多功能集成。PIC 体现了强电器件与弱电控制电路的结合,尽管目前仍处于中小功率阶段(电压 1000V 以下,电流 100A 以下),但据预计,PIC 的发展和应用前景十分广阔。

图 2-16 给出了各种功率器件的输出容量、工作频率及其主要应用领域示意图。

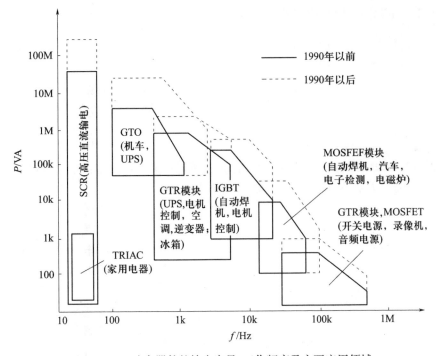

图 2-16　功率器件的输出容量、工作频率及主要应用领域

2.2.3　智能功率模块（IPM）

智能功率模块（Intelligent Power Module, IPM）,它不仅把功率开关器件和驱动电路集成在一起,而且还内部集成有过电压、过电流和过热等故障检测电路,并可将检测信号送到 CPU。它由高速低功耗的管芯和优化的门极驱动电路以及快速保护电路构成。即使

23

发生负载事故或使用不当,也可以保证 IPM 自身不受损坏。

IPM 一般使用 IGBT 作为功率开关元件,内部是电流传感器及驱动电路的集成结构。IPM 以其高可靠性、使用方便赢得越来越大的市场,尤其适合于驱动电机的变频器和各种逆变电源,是变频调速、冶金机械、电力牵引、伺服驱动、变频家电的一种非常理想的电力电子器件。

2.3　伺服系统的动态特性

数控机床的伺服系统包括进给伺服系统和主轴伺服系统,一般都可以采用直流伺服系统或交流伺服系统。进给伺服系统以精确定位为主要目的,要求控制精度很高,不仅有速度控制环节,还有位置控制环节。对于主轴伺服系统,如果要求其与进给轴联动,则和进给伺服系统的要求一样;如果没有与进给轴联动的要求,则其伺服系统以速度控制为主。

现代数控机床的精度和运行平稳性主要取决于伺服系统的特性。伺服系统的性能是机床性能的最重要影响因素之一。从伺服系统的设计制造到安装调试以及使用过程中的故障诊断与维修,都离不开基于自动控制原理的伺服系统建模与动态特性分析。

本节以交流进给伺服系统为例,介绍伺服系统的数学模型及其动态特性分析。

2.3.1　伺服系统的数学模型

伺服系统是以机床运动部件的位置和速度作为控制对象的机电控制系统,主要由伺服驱动器、位置检测单元以及机械传动系统等基本环节组成。伺服系统接收 CNC 插补输出的进给脉冲序列或数字移动量,经过变换和放大后驱动机床主轴或工作台运动。按照控制理论,可以把位置指令作为伺服进给系统的输入,机床主轴或工作台位移作为系统的输出,切削或使用过程中的外负载作为系统干扰量。

1. 半闭环进给伺服系统工作原理

图 2 - 17 为半闭环进给伺服系统的结构图,这是一个三环控制系统,以电流环作为控制内环,速度环作为中环,位置环为控制外环。

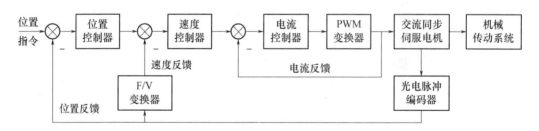

图 2 - 17　半闭环进给伺服系统结构

电流调节器负责根据指令需要调节电机电枢电压以控制其输出力矩;速度调节器控制对象为电流环,负责将速度指令与实际速度之差值转化成电流环的输入指令;位置调节器控制对象为速度环,负责将位置指令与实际位置之差值经过放大转换为速度环的输入指令。电机转角位置和转速的检测均由伺服电机自带的光电编码器完成,电枢电流由电流互感器检测。在工程应用中,电流环与速度环控制器均为 PI 调节器,位置环为 P 调节器。

当伺服控制器接收到位置指令输入后,首先与位置检测反馈值比较,得到的偏差信号先后经过位置环、速度环和电流环控制器,最后作用于伺服电机电枢回路以控制其输出转矩,该输出转矩作为机械传动系统的输入值,并在传动系统刚度与阻尼的影响下,最终体现为工作台以指定的速度向指定的位置移动,并最终停止在指令位置,若数控装置连续输出指令位置,则伺服进给系统就能实现连续运动。

伺服控制系统的三个控制环节分别起不同的调节作用。电流环用于增加系统响应的快速性,保证电机输出足够大的加速扭矩,同时通过负反馈抑制电流环内部的干扰,并可以限制电机最大电流,保证系统安全运行。速度环的作用是对电机的转速进行控制,提高系统的快速跟踪特性,同时抑制速度波动以达到速度变化时平稳的过渡响应。位置环可以提高系统稳态精度,同时改善动态跟踪性能,防止发生超调和刀具路径的摆动,使伺服系统可以稳定运行。

2. 永磁同步交流伺服电机的数学模型

交流永磁同步电机具有结构简单、运行可靠、响应快和效率高的优点,因而在机床进给伺服系统中广泛应用。随着矢量控制理论在交流电机控制领域的深入应用,交流伺服电机的控制可以获得与直流电机一样的动态特性。采用交流矢量控制方法,把三相交流矢量分解成与之等效的直流量,即产生励磁电流分量 u_q 和转矩电流分量 u_d,再对两个正交分量进行控制。为了获得线性特性,通常采用 $u_d = 0$ 的控制方式。假设黏性阻尼系数为零,采用矢量控制方式的交流伺服电机的传递函数框图如图 2 – 18 所示。

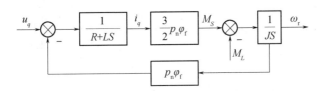

图 2 – 18 永磁同步交流伺服电机传递函数框图

图 2 – 18 中的其余符号分别为:M_S 输出转矩、M_L 负载转矩、ω_r 转子角速度、J 电机轴等效转动惯量、R 绕组电阻、L 是 q 轴等效电感、u_q 和 i_q 是 q 轴等效电压和电流、φ_f 定子 q 轴磁链、p_n 为极对数、S 拉普拉斯变换算子。

3. 电流环的数学模型

电流环由电流控制器、PWM 变换器以及电流检测组成反馈控制环节。电流环的闭环传递函数可简化为一个小惯性环节。其简化的传递函数如下。

$$G_{IB} = \frac{1}{T_I s + 1} \qquad\qquad (2 – 8)$$

式中　T_I——时间常数。

4. 速度环的数学模型

速度环控制器为 PI 调节器,其内环电流环为简化之后的一阶环节,则速度环结构框图如图 2 – 19 所示。

图 2 – 19 中,ω_{ref} 为速度指令,K_V 和 T_V、T_I 分别为速度控制器的比例常数和积分常数。

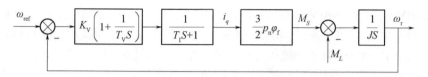

图 2 - 19　速度环传递函数框图

5. 位置环的数学模型

位置环控制器为 P 调节器,其结构框图如图 2 - 20 所示。图 2 - 20 中,θ_{ref} 为角位置输入指令、θ_M 为角位置输出信号、K_P 为位置控制环增益、K_C 为电机扭矩系数。

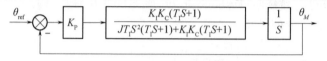

图 2 - 20　位置环传递函数框图

2.3.2　伺服系统的动态特性分析

伺服系统动态特性分析的主要目的是优化系统参数,使得系统能够稳定、快速、准确的执行给定的指令。本节仅以经典控制理论为基础,简要介绍数控伺服系统动态特性的分析方法。

1. 电流环的参数设计

电流环设计过程较复杂,涉及到电机及驱动器内部元器件的电气参数,电流环 PI 常数一般都是在驱动器内部设定好的,在此不作深入讨论。不过,基本的要求是伺服系统电流闭环调整时间 t_s 应小于 1ms。

2. 速度环的参数整定

一般地,传统的伺服系统的调节器参数整定,在设计时把各环节传递函数简化成相应的典型环节,通过频率特性和根轨迹法对调节器参数进行整定。

速度环比例增益 K_V 影响电机速度的响应快慢,积分时间常数 T_V 和 T_I 影响电机稳态速度误差及速度环的稳定性。速度环是典型的二阶系统,在阶跃扰动下其稳态误差为零,因此关注速度环动态特性的重点就是速度控制环的相位裕度。速度控制环参数整定的基本方法就是选用最大相角裕度准则。通过调整 T_V 和 T_I,使得开环相角裕度 $\gamma(\omega_c)$ 最大。根据自动控制原理,开环相位裕度的计算公式为:

$$\gamma = \arctan(\omega_c T_V) - \arctan(\omega_c T_I) \tag{2-9}$$

通过微分求极值原理可以确定相位稳定裕度 γ 取极大值时的穿越频率 ω_c,计算公式如下:

$$\omega_c = 1/\sqrt{T_V T_I} \tag{2-10}$$

可见仍然是二变量函数,这使得参数的整定比较繁琐,而且在一定程度上依赖工程师的经验,存在一定的误差,系统并没有在最佳的状态下工作。

为了使得系统在最优或者是次最优的状态下工作,专家学者们提出了最优 PID 和模糊 PID 参数自整定方法,即建立性能指标函数,把系统需要调节的 PID 参数看作是该性能指标函数的变量对指标函数进行寻优，得到性能指标函数最小时的 PID 参数，该结果就是最优的系统 PID 参数。最优 PID 和模糊 PID 参数自整定的关键是性能指标函数的选取和优化算法，其直接影响到系统优化的结果。限于篇幅，对于最优 PID 和模糊 PID 参数自整定的方法，本节不作做介绍，请参阅有关书籍。

3. 位置环的参数整定

位置环要求稳态误差为零，且其动态特性能在较短时间内跟踪指令的变化，为了保证加工表面质量，位置环不允许出现超调。一般地，随着比例增益 K_v 增大，位置环阶跃响应输出的调整时间 $T_s(\mathrm{s})$ 减小，穿越频率 ω_c 增大，系统的快速性增强。但同时相位稳定裕度 γ 也在减小，说明系统阻尼减小，稳定性变差。具体地，在速度环已确定的基础之上，通过调试不同的位置环比例增益 K_v，且在保证位置环稳定、不出现超调的前提下，尽量增大 K_v 来减小位置滞后量，以求得位置环比例增益最优解。

第3章　伺服系统常用传感器及检测装置

数控机床伺服系统常用位置传感器或速度传感器构成检测反馈装置,用来测量控制对象的线位移或角位移及其相应的速度。数控机床伺服系统是数控机床的重要组成部分,伺服系统的性能在很大程度上取决于传感器及其检测装置的性能。

位置控制的作用是精确地控制机床运动部件的坐标位置,快速、准确地执行机床CNC系统的运动指令。构成闭环控制的数控机床,其运动精度主要由位置检测装置的精度决定。现代数控机床伺服系统离不开传感器与检测装置。在设计数控机床时,必须合理地选用位置或速度检测传感器及其检测装置。

本章介绍数控机床伺服系统常用传感器及检测装置的工作原理及其应用。

3.1　概　　述

3.1.1　伺服系统检测装置的作用与要求

计算机数控系统的位置控制是将插补计算的理论位置与实际反馈位置相比较,用其差值去控制进给电机。而实际反馈位置的测量,则是由一些位置传感器及其检测装置来完成的。这些检测装置主要有旋转变压器、感应同步器、脉冲编码器、光栅尺、磁栅尺、测速发电机球栅尺等。

对于采用半闭环控制的数控机床,其闭环路内不包括机械传动环节,它的位置检测装置一般采用旋转变压器,或高分辨率的脉冲编码器,装在进给电机或丝杠的端头,旋转变压器(或脉冲编码器)每旋转一定角度,都严格地对应着工作台移动的一定距离。测量了电机或丝杠的角位移,也就间接地测量了工作台的直线位移。

对于采用闭环控制系统的数控机床,应该直接测量工作台的直线位移。可采用感应同步器、光栅尺、磁栅尺、球栅尺等测量装置,由工作台直接带动感应同步器等位置传感器的滑动尺移动的同时,与装在机床床身上的定尺配合,测量出工作台的实际位移值。

可见,位置测量装置是数控机床伺服系统的重要组成部分。它的作用是检测位移和速度,发送反馈信号,构成闭环或半闭环控制。数控机床的加工精度主要由检测系统的精度决定。

数控机床位移检测系统能够测量的最小位移量称为分辨率。分辨率不仅取决于检测元件本身,也取决于测量线路。

数控机床伺服系统对检测装置的主要要求有:

(1) 精度、灵敏度和分辨率高,能满足伺服系统对位置和速度的检测精度要求。

(2) 线性、稳定性和重复性好,工作可靠。

(3) 静、动态特性好,测量范围较大。

（4）抗干扰能力强。

（5）体积小、成本低、安装维护方便，适合机床运行环境。

3.1.2 伺服系统检测装置的分类

根据不同的分类方法可以将伺服系统检测装置划分为不同的种类。根据运动形式可以划分为回转型和直线型；根据运动起点和终点的相对数量关系可以划分为增量式和绝对式；根据采集信号的性质又可划分为数字式和模拟式。

伺服系统常用位置检测装置的分类见表3-1。

表3-1　伺服系统常用位置检测装置的分类

类　型	增　量　式	绝　对　式
回转型	增量光电脉冲编码器 测速发电机 旋转变压器 圆感应同步器 圆光栅、圆磁栅	绝对式光电脉冲编码器 多速旋转变压器 三速圆感应同步器
直线型	直线感应同步器 直线光栅尺 直线磁栅尺 球栅尺	三速直线感应同步器 绝对式磁栅尺

1. 回转型和直线型

直线型检测装置用于对机床的直线位移进行测量，称为直接测量，构成全闭环伺服控制系统。对于采用闭环控制系统的数控机床，应该直接测量工作台的直线位移。其测量精度主要取决于测量元件的精度，不受机床传动精度的直接影响。但检测装置要与行程等长，这对大型数控机床来说，是一个很大的限制。

回转型检测元件用于对机床的直线位移进行测量，称为间接测量，构成半闭环伺服控制系统。间接检测可靠方便，无长度限制，缺点是在检测信号中加入了直线转变为旋转运动的传动链误差，从而影响检测精度。因此，为了提高定位精度，常常需要对机床的传动误差进行补偿。

2. 增量式和绝对式

增量式检测方式只测量位移增量，每移动一个测量单位就发出一个测量信号。其优点是检测装置比较简单，任何一个对中点都可以作为测量起点。但在此系统中，移动距离是靠对测量信号计数后读出的，一旦计数有误，此后的测量结果将全错。另外在发生故障时（如断电等）不能再找到事故前的正确位置，事故排除后，必须将工作台移至起点重新计数才能找到事故前的正确位置。

绝对式测量方式可以避免上述缺点，它的被测量在任何一点的位置都以一个固定的零点作基准，每一被测点都有一个相应的绝对测量值。采用这种方式，分辨率要求越高，结构也越复杂。

3. 数字式和模拟式

数字式检测是将被测量单位量化以后以数字形式表示，它有如下特点：

（1）被测量量化后转换成脉冲个数，便于显示处理。

（2）测量精度取决于测量单位，与量程基本无关。

（3）检测装置比较简单，脉冲信号抗干扰能力强。

模拟式检测是将被测量用连续的变量来表示。在大量程内作精确的模拟式检测在技术上有较高的要求，数控机床中模拟式检测主要用于小量程测量。它的主要特点是：

（1）直接对被测量进行检测，分辨率取决于采样速度。

（2）在小量程内可以实现高精度测量。

（3）可用于直接检测和间接检测。

3.2　旋转变压器

旋转变压器是一种采用电磁感应原理的模拟式间接测量装置。由于它具有结构简单、动作灵敏、工作可靠、对环境条件要求低、输出信号幅度大和抗干扰能力强等特点，所以在连续控制系统中得到了普遍使用。

3.2.1　结构和工作原理

旋转变压器又称为同步分解器，它是一种控制用的微电机，在结构上与两相绕线式异步电动机相似，由定子和转子组成。定子绕组为变压器一次侧，转子绕组为变压器二次侧。激磁电压接到一次侧，感应电动势由二次侧输出。常用的激磁频率为400Hz、500Hz、1000Hz、2000Hz及5000Hz。

通常应用的旋转变压器为二极旋转变压器，其定子和转子绕组中各有互相垂直的两个绕组。另外，还有一种多极旋转变压器。也可以把一个极对数少的和一个极对数多的两种旋转变压器做在一个磁路上，装在一个机壳内，构成"粗测"和"精测"电气变速双通道检测装置，用于高精度检测系统和同步系统。

由于定子和转子之间的磁通分布符合正弦规律，所以当激磁电压加到定子绕组时，通过电磁耦合，转子绕组产生感应电动势。如图3-1所示，由变压器原理可知，设一次绕组匝数为 N_1，二次绕组匝数为 N_2，$n = N_1/N_2$ 为变压比，当一次侧输入交变电压

$$U_1 = U_m\sin\omega t \tag{3-1}$$

时，二次侧产生感应电动势

$$E_2 = nU_1 = nU_m\sin\omega t \tag{3-2}$$

同时，由于它是一只小型交流电机，二次绕组跟着转子一起旋转，其输出电势随着转子的角向位置呈正弦规律变化，当转子绕组磁轴与定子绕组磁轴垂直时，$\theta = 0°$，不产生感应电动势，$E_2 = 0$；当两磁轴平行时，$\theta = 90°$，感应电动势为最大，即

$$E_2 = nU_m\sin\omega t \tag{3-3}$$

当两磁轴为任意角度时，感应电动势为

$$E_2 = nU_1 = nU_m\sin\omega t\sin\theta \tag{3-4}$$

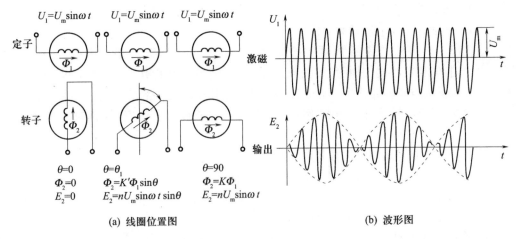

(a) 线圈位置图   (b) 波形图

图 3 - 1   旋转变压器工作原理

式中 U_m——定子输入电压幅值。因此,旋转变压器转子绕组输出电压是严格地按转子偏转角 θ 的正弦规律变化的。

3.2.2   旋转变压器的应用

旋转变压器作为位置检测元件,有鉴相式和鉴幅式两种应用方式。

1. 鉴相工作方式

在鉴相工作方式下,旋转变压器定子设置两相正交绕组分别称为正弦绕组 S 和余弦绕组 C,在其上分别加上幅值相等、频率相同而相位相差 90°的正弦交变电压 $U_S = U_m \sin\omega t$ 和 $U_C = U_m \cos\omega t$,此两相励磁电压在转子绕组中会产生合成的感应电动势 E_2,如图 3 - 2 所示。

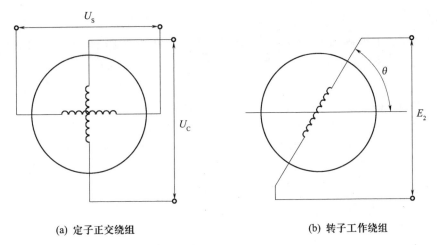

(a) 定子正交绕组   (b) 转子工作绕组

图 3 - 2   旋转变压器的定子绕组与转子绕组

根据线性叠加原理,转子绕组中产生的合成感应电动势为

$$E_2 = KU_S \cos\theta - KU_C \sin\theta =$$

$$KU_m(\sin\omega t\cos\theta - \cos\omega t\sin\theta) = KU_m \sin(\omega t - \theta) \qquad (3-5)$$

31

式中 θ——定子正交绕组轴线与转子工作绕组轴线间的夹角；

　　ω——励磁交变电压角频率。

由式(3-5)可见,旋转变压器转子绕组中的感应电动势 E_2 与定子绕组中的励磁电压频率相同,但相位不同,其相位差为 θ。测量转子绕组输出电压的相位角 θ,即可测得转子相对于定子的空间转角位置。在实际应用中,把定子正弦绕组励磁电压的相位作为基准相位,与转子绕组输出电压相位作比较,来确定转子转角的位置,故称其为鉴相工作方式。

如果将旋转变压器安装在数控机床的丝杠上,当 θ 角从 0°变化到 360°时,表示丝杠上的螺母(工作台)走了一个螺距,这样就间接地测量了工作台的直线位移(螺距)的大小。测全长时,可加一只计数器,累计所走的螺距数,折算成位移总长度。为区别正反向,再加一只相敏检波器以区别不同的转向。

2. 鉴幅工作方式

在鉴幅工作方式下,定子两相正交绕组中施加的励磁电压是频率和相位相同,而幅值分别按正弦、余弦规律变化的交变电压,即

$$\begin{cases} U_S = U_m \sin \alpha \sin \omega t \\ U_C = U_m \cos \alpha \sin \omega t \end{cases} \tag{3-6}$$

式中 $U_m \sin \alpha, U_m \cos \alpha$——定子两绕组励磁信号的幅值。

此时在转子绕组中产生的感生电压不但与转子的相对位置 θ 有关,还与励磁电压的幅值有关,即

$$E_2 = KU_S \cos \theta - KU_C \sin \theta =$$

$$KU_m \sin\omega t(\sin \alpha \cos \theta - \cos \alpha \sin \theta) = KU_m \sin\omega t \sin(\alpha - \theta) \tag{3-7}$$

式中 α——电气角。若 $\alpha = \theta$,则 $E_2 = 0$。

从物理概念上理解,$\alpha = \theta$ 表示定子绕组合成磁通 Φ 与转子绕组平行,即没有磁力线穿过转子绕组线圈,故感应电势为零。当合成磁通 Φ 垂直于转子线圈平面时,即 $\alpha - \theta = \pm 90°$时,转子绕组中感应电动势最大。在实际应用中,根据转子误差电压的大小,不断修正定子励磁信号的电气角 α,使其跟踪转子相对位置 θ 的变化。

由式(3-7)可知,感应电动势 E_2 是以 ω 为角频率的交变信号,其幅值为 $U_m \sin(\alpha - \theta)$,若电气角 α 已知,那么只要测出 E_2 的幅值,便可间接地求出被测角位移 θ 的大小。一个特殊的情况,即当幅值为零时,说明电气角 α 与被测角位移 θ 相等。当采用鉴幅工作方式时,不断调整电气角 α,使幅值始终等于零,这样用调整电气角 α 代替了对角位移 θ 的测量,可通过具体电子线路实现。

3.3　感应同步器

感应同步器也是一种采用电磁感应原理的模拟式位移测量装置,根据用途不同和结构特点分成直线式和旋转式(圆盘式)两大类。直线式感应同步器由定尺和滑尺组成,旋转式感应同步器由定子和转子组成,前者用以测量工作机构的直线位移,后者用以测量旋

转角度。

3.3.1 基本原理

图 3 - 3 所示为直线感应同步器结构。定尺和滑尺由一系列开口线圈串联而成,其中动尺产生分布的交变磁场,定尺则作为读出装置。由图 3 - 3 可见,当两个线圈的轴线重合时,读出的感应信号最大;而当两个线圈的轴线错开时 $\tau/2$,输出感应信号为零。同理,当滑尺继续移动 $\tau/2$ 时,输出信号最大,但相位相反。

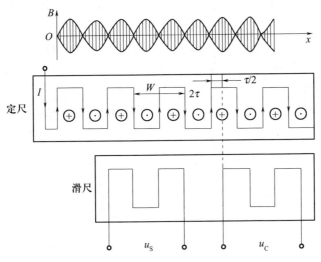

图 3 - 3　感应同步器绕组分布图

为辨向和细分,在滑尺上制作两个彼此相差 $\tau/2$ 的绕组,以便得到包络相位相差 $\pi/2$ 的信号,这两个绕组分别为正弦绕组和余弦绕组,绕组的节距为 2τ,一般为 2mm,又称极距。

3.3.2 结构

定尺和滑尺通常以优质碳素钢作为基体,一般选用导磁材料,其膨胀系数尽量与所安装的主机体相近。在基体上用绝缘的黏合剂贴上铜箔,用光刻或化学腐蚀方法制成方形开口平面绕组。然后,喷涂一层耐腐蚀的绝缘清漆层,以保护尺面。在滑尺的绕组周围常贴一层铝箔,防止静电干扰。安装时定尺组件与滑尺组件分别安装在机床的不动和移动部件上,例如工作台和床身。滑尺安装在机床工作台上,并自然接地。

三速直线感应同步器可以弥补感应同步器在停电时丧失数据的缺点。在一个标尺上制作 3 种不同节距的绕组,用 3 套测量系统,按粗、中、细分档定位,可以得到绝对坐标测量系统。

目前生产的直线式感应同步器有标准式、窄式、带式和三速式等多种。比如美国 Frand 公司的产品主要参数见表 3 - 2。表 3 - 2 中电压传递系数的定义是动尺输入电压与定尺输出电压之比,即电压传递系数 = 动尺输入电压/定尺输出电压。

用于测角位移的圆形感应同步器,其工作原理与直线型相同,所不同的是定子(相当于定尺)、转子(相当于滑尺)及绕组形状不同,结构上可分为圆形及扇形两种。

表 3-2　美国 Frand 公司感应同步器参数

感应同步器		检测周期	精度	重复精度	滑尺			定尺		电压传递系数
					阻抗/Ω	输入交流电压/V	最大允许功率/W	阻抗/Ω	输入交流电压/V	
直线式	标准直线式	2mm	±0.0025mm	0.25μm	0.9	1.2	1.5	4.5	0.027	44
	标准直线式	0.1英寸	±0.0001英寸	10英寸×10⁻⁶	1.6	0.8	2.0	3.3	0.042	43
	窄式	2mm		0.5μm	0.53	0.6	0.6	2.2	0.008	73
	三速式	400mm / 100mm / 2mm	±7.0mm / ±0.15mm / ±0.005mm	0.5μm	0.95	0.8	0.6	4.2	0.004	200
	带式	2mm	±	0.01μm	0.5	0.5		10	0.0065	77
回转式	12/720	1°	±1″	0.1″	8			4.5		120
	12/360	2°	±1″	0.1″	1.9			1.6		80
	7/360	2°	±3″	0.3″	2.0			1.5		145
	3/360	2°	±4″	0.4″	5.0			3.3		500
	2/360	2°	±9″	0.9″	8.4			6.3		2000

3.3.3　感应同步器的检测系统

1. 鉴相检测系统

鉴相型感应同步器用于位置控制时,如图 3-4 所示,指令信号由数控装置(插补器)发出,经脉冲—相位变换器变成相位信号 θ_1 输入鉴相器,同时把实际位移量的反馈相位角 θ_2 也反馈到鉴相器进行比较,当两者相位一致($\theta_1 = \theta_2$)时,表示实际位置和给定的指令位置一致,当 $\theta_1 \neq \theta_2$ 时鉴相器输出相位差 $\Delta\theta = \theta_1 - \theta_2$,并将它变换成模拟电压,经放大后驱动伺服电机,使部件做相应的位移,直至到达相应的位置使 $\Delta\theta = 0$,停止运动。

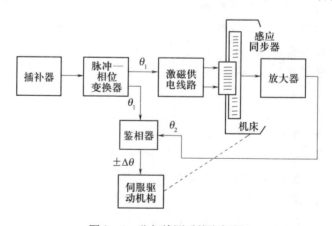

图 3-4　鉴相检测系统方框图

在数字显示系统中,要求把每一个位移增量转化为数字显示出来。由于定尺和滑尺之间产生了相对运动,使得定尺感应电动势的相位发生变化,从图3-5系统方框图可知,若 $\theta_1 \neq \theta_2$ 时,则利用两者相位差 $\Delta\theta = \theta_1 - \theta_2$ 去自动地修改 θ_1 的相位,使其跟随 θ_2 的变化,并且把相位差 $\Delta\theta$ 变成脉冲数送到计数器去计数和显示。

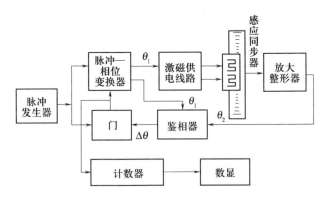

图 3-5 鉴相检测系统的数字显示

下面简单介绍鉴相系统的几个主要电路的结构原理。

1)脉冲—相位变换器

这是一种数字—模拟变换器;它将脉冲数变换成相位位移,其原理如图3-6所示。时钟脉冲发生器发生的脉冲分成两路:一路经基准通道分频器Ⅰ进行 N 分频后作为基准相位的参考信号方波。另一路送到加减器,按指令脉冲的性质对时钟脉冲进行加减。再经指令通道分频器Ⅱ的 N 分频后产生指令信号方波。当没有进给脉冲加入时,两个分频器系统 N 相同,在接收到 N 个脉冲后,同时输出一个矩形方波,其频率和相位相同。

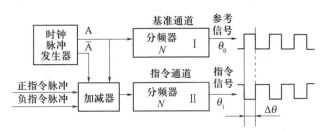

图 3-6 脉冲—相位变换器方框图

当加入表示工作台正向进给的脉冲时,加减器将它们加入时钟脉冲系列中去(不允许和时钟脉冲重合),这样分频器Ⅰ仍以每接收到 N 个脉冲,输出一个矩形方波,而分频器Ⅱ则在同一时间内对 $(N+n)$ 个脉冲分频,因而输出 $[1+(n/N)]$ 个矩形波(n 为这一时间内加入正向进给脉冲数),即后者比前者在相位上超前了 $n/N(°)$。

反之,加入反向进给脉冲,则在分频器Ⅰ输出一个矩形波后在分频器Ⅱ中输出 $[1-(n/N)]$ 个矩形波,这表示后者比前者相位上落后 $n/N(°)$。

由此可见,分频器Ⅱ输出的矩形波相对于分频器Ⅰ输出的参考信号有相位变化,其相移的数值正比于加入的进给脉冲数 n,而相位移动的方向取决于进给脉冲的符号。

2)激磁供电线路

由上述的脉冲—相位变换器中的基准通道分频器的末级触发器同时输出两个相位相

差 90°的方波,经选频滤波网络变成正弦波和余弦波,由功放级给感应同步器的两个绕组激磁,线路如图 3 – 7 所示。

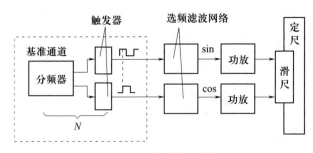

图 3 – 7　激磁供电线路

3) 鉴相器

鉴相器又称相位比较器,线路有很多种,其作用是鉴别指令信号与反馈信号之间的相位,并判别相位差的大小和相位的超前和滞后。

鉴相器的逻辑原理图如图 3 – 8 所示。图中 C_1、C_2、C_3、C_4 为 4 个 D 触发器,其中 C_1、C_3 为分频器,C_2、C_4 为相位比较触发器,M_1、M_2、M_3 为 3 个与非门,若 C_1、C_3 的分频系数都为 n 时,则鉴相范围是 $n \times (\pm 180°)$。

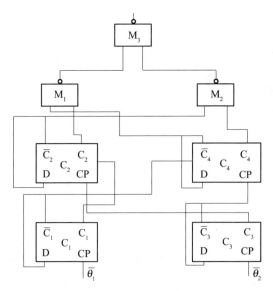

图 3 – 8　鉴相器逻辑原理图

当指令信号 θ_1 和反馈信号 θ_2 同相时,鉴相器输出(即 M_3 输出)为恒定的低电平(图 3 – 9(a));当 θ_1 超前 θ_2 时,鉴相器 M_2 输出保持恒定的高电平,M_1 与 M_3 有脉冲输出,其脉冲宽度为 $\Delta\theta = \theta_1 - \theta_2$(图 3 – 9(b));当 θ_1 滞后 θ_2 时,鉴相器 M_1 输出保持恒定高电平,而 M_2 及 M_3 有脉冲输出,其脉冲宽度为 $-\Delta\theta = \theta_1 - \theta_2$(图 3 – 9(c))。

在闭环数控机床的伺服系统中,利用滤波网络将鉴相器 M_1、M_2 输出的脉冲宽度随相位差 $\Delta\theta$ 而变化的脉冲信号,变成和 $\Delta\theta$ 成正比的直流电流(带正负号),去驱动伺服机构,向着消除误差的方向运动。

在数字显示系统中,利用鉴相器输出的脉冲,去控制开门的时间,从而控制由门电路

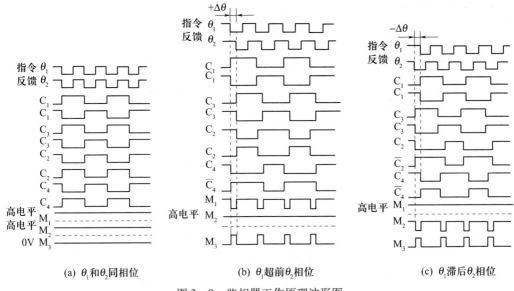

(a) θ_1和θ_2同相位   (b) θ_1超前θ_2相位   (c) θ_1滞后θ_2相位

图 3-9　鉴相器工作原理波形图

输出的脉冲数,并去修改脉冲—相位变换器输出的θ_1相位,使其跟随θ_2而变化。

2. 鉴幅检测系统

鉴幅检测系统的主要特点是:①将感应同步器相对位移的调相作用转换为调幅方式;②鉴幅检测系统构成一个闭合的环路,感应同步器就在环路之中;③环路按照逐次比较原理进行数字量化,即利用脉冲—电压转换器(相当于 D/A 转换)将位移转换为脉冲数;④分别以同频、同相而幅值不同的交变电源激励滑尺的正弦和余弦两个绕组。

其工作状态方框图如图 3-10 所示。当工作台位移值未达到指令要求值时,即$x \neq x_1$($\theta \neq \theta_1$)时,定尺感应总电动势$U_n \neq 0$,此电动势经检波放大成直流信号控制伺服系统工作,使驱动元件带动工作台移动,直至$x = x_1$($\theta = \theta_1$)时$U_n = 0$,工作台停止移动。

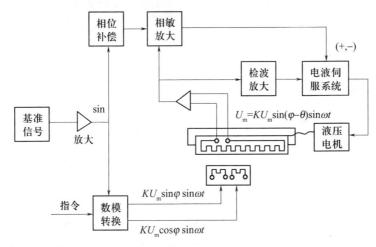

图 3-10　幅值工作状态方框图

定尺感应电动势U_n同时输至相敏放大器,与来自相位补偿器(相位补偿器对基准信号的正弦波相位作适当调整)的标准信号比较,控制工作台的运动方向。

幅值工作系统的另一种形式如图3-11所示。作为鉴幅检测系统,它是通过鉴别定尺绕组输出误差信号的幅值进行检测的。其中,鉴幅器相当于比较器,又称门槛电路,每当改一个Δx的位移增量,就有误差电动势U。当U超过某一预调整的门槛电平时,即产生一个脉冲信号,并用此去修正误差信号U,使误差信号重新降低到门槛电平以下,以致误差信号总是在门槛电平的上下变动。这样就把位移量转换成了数字量,实现了位移的测量和显示。

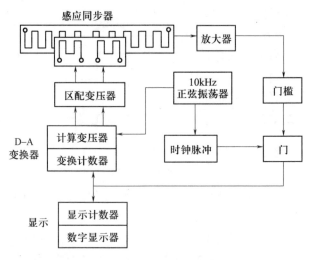

图3-11 鉴幅检测系统

门槛电平的整定,是根据脉冲位移当量来进行的。例如,当脉冲位移当量为0.01mm/脉冲时,那么门槛值应整定在0.007mm的数值上,亦即位移$7\mu m$产生的误差信号经放大正好达到门槛电平。另外对$2\tau = 2mm$感应同步器来说,一个门槛脉冲对应于使数字—模拟变换器修改$1.8°$的$\sin\theta$、$\cos\theta$的激磁值。

激磁电压由数字—模拟变换器产生,数字—模拟变换器则由多抽头的计数变压器、开关线路和变换计数器组成,计数变压器的抽头必须精确地按照正弦、余弦函数抽出。

3.3.4 感应同步器的特点

(1)精度高 因为定尺的节距误差有平均自补偿作用,所以尺子本身的精度能做得较高。直线感应同步器对机床位移的测量是直接测量,不经过任何机械传动装置,测量精度主要取决于尺子的精度。国产直线感应同步器的精度分类见表3-3。

表3-3 GZ_D^H-1[①]直线感应同步器精度等级

精度等级	0 级	1 级	2 级
定尺零位误差/μm	±1.5	±2.5	±5
滑尺细分误差/μm	±0.8	±1.5	±2.5
注:G——感应同步器;Z——直线型;H——滑尺;D——定尺			

感应同步器的灵敏度(或称分辨力),取决于一个周期进行电气细分的程度,灵敏度的提高受到电子细分电路中信噪比的限制,但是通过线路的精心设计和采取严密的抗干扰措施,可以把电噪声减到很低,并获得很高的稳定性。

38

（2）测量长度不受限制　当测量长度大于 250mm 时,可以采用多块定尺接长,相邻定尺间隔可用块规或激光测长仪进行调整,使总长度上的累积误差不大于单块定尺的最大偏差。行程为几米到几十米的中型或大型机床中,工作台位移的直线测量,大多数采用直线式感应同步器来实现。

（3）对环境的适应性较强　因为感应同步器金属基板和床身铸铁的热胀系数相近,当温度变化时,还能获得较高的重复精度。另外,感应同步器是非接触式的空间耦合器件,所以对尺面防护要求低,而且可选择耐温性能良好的非导磁性涂料作保护层,加强感应同步器的抗温防湿能力。

（4）维护简单、寿命长　感应同步器的定尺和滑尺互不接触,因此无任何摩擦、磨损,使用寿命很长,不怕灰尘、油污及冲击振动。同时由于是电磁耦合器件,所以不需要光源、光电元件,不存在元件老化及光学系统故障等问题。

（5）抗扰能力强、工艺性好、成本较低,便于复制和成批生产。

3.3.5　感应同步器安装使用的注意事项

（1）感应同步器在安装时必须保持两尺平行、两平面间的间隙约为 0.25mm,倾斜度小于 0.5°,装配面波纹度在 0.01mm/250mm 以内。滑尺移动时,晃动的间隙及不平行度误差的变化小于 0.1mm。

（2）感应同步器大多装在容易被切屑及切屑液浸入的地方,所以必须加以防护,否则切屑夹在间隙内,会使滑尺和定尺的绕组刮伤或短路,使装置发生误动作及损坏。

（3）同步回路中的阻抗和激磁电压不对称以及激磁电流失真度超过 2%,将对检测精度产生很大的影响,因此在调整系统时,应加以注意。

（4）由于感应同步器感应电势低,阻抗低,所以应加强屏蔽以防止干扰。

3.4　脉冲编码器

3.4.1　概述

脉冲编码器分光电式、接触式、电磁感应式三种。从精度和可靠性方面来看,光电式脉冲编码器优于其他两种,所以数控机床主要使用光电式脉冲编码器。

光电式脉冲编码器是一种光学式位置检测元件,编码盘直接装在转轴上,能把机械转角变换成电脉冲信号,是数控机床上使用很广泛的位置检测装置,同时也可用于速度检测。

光电式脉冲编码器按编码方式又可分为增量式和绝对值式两种。这两种在数控机床中都有应用,其中增量式光电脉冲编码器结构简单、成本低、使用方便,应用最广;而绝对值式光电脉冲编码器则用在有特殊要求的场合。

增量式光电脉冲编码器也有其缺点,有可能由于噪声或其他外界干扰产生计数误差,若因停电或故障而停机,事故排除后不能再找到事故发生前执行部件的正确位置。而绝对值式光电脉冲编码器是利用其圆盘上的图案来表示数值的,坐标值可从绝对编码盘中直接读出,不会有累计进程中的误计数,故障排除后或通电后仍可找到原先的绝对坐标位置。绝对值式光电脉冲编码器的缺点是,当进给转数大于一转时,需作特殊处理,如用减速齿轮将两个以上的编码器连接起来组成多级检测装置,但其结构变得复杂,成本高。

下面分别介绍增量式和绝对值式光电脉冲编码器的工作原理与应用。

3.4.2 增量式光电脉冲编码器

1. 增量式脉冲编码器的分类与结构

脉冲编码器是一种旋转式脉冲发生器。它把机械转角变成电脉冲,是一种常用的角位移传感器。光电脉冲编码器按每转发出的脉冲数的多少来分,有多种型号,数控机床最常用的见表 3-4。根据机床滚珠丝杠螺距和机床精度来选用相应的脉冲编码器。

表 3-4　光电脉冲编码器的型号序列

每转脉冲数/(P/r)	每转移动量/mm	每转移动量/英寸
2000	2,3,4,6,8	0.1,0.15,0.2,0.3,0.4
2500	5,10	0.25,0.5
3000	3,6,12	0.15,0.3,0.6
注:1 英寸 = 25.4mm		

为适应高速、高精度数字伺服系统的需要,先后又发展了高分辨率的脉冲编码器,见表 3-5。

表 3-5　高分辨率光电脉冲编码器的型号序列

每转脉冲数/(P/r)	每转移动量/mm	每转移动量/英寸
20000	2,3,4,6,8	0.1,0.15,0.2,0.3,0.4
25000	5,10	0.25,0.5
30000	3,6,12	0.15,0.3,0.6

增量式光电脉冲编码器的码盘结构原理如图 3-12 所示。在一个圆盘的圆周上分成相等的透明与不透明部分,圆盘与工作轴一起旋转。此外还有一个固定不动的扇形薄片与圆盘平行放置,并制作有辨向狭缝(或狭缝群),当光线通过这两个作相对运动的透光与不透光部分时,使光电元件接收到的光通量也时大时小地连续变化(近似于正弦信号),经放大、整形电路的变换后变成脉冲信号。通过计量脉冲的数目和频率即可测出工作轴的转角和转速。

光电脉冲编码器的结构示意图如图 3-13 所示。

高精度脉冲编码器要求提高光电盘圆周的等分狭缝的密度,实际上变成了圆光栅线纹。它的制作工艺是在一块具有一定直径的玻璃圆盘上,用真空镀膜的方法镀上一层不透光的金属薄膜,再涂上一层均匀的感光材料,然后用精密照相腐蚀工艺,制成沿圆周等距的透光和不透光部分相间的辐射状线纹。一个相邻的透光与不透光线纹构成一个节距 P。在圆盘的里圈不透光圆环上还刻有一条透光条纹 Z,用来产生一转脉冲信号。辨向指示光栅上有两段线纹组 A 和 B,每一组的线纹间的节距与圆光栅相同,而 A 组与 B 组的线纹彼此错开1/4节距。指示光栅固定在底座上,与圆光栅的线纹平行放置,两者间保持一个小的间距。当圆光栅旋转时,光线透过这两个光栅的线纹部分,形成明暗相间的条纹,被光电元件接收,并变换成测量脉冲,其分辨率取决于圆光栅的一圈线纹数和测量线

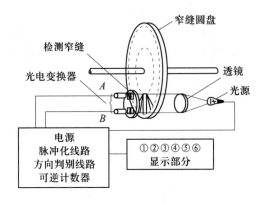

(a) 光电读出原理

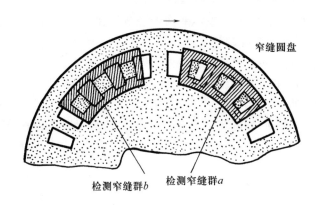

(b) 码盘结构

图 3-12 光电读出式增量码盘的结构原理

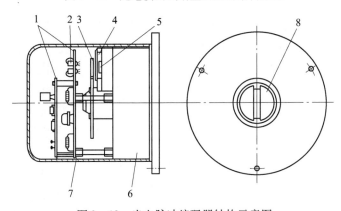

图 3-13 光电脉冲编码器结构示意图

1—印制电路板；2—光源；3—圆光栅；4—指示光栅；5—光电池组；6—底座；7—防护罩；8—轴。

路的细分倍数。

编码器通过十字连接头与伺服电动机连接，它的法兰盘固定在电动机端面上，罩上防护罩，构成完整的驱动部件。

2. 增量式脉冲编码器的工作原理

如上所述，光线透过圆光栅和指示光栅的线纹，在光电元件上形成明暗交替变化的条纹,产生两组近似于正弦波的电流信号 A 与 B,两者的相位相差 90°,经放大、整形电路变成方波(图 3 – 14)。若 A 相超前于 B 相,对应电动机做正向旋转;若 B 相超前于 A 相,对应电动机做反相旋转。若以该方波的前沿或后沿产生计数脉冲,可以形成代表正向位移和反向位移的脉冲序列。

Z 相是一转脉冲,它是用来产生机床的基准点的。通常,数控机床的机械参考点与各轴的脉冲编码器发 Z 相脉冲的位置是一致的。

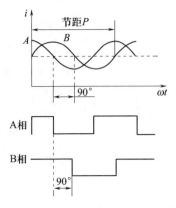

图 3 – 14 脉冲编码器的输出波形

在应用时,从脉冲编码器输出的 A 和 $\bar{A}$,B 和 $\bar{B}$ 四个方波被引入位置控制回路,经辨向和乘以倍率后,变成代表位移的测量脉冲。经频率—电压变换器变成正比于频率的电压,作为速度反馈信号,供给速度控制单元进行速度调节。

图 3 – 15(a)为光电脉冲编码器的信号处理线路图。其中施密特触发器作为放大整形用。它将相差 90°的两组正弦波电流信号 A 与 B,放大整形为方波。图 3 – 15(b)为各节点信号波形。若 A 相超前 B 相 90°则输出正转脉冲列 G,如图 3 – 15(b)右所示;若 A 相落后 B 相 90°,则输出反转脉冲列 F,如图 3 – 15(b)左所示。若采用适当的电子线路,则在原始脉冲信号一周期内可有 4 个脉冲输出,即把与位移(转角)成正比的栅距角细分成四等分。

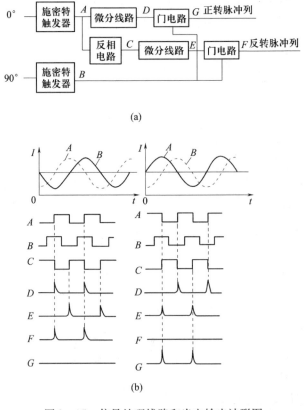

图 3 – 15 信号处理线路和光电输出波形图

42

脉冲编码器主要技术性能如下：

电源:5V ±5% , ≤0.35A

输出信号:$A, \bar{A}; B, \bar{B}; Z, \bar{Z}$

最高转速(普通型):2000r/min

最高转速(高速型):20000r/min

温度范围:(0 ~ 60)℃

轴向窜动:0.02mm

转动惯量: < 5.7kg · cm²

质量: < 2.0kg

阻尼转矩: < 8.0N · cm

3. 增量式脉冲编码器的应用

增量式脉冲编码器在数控机床上作为角度位置或速度检测装置,将检测信号反馈给数控装置 CNC。

1) 用于进给伺服系统的位置检测

在进给伺服系统位置检测的应用中,增量式脉冲编码器将位置检测信号反馈给 CNC 装置时,通常有两种方式:一是应用于带加减计数要求的可逆计数器,形成加计数脉冲 $P +$ 和减计数脉冲 $P -$;二是适应有计数控制和计数要求的计数器,形成方向控制信号 DIR 和计数脉冲 P。

图 3 – 15 所示为增量式脉冲编码器的第一种应用方式。正转时,A 相超前 B 相90°,则输出的脉冲列 G 形成加计数脉冲 $P +$;反转时,A 相滞后 B 相90°,则输出的脉冲列 F 形成减计数脉冲 $P -$ 。

图 3 – 16 所示为增量式脉冲编码器的第二种应用方式。图 3 – 16(a) 为电路图;图 3 – 16(b) 为 A 超前时的波形图;图 3 – 16(c) 为 B 超前时的波形图。脉冲编码器的输出信号经差分、整形、微分、与非门 C 和 D,由 RS 触发器输出方向信号 Q 和计数信号 P。

正转时,A 脉冲超前 B 脉冲。D 门在 A 信号控制下,将 B 脉冲上升沿微分作为计数脉冲反向输出,为负脉冲。该脉冲经与非门 3 变为正向计数脉冲输出。D 门输出的负脉冲同时又将触发器置为"0"状态,Q 端输出"0",作为正转时的方向控制信号。

反转时,B 脉冲超前 A 脉冲。这时,由 C 输出反转时的负计数脉冲,该负脉冲也由 3 门反向输出作为反向时的计数脉冲。不论正转还是反转,与非门 3 都为计数脉冲输出门。反转时,C 门输出的负脉冲使触发器置"1",Q 端输出"1",作为反转时的方向控制信号。

2) 主轴位置编码器

用于主轴位置控制的光电脉冲编码器,其工作原理如前所述,仅其码盘线纹是 1024 条/周,经 4 倍频细分电路处理后,每转脉冲数变为 4096P/r,是二进制的倍数,输出信号波幅为 5V。

主轴位置编码器的主要用途如下:

(1) 加工中心换刀时作为主轴准停用。使主轴定向控制准停在某一固定位置上,以便在该处进行换刀等动作。只要数控系统发出 M19 指令,利用装在主轴上的位置编码器(通过 1:1 的齿轮传动)输出的信号使主轴准停在规定的位置上(图 3 – 17)。

(2) 在车床上,按主轴正反转两个方向使工件定位,作为车削螺纹的进刀点和退刀

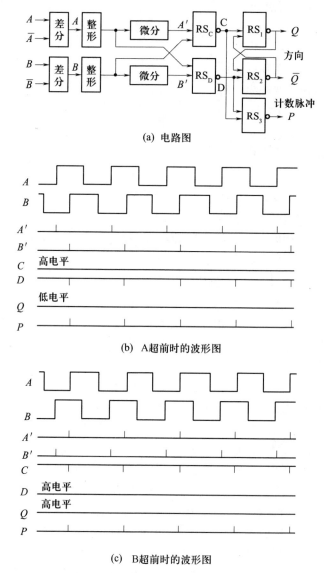

(a) 电路图

(b) A超前时的波形图

(c) B超前时的波形图

图 3-16 增量式脉冲编码器的第二种应用方式

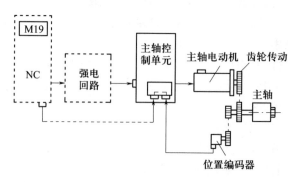

图 3-17 采用位置编码器的主轴定向准停示意图

点,利用 Z 相脉冲作为起点和终点的基准,保证不乱扣(A、B 相差 $90°$,Z 相为一圈的基准信号,产生零点脉冲)。

3) 手摇脉冲发生器

手摇脉冲发生器的工作原理同脉冲编码器,每转产生 1000 个脉冲,常常是每个脉冲移动 $1\mu m$ 的距离,信号波幅为 $+5V$。

其主要用途是:①慢速对刀用;②手动调整机床用。

3.4.3 绝对值式光电脉冲编码器

1. 基本原理

绝对值式编码器通过读取编码盘上的图案来表示轴的位置。它由一组二元信号("0"和"1")按一定规律组成代码,每一个代码对应于编码器的一个确定位置。下面的例子有助于了解它的构成方式:假设一小车在区间 AE 上有 5 个固定停车点(图 3 − 18),分别以 A、B、C、D、E 表示。在每个停车点上设置 1 个二元开关(通—断),例如位置开关。当小车停止在某一位置时,相应的开关接通(为"1"),因此 5 个开关组成的 5 位代码就表示小车的位置,见表 3 − 6。

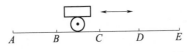

图 3 − 18　简单的直接编码原理图

表 3 − 6　小车位置代码

小车位置	A	B	C	D	E
代码	10000	01000	00100	00010	00001

从上面的分析中可以看出,小车停在确定位置时,就有与之对应的代码,但小车处于任何区间间隙中,则无代码输出。要精确地确定小车的位置,只有尽可能多地安排二元的信号元件,即增加代码长度。从代码的角度来看,代码的利用是不充分的,对于一个 5 位字长的二元系列,可以构成 32 个代码,而此处只利用了 5 个。因此,数字式直接编码式传感器采用二元组合码,并做成矩形(测线位移)和圆盘或圆柱形(测角位移),统称为编码器。

编码器由编码模具和读码装置两部分组成。编码模具由若干个二进制码元按一定编码规律组成。图 3 − 19 表示一个二进制编码的码盘,其中 4 个码道分别相应于二进制的 2^0、2^1、2^2 和 2^3 各位,阴影部分表示为"1",而空白部分表示为零,共 16 个代码。读码装置是多种多样的,依编码模具的二元信号形成原理而定。例如,以导电—不导电作为"1"和"0",读码装置就需要采用电刷,而当以透光—不透光表示"1"和"0"时,读码装置相应地采用光电方法。最常用的是光电式二进制葛莱循环码编码器。

2. 编码器的应用

按二进制制作的编码器在实用上有时出现误码问题。由于多种原因,读码器很难严格处在一条直线上,因此在两个相邻代码的交界处就可能产生误码。如在图 3 − 19 中代码"0111"(数 7)和代码"1000"(数 8)交界处,读码器可能读出 0 ~ 15 中任何一个数的代码。为了消除这一缺点,可采用如下介绍的两种方法。

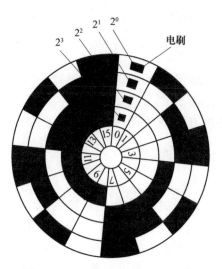

图 3 - 19　圆形编码器结构示意图

1）导前—滞后双读法

在按二进制编码的模具上，除了最低位(2^0 位)放置一个读码元件(例如电刷)外，其他各位 2^1、2^2 和 2^3…都放置两组读码电刷，并依顺序错开 $L_0/2$（L_0 为最低位码距），如图 3 - 20 所示。这两组读出元件，一组比实际位(以最低位为准)导前(在较大数的方向)，另一组则比实际码位滞后(在较小数的方向)。由二进制编码规则可知：①高位码的改变总是在其低一位码由"1"变到"0"时；②高位码的码距是较低一位码距的两倍。因此，当最低位电刷在"0"的左右极限范围内，导前电刷的读数始终是正确的，而滞后电刷则可能处于高位的不确定的边界上。同理，当最低电刷处于"1"的两个极限位置之中时，次低位(2^1)的滞后电刷始终处在正确位置。如此类推，可得读码规律的逻辑关系。利用低位码的状态来确定高一位码，当低位为"0"时，读高一位导前值，而当低位为"1"时，读滞后值。在图 3 - 20 中，按这样规律读出"01010"的二进制码，其中黑点表示有效电刷(读出)，空心圆点是无效电刷，箭头方向表示判定顺序。图 3 - 21 所示是按上述规律读码的逻辑电路。这种读法安排可以保证误码为最低位的一个单位码。

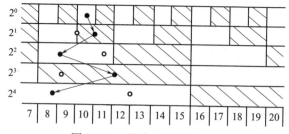

图 3 - 20　导前—滞后读码法

2）葛莱循环码

上面所提到的二进制码属于有权代码，每一个码位上都有相应的权。从最低位开始，码权分别为 1、2、4、8…，因此，码位越高，误码的影响越大。葛莱码是按一定规则编制出的变权代码，即从二进制的角度看，各个码位上的权是不固定的，但它有两个主要特征：①码(0 与 1 的组合系列)与数(按十进制或二进制)之间有内在的一一对应关系；②相邻两数之间只有一个码位发生变化,在任何码位的边界上由于"0"与"1"竞争产生误码时,它们所代表的数(十进制)只变化最小的单位"1",因此,葛莱码的误码始终保持为最小单位数。

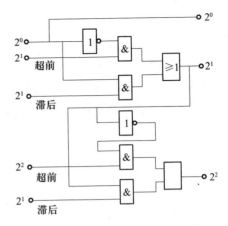

图 3-21 导前—滞后判读逻辑图

葛莱码可以直接由二进制码形成,将二进制 $B(b_7, \cdots, b_0)$ 变为葛莱码 G 的规则如图 3-22 所示。

图 3-22 中,$\oplus$ 表示按位加,实际上是将二进制码右移一位与其本位作不进位加法。将葛莱码变换为二进制码时,其规律是:二进制的最高位与葛莱码相同,次高位则视葛莱码的次高位和最高位而定,前(最高位)"0"后(次高位)保,前"1"后反,如此类推下去,可得二进制码。图 3-23 表示五位葛莱码的部分编码器,表 3-7 为相应的数码变换表。

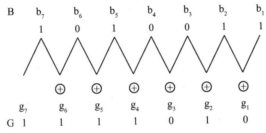

图 3-22 将二进制数 B 变为葛莱码 G 的规则

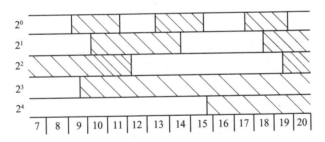

图 3-23 五位葛莱码编码器

表 3-7 五位葛莱码变换表

十进数	二进数	葛莱码	十进数	二进数	葛莱码
0	00000	00000	16	10000	11000
1	00001	00001	17	10001	11001
2	00010	00011	18	10010	11011
3	00011	00010	19	10011	11010
4	00100	00110	20	10100	11110
5	00101	00111	21	10101	11111
6	00110	00101	22	10110	11101

十进数	二进数	葛莱码	十进数	二进数	葛莱码
7	00111	00100	23	10111	11100
8	01000	01100	24	11000	10100
9	01001	01101	25	11001	10101
10	01010	01111	26	11010	10111
11	01011	01110	27	11011	10110
12	01100	01010	28	11100	10010
13	01101	01011	29	11101	10011
14	01110	01001	30	11110	10001
15	01111	01000	31	11111	10000

3.5 光　　栅

计量光栅是用于数控机床的精密检测元件,是闭环系统中另一种用得较多的测量装置,用作位移或转角的测量,测量精度可达几微米。

3.5.1 光栅的种类与精度

在玻璃的表面上制成透明与不透明间隔相等的线纹,称透射光栅;在金属的镜面上制成全反射与漫反射间隔相等的线纹,称反射光栅,也可以把线纹做成具有一定衍射角度的定向光栅。

计量光栅分为长光栅(测量直线位移)和圆光栅(测量角位移),而每一种又根据其用途和材质的不同分为多种。

1. 长光栅

（1）玻璃透射光栅　长光栅也称直线光栅。它是在玻璃表面感光材料的涂层上或者在金属镀膜上制成的光栅线纹,也有用刻蜡、腐蚀、涂黑工艺制成的。光栅的几何尺寸主要根据光栅线纹的长度和安装情况具体确定,如图 3-24 所示。

玻璃透射光栅的特点是:①光源可以采用垂直入射,光电元件可直接接收光信号,因此信号幅度大,读数头结构比较简单;②每毫米长度上的线纹数多,一般常用的黑白光栅可做到每毫米 100 条线,再经过电路细分,可做到微米级的分辨率。

（2）金属反射光栅　这是在钢尺或不锈钢带的镜面上用照相腐蚀工艺制作光栅或用钻石刀直接刻划制作光栅条纹。金属反射光栅的特点是:①标尺光栅的线膨胀系数很容易做到与机床材料一致;②标尺光栅的安装和调整比较方便;③安装面积较小;④易于接长或制成整根的钢带长光栅;⑤不易碰碎。目前常用的每毫米线纹数为 4、10、25、40、50（图 3-25）。

2. 圆光栅

它是在玻璃圆盘的外环端面上,做成黑白间隔条纹,根据不同的使用要求在圆周内线

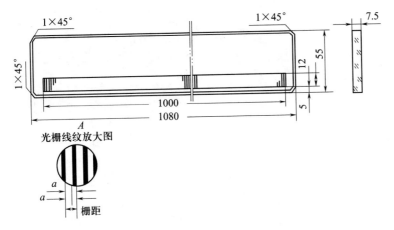

图 3 – 24　透射式光栅

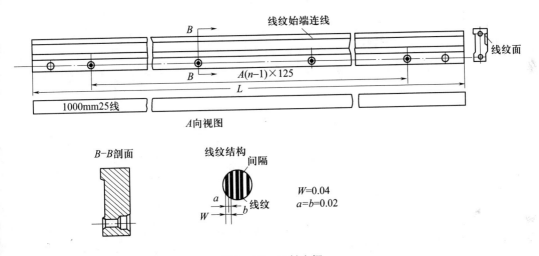

图 3 – 25　反射光栅

纹数也不相同。圆光栅一般有 3 种形式：

（1）六十进制,如 10800,21600,32400,64800 等。

（2）十进制,如 1000,2500,5000 等。

（3）二进制,如 512,1024,2048 等。

圆光栅的结构如图 3 – 26 所示。

3. 计量光栅的精度

　　光栅检测系的精度主要取决于光栅尺本体的制造精度,也就是计量光栅任意两点间的误差,即累积误差。由于使用了莫尔条纹技术,所以相邻误差得以适当地被修正,但对累积误差无多大改善。

　　由于激光技术的发展,光栅制作精度可以提高,目前光栅精度可达到微米级,再通过细分电路可以做到 0.1μm,甚至更高的分辨率。表 3 – 8 列出了几种光栅的精度数据。

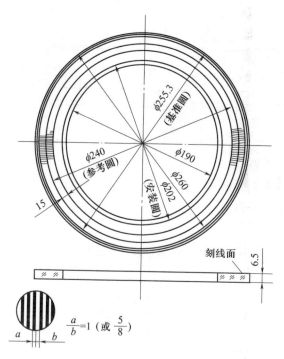

图 3 - 26 圆光栅

表 3 - 8 各种光栅的精度

计量光栅		光栅长度/mm	线纹数	精度[1]
直线式	玻璃透射光栅	500	100/mm	5μm
	玻璃透射光栅	1000	100/mm	10μm
	玻璃透射光栅	1100	100/mm	10μm
	玻璃透射光栅	1100	100/mm	3~5μm
	玻璃透射光栅	500	100/mm	2~3μm
	金属反射光栅	1220	40/mm	13μm
	金属反射光栅	500	25/mm	7μm
	高精度反射光栅	1000	50/mm	7.5μm
	玻璃衍射光栅	300	250/mm	±1.5μm
回转式	玻璃圆光栅	φ270	10800/周	3(″)
[1] 指两点间最大均方根误差				

3.5.2 工作原理

光栅位置检测装置由光源、长光栅(标尺光栅)、短光栅(指示光栅)和光电元件等组成(图 3 - 27)。根据光栅的工作原理分透射直线式和莫尔条纹式光栅两类。

1. 透射直线式光栅

如图 3 - 28 所示,它是用光电元件把两块光栅移动时产生的明暗变化转变为电流变化的方式。长光栅装在机床移动部件上,称为标尺光栅;短光栅装在机床固定部件上,称

50

为指示光栅。标尺光栅和指示光栅均由窄矩形不透明的线纹和与其等宽的透明间隔组成。当标尺光栅相对线纹垂直移动时,光源通过标尺光栅和指示光栅再由物镜聚焦射到光电元件上。若指示光栅的线纹与标尺光栅透明间隔完全重合,光电元件接收到的光通量最小。若指示光栅的线纹与标尺光栅的线纹完全重合,光电元件接收到的光通量最大。因此,标尺光栅移动过程中,光电元件接收到的光通量忽大忽小,产生了近似正弦波的电流。再用电子线路转变为数字以显示位移量。为了辨别运动方向,指示光栅的线纹错开 1/4 栅距,并通过鉴向线路进行判别。

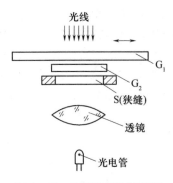

图 3 - 27　光栅位置检测装置

由于这种光栅只能透过单个透明间隔,所以光强度较弱,脉冲信号不强,往往在光栅线较粗的场合使用。

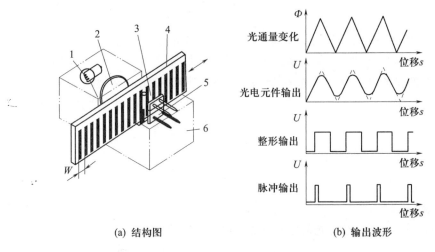

(a) 结构图　　　　　　　　　(b) 输出波形

图 3 - 28　透射直线式光栅原理图

1—灯泡;2—透镜;3—指示光栅;4—标尺光栅;5—光电元件;6—读数头。

2. 莫尔条纹式光栅

莫尔条纹的形成与光栅常数、栅距及光的波长有关,在栅距大小与波长十分接近时,莫尔条纹可由衍射光的干涉现象来解释。而在栅距较波长大得多的场合(粗光栅),衍射现象已不十分明显,莫尔条纹的产生则由于栅线遮光作用,故可用几何光学来说明。在现场常见的是后一种光栅,现以此为例子加以介绍。

图 3 - 29 所示是用栅格斜置的长光栅,图中作为标尺光栅的栅线和 X 轴垂直,而作为指示光栅的栅线与标尺光栅之间有一个小的倾斜角 θ,两者间形成透光的(图 3 - 29(a))和不透光的(图 3 - 29(b))菱形条纹。当两光栅沿 X 轴做相对移动时,条纹将沿栅线方向移动(横向莫尔条纹)。每变化一个栅距,透光部分将由 a 处移到 b 处,a 处则完全遮断,于是在 a、b 两处轮流处于透光和遮光状态。若在 a 处放置一个光敏元件,则其上的光通量将随栅格的相对移动而呈三角形变化。不难证明,在倾斜角很小时,莫尔条纹宽度 B 与栅距 W 之间有如下关系:

$$B = \frac{W}{2\sin\dfrac{\theta}{2}} \approx \frac{W}{\theta} \qquad\qquad (3-8)$$

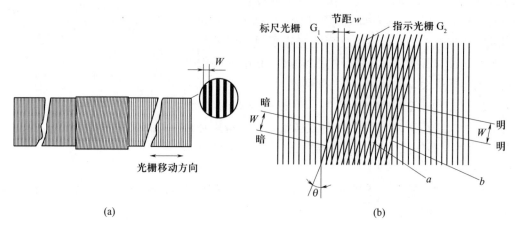

图 3 – 29 长光栅的莫尔条纹

即条纹宽度 B 是栅距 W 的 $1/\theta$ 倍。这种放大作用,是利用光栅测量微小位移的基础。若在 a 处放置一个宽度等于 B 的光电元件,当标尺光栅沿 X 轴方向移动半个栅距时,光电元件的受光面积从最大变化到最小(完全遮断),此后又逐步增大。故在标尺光栅以等速沿 X 轴运动时,a 处的光电元件的受光面积将做周期性变化,其效果类似于一个具有菱形透光孔的长带沿 θ 角轴(与 Y 轴夹角为 θ)方向移动所产生的效果一样。

3.5.3 光栅检测装置

1. 光栅读数头

光栅读数头由光源、指示光栅和光电元件组合而成,是光栅与电学系统转换的部件。读数头的结构形式很多,但就光路分,有以下几种。

1)分光读数头

其原理如图 3 – 30 所示,从光源 Q 发出的光,经透镜 L_1,照射到光栅 G_1、G_2 上,形成莫尔条纹,由透镜 L_2 聚焦,并在焦平面上安置光电元件 P 接收莫尔条纹的明暗信号。这种光学系统是莫尔条纹光学系统的基本型。光栅刻线截面为锯齿形,光源 Q 的倾角是根据光栅材料的折射率与入射光的波长确定的。

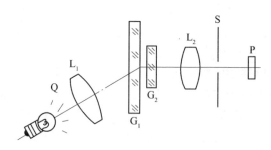

图 3 – 30 分光读数头

这种光栅的栅距较小(0.004mm),因此两光栅之间的间隙也小,主要用在高精度坐标镗床和精密测量仪器上。

2）垂直入射读数头

这种读数头主要用于每毫米(25～125)条刻线的玻璃透射光栅系统。如图 3-31 所示,从光源 Q 经透镜 L 使光束垂直照射到标尺光栅 G_1,然后通过光栅 G_2 由光电元件 P 接收。两块光栅的距离 t 根据有效光波的波长和光栅栅距 W 决定,即

$$t = W^2/\lambda \tag{3-9}$$

使用时再作微量调整。

3）反射读数头

这种读数头主要用于每毫米(25～50)条线纹以下的反射光栅系统。如图 3-32 所示,光源经透镜 L_1 得到平行光,并以对光栅法向面为 β 的入射角(一般为30°)投射到标尺光栅 G_1 的反射面上,反射回来的光束先通过指示光栅 G_2 形成莫尔条纹,然后经过透镜 L_2 使光电元件 P 接收信号。

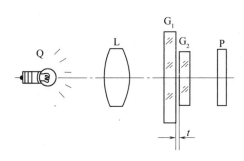

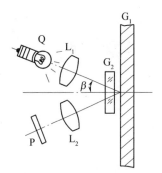

图 3-31　垂直入射读数头　　　　图 3-32　反射读数头光路图

上述光栅只能用于增量式测量方式,有的光栅读数头设有一个绝对零点,当停电或其他原因记错数字时,可以重新对零。它是在两光栅上分别有一小段光栅,当这两小段光栅重合时发出零位信号,并在数字显示器中显示。

2. 辨向方法

在光栅检测装置中,将光源来的平行光调制后作用于光电元件上,从而得到与位移成比例的电信号。当光栅移动时,从光电元件上将获得一正弦电流。若仅用一个光电元件检测光栅的莫尔条纹变化信号,只能产生一个正弦波信号用作计数,不能分辨运动方向。为了辨别方向,如图 3-33(a)所示,安置两只光电元件(或设置两个狭缝 S_1、S_2,让光线透过它们分别为两个光电元件接收),彼此相距 1/4 节距。当光栅移动时,从两只光电元件分别得到正弦和余弦的电流波形,如图 3-33(b)所示。由于莫尔条纹通过光电元件的时间不同,两信号将有 90°或 1/4 周期的相位差。而信号的超前与滞后,取决于光栅的移动方向。这样,两信号经过放大整形和微分等电子判向电路,即可判别它们的超前与落后,从而判别了机床的运动方向。例如,当标尺光栅向右运动时,莫尔条纹向上移动,信号 ID_2 超前 1/4 周期,反之,当标尺光栅向左移动时,莫尔条纹向下移动,信号 ID_1 超前 1/4 周期。

3. 分辨率的提高

图 3-34 是一种光栅测量装置的逻辑框图。为了提高分辨力,线路采用了 4 倍频的

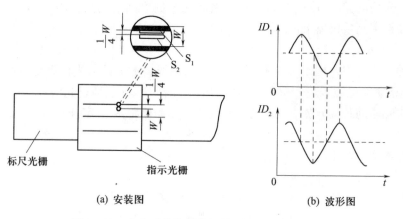

(a) 安装图

(b) 波形图

图 3-33　光电元件的安装及其所产生的电流波形

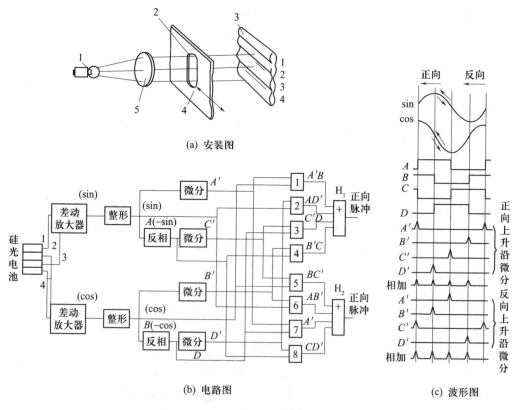

(a) 安装图

(b) 电路图

(c) 波形图

图 3-34　光栅信号 4 倍频电路及波形

1—光源；2—指示光栅；3—硅光电池；4—标尺光栅；5—聚光灯。

方案,在一个莫尔条纹节距内安装了 4 只光电元件(如硅光电池),每相邻两只的距离为 1/4 节距。则莫尔条纹每移动一个节距,光电元件将产生 4 个正弦、余弦信号,然后经过放大、整形为方波。再经微分电路获得 4 个脉冲($A'B'C'D'$)。由于脉冲在方波的上升沿产生,为了使脉冲位于 0°、90°、180°、270°的相位上,所以微分电路前必须反相一次,图中 4 个方波(A、B、C、D)通过与门跟 4 个脉冲的逻辑组合为辨向线路,当正向运动时,通过与门 1~4 及或门 H_1 得 $A'B + AD' + C'D + B'C$ 4 个脉冲输出;当反向运动时,通过与门 5~8

及或门 H_2 得到 $BC' + AB' + A'D + CD'$ 4 个脉冲输出。这样,如果光栅的栅距为 0.02mm,4 倍频后每一个脉冲相当于 0.005mm,使分辨力提高 4 倍。另外,除 4 倍频外,还有 8 倍频、10 倍频、20 倍频等线路。例如,每毫米 100 线纹光栅,10 倍频后,其最小读数值为 $1\mu m$,可用于精密机床的测量。

光栅检测元件一般用玻璃制成,容易受外界气温的影响而产生误差。而且灰尘、切屑、油污、水汽等容易侵入,使光学系统受到杂质的污染,影响光栅信号的幅值和精度,甚至因光栅的相对运动而损坏刻线。因此,光栅必须采用与机床材料膨胀系数接近的 K8 等玻璃材料,并且加强对光栅系统的维护和保养。测量精度较高的光栅都使用在环境条件较好的恒温场所或进行密封。

3.6 磁 栅

磁栅又称磁尺,是一种计算磁波数目的位置检测元件。可用于直线和转角的测量,其优点是精度高、复制简单和安装方便等,在油污、粉尘较多的场合使用有较好的稳定性。因此,它在数控机床、精密机床和各种测量机上得到广泛使用。

磁栅位置测量有直线式和回转式两种。磁栅的工作原理与普通磁带的录磁和拾磁的原理是相同的。用录磁磁头将相等节距(常为 $20\mu m$ 或 $50\mu m$)周期变化的电信号记录到磁性标尺上,用它作为测量位移量的基准尺。在检测时,用拾磁磁头读取记录在磁性标尺上的磁信号,通过检测电路将位移量用数字显示出来或送至位置控制系统。图 3-35 所示为磁栅位置检测系统方框图。

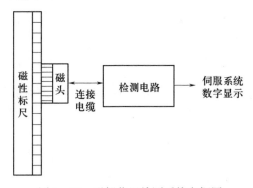

图 3-35 磁栅位置检测系统方框图

测量用的磁栅与普通的磁带录音的区别在于:①磁性标尺的等节距录磁的精度要求很高,因为它直接影响位移测量精度。为此需要在高精度录磁设备上对磁尺进行录磁。②当磁尺与拾磁磁头之间的相对运动速度很低或处在静止状态时,也应能够进行位置测量。因此,不能采用一般的录音机拾磁磁头即速度响应型磁头,需要用特殊的磁通响应型磁头。

3.6.1 磁性标尺

磁性标尺是在非导磁材料的基体上,采用涂敷、化学沉积或电镀上一层很薄的磁性材料,然后用录磁的方法使敷层磁化成相等节距周期变化的磁化信号。磁化信号可以是脉冲,也可以为正弦波或饱和磁波。磁化信号的节距(或周期)一般有 0.05mm、0.10mm、0.20mm、1mm 等几种。

磁栅基体不导磁,要求温度对测量精度的影响小,热胀系数与普通钢铁相近。磁栅按基体形状的不同可以分为直线位移测量用的实体型磁栅、带状磁栅和线状磁栅;用于角度位移测量的有回转型磁栅等(图 3-36)。

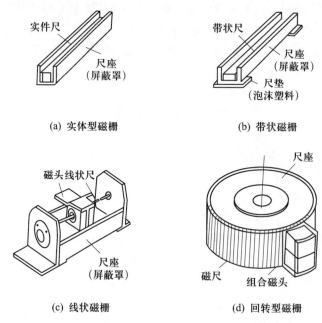

(a) 实体型磁栅

(b) 带状磁栅

(c) 线状磁栅

(d) 回转型磁栅

图 3-36　按磁性标尺基体形状分类的各种磁栅

3.6.2　磁头

磁头是进行磁-电转换的变换器,它把反映空间位置变化的磁化信号检测出来,转换成电信号输送给检测量装置中关键元件。

1. 磁通响应型磁头

磁通响应型磁头是一个带有可饱和铁芯的磁性调制器。如图 3-37 所示,它用软磁性材料(坡莫合金)制成,上面绕有两组串联的激磁绕组和两组串联的拾磁绕组。当激磁绕组通以 $I_0\sin(\omega t/2)$ 的高频激磁电流时,产生两个方向相反的磁通 Φ_1,与磁性标尺作用于磁头的磁通 Φ_0 叠加在拾磁绕组上就感应出载波频率为高频激磁电流频率两倍频率的调制信号输出,其输出电动势为

$$e = E_0\sin(2\pi x/\lambda)\sin\omega t \tag{3-10}$$

式中　E_0——常数;

　　　λ——磁化信号节距;

　　　x——磁头在磁性标尺上的位移量;

　　　ω——激磁电流频率。

由式(3-10)可见,输出信号与磁头和磁性标尺的相对速度无关,而由磁头在磁性标

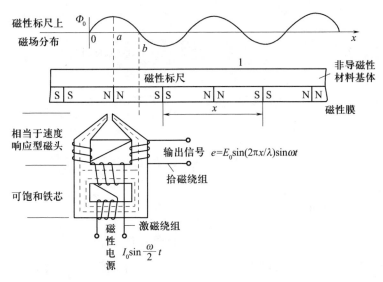

图 3 - 37　磁通响应型磁头

尺上的位置所决定。

2. 多间隙磁通响应型磁头

使用单个磁头读取磁化信号时,由于输出信号电压很小(几毫伏到几十毫伏),抗干扰能力低,所以,实际使用时将几个甚至几十个磁头以一定方式连接起来,组成多间隙磁头(图 3 - 38)使用。它具有高精度、高分辨率和大的输出电压等特点。

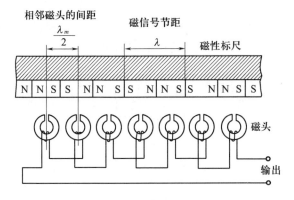

图 3 - 38　多间隙磁通响应型磁头

多间隙磁头中的每一个磁头都以相同的间距 $\lambda_m/2$ 配置,相邻两磁头的输出绕组反向串接,这时得到的总输出为每个磁头输出信号的叠加。为了辨别磁头与磁尺相对移动的方向,通常采用磁头彼此相距 $(m + 1/4)\lambda$(m 为正整数)的配置,如图 3 - 39 所示。它们的输出电压分别为

$$\begin{cases} e_1 = E_0 \sin\left(\dfrac{2\pi}{\lambda}x\right)\sin\omega t \\[2mm] e_2 = E_0 \cos\left(\dfrac{2\pi}{\lambda}x\right)\sin\omega t \end{cases} \quad (3 - 11)$$

57

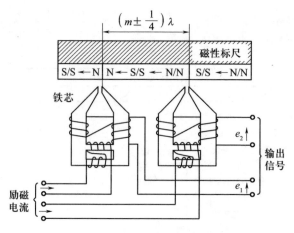

图 3 – 39　辨向磁头配置

从式(3 – 11)可见,磁尺的辨向原理与光栅、感应同步器的是一致的。

3.6.3　检测电路

磁栅检测电路包括:磁头激磁电路,读取信号的放大、滤波及辨向电路,细分内插电路,显示及控制电路等各个部分。

同样,根据检测方法的不同,也有幅值测量和相位测量两种,以相位测量应用较多。相位检测是将第一组磁头的激磁电流移相45°,或将它的输出信号移相90°,得

$$\begin{cases} e_1 = E_0\sin\left(\dfrac{2\pi}{\lambda}x\right)\cos\omega t \\[3mm] e_2 = E_0\cos\left(\dfrac{2\pi}{\lambda}x\right)\sin\omega t \end{cases} \qquad (3 – 12)$$

将两组磁头输出信号求和,得

$$e = E_0\sin\left(\omega t + \dfrac{2\pi}{\lambda}x\right) \qquad (3 – 13)$$

由式(3 – 13)看出,磁栅相位检测系统的磁头输出信号与感应同步器在鉴相工作方式下的输出信号是相似的。所以,它们的检测电路也基本相似。图 3 – 40 是磁栅相位检测系统的一种原理方框图。

由脉冲发生器发出的2MHz脉冲列经400分频,得到5kHz的激磁信号,再经带通滤波器变成正弦波,后分成两路:一路经功率放大器送到第一组磁头的激磁线圈,另一路经45°移相后,由功率放大器送第 2 组磁头的激磁线圈。从两组磁头读出信号(e_1,e_2),由求和电路,即得相位随位移 x 而变化的合成信号。该信号经放大、滤波、整形后变成 10kHz 的方波,再与一相激磁信号(基准相位)鉴相以及细分内插的处理,即可得到分辨力为 $5\mu m$(磁尺上的磁化信号节距为 $200\mu m$)的位移测量脉冲。该脉冲可送至显示计数器或位置控制回路。

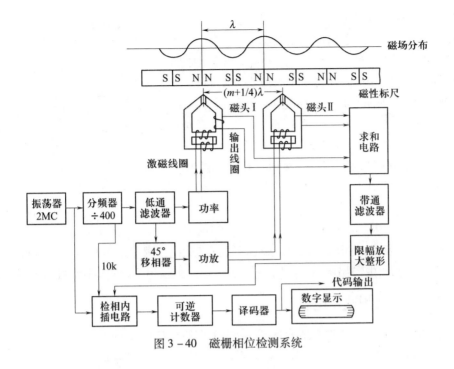

图 3-40　磁栅相位检测系统

3.7　测速发电机

测速发电机是一种微型发电机,它的作用是把机械转速变换为电压信号,广泛应用于机电设备的速度和位置检测系统中。

在理想状态下,测速发电机的输出电压可以用下式表示:

$$U_。 = Kn = KK' \frac{\mathrm{d}\theta}{\mathrm{d}t} \tag{3-14}$$

式中　KK'——比例常数,即输出特性的斜率;

　　　n, θ——转子的转速及转角。

测速发电机主要有如下两种用途:

(1) 测速发电机的输出电压与转速成正比,因而可以通过测量输出电压来求得转子的转速。

(2) 如果以转子的转角 θ 为参数变量,则测速发电机可作为机电微分、积分器。

测速发电机分为交流和直流两大类,而交流测速发电机又有同步、异步之分。在数控机床中常用的是交流异步测速发电机和直流测速发电机,以下分别加以介绍。

3.7.1　交流异步测速发电机

交流测速发电机(图 3-41)的结构和空心杯形转子伺服电动机相似,在定子上安放两组在空间互成 90°角的绕组,其中一个为励磁绕组,接于单相交流电源,另一个为输出绕组,接入测量仪器作为负载;转子则为杯形结构,可看成一个导条数目非常多的鼠笼转子。

当在励磁绕组上施加频率为 f_1 的激磁电压 U_1、转子以转速 n 旋转时，在励磁绕组的轴线方向产生脉动磁通 Φ_1，Φ_1 正比于 U_1：$U_1 \approx 4.44 f_1 N_1 \Phi_1$。此外，杯形转子在旋转时切割 Φ_1 而在转子中感应出电动势 E_r 及相应的转子电流 I_r，E_r 和 I_r 与磁通 Φ_1 及转速 n 成正比，即：$I_r \propto E_r \propto \Phi_1 n$。转子电流 I_r 也要产生磁通 Φ_r，两者也成正比，即 $\Phi_r \propto I_r$。磁通 Φ_r 与输出绕组的轴线一致，因而在其中感应出电动势，两端就有一个输出电压 U_2。U_2 正比于 Φ_r，即 $U_2 \propto \Phi_r$。根据上述关系就可得出

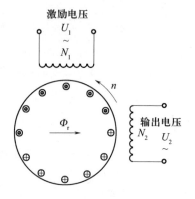

图 3 – 41　交流测速发电机工作原理

$$U_2 \propto \Phi_1 n \propto U_1 n \qquad (3-15)$$

式(3-15)表明，将电源电压 U_1 施加于励磁绕组上，测速发电机以转速 n 旋转时，它的输出绕组中就产生输出电压 U_2，U_2 正比于转速。测量出 U_2 的大小就可以求得转速 n。

3.7.2　直流测速发电机

直流测速发电机一般都做成永磁式，它的工作原理如图 3-42 所示。

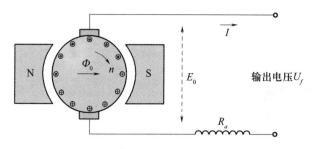

图 3 – 42　直流测速发电机工作原理

在恒定磁场 Φ_0 下，当电枢以转速 n 转动时，电枢上的导体切割磁力线，从而就在电刷间产生空载感应电动势 E_0，它的值由下式确定：

$$E = C_e \Phi_0 n \qquad (3-16)$$

式中　Φ_0——磁通；

　　　C_e——电势常数；

　　　n——转子的转速。

从式(3-16)可以看出，空载输出电压 $U_f = E_0$ 与转速成正比。当存在负载电阻 R_1 和电枢回路总电阻 R_a 时，$U_f = E_0 - IR_a = E_0 - R_a U_f / R_1$，则

$$U_f = \frac{E_0}{1 + R_a / R_1} = \frac{C_e \Phi_0 n}{1 + R_a / R_1} \qquad (3-17)$$

由式(3-17)可以看出，当 Φ_0、R_a、R_1 不变时，测速发电机的输出电压 U_f 与转速 n 成正比，测量出 U_f 的大小，就可以得到转速 n。

上述分析是一种理想情况，实际上还有很多因素会影响测量结果。例如：①周围环境温度的变化使各绕组电阻发生变化，从而产生线性误差；②电枢反应，即由于电枢电流所产生的磁场会影响测速发电机的内磁场，从而引起测量误差；③电枢回路的电阻值随电枢

60

电流变化而变化,破坏了输出电压与转速的线性关系。

为了减少上述影响,直流测速发电机的磁路应选择得足够饱和,同时还应将负载电流限制在较小的范围内。测速发电机在机电一体化系统中主要用作测速和校正元件。在使用中,为了提高检测灵敏度,尽可能把它直接连接到电机轴上。有些伺服电机本身就已安装了测速发电机。

3.8 球 栅 尺

3.8.1 概述

球栅尺(Ballgrid Scale 或 Spherical Encoder)是目前国际上最新一代非接触式直线位移传感器,适用于各种机床的加工测量。球栅尺的尺身是由高等级无缝钢管和若干个精密钢球密闭组合而成,利用导磁介质磁通量的变化实现电磁/磁电转换的。普通球栅尺的分辨率可达到 $5\mu m$,高精度的可达 $1\mu m$,整体尺长可做到 14m,并可无限接长。

其优点如下。

(1)球栅尺的高精度钢球和线圈均被完全密闭,不会因冷却水、冷却液、金属粉末等影响工作。清洗机床时,即使清洗抢喷射到球栅尺也不会损坏。

(2)球栅尺尺体为金属密封结构,能在强磁场和强辐射条件下工作。

(3)基准钢球的线胀系数与钢铁相同,对车间温度变化不敏感。

(4)壳体刚性强、环境要求低、耐振动、安装简便、不用日常维护,而且使用寿命长。

3.8.2 球栅尺的结构和工作原理

球栅尺采用交流电磁感应原理,组成结构如图 3 – 43 所示。主结构包含读数头和尺身两部分,尺身是一根非导磁的不锈钢管,管内装满精密的导磁性镍镉合金钢球,钢球直径为12.7mm。在球栅尺生产调试时,会对合金钢球加载一定的预紧力,使其紧密排列。读数头外壳为铝合金材料,内部封装有激磁线圈、采集线圈绕组及测量电路板。读数头与尺身之间用环氧树脂填充,使读数头内部所有元件完全密封。测量时,读数头可沿尺身自由滑动。

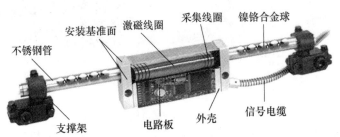

图 3 – 43　球栅尺的结构和工作原理

给读数头内激磁线圈(Drive Coil)施加高频交流工作电源,激磁线圈产生的交变磁场与预装到尺身钢管中的度量钢球作用,在采集线圈中感应出与位移有关的交变电压信号。相同绕向的 ABCD 四个采集线圈组成一组,鉴于合金球是紧密排列的,相邻的两组线圈的间距即为一个球栅距,一般采用六组采集线圈以降低平均误差。在一个球栅距内,不同位置的合金球切割磁力线的截面积不同,因而磁导率会周期性变化,不同位置的线圈,采集到的 ABCD 四向感应电压信号幅值亦随之周期性变化。

球栅尺读数头内线圈的排列如图 3 - 44 所示。

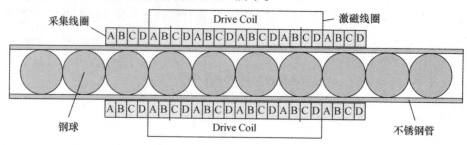

图 3 - 44　球栅尺读数头内线圈的排列

同组的四个采集线圈,位置需满足一定要求。例如,当一个感应信号(如 A)在波峰位置时,对应的另一个感应信号(如 C)应在波谷位置。这对信号经过差分运算成为中间信号(如 A - C),中间信号与原始感应信号有一定相位差,如 A - C 信号相位超前 45°,而 D - B 信号的相位则滞后 45°。中间信号再进行滤波整合,得到最终输出位移信号。对应于一个球栅距,输出信号的相位将随其在 0° ~ 360°之间变化。读数头沿着尺身滑动时,在一个球栅距(如每 12.7mm)内,测量出的位置值都是绝对值。

3.8.3　球栅尺的安装及应用

球栅尺的安装十分简单,一般是将球栅尺两端用专用支架固定在机床导轨上,读数头固定在机床的工作台上,读数头与尺身做相对运动。3m 以上的球栅尺(含 3m),要在尺的中间加装弹性支架,一般 1.5m 距离装一个弹性支架。14m 以上的球栅尺需要接长,如 16m 的球栅尺要用两根 8m 的钢管接长。一种球栅尺的外观及数显表如图 3 - 45 所示。

(a) BALLGRID 1500系列球栅尺

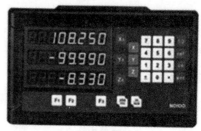

(b) ND 100数显表

图 3 - 45　一种球栅尺的外观及数显表

安装数显表时要注意尽可能远离机床的电动机,以避免产生干扰信号。由于球栅尺可以做得很长,所以特别适合安装在大型或超大型机床上,如龙门铣床、落地镗床等。

第4章　步进伺服系统

步进电动机(Stepper Motor,简称步进电机)作为工业过程控制及仪表中的主要控制元件之一,可以直接接受计算机输出的数字信号,不需要进行数/模转换,因而广泛的被用作雕刻机、激光制版机、贴标机、激光切割机、喷绘机、机器手及数控机床等各种中大型自动化设备和仪器中。近年来,控制技术、计算机技术及微电子技术的迅速发展,有力地推动了步进电动机控制技术的进步,提高了步进电动机运动控制装置的应用水平。步进电动机应用系统已经由较早的开环和简单闭环的伺服系统,逐渐发展成为高性能的步进(或步进式)伺服系统。

4.1　步进伺服系统概述

步进伺服系统是一种用脉冲信号进行控制,并将脉冲信号转换成离散的角位移或线位移的控制系统,用来精确地跟随或复现某个过程的控制系统。步进伺服和交流伺服、直流伺服一样,常用于数控机床中的运动控制,其控制的执行元件主要为步进电动机。基于步进电动机的特点,可采用直接驱动等方式,精简电机至负载间的传动结构,以消除存在于传统驱动方式(带减速机构)中的间隙、摩擦等不利因素,增加伺服刚度,从而显著提高伺服系统的终端合成速度和定位的精度。

步进电动机的最早应用是开环系统,现在工业中大量使用的也是开环系统,根据应用场合不同可分为开环定位系统和低速开环调速系统。组成一个简单的步进电动机开环系统并不难,如图4-1所示,只需要环形分配加上功率模块就可以了,在专用的脉冲电源供电驱动及正常工况下其位移量与脉冲数呈严格正比关系,因而速度与脉冲频率也呈正比关系,通过改变脉冲频率可调节系统中执行元件的速度。由于其结构简单、便于制造、维护方便及成本相对低廉等特点,所以迄今为止,在运动速度较低、输出扭矩较小的经济型数控机床上等得到普遍应用。

图4-1　开环步进控制系统结构

但开环控制使系统存在振荡区,在使用时必须避开振荡点,否则速度波动很大,严重时可能导致失步;同时,起动受到限制,一般要通过控制外加的速度按一定的升速规律实现起动,必须有足够长的升速过程,这导致它在速度变化率较大的场合的使用受到了限制。另外,抗负载波动的能力较差,如果负载出现冲击转矩,电动机可能失步或堵转,所以一般不能满载运行,必须留有足够的余量,这导致电动机的容量得不到充分应用。开环控制一般无法有效实现功角控制,定子电流中有很大的无功电流成分,加大了电动机的损耗,所以它的效率一般较低。这些问题促进了步进电动机闭环驱动控制系统的研究。

闭环步进伺服系统作为开环系统的创新,为有更高安全性、可靠性或产品质量要求的应用提供了高性价比的选择。现代的步进电动机系统通常都有绕组电流的闭环控制,如常见的微步、恒总流、恒相流的驱动器,这些系统中电流的给定值是事先设定的,不是由位置或速度传感器反馈信号实时给定的。这种方式在抑制电机振荡、提升电机性能等方面存在积极意义,可理解为一种"开环"系统。若以现有的驱动器开环控制系统为基础,加上控制器、位置传感器和(或)速度传感器等即可构成典型的闭环步进伺服系统,如图4-2所示,通常,电流反馈由电流互感器或串在电动机电源上的电流检测器构成;速度反馈由测速电机或电机编码器构成;位置反馈由光栅尺、磁栅或旋转编码器构成。这类系统中控制器发出控制脉冲作用于驱动器,以校验或控制指令步与实际步之间可能存在的丢步,检测电机堵转,并保证了电机以更高的速度、精度与更大的有效力矩输出。

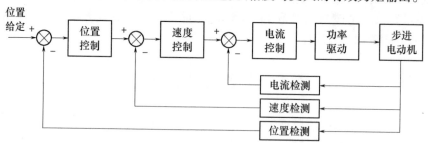

图4-2 步进电动机闭环伺服系统结构框图

为了提高改善步进伺服系统的性能,充分发挥步进电动机的潜能,众多学者针对系统及电机本体作了大量研究,例如矢量控制、模糊控制、神经网络控制及大脑情绪模型技术理论正逐步优化提升系统的性能。对于步进电动机绕组通电时的高非线性,强耦合性问题也是一个研究热点,借助模拟仿真技术,提出了众多数学模型,以解释电机深层次的本质现象。

4.2 步进电动机的原理、特性及选用

步进伺服系统是由步进电动机本体、驱动器和控制器三大组成部分。不管采用开环控制或者闭环伺服,要使之发挥出更高的性能潜力,都需要对步进电动机本体作透彻的了解,掌握其特性,以便在设计或选用时作出相对较优的取舍。

4.2.1 步进电动机工作原理及运行方式

步进电动机是伺服系统的执行元件。从原理上讲步进电动机是一种低速同步电动机,只是由于驱动器的作用,使之步进化、数字化。其角位移量与电脉冲数成正比,其转速与电脉冲频率成正比,通过改变脉冲频率就可以调节电动机的转速。如果停机后某些相的绕组仍保持通电状态,则还具有自锁能力。步进电动机每转一周都有固定的步数,从理论上说其步距误差不会积累。

步进电动机的最大缺点在于其容易失步。特别是在大负载和速度较高的情况下,失步更容易发生。

但是,近年来发展起来的恒流斩波驱动,PWM 驱动、微步驱动、超微步驱动及其它们的综合运用,使得步进电动机的高频出力得到很大提高,低频振荡得到显著改善,特别是在随着智能超微步驱动技术的发展,必将把步进电动机性能提高到一个新的水平。它将以极佳的性能价格比,获得更为广泛的应用,在许多领域将取代直流伺服电机及其相应伺服系统。

1. 步进电动机的工作原理

步进电动机有多种不同的结构形式,按照励磁方式来分,主要有反应式步进电动机(Variable Reluctance,VR,磁阻式步进电动机)、永磁式步进电动机(Permanent Magnet Stepper Motor,PM)、混合式步进电动机(Hybrid Stepper Motor,HB)三类。经过多年的发展,逐渐形成以混合式与反应式为主的产品格局。混合式步进电动机最初是作为一种低速永磁同步电动机而设计的,它是在永磁和变磁阻原理共同作用下运转的,总体性能优于其他步进电动机品种,是工业应用最为广泛的步进电动机品种。数控机床使用驱动的步进电动机主要有两类:反应式步进电动机和混合式步进电动机。

1)反应式步进电动机

图 4-3 所示为一台三相反应式步进电动机的工作原理图。

(a) A相通电   (b) B相通电   (c) C相通电

图 4-3　反应步进电动机工作原理

它的定子上有六个极,每极上都装有控制绕组,每两个相对的极组成一相。转子是四个均匀分布的齿,上面设有绕组。当 A 相绕组通电时,因磁通总是沿着磁阻最小的路径闭合,将使转子齿 1、3 和定子极 A、A′对齐,如图 4-3(a)所示。A 相断电,B 相绕组通电时,转子将在空间转过 θ_s 角,$\theta_s=30°$,使转子齿 2、4 和定子极 B、B′对齐。如图 4-3(b)所示。如果再使 B 相断电,C 相绕组通电时,转子又将在空间转过 30°角,使转子齿 1、3 和定子极 C、C′对齐,如图 4-3(c)所示。如此循环往复,并按 A—B—C—A 的顺序通电,电动机便按一定的方向转动。电动机的转速直接取决于绕组与电源接通或断开的变化频率。若按 A—C—B—A 的顺序通电,则电动机反向转动。电动机绕组与电源的接通或断开,通常是由电子逻辑电路来控制的。

电动机定子绕组每改变一次通电方式,称为一拍。此时电动机转子转过的空间角度称为步距角 θ。上述通电方式称为三相单三拍。"单"是指每次通电时,只有一相绕组通电;"三拍"是指经过三次切换绕组的通电状态为一个循环,第四拍通电时就重复第一拍通电的情况。显然,在这种通电方式时,三相步进电动机的步距角 θ_s 应为 30°。

三相步进电动机除了单三拍通电方式外,还经常工作在三相单、双六拍通电方式。这时通电顺序为:A—AB—B—BC—C—CA—A,或为 A—AC—C—CB—B—BA—A。也就是说,先接通 A 相绕组;以后再同时接通 A、B 相绕组;然后断开 A 相绕组,使 B 相绕组单独接通;再同时接通 B、C 相绕组,依此进行。在这种通电方式时,定子三相绕组需经过六次切换才能完成一个循环,故称为"六拍",而且在通电时,有时是单个绕组接通,有时又为两个绕组同时接通,因此称为"三相单、双六拍"。

在这种通电方式时,步进电动机的步距角与单三拍时的情况有所不同,如图 4 - 4 所示。

(a) A相通电   (b) B相通电   (c) C相通电

图 4 - 4 单、双六拍工作示意图

当 A 相绕组通电时,和单三拍运行的情况相同,转子齿 1、3 和定子极 A、A′对齐。如图 4 - 4(a)所示。当 A、B 相绕组同时通电时,转子齿 2、4 又将在定子极 B、B′的吸引下,使转子沿逆时针方向转动,直至转子齿 1、3 和定子 A、A′之间的作用力被转子齿 2、4 和定子极 B、B′之间的作用力所平衡为止,如图 4 - 4(b)所示。当断开 A 相绕组而只有 B 相绕组接通电源时,转子将继续沿逆时针方向转过一个角度使转子齿 2、4 和定子极 B、B′对齐,如图 4 - 4(c)所示。若继续按 BC—C—CA—A 的顺序通电,那么步进电动机就按逆时针方向继续转动,如果通电顺序改为 A—AC—C—CB—B—BA—A 时,电动机将按顺时针方向转动。

在单三拍通电方式中,步进电动机每经过一拍,转子转过的步距角 θ_s =30°。采用单、双六拍通电方式后,步进电动机由 A 相绕组单独通电到 B 相绕组单独通电,中间还要经过 A、B 两相同时通电这个状态,也就是说要经过二拍,转子才转过30°。所以这种通电方式下,三相步进电动机的步距角 $\theta_s = \dfrac{30°}{2} = 15°$。

同一台步进电动机,因通电方式不同,运行时的步距角也是不同的,采用单、双拍通电方式时,步距角要比单拍通电方式减少一半。

实际使用中,单三拍通电方式由于在切换时一相绕组断电而另一相绕组开始通电容易造成失步。此外,由单一绕组通电吸引转子,也容易使转子在平衡位置附近产生振荡,运行的稳定性较差。所以很少采用。通常将它改成"双三拍"通电方式,即按 AB—BC—CA—AB 的通电顺序运行,这时每个通电状态均为两相绕组同时通电。在双三拍通电方式下步进电动机的转子位置与单、双六拍通电方式时两个绕组同时通电的情况相同。所以步进电动机按双三拍通电方式运行时,它的步距角和单三拍通电方式相同,也是30°。

上述这种简单结构的反应式步进电动机的步距角较大,如在数控机床中应用就会影响到加工工件的精度。实际中采用的是小步距角的步进电动机。

图 4 - 5 所示的结构是最常见的一种小步距角的三相反应式步进电动机。它的定子

上有六个极,上面装有绕组并接成 A、B、C 三相。转子上均匀分布着 40 个齿,定子每段极弧上也各有 5 个齿,定子转子的齿宽和齿距都相同。当 A 相绕组通电时,电动机中产生沿 A 极轴线方向的磁场,因磁通要按磁阻最小的路径闭合,就使转子受到反应转矩的作用而转动,直到转子齿和定子 A 极上的齿对齐为止。因转子上共有 40 个齿,每个齿的齿距应为 360°/40 = 9°,而每个定子磁极的极距为 360°/6 = 60°,所以每一个极距所占的齿距数不是整数。

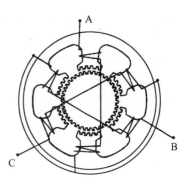

图 4 - 5 小步距角的三相
反应式步进电动机

图 4 - 6 所示为步进电动机的展开图。其中定子有 6 个极,转子有 40 个齿。当 A 极下的定子、转子齿对齐时,B 极和 C 极下的齿就分别和转子齿相错 1/3 的转子齿距。

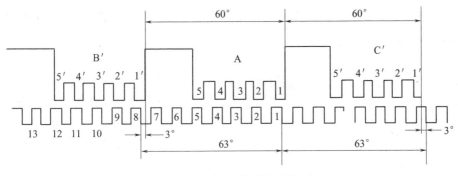

图 4 - 6 定子、转子展开图

反应式步进电动机的转子齿数 z_r 基本上由步距角的要求所决定。但是为了能实现上述"自动错位",转子的齿数就必须满足一定条件,而不能为任意数值。当定子的相邻极属于不同的相时,在某一极下若定子和转子的齿对齐时,则要求在相邻极下的定子和转子之间应错开转子齿距的 $\frac{1}{m}$,即它们之间在空间位置上错开 $\frac{360°}{mz_r}$ 角。由此可得出转子齿数应符合的条件

$$z_r = 2p\left(K \pm \frac{1}{m}\right) \tag{4 - 1}$$

式中 $2p$——步进电动机的定子极数;

　　　m——相数;

　　　K——正整数。

由图 4 - 6 可以看出,若断开 A 相绕组而接通 B 相绕组,电动机中将产生沿 B 极轴线方向的磁场,这样在反应转矩的作用下,转子按顺时针方向转过 3°使定子 B 极下的齿和转子齿对齐。相应定子 A 极和 C 极下的齿又分别和转子齿相错 1/3 的转子齿距。依此类推,当控制绕组按 A—B—C—A 顺序循环通电时,转子就沿顺时针方向以每一脉冲转动 3°的规律转动起来。若改变通电顺序,即按 A—C—B—A 顺序循环通电时,转子就沿逆时针方向以每一脉冲转动 3°的规律转动。此时,就成为单三拍通电方式运行。

若采用三相单、双六拍通电方式运行,即按 A—AB—B—BC—C—CA—A 顺序循环通电,同样步距角也要减少一半,即每一脉冲仅转动 1.5°。

由上述可知,步进电动机的步距角 θ_s 由下式决定

$$\theta_s = \frac{360°}{mz_rc} \qquad (4-2)$$

式中　z_r——转子的齿数;

　　c——状态系数,当采用单三拍或双三拍运行时,$c=1$;而采用单、双六拍通电方式时,$c=2$。

若步进电动机通电的脉冲频率为 f,则步进电动机的转速为

$$n = \frac{60f}{mz_rc}(\text{r/min}) \qquad (4-3)$$

步进电动机可以做成三相的,也可以做成二相、四相、五相、六相或更多相数的,由式(4-2)可知,电动机的相数和齿数越多,步距角 θ_s 就越小,又从式(4-3)可知,这种步进电动机在一定的脉冲频率下,转速亦越低。但相数越多,电源就越复杂,成本也越高。因此,步进电动机最多为六相。

2) 多段反应式步进电动机

前面介绍的反应式步进电动机是按径向分相的,这种步进电动机也称为单段反应式步进电动机。它是目前步进电动机中使用最多的一种结构形式。除此之外,还有一种反应式步进电动机是按轴向分相的,这种步进电动机也称为多段反应式步进电动机。

图 4-7 所示的是多段反应式步进电动机的剖面图。多段反应式步进电动机沿着它的轴向长度分成磁性能上独立的几段,每一段都用一组绕组励磁,形成一相。因此,三相电动机有三段。

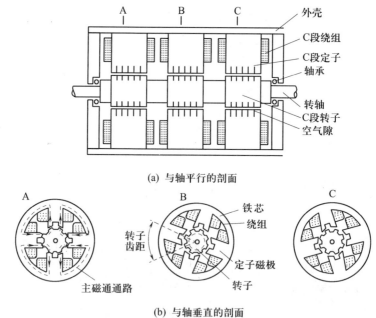

(a) 与轴平行的剖面

(b) 与轴垂直的剖面

图 4-7　三段反应式步进电动机剖面图

电动机的每一段都有一个定子,它们固定在外壳上,转子制成一体。由电动机两端的轴承支承。每段定子上都有许多磁极,相绕组绕在这些极上。沿电动机的轴向长度看,每段的转子齿都是排齐的,但不同段所对应的定子齿之间有不同的相对位置,因此,A 段里的定子齿和转子齿对齐的,B 段和 C 段里的定子齿和转子齿则对不齐。若从 A 相通电变化到 B 相通电,则使 B 段里的定子齿和转子齿对齐,转子转动一步。

使 B 相断开,C 相通电,则电动机以同一方向再走一步。再使 A 相单独通电,则再走一步,A 段里的定子齿和转子齿再一次完全对齐。通电状态的三次变化使转子转动三步或一个齿距;不断按序改变通电状态,电动机就可连续旋转。这就是多段电机的基本工作原理。

3)混合式步进电动机

与反应式步进电动机一样,混合式步进电动机也由定子和转子两部分组成。混合式步进电动机的定子绕组一般有二相、四相或五相。下面就以二相混合式步进电动机为例说明其原理。

二相混合式步进电动机的定子一般有 8 个极或 4 个极,极面上均匀分布一定数量的小齿;极上的线圈都能以两个方向通电,形成 A 相和 $\overline{A}$ 相,B 相和 $\overline{B}$ 相。它的转子也由圆周上均匀分布一定数量小齿的两块齿片等组成。这两块齿片相互错开半个齿距(图 4-8)。两块齿片之间夹有一只轴向充磁的环形永久磁钢。显然,同一段转子片上的所有齿都具有相同极性,而两块不同段的转子片的极性相反。混合式步进电动机与反应式步进电动机的最大区别在于其转子具有永久磁性。

图 4-8 中表示了由转子上的磁钢产生的磁通回路;图 4-9 是在电动机 x、y 处剖开的剖面。每相绕组绕在 8 个定子磁极中的 4 个极上,如:A 相绕组绕在 1、3、5、7 磁极上,则 B 相绕组绕在 2、4、6、8 磁极上,而且每相相邻的磁极以相反方向绕,即如果 A 相绕组流过正向电流,则 3 和 7 磁极的磁场径向向外,而 1 和 5 磁极的磁场径向向内。B 相与 A 相的情况类似。

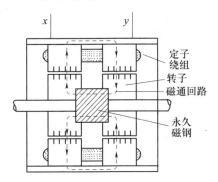

图 4-8 转子磁钢产生的磁通回路

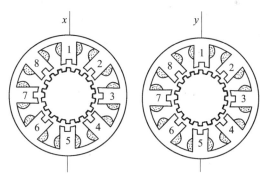

图 4-9 混合式步进电动机剖面图

图 4-10 是混合式步进电动机工作原理图,这是四相混合式步进电动机以圆周展开的剖面模型。图 4-10(a)是转子 S 极处的剖面,图 4-10(b)是 N 极处的剖面。图中,定子齿距和转子齿距相同。先考虑磁极 I 和磁极 III 下面的磁场。定子绕组通电后,磁极 I 产生 N 极,磁极 III 产生 S 极。它们构成的磁场分布情况如实线所示。同一图中的虚线表示永久磁钢产生的磁场。

因为 I 极这段的转子齿和 III 极那段的转子齿相互错开半个齿距,所以,仅靠定子电流

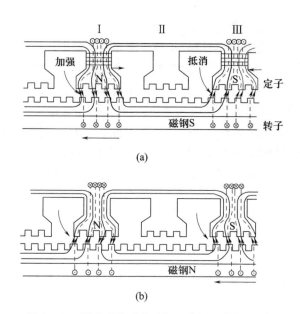

图4-10 混合式步进电动机工作原理的展开图

磁场并不能产生像反应式步进电动机那样有意义的转矩。但是,把转子永久磁钢产生的磁场叠加上去,情况就完全变了。因为磁极Ⅰ下面的两个磁场相互增强,所以将对转子产生较大的向左的驱动力。在磁极Ⅲ下面,定子磁场和转子磁场相互抵消,虽然它要对转子产生向右的驱动力,但由于磁场的抵消,使得向右的驱动力较小。所以,综合图4-10(a)中Ⅰ、Ⅲ极下的情况可以看出,在转子的S极处受到的合力是向左的。

再看图4-10(b),在Ⅰ极上,定子、转子磁场相互抵消;在Ⅲ极下定子磁场和转子磁场相互增强,这与图4-10(a)中的情况刚好相反。但是,转子N极处的齿片和转子S极处的齿片相互错开半个齿距,这就使得图4-10(b)中定子、转子齿的相对位置与图4-10(a)中定子、转子齿的相对位置不一样。在图4-10(b)中,Ⅰ极下将产生向右的驱动力,但由于磁场的相互抵消,这个向右的驱动力较小,Ⅲ极下将产生向左的驱动力,由于磁场的相互增强,这个驱动力较大。两者合在一起的合力是向左的,这就是说转子在N极处也受到了向左的合力。

如果切断磁极Ⅰ、Ⅲ的电流,同时向磁极Ⅱ、Ⅳ上的绕组通入电流,则在Ⅱ极处产生S极,在Ⅳ极处产生N极。转子将向左再走一步。按照特定的时序通电,如:A—B̄—Ā—B—A,电动机就能沿逆时针方向连续旋转。改变通电顺序,以 A—B—Ā—B̄—A 的顺序通电,电动机将沿顺时针方向旋转。

下面将混合式步进电动机与反应式步进电动机做一比较。通常,对给定的电动机体积,混合式步进电动机产生的转矩比反应式步进电动机大,加上混合式步进电动机的步距角常做得较小,因此在工作空间受到限制而需要小步距角和大转矩的应用中,常常可选用混合式步进电动机。混合式步进电动机的绕组未通电时,转子永久磁钢产生的磁通能产生自定位转矩。虽然这比绕组通电时产生的转矩小得多,但它确实是一种很有用的特性:使其在电切断时,仍能保持转子的原来位置。反应式步进电动机,因为它的转子上没有永久磁钢,所以转子的机械惯量比混合式步进电动机的转子惯量低,因此可以更快地加、减速。

2. 步进电动机的运行方式

由前述可知，步进电动机的工作方式和一般电机的不同，是采用脉冲控制方式工作的。只有按一定规律对各相绕组轮流通电，步进电动机才能实现转动。数控机床中采用的功率步进电动机有三相、四相、五相和六相等。工作方式有单 m 拍、双 m 拍、三 m 拍及 $2 \times m$ 拍等，m 是电机的相数。所谓单 m 拍是指每拍只有一相通电，循环拍数为 m；双 m 拍是指每拍同时有两相通电，循环拍数为 m；三 m 拍是每拍有三相通电，循环拍数为 m 拍；$2 \times m$ 拍是各拍既有单相通电，也有两相或三相通电，通常为 $(1 \sim 2)$ 相通电或 $(2 \sim 3)$ 相通电，循环拍数为 $2 \times m$，见表 4-1。一般电机的相数越多，工作方式越多。若按和表 4-1 中相反的顺序通电，则电机反转。

表 4-1 反应式步进电动机工作方式

相数	循环拍数	通 电 规 律
三相	单三拍	A→B→C→A
	双三拍	AB→BC→CA→AB
	六 拍	A→AB→B→BC→C→CA→A
四相	单四拍	A→B→C→D→A
	双四拍	AB→BC→CD→DA→AB
	八 拍	A→AB→B→BC→C→CD→D→DA→A
		AB→ABC→BC→BCD→CD→CDA→DA→DAB→AB
五相	单五拍	A→B→C→D→E→A
	双五拍	AB→BC→CD→DE→EA→AB
	十 拍	A→AB→B→BC→C→CD→D→DE→E→EA→A
		AB→ABC→BC→BCD→CD→CDE→DE→DEA→EA→EAB→AB
六相	单六拍	A→B→C→D→E→F→A
	双六拍	AB→BC→CD→DE→EF→FA→AB
	三六拍	ABC→BCD→CDE→DEF→EFA→FAB→ABC
	十二拍	AB→ABC→BC→BCD→CD→CDE→DE→DEF→EF→EFA→FA→FAB→AB

由步距角计算式可知，循环拍数越多，步距角越小，因此定位精度越高。另外，通电循环拍数和每拍通电相数对步进电动机的矩频特性、稳定性等都有很大的影响。步进电动机的相数也对步进电动机的运行性能有很大影响。为提高步进电动机输出转矩、工作频率和稳定性，可选用多相步进电动机，并采用 $2 \times m$ 拍工作方式。但双 m 拍和 $2 \times m$ 拍工作方式功耗都比单 m 拍的大。

4.2.2 步进电动机的运行特性

了解步进电动机的运行性能对正确使用步进电动机和正确设计步进电动机都有着重要意义。

1. 静特性

所谓静态是指步进电动机不改变通电状态，转子不动时的状态。步进电动机的静态特性主要指静态矩角特性和最大静转矩特性。

1）静态矩角特性

当步进电动机某相通以直流电流时，该相对应的定、转子齿对齐。这时转子上没有转矩输出。如果在电动机轴上加一个负载转矩，则步进电动机转子就要转过一次小角度 θ 再重新稳定。这时转子上受到的电磁转矩 T 和负载转矩相等，称 T 为静态转矩，而转过的这个角度 θ 称为失调角。描述步进电动机静态时电磁转矩 T 与失调角 θ 之间关系的特性曲线称为矩角特性。

两个齿中心线之间的距离称为齿距，当转子转过一个齿距，距角特性就变化一个周期，相当于 2π 电角度。图 4-11 是定、转子齿形均为矩形的矩角特性曲线，它近似于正弦曲线。

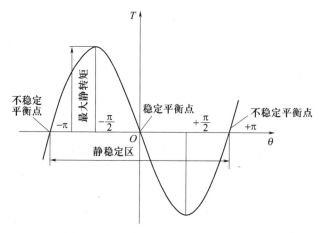

图 4-11　步进电动机矩角特性

在定子、转子齿槽对准时（图 4-12(a)），定子、转子槽的中心线重合，失调角 $\theta = 0°$，电磁转矩 $T = 0$。若转子齿的中心线对准定子槽中心线（图 4-12(b)），则失调角 $\theta = \pm\pi$，这时相邻两定子齿对这转子齿有同样的拉力，但方向相反，故电磁转矩 $T = 0$。由图 4-12(c) 可以看出，在失调角 $\theta = \pm\frac{\pi}{2}$（即 1/4 齿距处），转矩最大，转矩方向是使转子位置趋向失调角为零。当失调角小于 $-\pi$ 或大于 $+\pi$ 时，该转子齿已进入了另一个定子齿的拉力范围，转矩的方向趋于使转子齿与下一个定子齿对齐。当 $\theta = \pm 2\pi$ 时，转子齿与另一个定子齿对齐，转矩又为零。

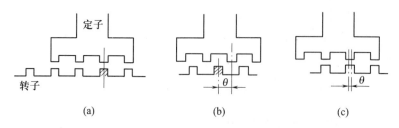

图 4-12　定子、转子齿的相对位置与转矩特性

如上所述，在电磁转矩的作用下，转子有一定的稳定平衡点。如果步进电动机空载，则稳定平衡点为 $\theta = 0$ 处。而 $\theta = \pm\pi$ 处则为不稳定平衡点。稳定平衡点不只一个，$\theta = \pm 2\pi$，$\pm 4\pi$，… 即相隔一个转子齿距就有一个稳定平衡点。在静态情况下，如受外负载转矩

的作用,使转子偏离它的平衡点,但没有超过相邻的不稳定平衡点,则当外转矩除去后,转子在电磁转矩的作用下,仍能回到原来的平衡点。所以两个稳定平衡点之间的区域构成静稳定区。

步进电动机各相的矩角特性曲线差异不能过大,否则会引起精度下降和低频振荡,可以通过调整相电流的方法,使电动机各相矩角特性大致相同。

2)最大静态转矩

图4-11矩角特性上电磁转矩的最大值称为最大静态转矩。它与通电状态及绕组内电流的值有关。在一定通电状态下,最大静转矩与绕组内电流的关系,称为最大静转矩特性。当控制电流很小时,最大静转矩与电流的平方成正比地增大,当电流稍大时,受磁路饱和的影响,最大转矩 T_{max} 上升变缓,电流很大时,曲线趋向饱和。图4-13是一个三相步进电动机单相通电状态下最大静转矩特性。

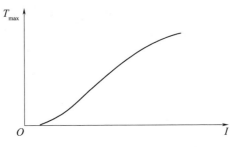

图4-13 步进电动机最大静转矩特性

2. 动特性

步进电动机运行时总是在电气和机械过渡过程中进行的,因此对它的动特性有很高的要求,步进电动机的动特性将直接影响系统的快速响应以及工作的可靠性。它不仅与电动机的性能和负载性质有关,还和电源的特性及通电的方式有关,其中有些因素还是属于非线性的,要进行精确的分析较为困难,通常只能采用近似的方法来研究。下面仅对有关的几个问题做定性说明。

1)步进运行状态时的动特性

若电动机绕组通电脉冲的时间间隔大于步进电动机机电过渡过程所需的时间,这时电动机为步进状态,以下讨论步进电动机的单步运行状态。

图4-14为矩角特性曲线。开始时,步进电动机的矩角特性为曲线①所示,若电动机空载,则转子稳定在 O_1 点处。加一个脉冲,通电状态改变,矩角特性曲线变成曲线②,转子将稳定在新的稳定点 O_2。现在研究电动机带负载的情况,先假设负载转矩为 T_1,则在初始状态时电动机的稳定位置是曲线①上的 O_1' 点。在改变通电状态的瞬间,转子位置还未来得及改变,而其受到的电磁转矩已是矩角特性曲线②上的 O_2',即电磁转矩的值大于负载转矩,从而使转子加速,朝 $+\theta$ 方向运动,达到新的平衡点 O_2' 处。如果开始负载转矩相当大,如图中 T_2,则转子起点为曲线①的 O_1'' 点。当通电状态改变时,由于新的矩角特性曲线②上 b_2'' 点的电磁转矩的值小于负载转矩 T_2,因此转子不能向 $+\theta$ 方向新稳定点 O_2'' 运动,反而向 $-\theta$ 方向滑动。这就是说,尽管步进电动机的最大静转矩 T_{max} 比负载转矩 T_2 大,如在静态情况下加此 T_2 转矩,电动机能保持稳定,但电动机不能带动此 T_2 转矩作步进运行,即步进电动机能带动的最大转矩要比其最大静转矩小。不难看出,曲线①和曲线

73

②的交点转矩 T_q 是步进电动机能带动的负载转矩极限值,有时称 T_q 为步进电动机的起动转矩。在最大静转矩相同的条件下,相数增大时,因曲线的交点转矩 T_q 较高,步进电动机带负载能力也相应增大。

以下讨论单步运行时,步进电动机转子运动的过渡过程。

如图 4-15 所示,当控制脉冲到来时,矩角特性突然向 $+\theta$ 方向移动了一个步距角 θ_s,这时转子在电磁转矩的作用下产生加速度。相对于纵坐标已右移 θ_s 角度的新的矩角特性,由 $\theta=-\theta_s$ 处向 $\theta=0$ 处移动。这就是说,原来定子、转子齿对齐,当通电绕组切换后,对应于新通电相的定子齿、转子位置落后了 θ_s 角,因而要向新定子齿的轴线($\theta=0$处)转动。当转子运动到 $\theta=0$ 的平衡点(定子、转子齿对齐)时,转矩为零,但由于转子积累了动能,不能马上停止,因而要冲过平衡点,使 $\theta>0$,此时,电磁转矩为负值,转子很快被减速至零,相当于图 4-15 中 b 点,然后转子在负载转矩作用下反向运动,回到平衡点 $\theta=0$ 处,相当于图 4-15 中 c 点,同样由于惯性,转子还要冲过平衡点……。这样来回运动形成了步进电动机转子的振动,此振动的过渡过程在摩擦力等阻力矩的作用下逐渐衰减,最后稳定在平衡点,即新的矩角特性 $\theta=0$ 处。

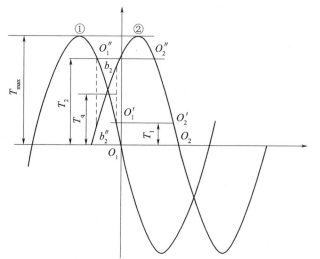

图 4-14　用矩角特性分析单步运行状态

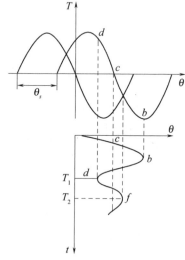

图 4-15　步进电动机转子
运动的过渡过程

步进电动机在单步运行时虽然有振荡,但由于输入脉冲间隔大于过渡过程的时间,振荡会衰减并稳定于新的平衡点。此时动态误差较小,也不会出现失步、超步等现象。

如果控制间隔小于单步运行的过渡过程时间,步进电动机就处于连续运行状态。由于控制脉冲周期缩短,因而在一个周期内,振动未充分衰减,下一个脉冲就到来,此时动态误差的大小,取决于脉冲周期的大小,即下一个脉冲到来时转子处在什么位置。若处在超调量或回摆量较大的位置时,则动态误差就较大。

如果控制脉冲的频率等于步进电动机的固有频率 f_0(即电动机共振频率),则将产生共振。在共振频率附近动态误差最大,会导致步进电动机失步。

在 $f_0/2$、$f_0/3$、$f_0/4$……低频段也有共振发生,但相比之下不太明显,危害较小。

步进电动机都有低频共振现象,应当尽量设法减弱振动并保证不失步。电动机在正常运行时,振动的极限振幅是一个步距角。步距角小,振动也小。所以相数多的步进电动机或运行拍数多的通电方式,振动不很明显,低频共振的危险性也小一些。

2) 连续运行状态时的动特性

当控制绕组的电脉冲频率增高,相应的时间间隔也减小,以至小于电动机机电过渡过程所需的时间。若电脉冲的间隔小于图 4-15 中的时间为 T_1,当脉冲由绕组 A 相切换到 B 相,再切换到 C 相,这时转子从定子 A 极起动,移到定子 B 极,还来不及回转,C 相已经通电,这样转子将继续按原方向转动,形成连续运行状态。实际上,步进电动机大都是在连续运行状态下工作的。在这样运行状态下电动机所产生的转矩称为动态转矩。下面对其做简要分析。

(1) 矩频特性 步进电动机的最大动态转矩和脉冲频率的关系,即 $T_{dm} = F(f)$,称为矩频特性,如图 4-16 所示。

在图 4-16 中可以看出,步进电动机的最大动态转矩将小于最大静转矩,并随着脉冲频率的升高而降低。

因步进电动机的控制绕组中存在电感,相应地有一定的电气时间常数。所以控制绕组中电流增长也有一个过程,图 4-17(a) 表示当脉冲频率较低时绕组中的电流波形,此时电流可以达到稳态值。图 4-17(b) 表示当脉冲频率很高时控制绕组中的电流波形。此时绕组中的电流不能达到稳态值,故电动机的最大动态转矩小于最大静转矩。而且脉冲频率越高,最大动态转矩也就越小,在步进电动机运行时,对应于某一频率,只有当负载转矩小于它在该频率时的最大动态转矩,电动机才能正常运转。

(2) 工作频率 步进电动机的工作频率是指电动机按指令的要求进行正常工作时的最大脉冲频率。所谓正常工作就是说步进电动机不失步地工作,即一个脉冲就移动一个步距角。失步包括丢步和越步。丢步是指转子前进的步数小于脉冲数;越步是指转子前进的步数多于脉冲数。一次丢步和越步的步距数是运行拍数的整数倍,丢步严重时,将使转子停留在一个位置上或围绕一个位置振动。

步进电动机的工作频率,通常分为起动频率、制动频率及连续工作频率。对同样的负载转矩来说,正、反向的起动频率和制动频率都是一样的,而连续工作频率要高得多。一般步进电动机的技术参数中只给出起动频率和连续工作频率。

步进电动机的起动频率 f_{st} 是指它在一定的负载转矩下能够不失步地起动的最高频率。起动频率的大小是由许多因素决定的,绕组的时间常数越小,负载转矩和转动惯量越小,步矩角越小,则起动频率越高,如图 4-18 所示。

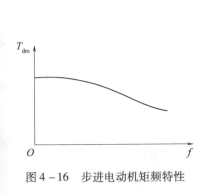

图 4-16　步进电动机矩频特性

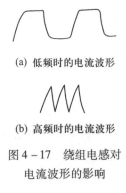

(a) 低频时的电流波形

(b) 高频时的电流波形

图 4-17　绕组电感对电流波形的影响

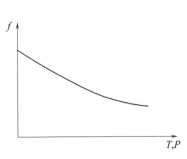

图 4-18　起动频率与负载的关系

步进电动机的连续工作频率f又称运行频率。它是指步进电动机起动后,当控制脉冲连续发出时,能不失步运行的最高频率。影响运行频率的因素与影响起动频率的因素基本上相同,但是转动惯量对运行频率的影响不像对起动频率的影响那么明显。它仅影响到频率连续上升的速度。

4.2.3　步进电动机的选用

合理地选用步进电动机是相当重要的,通常希望步进电动机的输出转矩大,起动频率和运行频率高,步距误差小,性能价格比高。但增大转矩与快速运行存在一定矛盾,高性能与低成本存在矛盾。因此实际选用时,必须全面考虑。

首先,应考虑系统的精度和速度的要求。为了提高精度,希望脉冲当量小。但是脉冲当量越小,系统的运行速度越低。故应兼顾精度与速度的要求来选定系统的脉冲当量。在脉冲当量确定以后,又可以此为依据来选择步进电动机的步距角和传动机构的传动比。

步进电动机的步距角从理论上说是固定的,但实际上还是有误差的的。另外,负载转矩也将引起步进电动机的定位误差。我们应将步进电动机的步距误差、负载引起的定位误差和传动机构的误差全部考虑在内,使总的误差小于数控机床允许的定位误差。

步进电动机有两条重要的特性曲线,即反映起动频率与负载转矩之间关系的曲线和反映转矩与连续运行频率之间关系的曲线。这两条曲线是选用步进电动机的重要依据。一般将反映起动频率与负载转矩之间关系的曲线称为起动矩频特性,将反映转矩与连续运行频率之间关系的曲线称为工作矩频特性。

已知负载转矩,可以在起动矩频特性曲线中查出起动频率。这是起动频率的极限值,实际使用时,只要起动频率小于或等于这一极限值,步进电动机就可以直接带负载起动。

若已知步进电动机的连续运行频率f,就可以从工作矩频特性曲线中查出转矩M_{dm},这也是转矩的极限值,有时称其为失步转矩。也就是说,若步进电动机以频率f运行,它所拖动的负载转矩必须小于M_{dm},否则就会导致失步。

数控机床的运行可分为两种情况:快速进给和切削进给。在这两种情况下,对转矩和进给速度有不同的要求。选用步进电动机时,应注意使在两种情况下都能满足要求。

假若要求进给驱动装置有如下性能:在切削进给时的转矩为T_e,最大切削进给速度为v_e;在快速进给时的转矩为T_k,最大快进速度为v_k。根据上面的性能指标,我们可按下面的步骤来检查步进电动机能否满足要求。

首先,依据下式,将进给速度值转变成电动机的工作频率:

$$f = \frac{1000v}{60\delta}(\text{Hz}) \tag{4-4}$$

式中　v——进给速度(m/min);

δ——脉冲当量(mm);

f——步进电动机工作频率。

在式(4-4)中,若将最大切削进给速度v_e代入可求得在切削进给时的最大工作频率f_e;若将最大快速进给速度v_k代入,就可求得在快速进给时的最大工作频率f_k。

然后,根据f_e和f_k在工作矩频特性曲线上找到与其对应的失步转矩值T_{dme}和T_{dmk},若有$T_e < T_{dme}$和$T_k < T_{dmk}$,就表明电动机是能满足要求的,否则就是不能满足要求的。

表4-2和表4-3分别给出了一些常用的反应式步进电动机和混合式步进电动机的型号和简单的性能指标。读者若想了解市场上销售的步进电动机,可以上网搜索生产企业的相应网站,一般都给出各种型号步进电动机的性能指标、特性曲线、安装尺寸,以及与之配套的驱动电源型号,也给出使用说明书。不过各生产厂家步进电动机的型号不统一,各有各的编码方法,应加以注意。

表4-2 反应式步进电动机性能参数

项目 型号	相数	步距角	电压/V	相电流/A	最大静转矩 /(N·m)	空载起动频率 /Hz	运行频率 /Hz
75BF001	3	1.5°/3°	24	3	0.392	1750	12000
75BF003	3	1.5°/3°	30	4	0.882	1250	12000
90BF001	4	0.9°/1.8°	80	7	3.92	2000	8000
90BF006	5	0.18°/0.36°	24	3	2.156	2400	8000
110BF003	3	0.75°/1.5°	80	6	7.84	1500	7000
110BF004	3	0.75°/1.5°	30	4	4.9	500	7000
130BF001	5	0.38°/0.76°	80	10	9.3	3000	16000
150BF002	5	0.38°/0.76°	80	13	13.7	2800	8000
150BF003	5	0.38°/0.76°	80	13	15.64	2600	8000

表4-3 混合式步进电动机性能参数

项目 型号	相数	步距角	电压/V ·	相电流/A	最大静转矩 /(N·m)	空载起动频率 /Hz	最高运行 频率/Hz
90BYG550	5	0.36°/0.72°	50	3	1.5	2000	50000
90BYG5200	5	0.09°/0.18°	50	4	2.5	6000	50000
110BYG460B	4	0.75°/1.5°	80	5	8	6000	50000
110BYG460B	5	0.36°/0.72°	100	6	6	2000	50000
130BYG550	9	0.1°/0.2°	100	6	4	4000	50000
130BYG9100	9	0.1°/0.2°	100	10	20	4000	50000

4.3 步进电动机的控制与驱动

步进电动机的结构设计和运行原理决定了它需要与驱动/控制环节组成伺服单元,以应用于相应的场合。严格来讲,驱动与控制是两个不同的单元,但它们又是密不可分的。步进电动机在近代的发展使原来单一驱动器加电动机组成的开环系统逐渐演变为控制器、驱动器加电动机组成的闭环系统,无论是驱动还是控制的变化,必然带来另一单元的相应改变。

组成一个基本的步进伺服单元至少包括脉冲信号发生器、脉冲分配器(环形分配器)、脉冲功率放大器(或称驱动主电路)及步进电动机。除去电动机本体的几个部分即为步进电动机的驱动电源(或驱动器,也有观点将脉冲信号发生器理解为控制器,余下部分为驱动器),驱动电源和步进电动机是一个有机整体,步进电动机的运行性能是电动机及其驱动电源二者配合的综合表现。

脉冲信号发生器是一个频率从数十赫到几万赫左右的连续可变的变频信号源。环形分配器是由门电路和双稳态触发器组成的逻辑电路,用来存储定子绕组通电顺序,并在输入脉冲序列的作用下输出当前定子绕组通电状态,控制主电路功率开关器件的导通与关断。环形分配器输出的电流一般只有几毫安,不能直接驱动步进电动机,因为一般步进电动机需要几安培至几十安培的电流,因此在环形分配后面都装有功率放大电路,用放大后的信号去驱动步进电动机。实现功率放大的方式很多,例如单电压驱动、高低压定时驱动、恒流斩波驱动及微步驱动等等,它们对电动机性能的影响也各不相同。鉴于篇幅的限制,本节着重介绍这些技术,对于含有速度或位置反馈的步进伺服系统,可采用模糊控制或矢量控制等控制策略,请参阅相关资料加以研读。

4.3.1 基本问题

步进电动机驱动电源的主要作用是对控制脉冲进行功率放大,以使步进电动机获得足够大的功率驱动负载运行。设计步进电动机驱动电源需作如下考虑。

(1) 步进电动机是采用脉冲方式供电,且按一定的工作方式轮流作用于各相励磁线圈上。例如,三相反应式步进电动机按单三拍工作方式的励磁电压波形,如图4-19所示。因此要求采用开关元件来实现对各相的通、断。一般采用晶闸管和功率晶体管做开关元件。

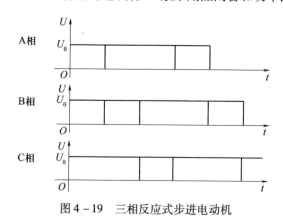

图4-19 三相反应式步进电动机
单三拍工作方式的励磁电压波形

(2) 步进电动机的正反转是靠给各相励磁线圈通电顺序的变化来实现的。因此,不管是正转,还是反转,步进电动机中各相的电流方向是不变化的。

(3) 步进电动机的速度控制是靠改变控制脉冲的频率来实现的。不像一般伺服电动机是靠控制励磁线圈的电流大小来实现。

(2)、(3) 两条原因使得步进电动机要求的功率驱动电路比一般直流伺服电动机要简单。尽管如此,步进电动机仍要求有高质量的驱动电源,如(4)所述。

(4) 设计步进电动机的驱动电源,要解决的一个关键问题,是在通电脉冲内使励磁线圈的电流能快速地建立,而在断电时,电流又能快速地消失。在理想情况下,流过各相励磁绕组的电流波形和加在其上的电压波形相同,都是矩形波。如果步进电动机各相绕组结构及电气参数完全一样,加在其上的矩形脉冲电压大小一样,则这时步进电动机的输出转矩是恒定不变的,步进电动机的输出功率则随着励磁脉冲频率的增加而线性地增加,如图4-20所示。

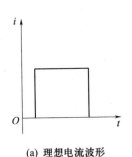
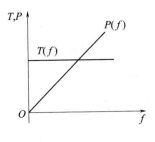

(a) 理想电流波形　　　　　　　　　　(b) 输出转矩与功率

图 4-20　步进电动机理想条件下的控制电流与输出特性

实际上,步进电动机绕组对电源来说是感性负载,由于反电动势的存在,其电流的建立和消失总是落后于电压。电流建立和消失的快慢取决于步进电动机绕组回路的自感和直流电阻以及各相绕组的互感等;电流的大小取决于励磁电压。如果不考虑互感等因素的影响,当给绕组施以矩形脉冲电压时,绕组中的电流按指数规律上升,电压去除时,电流又按指数规律下降,如图 4-21 所示。

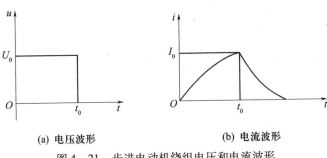

(a) 电压波形　　　　　　　　(b) 电流波形

图 4-21　步进电动机绕组电压和电流波形

在 $0 \sim t_0$ 时间内:

$$i = \frac{U_0}{R_s + R}(1 - e^{-\frac{t}{\tau}})$$

式中　U_0——电机绕组励磁电压(V);

　　　R_s——外接电阻(Ω);

　　　R——绕组电阻(Ω);

　　　τ——时间常数,$\tau = L/(R_s + R)$;

　　　L——绕组电感(H)。

电流的稳态值 $I_0 = U_0/(R_s + R)$。由公式可知,当 $t = 3\tau$ 时,$I/I_0 = (1 - e^{-3t/\tau}) = 95\%$;当 $t = 4\tau$ 时,$I/I_0 = 98\%$。可以认为,当经过 $3\tau \sim 4\tau$ 时间,绕组的电流近似达到稳态值。由此可见,要保证电流快速建立和消失,要尽量减小时间常数 τ。对用户来讲,可采用在电动机绕组中串接电阻 R_s 来减小时间常数。要注意,太大的 R_s 会使电流减小,故需提高励磁电压,但励磁电压的提高又要受到开关元件耐压程度的限制,故步进电动机常采用高、低压双电压驱动电源。

由以上分析可知,由于绕组电流建立需要时间,所以步进电动机的输出转矩也是变化的,且小于理想状态。随着控制脉冲频率的增加,各相绕组电流所达到的值也将减小,使得输出转矩也随之减小,当脉冲频率高到一定程度,绕组中的脉冲电流来不及建立,故输出转矩也接近 0。

4.3.2　开关元件与驱动拓扑

1. 开关元件简介

步进电动机由于工作在开关状态,所以其驱动电源所用的大功率器件是开关元件,一般常采用晶闸管和功率晶体管。

晶闸管目前常用的有普通晶闸管、可关断晶闸管(GTO)和双向晶闸管(Triac)。这三种晶闸管的电气图形符号如图 4-22 所示。

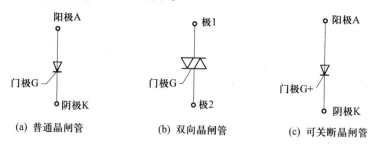

图 4-22　晶闸管电气图形符号

晶闸管和双极型晶体管,都是电流控制器件,且工作在开关状态。对普通晶闸管,如果在门极 G 和阴极 K 之间加上适当的正向电压使 G、K 之间流过一定的电流,且阳极 A 上加合适的正向电压,则阳阴极之间导通,导通后,门极 G 便失去控制作用。只要阳阴极间电流小于维持电流,便迅速关断。

双向晶闸管具有双向导电性。当门极 G 和极 2 之间流过一定的电流(不管是正还是负),且在极 1 和极 2 之间加上一定的电压,则迅速导通。导通后,门极失去控制作用。当极 1 和极 2 之间电流小于维持电流便关断。双向晶闸管由于具有双向导电性,关断条件是靠电流过零实现,所以工作频率很低,一般用在 60Hz 以下的交流电路中。

可关断晶闸管的门极不仅能控制晶闸管导通,也可控制晶闸管关断。当在门极 G 和阴极 K 之间加上正向电压,阳阴极导通;加上反向电压时,阳阴极关断。所以 GTO 的控制电路要比普通晶闸管的简单。

在步进电动机控制中,由于要求工作频率较高,所以多采用高频晶闸管和可关断晶闸管。高频晶闸管的开关频率可达 20kHz 以上。另外,晶闸管耐压高,功率大,多用于大功率控制场合。

功率晶体管有双极型晶体管和场效应晶体管(MOSFET)。当它们工作在开关状态时,开关频率很高,其控制电路也不像晶闸管那样需要换流控制,因而简单。目前,功率晶体管已有了很大的发展,其耐压程度和功率都已达到相当高的水平。例如富士生产的 D1300A/120 模块化功率晶体管集射极耐压达 1200V,电流可达 300A,功率达 2kW。所以功率晶体管在中小功率控制系统中应用得越来越广泛。

值得一提的是功率场效应晶体管(MOSFET)。MOSFET 是属于电压控制型器件,和双极型晶体管相比,具有开关速度高、较宽的安全工作区、较强的过载能力、较高的开启电压、很高的输入阻抗等,因此在电机调速、开关电源等各种领域中越来越受到人们的重视。例如,我国目前已将大功率 VMOS 管用于机床的数控系统中。

2. 驱动拓扑

一般来说，步进电动机运行时，要求能够启、停、正转、反转，这要求驱动拓扑能为之正、反向励磁。目前，主电路通常由适当功率等级的 MOSFET 构成，其结构形式主要有两种：H 桥和半桥（又称多相桥），分别如图 4-23、图 4-24 所示。

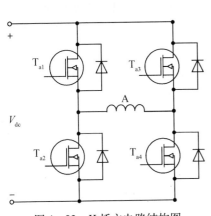

图 4-23 H 桥主电路结构图

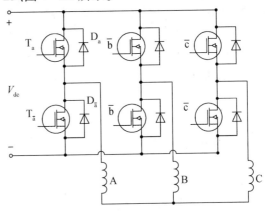

图 4-24 半桥主电路结构图

H 桥一相绕组驱动电路由四个 MOSFET 构成，目前二相步进电动机驱动通常采用 H 桥结构，二相绕组需要 8 个 MOSFET。半桥结构每相绕组需要两个 MOSFET 驱动，通常用于三相、五相或更多相数步进电动机的驱动，以减少功率器件的数量，降低成本。半桥结构中定子绕组的连接形式可以有多种。对于三相电动机而言，可以是星接或角接，图 4-24 给出的就是三相电动机星接半桥主电路的基本结构。对于五相电动机，有五星形、五边形、五角形三种不同的连接方法。同一台电动机采用不同的绕组连接方法，对驱动电路输出驱动电压、电流幅值的要求不同。采用 H 桥结构，每相定子绕组电流可以独立控制，有可能达到比半桥结构更好的系统性能。

4.3.3 步进电动机的驱动控制

步进电动机驱动电源的形式多种多样。按所使用的功率开关元件来分，有晶闸管驱动电源和晶体管驱动电源；按供电方式来分，有单电压供电和双电压供电（高低压供电）；按控制方式来分，有高低压定时控制、恒流斩波控制、脉宽控制、调频调压控制及细分、平滑控制等。为便于理解驱动控制的基本原理，下面按驱动控制中有无电流反馈作一些典型驱动控制方式的介绍分析。

1. 无电流反馈驱动控制

1）单电压驱动

单电压驱动的基本形式如图 4-25 所示。U_{cp} 是步进电动机的控制脉冲信号，控制着功率开关晶体管的通断。W 是步进电动机的一相绕组。VD 是续流二极管。由于电动机的绕组是感性负载，属储能元件，为了使绕组中的电流在关断时能迅速消失，在电动机的各种驱动电源中必须有能量泄放回路。另外，晶体管截止时绕组将产生很大的反

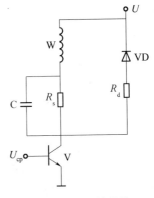

图 4-25 晶体管单
电压驱动电源

电动势,这个反电动势和电源电压 U 一起作用在功率晶体管 V 上。为了防止功率晶体管被高压击穿,也必须有续流回路。VD 正是为上述两个目的而设的续流二极管。在 V 关断时,电动机绕组中的电流经 R_s、R_d、VD、U(电源)、W 迅速泄放。R_d 是用来减小泄放回路的时间常数 $\tau(\tau = L/(R_s + R_d)$,其中 L 是电机绕组 W 的电感),提高电流泄放速度,从而改善电动机的高频特性。但 R_d 太大,会使步进电动机的低频性能明显变坏,电磁阻尼作用减弱,共振加剧。R_s 的一个作用是限制绕组电流;另一个作用是减小绕组回路的时间常数,使绕组中的电流能够快速地建立起来,提高电机的工作频率。但 R_s 太大,会因消耗太多功率而发热,且降低了绕组中的电压,需提高电源电压来补偿,所以单电压驱动电源一般用于小功率步进电动机的驱动。

电容 C 是用来提高绕组脉冲电流的前沿。当功率晶体管导通瞬间,电容相当于短路,使瞬间的冲击电流流过绕组,因此,绕组中脉冲电流的前沿明显变陡,从而提高了步进电动机的高频响应性能

2)双电压驱动电源

双电压驱动电源也称为高低压驱动电源。它采用两套电源给电机绕组供电,一套是高压电源,另一套是低压电源。采用高低压供电的驱动电源的工作过程如下:

在功率晶体管导通时,采用高压供电,维持一段时间,断掉高压后,采用低压供电,一直到步进控制脉冲结束,使功率晶体管截止为止。由于高压供电时间很短,故可以采用较高的电压,而低压可采用较低的电压。由于对高压脉宽控制方式的不同,便产生了如高压定时控制、斩波恒流控制、电流前沿控制、斩波平滑控制等各种派生电路。

下面以高压定时控制驱动电源为例说明双电压驱动电源的工作原理。

高压定时控制驱动电源如图 4 – 26 所示。U_g 是高压电源电压;U_d 是低压电源电压;V_g 是高压控制晶体管;V_d 是低压控制晶体管;VD_1 是续流二极管;VD_2 是阻断二极管;U_{cp} 是步进控制脉冲,U_{cg} 是高压控制脉冲。其工作原理是:当步进控制脉冲 U_{cp} 到来时,经驱动电路放大,控制高、低压功率晶体管 V_g、V_d 同时导通,由于 VD_2 的作用,阻断了高压 U_g 到低压 U_d 的通路。使高压 U_g 作用在电机绕组上。高压脉冲信号 U_{cg} 在高压脉宽定时电路的控制下,经过一定的时间(小于 U_{cp} 的宽度)便消失,使高压管 V_g 截止。这时,由于低压管 V_d 仍导通,低压电源 U_d 便经二极管 VD_2 向绕组供电,一直维持到步进脉冲 U_{cp} 的结束。U_{cp} 结束时,V_d 关断,绕组中的续流经 VD_1 泄放。整个工作过程各控制信号及绕组的电压、电流波形如图 4 – 26(b)所示。

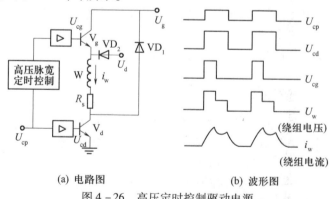

(a) 电路图　　　　　　　(b) 波形图

图 4 – 26　高压定时控制驱动电源

这种控制电路的特点是：由于绕组通电时，先采用高压供电，提高了绕组的电流上升率。可通过调整 V_g 的开通时间（由 U_{cg} 控制）来调整电流的上冲值。高压脉宽不能太长，以免由于电流上冲值过大而损坏功率晶体管或引起电动机的低频振荡。在 V_d 截止时，绕组中续流的泄放回路为 $W \rightarrow R_s \rightarrow VD_1 \rightarrow U_{g+} \rightarrow U_{g-} \rightarrow U_d \rightarrow VD_2 \rightarrow W$。在泄放工程中，由于 $U_g > U_d$，绕组上承受和开通是 4 相反的电压，从而加速了泄放过程，使绕组电流脉冲有较陡的下降沿。由此可见，采用高低压供电的驱动电源，绕组电流的建立和消失都比较快，从而改善了步进电动机的高频性能。

3）调频调压驱动电源

在电源电压一定时，步进电动机绕组电流的上冲值是随工作频率的升高而降低的，使输出转矩随电机转速的提高而下降。要保证步进电动机高频运行时的输出转矩，就需要提高供电电压。前述的各种驱动电源都是为保证绕组电流有较好的上升沿和幅值而设计的。从而有效地提高了步进电动机的工作频率。但在低频运行时，会给绕组中注入过多的能量而引起电动机的低频振荡和噪声。为解决此问题，便产生了调频调压驱动电源。

调频调压驱动电源的基本原理是：当步进电动机在低频运行时，供电电压降低，当运行在高频段时，供电电压也升高。即供电电压随着步进电动机转速的增加而升高。这样，既解决了低频振荡问题，也保证了高频运行时的输出转矩。

实现调频调压控制的硬件电路往往比较复杂。在 CNC 系统中，可由软件配合适当硬件电路实现，如图 4 - 27 所示。U_{cp} 是步进控制脉冲信号，U_{cT} 是开关调压信号。U_{cp} 和 U_{cT} 都由 CPU 输出。

当 U_{cT} 输出一个负脉冲信号，晶体管 V_1 和 V_2 导通，电源电压作用在电感 L_s 和电动机绕组 W 上，L_s 感应出负电动势，电流逐渐增大，并对电容 C 充电，充电时间由负脉冲宽度 t_{on} 决定。在 U_{cT} 负脉冲过后，V_1 和 V_2 截止，L_s 又产

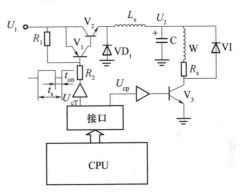

图 4 - 27　调频调压驱动电源

生感应电动势，其方向是 U_2 处为正。此时，若 V_3 导通，这个反电动势便经电机绕组为 $W \rightarrow R_s \rightarrow V_3 \rightarrow$ 地 $\rightarrow VD_1 \rightarrow L_s$ 回路泄放，同时电容 C 也向绕组 W 放电。由此可见，向电机供电的电压 U_2 取决于 V_1 和 V_2 的开通时间，即取决于负脉冲 U_{cT} 的宽度。负脉冲宽度越大，U_2 越高。因此，根据 U_{cp} 的频率，调整 U_{cT} 负脉冲的宽度，便可实现调频调压。

前面介绍了步进电动机晶体管驱动电源的各种实现方法。关于晶闸管驱动电源，由于篇幅所限，这里就不作介绍，读者可参考有关资料。

2. 有电流反馈的驱动控制

1）恒流斩波驱动

如图 4 - 28 所示，恒流斩波驱动主回路由高压晶体管、电动机绕组、低压晶体管串联组成。与高低压驱动器不同的是，低压管发射及串联了一个小的电阻接地，电机绕组的电流经过这个小电阻通地，小电阻的压降与电机绕组电流呈正比，所以这个电阻称为取样电阻。IC_1 和 IC_2 分别是两个控制门，控制 T_H 和 T_L 两个晶体管的导通和截止。

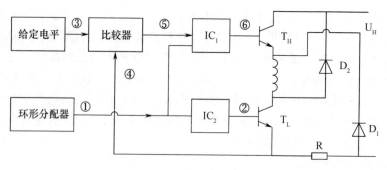

图 4-28 恒流斩波驱动原理图

图 4-28 中标记点处的波形图见图 4-29。当环形分配器未发出导通脉冲,IC_1 和 IC_2 处于关闭状态,T_H 和 T_L 均截止,比较器获得输入为零的反馈,此时比较器输出高电平。当环形分配器给出导通信号时,IC_1 和 IC_2 打开,T_H 和 T_L 均导通,高压经 T_H 给绕组供电,由于电动机绕组有较大电感,所以电流上升较快。取样电阻上的电压表征了电流的大小,当电流超过设定值时,比较器翻转,输出变低电平,从而 IC_1 也输出低电平,关断高压管 T_H。此时绕组电流仍持续按原方向流动,经由 T_L、R、地线和 D_1 构成续流回路消耗磁场能量。因此,电流逐渐衰减下降。进而,当比较器获得的反馈小于设定值时,再一次进行翻转,输出高电平,打开 T_H 给绕组供电,电流上升。如此反复,电机绕组的电流稳定在由给定电平所决定的数值上,形成细小的锯齿波。

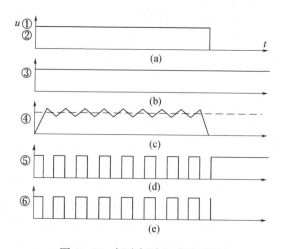

图 4-29 恒流斩波驱动波形图

当环形分配器输出低电平时,T_H 和 T_L 均截止,此时绕组的续流与高低压时相同,经 D_1、D_2 泄放。泄放回路的特点与高低压驱动时基本相同。

在恒流斩波驱动中,由于取样电阻的反馈控制,使得绕组电流能够恒定在某一数值,且不随电动机转速而变化,从而保证在很大的频率范围内电机能够输出恒定的转矩。此外,恒流斩波驱动输入的能量是自动随绕组电流调节,能量过剩时,续流时间延长而供电时间减小,因而可减小能量的积聚,因此对于电动机共振的抑制甚至消除具有积极的意义。

84

2) 微步细分驱动

由步进电动机的工作原理可知,按照不同的绕组组合通电,可以实现整步运行或半步运行。由此可知,若按传统的开环驱动方式,电动机的分辨率受到其绕组通电状态组合的数目的限制,取决于电动机相数;其机械步距角与电动机相数和转子齿数严格对应。为得到不同的步距角必须改变电动机结构。在转子齿数一定的条件下,增加相数才能提高电动机的分辨率。例如五相电机比二相电机增加了相数,提高了分辨率,许多运行性能因而也得到了提高。

微步细分驱动可以在不改变电动机结构的前提下,通过一种电流波形控制技术,使得绕组中的电流在 0 和最大值之间出现多个稳定的中间状态,因而定子磁场的旋转过程也就有了相应的多个稳定中间状态,从而转子旋转的步数增多、步距减小,电机的分辨率得到提高。

对于二相步进电动机,其定子磁场矢量如图 4-30(a)所示,图 4-30 中 A、B 表示定子 A 相、B 相分别单独通电所产生的定子磁场矢量方向,$\overline{A}$、$\overline{B}$ 表示该相反向通电。如果按逆时针方向依次顺序对 A 相、B 相分别单独通以确定幅值的直流电,就将产生四部一循环的步进旋转的定子磁场,步进角度为 90°电角度。此种方式为整步运行。图 4-30(b)为半步运行的定子磁场矢量示意,此时构成了八步一循环、每步 45°电角度的运行过程。忽略绕组电感作用,整步和半步运行时定子绕组上电流波形示意分别如图 4-31(a)和图 4-31(b)。

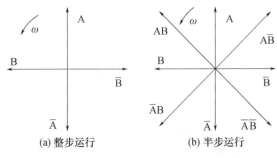

(a) 整步运行   (b) 半步运行

图 4-30 二相步进电动机定子磁场矢量示意图

若将磁场矢量步进式运动进一步细化,则绕组上的电流可变化为类似图 4-31(c)的形式,则步距角变的更小。将这种波形预先存储在如图 4-32 所示的 EPROM 中,循环加减计数器对输入控制脉冲序列循环计数给出对应于当前步的 EPROM 存储空间地址,EPROM 输出相应的电流给定值数字量,经 D/A 转换得到电流给定值模拟量,与反馈值比较得到当前电流误差值,该误差值经电流控制器、PWM 控制单元的作用改变 MOS-FET 驱动脉冲宽度,控制绕组电流为给定值。微步驱动是步进电动机驱动技术的一次飞跃。它是在对步进电动机运行机理深刻认识的基础上提出的,可以说是矢量控制的开环应用。

步进电动机采用微步细分驱动技术后,由"步进"式的不连续运行变为细步的"准连续"工作状态,具备了"类伺服"特性,它有高的分辨率、低的振荡和大的稳定性。目前绝大多数的步进伺服系统均采用了步进细分的驱动策略。

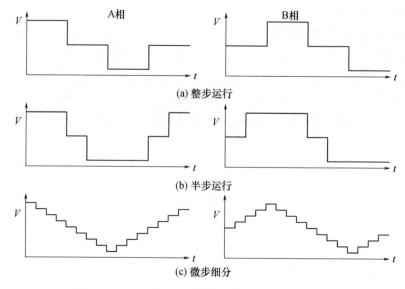

(a) 整步运行

(b) 半步运行

(c) 微步细分

图4-31 二相步进电动机定子绕组电流波形示意图

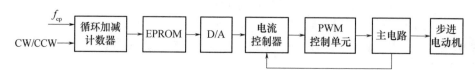

图4-32 微步细分驱动电路基本结构框图

4.4 步进伺服系统的应用

步进伺服系统在工业技术领域广泛应用,根据应用场合和要求的不同,其具体的实现形式和架构存在着较大的变化,本节从经济型数控系统的应用出发,罗列了一些步进电动机伺服系统的应用,供读者参考。

从经济型数控技术的应用出发,主要讨论关于步进电动机控制系统的搭建及相应执行软件设计技术。为便于应用不同类型的微机控制装置,本节给出 MCS-51 汇编源程序设计之例,供读者应用时参考。

4.4.1 步进电动机的控制系统

步进电动机由于采用脉冲方式工作,且各相需按一定规律分配脉冲,因此,在步进电动机控制系统中,需要脉冲分配逻辑和脉冲产生逻辑。而脉冲的多少需要根据控制对象的运行轨迹计算得到,因此还需要插补运算器。数控机床所用的功率步进电动机要求控制驱动系统必须有足够的驱动功率,所以还要求有功率驱动部分。为了保证步进电动机不失步地起停,要求控制系统具有升降速控制环节。除了上述各环节之外,还有和键盘、纸带阅读机、显示器等输入、输出设备的接口电路及其他附属环节。在闭环控制系统中,还有检测元件的接口电路。在早期的数控系统中,上述各环节都是由硬件完成的。但目前的机床数控系统,由于都采用了小型和微型计算机控制,上述很多控制环节,如升降速控制、脉冲分配、脉冲产生、插补运算等都可以由计算机完成,使步进电动机控制系统的硬件电路大为简化。图4-33为用微型计算机控制步进电动机的控制系统框图。

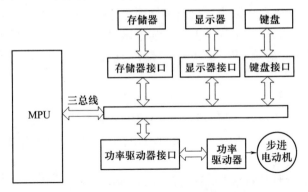

图4-33　步进电动机的CNC系统框图

系统中的键盘用于向计算机输入和编辑控制代码程序,输入的代码由计算机解释。显示器用于显示控制对象的运动坐标值、故障报警、工作状态及编程代码等各种信息。存储器用来存放监控程序、解释程序、插补运算程序、故障诊断程序、脉冲分配程序、键盘扫描程序、显示驱动程序及用户控制代码程序等。功率放大器用以对计算机送来的脉冲进行功率放大,以驱动步进电动机带动负载运行。

计算机控制系统中,除了上述环节外,还有各种控制按键及其接口电路(如急停控制、手动输入控制、行程开关接口等)和继电器、电磁阀控制接口、位置检测元件输入接口、位置编码器及接口等。

CNC系统由于硬件电路大为简化,使其可靠性大大提高,而且使用灵活方便。但由于很多功能由软件来完成,所以对计算机字长和运算速度有一定的要求。目前,由于微型计算机运算速度的提高(如MCS-51系列单片机主频可达12MHz,执行一条单字节指令只需1μs),因此,在机床的简易数控中,采用8位MCS-51单片机已能满足要求。但在多坐标(如四坐标、五坐标等)控制系统及连续轮廓控制系统中,8位MPU的速度仍显得不够,这时可采用如下方法:

(1) 选用高速16位和32位微处理器。

(2) 适当配置一些如脉冲分配器和细插补运算器等硬件电路,以减轻MPU的负担。

(3) 采用多微处理器结构。各种任务可分别由不同的微处理器来完成。

4.4.2　步进电动机与微机的接口

步进电动机与微机的接口,包括硬件接口和相应的软件接口,这里只介绍硬件接口。

微机与步进电动机的接口实际上是微机与步进电动机驱动电源的接口,接口电路应具有下列功能。

(1) 能将计算机发出的控制信号准确地传送给步进电动机驱动电源。

(2) 能按步进电动机的工作方式(例如三相单三拍,三相双三拍,三相六拍,五相十拍等),产生相应的控制信号。这些控制信号可由计算机产生,并经接口电路送给步进电动机。如果使用脉冲分配器,计算机只需按插补运算的结果发出控制脉冲,而脉冲分配由脉冲分配器完成。

（3）能够实现升、降速控制。升、降速控制可由硬件和软件来实现。硬件实现的方法这里不作介绍。软件实现方法参见本章第5节。

（4）能实现电压隔离。因为微机及其外围芯片一般工作在 +5V 弱电条件下，而步进电动机驱动器电源是采用几十伏至上百伏强电电压供电。如果不采取隔离措施，强电部分会耦合到弱电部分，造成 CPU 及其外围芯片的损坏。常用的隔离元件是光耦合器，可以隔离上千伏的电压。

（5）应有足够的驱动能力，以驱动功率晶体管的通断。双极型功率晶体管和晶闸管都是电流控制型器件，因此，其驱动部分必须提供足够大的驱动电流。微机和一般的逻辑部件带载能力都比较弱，所以接口部分必须有电流放大电路。电流放大可采用晶体管及脉冲变压器等来完成。

（6）能根据不同型式的驱动电源，提供各种所需的控制信号。例如，采用单电压的驱动电源，只需一路步进控制信号控制功率晶体管的通断；采用恒频脉宽控制的驱动电源，不仅要有步进控制信号，还要有高频斩波控制信号。

步进电动机虽然有三相、四相、五相及六相等，但各相的控制驱动电源都是一样的，所以下述的内容和前述的各种驱动电源都是对一相而言的。

图 4-34 给出的是 8031 单片机和步进电动机的接口。驱动电源采用的是高低压供电恒流斩波驱动电源。

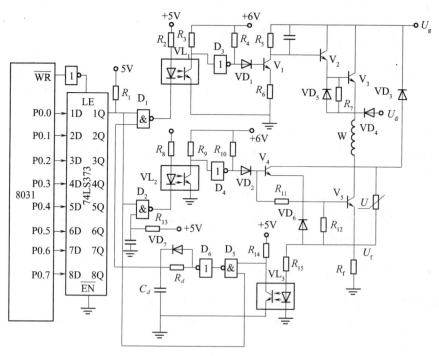

图 4-34　8031 单片机和步进电动机的接口

图 4-34 中，光耦合器 $VL_1 \sim VL_3$ 起隔离驱动作用，$V_2 \sim V_5$ 是功率晶体管，V_2 和 V_3、V_4 和 V_5 接成达林顿管形式，提高了放大倍数和驱动能力。R_f 为反馈信号取样电阻，W 是步进电动机的一相绕组，VD_3 是续流二极管。74LS373 是 8 路三态输出触发器，一路输出信号控制一相绕组，可控制两台三相步进电动机或两台四相步进电动机。Q 输出高电平，将使其所控制

的相绕组通电。74LS373 的 LE 是锁存允许端,高电平有效。下面来分析一下该接口电路的工作过程。

设绕组初始状态无电流流过,R_f 上的压降为零,即 $U_f = 0$,因此光耦合器 VL$_3$ 的发光二极管熄灭,其中的光电三极管截止,使与非门 D$_5$ 的一个输入端为高电平。这时,如果 8031 通过 P0 口输出 01H 时,$\overline{WR}$ 有效,并通过反相器作用于 74LS373 的 LE 端,使 74LS373 将单片机输出的信号锁存到输出端,即 1Q 输出高电平信号。这个步进信号一方面通过与非门 D$_2$ 使 VL$_2$ 的发光二极管发光,使其光电三极管导通,反相器 D$_4$ 输出高电平,使功率晶体管 V$_4$ 和 V$_5$ 导通;另一方面信号作用于 D$_5$ 门,使 D$_5$ 输出低电平,经反相器 D$_6$ 输出高电平,和 1Q 一起作用于 D$_1$,D$_1$ 输出低电平,因此光耦合器 VL$_1$ 发光二极管发光,使其中的光电三极管导通。这样 D$_3$ 输出高电平,V$_1$ 截止,使高压功率晶体管 V$_2$ 和 V$_3$ 导通,高电压 U_g 作用于电机绕组,使步进电动机的一相通电。

随着绕组电流的上升,R_f 的压降 U_f 增加,当 U_f 增加到一定程度时,使 VL$_3$ 的发光二极管发光,从而使其中的光电三极管导通。导通后,D$_5$ 输出高电平,反相器 D$_6$ 输出低电平,但不是立即关闭门 D$_1$ 使高压管 V$_2$、V$_3$ 截止,而是要延时一段时间。这是因为 R_d、C_d 的存在。R_d 和 C_d 组成了延时电路,其目的就是延时关闭 V$_2$ 和 V$_3$,这样可避免由于绕组电流的波动而使 V$_2$、V$_3$ 通断次数太多,以致于造成太多的开关损耗。

高压晶体管 V$_2$、V$_3$ 关断后,便由低压电源 U_d 给绕组供电。当绕组电流下降,U_f 下降,VL$_3$ 发光二极管熄灭,光电三极管截止,若这时 1Q 仍为高电平,则又使高压晶体管 V$_2$、V$_3$ 导通,高压电源再次作用在绕组上,使绕组中电流上升。上升到设定值后,U_f 又使 V$_2$、V$_3$ 截止。V$_2$、V$_3$ 的反复通断,实现了绕组电流的恒流斩波控制。

1Q 输出低电平后,V$_2$ ~ V$_5$ 皆截止,绕组电流经 VD$_3$→U_d→地→U_d→VD$_4$→L 回路泄放。

由上述过程可知,只要 8031 按照步进电动机工作方式和工作频率向接口输出相应的信号,便可实现对步进电动机的速度和转向控制。

4.4.3 步进电动机控制信号的产生及标度变换

1. 单个控制信号的产生

步进电动机又称脉冲电机,它接收脉冲信号,每输入一个脉冲信号,步进电动机就走一步。由此可见,脉冲信号就是控制步进电动机运动的基本信号,所以步进电动机控制的基本问题之一,就是如何产生如图 4-35 所示的脉冲序列。

图 4-35 中,V 为脉冲高度,称高电平,一般微机提供高电平为 +5V;t_1、t_2 为一个周期脉冲的高低电平时间。每当微机通过接口向步进电动机送这样的脉冲时,高电平使步进电动机开始步进。但由于步进电动机的"步进"需一定时间,所以送高电平后,需延时 t_1,以使步进电动机到达指定位置。由此可见,用微机控制步进电动机的软件设计任务,首要的是产生一系列的脉冲序列。

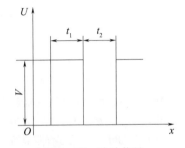

图 4-35 脉冲信号

用软件产生脉冲序列的方法是先输出一个高电平,然后进行延时 t_1,再输出一个低电平,再延时 t_2。t_1、t_2 的大小由步进电动机的工作频率决定。当用软件延时时,有两种方式——程序延时和中断延时。程序延时让程序执行一些没有实质作用的语句而只起延时作用;中断延时利用定时计数器,按延时时间设置时间常数,延时时间到就输出信号。下面分别讨论。

1)程序延时法

采用 MCS - 51 单片机的延时源程序为:

```
YANS:MOV   A,DATA   H;十六进制数送 A
LOOP:DEC   A         ;A-1→A
     JNZ   LOOP      ;控制返回
     RET
```

此程序的延时时间计算式为:

$$t = [1 + (1 + 2) \times DATA] \cdot T_0 = (1 + 3 \times DATA)T_0$$

式中　T_0——单片机的机器周期。

T_0 等于外部晶体振荡器周期的 1/12。当外部振荡频率为 12MHz 时, $T_0 = 1\mu s$,程序的最大延时时间为

$$t = 0.769ms$$

当要求延时时间更长一些,可采用双重循环程序延时。双重循环的 MCS - 51 源程序如下:

```
YANS:MOV   R2,#DATA1H;送外循环十六进制数
LOOP:MOV   A,#DATA2H;送内循环十六进制数
LOOP1:DEC   A
      JNZ   LOOP1;内循环控制
      DJ   NZ   R2,LOOP;外循环控制
      RET
```

此程序的延时时间为:

$$t = \{1 + [1 + (1 + 2) \times DATA2 + 2] \times DATA1\} \cdot T_0 =$$
$$[1 + (3 + 3 \times DATA2) \times DATA1] \cdot T_0$$

对于晶振频率为 12MHz 的单片机系统,其最大延时时间为:

$$t = 197.377ms$$

2)中断延时法

对于单片机的控制系统,可利用 8031 内部定时器定时。如采用方式 1 定时,机器周期为 $T_0 = 1\mu s$ 时,延时时间 t 与定时常数(计数器初值) T_C 的关系为:

$$(2^{16} - T) \times T_0 \times 10^{-3} = t \times 10^{-3}$$

则　　　　　　　　　　　　　　$$T_C = 2^{16} - t$$

把 T_C 化成十六进制数后,以 T_{CH} 表示 T_C 的高字节, T_{CL} 表示 T_C 的低字节,其源程序如下:

```
MOV   TMOD,#01H;置方式 1 定时
MOV   TL0,#T_CLH;置时间常数低字节
MOV   TH0,#T_CHH;置时间常数高字节
SETB   TR0    ;起动定时器
LOOP:JBC   TF0,REP;查询计数器溢出
     AJMP   LOOP
REP:……
```

改变 T_0 时,就能改变延时时间。T_0 值越小,延时时间越长。

2. 连续控制信号的产生

单个控制信号(或单个脉冲)作用于步进电动机,只能使步进电动机走一步,要想使步进电动机连续运动,必须连续给步进电动机输入控制信号。因此,必须解决连续控制信号即脉冲序列的产生程序设计。

MCS-51 汇编程序　设步数为 N,信号从 P1.0 发出,其定时器延时的程序框图如图 4-36 所示。源程序如下:

```
        MOV    R3,#NH;计数器赋初值
LOOP:MOV    TMOD,#01H;定时器 T0 方式 1
        MOV    TL0,#T_CL H;高电平延时时间常数
        MOV    TH0,#T_CH H;
        SETB   TR0;起动 T0
        SETB   P1.0;输出高电平信号
LOOP1:JBC    TF0,REP;查 T0 溢出
        AJMP   LOOP1
REP:MOV    TL0,#T_CH H;低电平延时时间常数
        MOV    THO  T_CH H;
        CPL    P1.0;输出低电平信号
LOOP2:JBC    TFO,REP1;查 T0 溢出
        AJMP   LOOP2
REP1:DJNZ   R3,LOOP;步数未完,继续
        RET
```

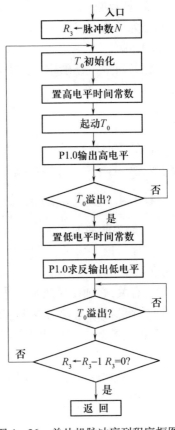

图 4-36　单片机脉冲序列程序框图

3. 标度变换

由上分析可知,步进电动机运动状态由脉冲序列控制,脉冲数 N 就控制步进电动机的转动角位移。在数控机床上常用步进电动机来驱动工作台的直线运动,因此要根据工作台的直线运动距离转换成步进电动机旋转角位移,然后再求得所发出的脉冲数 N。

在数控系统的设计中,一般根据加工力学特性初选步进电动机,再根据加工精度要求,确定系统的脉冲当量 δ_p,即一个脉冲所产生的工作台直线位移量。脉冲当量 δ_p 和步进电动机的步距角 α 之间存在下列关系:

$$\delta_p = \frac{h_{sp} i}{360} \cdot \alpha \quad (mm)$$

式中　h_{sp}——丝杠导程(mm);

　　　　i——步进电动机输出轴至丝杠间的传动比;

　　　　α——步进电动机步距角(°)。

丝杠导程 h_{sp},决定于丝杠螺距和头数:

$$h_{sp} = kL_0$$

式中　k——螺纹头数;

L_0——螺距。

步进电动机至丝杠之间的传动通常是减速传动,即 $i<1$。增加减速传动机构的目的主要是为了获得整量化的脉冲当量和选取标准系列的步进电动机,并可增加步进电动机的传动扭矩。

脉冲当量一经确定,相对于某一参考点的直线位移 $x$mm 所需的脉冲数即可方便算出:

$$N = \frac{x}{\delta_p} = \frac{360x}{h_{sp} i \alpha}$$

在经济型数控技术中,零件加工无论用什么方式编程,最终都要经过此式在特定坐标系下变换,把零件尺寸转换成脉冲数,从而发出控制信号。

4.4.4 步进电动机的运行控制及程序设计

1. 时序脉冲的产生

前面讨论了如何设计产生步进电动机控制信号即脉冲的程序,但仅仅有这些脉冲序列还不能使步进电动机运行。本章已介绍步进电动机的转动与内部绕组的通电顺序和通电方式有关,必须使所产生的脉冲序列按一定的时序送到绕组上,步进电动机方能运行。产生时序脉冲的通常方法是:①用每根输出信号线分别控制步进电动机的每一相绕组;②根据控制方式找出控制方式的数学模型;③按控制模型的顺序向步进电动机输入控制脉冲。

经济型数控系统中,常用三相步进电动机的通电方式为:①三相单三拍,通电顺序为 $\rightarrow$A$\rightarrow$B$\rightarrow$C;②三相双三拍,通电顺序为 $\rightarrow$AB$\rightarrow$BC$\rightarrow$CA;③三相六拍,通电顺序为 $\rightarrow$A$\rightarrow$AB$\rightarrow$B$\rightarrow$BC$\rightarrow$C$\rightarrow$CA。

按以上方式通电,步进电动机正转,按相反方向通电,步进电动机反转。

这三种通电方式的控制数学模型分别见表4-4~表4-6。

表4-4 三相单三拍

节 拍		通电相	控制模型	
正 转	反 转		二 进 制	十六进制
1	3	A	00000001	01H
2	2	B	00000010	02H
3	1	C	00000100	04H

表4-5 三相双三拍

节 拍		通电相	控制模型	
正 转	反 转		二 进 制	十六进制
1	3	AB	00000011	03H
2	2	BC	00000110	06H
3	1	CA	00000101	05H

表4-6 三相六拍

节 拍		通 电 相	控制模型	
正 转	反 转		二 进 制	十六进制
1	6	A	00000001	01H
2	5	AB	00000011	03H
3	4	B	00000010	02H
4	3	BC	00000110	06H
5	2	C	00000100	04H
6	1	CA	00000101	05H

下面以三相单三拍为例,对时序脉冲输出进行程序设计,并给出汇编语言编写的源程序。设计程序采用程序延时法,定时中断法留给读者编写,此处不赘述。

单片机时序脉冲产生程序设计的基本思路是将三拍的控制模型代码分别输出,延时产生时序脉冲,控制电机的运动。由表4-4三相三拍通电方式的二进制数可见有一定的规律,即步进电动机每进一步,高电平就左移或右移一位。因此,可以考虑在A累加器中放一个时序字节,在每个采样时刻累加器左移或右移一位,经输出口输出。三相三拍通电方式下,在累加器标志内有效的时序字节为49H,位移指令如图4-37所示。

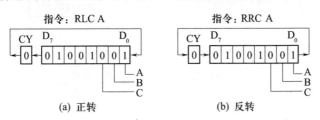

图4-37 三相三拍时序控制码位移示意图

单片机时序脉冲输出源程序如下:

```
        ORG 2000
        PUSH  AF       ;保护现场
        PUSH  BC       ;
        PUSH  PSW      ;
SXMC:   MOV   R3,#N    ;置脉冲数计数器
        CLR   C        ;清CY位
        PUSH  A        ;保存A
        MOV   A,#49H   ;置时序字节
        MOV   P1,A     ;输出时序字节
        PUSH  A        ;保存时序字节
        ACALL YANS;    ;调延时子程序
        DJNZ  R3,LOOP1 ;脉冲数未完,继续
        AJMP  JXFH     ;脉冲数完,转结束
        POP   A        ;恢复时序字节
        RLC   A        ;循环左移
        MOV   P1,A     ;输出时序字节
```

```
        PUSH   A          ;保存时序字节
        ACALL  YANS       ;调延时子程序
        DJNZ   R3，LOOP1  ;脉冲数未完,继续
JXFH:POP  A  ;  恢复现场
        POP   PSW
        POP   BC
        POP   AF
        REL
YANS:（略）
```

2. 步进电动机运行控制程序设计

由前面分析可知,只要给步进电动机各相绕组按规定的控制模型输出时序脉冲,步进电动机就能按一定的方向转动。在数控技术中,经常要求步进电动机工作时随时改变运动方向,才能满足机械加工的需要。步进电动机运行控制程序设计的主要任务是:判断运动方向,按顺序送出控制脉冲,判断所要送的脉冲是否送完。下面以三相六拍步进电动机为例,用单片机汇编语言说明步进电动机运行控制程序的设计方法。

程序框图如图4-38所示,编制单片机汇编语言源程序如下:

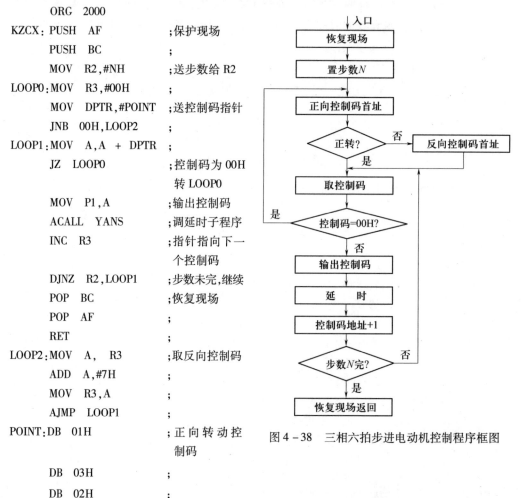

```
        ORG   2000
KZCX:PUSH  AF          ;保护现场
        PUSH  BC          ;
        MOV   R2,#NH      ;送步数给R2
LOOP0:MOV   R3,#00H      ;
        MOV   DPTR,#POINT ;送控制码指针
        JNB   00H,LOOP2   ;
LOOP1:MOV   A,A + DPTR   ;
        JZ    LOOP0        ;控制码为00H
                          转LOOP0
        MOV   P1,A         ;输出控制码
        ACALL  YANS        ;调延时子程序
        INC   R3           ;指针指向下一
                          个控制码
        DJNZ  R2,LOOP1     ;步数未完,继续
        POP   BC           ;恢复现场
        POP   AF           ;
        RET                ;
LOOP2:MOV   A，R3         ;取反向控制码
        ADD   A,#7H        ;
        MOV   R3,A         ;
        AJMP  LOOP1        ;
POINT:DB   01H            ;正向转动控
                          制码
        DB   03H           ;
        DB   02H           ;
```

图4-38 三相六拍步进电动机控制程序框图

94

```
        DB   06H                    ;
        DB   04H                    ;
        DB   05H                    ;
        DB   00H                    ;
        DB   01H                    ;反向转动控制码
        DB   05H                    ;
        DB   04H                    ;
        DB   06H                    ;
        DB   02H                    ;
        DB   03H                    ;
        DB   00H                    ;
POINT：EQU   150H                    ;
YANS：(略)
```

4.4.5　步进电动机的变速控制及程序设计

1. 变速控制的概念

在前面讲的步进电动机运行控制程序设计中,步进电动机是以恒定的转速进行工作的,即在整个控制过程中步进电动机的速度不变。从前面步进电动机运行程序中可看到,有两个重要参数值得注意:一是步数 N,即脉冲数,所有程序都是以 N 作为步进电动机运行的判别终点条件的,N 是根据加工工件的需要在编程时就能确定的。另一是延时 YANS 子程序决定的时间 t,它决定了步进电动机的运行速度。前述程序之所以称为恒速控制,就在于每次发出脉冲后的延时时间没有变化。因此,要想改变步进电动机的运行速度,就必须从改变延时时间 t 来着手考虑。延时时间 t 增大,运行速度变慢;延时时间 t 减少,运行速度变快。由此看来,步进电动机变速控制程序设计的任务,就是合理地确定延时参数 t,使步进电动机按照给定的速度规律运行。从加工效率的观点而言,我们总是希望要求步进电动机的运行速度尽可能快些,快速地达到控制终点。但由于受步进电动机本身的特性限制,如果在速度较高的状态起、停及运行速度突变时,往往会出现失步现象(特别是带了负载时),使步进电动机不能正确地跟随进给脉冲。究其原因,是步进电动机的响应频率 f_s 比较低((100~250)步/s),而空载最高起动频率也有所限制。所谓空载最高起动频率是指电机空载时,转子从静止状态不失步地与控制脉冲频率相对应的工作状态同步的最大控制脉冲频率。当步进电动机带有负载时,它的起动频率要低于最高空载频率。根据步进电动机的矩频特性可知,起动频率越高起动转矩越小,带负载的能力越差;当步进电动机起动后,进入稳态时的工作频率又远大于起动频率。由此可见,一个静止的步进电动机,不可能一下子稳定到较高的工作频率,必须在起动的瞬间采取加速的措施。一般来说,升频的时间约为$(0.1~1)s$ 之间。反之,从高速运行,到停止也应该有减速的措施。

为此,数控系统往往要求以某种最优(或最合理)的方式控制进给脉冲的频率,即要有自动升、降速控制的功能。这个任务可以用硬件来实现,如用积分器的自动升降速度控制器,使指令脉冲平滑地进入环行分配器,使步进电动机的升速和降速进程减缓,以正确跟随进给脉冲,不致于出现失步现象。但微机数控技术中,最常用的还是用软件的方法来完成自动升降速过程。用程序实现自动升降速方便、灵活。下面就讨论实现该任务的软件设计问题。

软件实现自动升、降速的基本思想是：在起动时，以低于响应频率f_s的速度运行，然后慢慢加速，加速到一定频率f_H后，就以此频率恒速运行。当快到达终点时，又使其慢慢减速，在低于响应频率f_s的频率下运行，直到走完规定的步数后停机。这样，步进电动机便可以最快的速度走完所规定的步数，而不出现失步现象。

经济型数控技术中，常使用如图4-39所示的两种速度图进行变速控制。图中f_H的最高频率是步进电动机允许的最高频率。图4-39(a)中用电机所允许的最大加速度和最大减速度匀加(减)速上升(下降)，所以能保证时间最省；图4-39(b)中加减速段近似于指数曲线，开始时加速度逐渐加大可以避免冲击，减速段到最后减速度越来越小，有助于准确停止在目标位置。下面分别讨论这两种速度图的控制软件设计。

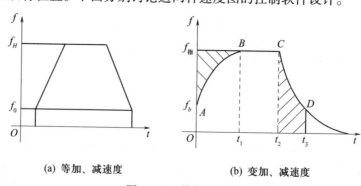

(a) 等加、减速度　　　　　　　(b) 变加、减速度

图4-39　控制速度图

2. 步进电动机等加速度变速控制及程序设计

1）等加速度运行分析

图4-40描述了一个步进电动机的等加速的运行过程。在图4-40中纵坐标是频率f，它是以步/s为单位的，因此本质上也是速度。横坐标是步数，其本质上也是位移距离。

设步进电动机以起动频率f_0起动后，以加速度α进行加速，经过H步运行后达到最高频率f_H，以后执行匀速运行。行走一段时间后，则开始减速。从最高频率f_H开始，经过S步之后降至f_0而停止。

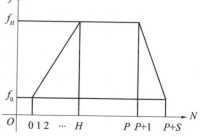

图4-40　步进电动机等加速控制速度图

在数控技术的设计时，参数f_0、f_H、H、$(P-H)$、S都是已知的，需要求的参数是加速度a，加速阶段某时刻的步进周期及减速阶段某时刻的步进周期和匀速阶段的步进周期。

（1）加速阶段的参数求取　对于一个线性加速进程，在图4-40的坐标系下可表示为

$$f = f_0 + at \qquad (4-5)$$

式中　f——瞬时频率(速度)；

f_0——起动频率(速度)；

a——加速度；

t——加速时间。

当步进电动机运行了 x 步，所对应的频率为 f_X，所用时间为 t_X 时，根据运动学方程，则有

$$x = f_0 t_X + \frac{1}{2} a t_X^2 \tag{4-6}$$

于是可得

$$t_X = \frac{\sqrt{f_0^2 + 2xa} - f_0}{a} \quad (x = 1, 2, \cdots, H) \tag{4-7}$$

同理当步进电动机运行 $x-1$ 步，频率为 f_{X-1} 时，对应的时间为 t_{X-1}，则有

$$t_{X-1} = \frac{\sqrt{f_0^2 + 2(x-1)a} - f_0}{a} \quad (x = 1, 2, \cdots, H) \tag{4-8}$$

那么相邻两个进给脉冲之间的时间间隔 T_X 为

$$T_X = t_X - t_{X-1} = \frac{\sqrt{f_0^2 + 2xa} - \sqrt{f_0^2 + 2(x-1)a}}{a} \tag{4-9}$$

但式中仍含有未知参数 a，故必须求出 a。为此把达到最高速度对应的频率 f_H 和时间 t_H 分别代入式(4-5)和式(4-7)中，得方程组：

$$\begin{cases} f_H = f_0 + a t_H \\ t_H = \dfrac{\sqrt{f_0^2 + 2Ha} - f_0}{a} \end{cases}$$

解之可得

$$a = \frac{f_H^2 - f_0^2}{2H} \tag{4-10}$$

把式(4-10)代入式(4-9)可得

$$T_X = \frac{2\left[\sqrt{H^2 f_0^2 + Hx(f_H^2 - f_0^2)} - \sqrt{H^2 f_0^2 + H(x-1)(f_H^2 - f_0^2)}\right]}{f_H^2 - f_0^2}$$
$$(x = 1, 2, \cdots, H) \tag{4-11}$$

当 $x = 1$ 时，取 $T_1 = \dfrac{1}{f_0}$，以后各步 $x(x = 1 \sim H)$ 间的步进时间间隔 T_X 可用式(4-11)递推出来。

(2) 匀速阶段的参数求法　步进电动机达到最高运行频率后匀速运行。此时的步进时间间隔为 T_X，有

$$T_X = T_H = \frac{1}{f_H} \quad (x = H, H+1, H+2, \cdots, P) \tag{4-12}$$

(3) 减速阶段的参数求法　设其加速度为 $-\beta$，负号表示减速，则同上面的分析方法，有

$$\beta = \frac{f_H^2 - f_0^2}{2S} \tag{4-13}$$

在步进电动机运行了 x 步 $(x = P, P+1, \cdots, P+S)$ 时，对应的时间为 t_X，有

$$t_X = \frac{f_H - \sqrt{f_H^2 - 2\beta(x-P)}}{\beta} \tag{4-14}$$

同理,在步进电动机运行了 $x-1$ 步时,对应的时间为 t_{X-1},有

$$t_{X-1} = \frac{f_H - \sqrt{f_H^2 - 2\beta(x-1-P)}}{\beta} \tag{4-15}$$

式(4-14)与式(4-15)相减,得减速阶段相邻两步的时间间隔 T_X 为

$$T_X = t_X - t_{X-1} = \frac{\sqrt{f_H^2 - 2\beta(x-P-1)} - \sqrt{f_H^2 - 2\beta(x-P)}}{\beta} \tag{4-16}$$

把式(4-13)代入式(4-16)得

$$T_X = \frac{2\left[\sqrt{S^2 f_H^2 - S(x-P-1)(f_H^2 - f_0^2)} - \sqrt{H^2 f_H^2 - S(x-P)(f_H^2 - f_0^2)}\right]}{f_H^2 - f_0^2}$$

$$(x = P, P+1, \cdots, P+S) \tag{4-17}$$

当 $x = P$ 时,$T_P = \dfrac{1}{f_H}$,以后各步 $x(x = P \sim P+S)$ 间的步进时间间隔可用式(4-17)递推出来。

2)等加速度变速控制程度设计

由上分析可知,根据式(4-11)、式(4-12)、式(4-17)就可求出电机变速全部运行过程中的两步之间的时间间隔来。由于这些分式计算比较繁琐,故编程时一般不采用在线计算控制速度,而是采用离线计算出各个 T_X,通过一张延时时间表把 T_X 编入程序中,然后按照表地址依次取出下一步进给的 T_X 值,通过延时程序发出相应的步进命令。编程时,若采用程序延时法获得进给时间,那么 CPU 在控制步进电动机期间,不能做其他工作。CPU 读取 T_X 值后,就进入延时循环程序,延时时间到,便调用脉冲分配子程序,返回重复此过程,直到全部进给完毕为止。若采用定时器中断法延时,速度控制程序应在进给一步后,把下一步的 T_X 值送入定时计数器时间常数寄存器,然后 CPU 就进入等待状态或者处理其他事务,当定时计数器的延时时间一到,就向 CPU 发出中断请求,CPU 接受中断后立即响应,转入脉冲分配的中断服务子程序。

下面以三相六拍步进电动机运转方式为例,运用定时器延时,用 MCS-51 汇编程序编写等加速变频控制程序和总的变速运行控制程序。

图4-41为变频控制程序框图。在编写程序之前做如下定约:

(1)定时器 T_0 的初值写在 EPROM 存储区的同一页上,上半页为升频时 T_0 的初值,由小到大变化;下半页是降频时 T_0 的初值,由大到小变化。

(2)对 8031 单片机内部数据存储区的一些单元进行定义,如表4-7~表4-10所列。

表4-7　正转模型分配表

内存字节地址	20H	21H	22H	23H	24H	25H	26H
控制模型数据	01H	03H	02H	06H	04H	05H	00H

表4-8　反转模型分配表

内存字节地址	27H	28H	29H	2AH	2BH	2CH	2DH
控制模型数据	01H	05H	04H	06H	02H	03H	00H

表 4 – 9　标志位定义表

位地址	标 志 内 容
70H	运行方式:0 代表恒速,1 代表变速
71H	变速方式:0 代表降速,1 代表升速
72H	恒速转向:0 代表正转,1 代表反转
73H	升速转向:0 代表正转,1 代表反转
74H	降速转向:0 代表正转,1 代表反转
75H	程序结标志:02 代表程序结束

表 4 – 10　初值分配表

字节地址	存 储 内 容
1AH	频率阶梯步长计数器 R2 的值
1BH	频率阶梯计数器 R3 的值
1CH	恒速段步长低 8 位
1DH	恒速段步长高 8 位
1EH	恒速段 T_0 初值低 8 位
1FH	恒速段 T_0 初值高 8 位

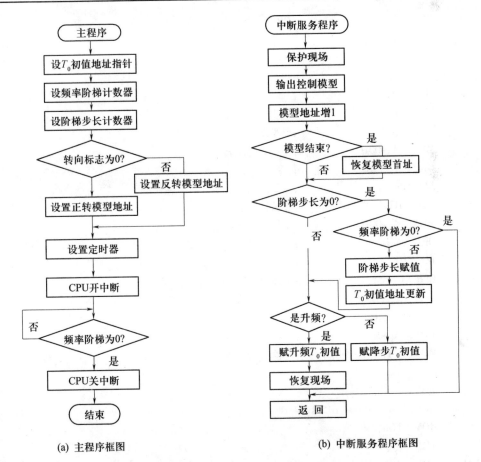

(a) 主程序框图　　　　　　　　(b) 中断服务程序框图

图 4 – 41　等加速度变频控制程序流程图

变频控制源程序如下：
主程序

```
            MOV   DPTR,addr16      ;T0 初值地址指针
            MOV   R3,1BH           ;频率阶梯计数器赋值
            MOV   R2,1AH           ;阶梯步长计数器赋值
            CLR   C                ;
            ORL   C,73H            ;转向标志为 1 转到反转地址
            JC    ROTE             ;
            MOV   R0,#20H          ;正转模型首址
            AJMP  PH               ;
ROTE：      MOV   R0,#27H          ;反转模型首址
PH：        MOV   TMOD,#01H        ;T0 方式 1 定时
            MOV   TL0,#00H         ;T0 赋初值
            MOV   TH0,#00H         ;
            SETB  TR0              ;起动 T0
            SETB  ET0              ;允许 T0 中断
            SETB  EA               ;CPU 开中断
LOOP：      MOV   A,R3             ;等待中断
            JNZ   LOOP             ;
            CLR   EA               ;CPU 关中断
            SJMP  HERE             ;结束
```

中断服务程序(由 000BH 转来)

```
            PUSH  A                ;保护现场
            MOV   A,@R0            ;
            MOV   P1,A             ;输出控制模型
            INC   R0               ;模型地址增 1
            MOV   A,#00H           ;是结束标志转
            ORL   A,@R0            ;
            JZ    TPL              ;
RR：        DEC   R2               ;步长计数器 -1
            MOV   A,#00H           ;阶梯步长计数器为零转
            ORL   A,R2             ;
            JZ    THL              ;
PRL：       CLR   C                ;是降频转移
            ORL   C,71H            ;
            JNC   ROTEL            ;
            MOV   A,#00H           ;
            MOVC  A,@A+DPTR        ;升频 T0 赋初值
            MOV   TL0,A            ;
            MOV   A,#01H           ;
            MOVC  A,@A + DPTR      ;
            MOV   TH0,A            ;
            AJMP  QQ               ;
ROTEL：     MOV   A,#80H           ;
```

100

```
        MOVC   A,@ A + DPTR      ;降频 T_0 赋初值
        MOV    TL0,A             ;
        MOV    A,#81H            ;
        MOVC   A,@ A + DPTR      ;
        MOV    TH0,A             ;
QQ:     POP    A                 ;恢复现场
        RETI                     ;返回
THL:    DJNZ   R3,AT             ;频率阶梯减 1 不为转
        AJMP   QQ                ;
AT:     MOV    R2,1AH            ;阶梯步长赋值
        INC    DPTR;
        INC    DPTR;初值指针更新
        AJMP   PRL;
TPL:    CLR    C                 ;恢复模型首地址
        MOV    A,R0              ;
        SUBB   A,#06H            ;
        MOV    R0,A              ;
        AJMP   PRL               ;
TPL:    CLR    C                 ;恢复模型首地址
        MOV    A,R0              ;
        SUBB   A,#06H            ;
        MOV    R0,A              ;
        AJMP   RR;               ;
```

变速运行总控制程序流程图如图 4 – 42 所示。

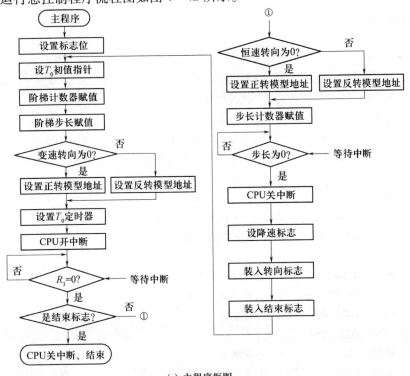

(a) 主程序框图

101

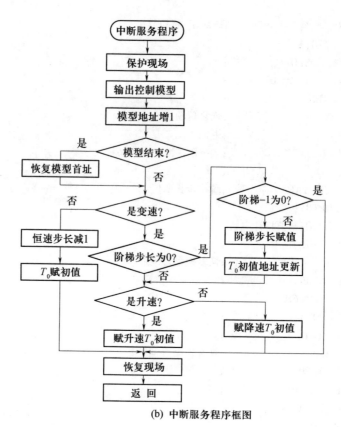

(b) 中断服务程序框图

图 4-42 变加速度运行总控制程序框图

程序清单如下：

主程序

```
          SETB  70H          ;变频标志
          SETB  71H          ;升频标志
          SETB  75H          ;执行程序
WR：      MOV   DPTR,addr16   ;初值指针
          MOV   R3,1BH        ;阶梯计数器赋值
          MOV   R2,1AH        ;阶梯步长计数器赋值
          CLR   C             ;
          ORL   C,73H         ;判升/降速转向
          JC    ROTER         ;为1转
TQ：      MOV   R0,#20H        ;正转模型首址
          AJMP  PH            ;
ROTER：   MOV   R0,#27H        ;反转模型首址
PH：      MOV   TMOD,#01H      ;T_0方式1定时
          MOV   TL0,#00H       ;赋初值
          MOV   TH0,#00H       ;
          SETB  TR0           ;起动 T_0
          SETB  ET0           ;允许 T_0 中断
```

102

```
        SETB   EA              ;CPU 开中断
LOOP：  MOV    A,R3            ;
        JNZ    LOOP            ;等待中断
        CLR    C               ;
        ORL    C,75H           ;判程序结束标志
        JNC    GH              ;
        CLR    70H             ;恒速运行
        CLR    C               ;
        ORL    C,72H           ;恒速转向为 1 转
        JC     ROTE            ;
        MOV    R0,#20H         ;正转模型首址
        AJMP   TT              ;
ROTE：  MOV    R0,#27H         ;反转模型首址
TT：    MOV    R2,1CH          ;恒速步长计数器赋值
        MOV    R3,1DH          ;
        MOV    TL0,1EH         ;$T_0$ 赋初值
        MOV    TH0,1FH         ;
LOOP1： MOV    A,R2            ;
        ORL    A,R3            ;
        JNZ    LOOP1           ;等待中断
        CLR    EA              ;CPU 关中断
        SETB   70H             ;变速
        CLR    71H             ;降速
        MOV    C,74H           ;将降速转向标志装入 73H
        MOV    73H,C           ;
        CLR    75H             ;置程序结束标志
        AJMP   WR              ;
GH：    CLR    EA              ;CPU 关中断
        SJMP   HERE            ;结束
        中断服务程序(由 000BH 单元转来)
        PUSH   A               ;保护现场
        MOV    A,@R0           ;
        MOV    P1,A            ;输出控制模型
PP：    INC    R0              ;模型地址增 1
        MOV    A,#00H          ;
        ORL    A,@R0           ;是模型结束标志转
        JZ     PPL             ;
RR：    CLR    C               ;
        ORL    C,70H           ;是恒带转
        JNC    ROTEL1          ;
        DEC    R2              ;步长计数器减 1
        MOV    A,#00H          ;
        ORL    A,R2            ;步长为零转
```

```
            JZ    THL;
BB：   CLR   C                    ;
            ORL   C,71H            ;是降速转
            JNC   ROTEL2;
TOR：  MOV   A,#00H           ;升频时 $T_0$ 赋初值
            MOVC  A,@ A + DPTR     ;
            MOV   TL0,A            ;
            MOV   A,#01H           ;
            MOVC  A,@ A + DPTR     ;
            MOV   TH0,A            ;
            AJMP  QQ               ;
ROTEL2:MOV   A,#80H           ;降频时 $T_0$ 赋初值
            MOVC  A,@ + DPTR       ;
            MOV   TL0,A            ;
            MOV   A,#81H           ;
            MOV   A,@ A + DPTR     ;
            MOV   TH0,A            ;
QQ：   POP   A                ;恢复现场
            RETI                   ;返回
THL：  DJNZ:R3,AT             ;阶梯不为零转
            AJMP  QQ               ;
AT：   MOV   R2,1AH           ;阶梯步长计数器赋值
            INC   DPTR             ;修改 $T_0$ 初值指针
            INC   DPTR             ;
            AJMP  BB               ;
ROTEL1:CLR   C                ;恒速步长计数器减 1
            MOV   A,R2             ;
            SUBB  A,#01H           ;
            MOV   R2,A             ;
            MOV   A,R3             ;
            SUBB  A,#00H           ;
            MOV   R3,A             ;
            MOV   TL0,1EH          ;恒速 $T_0$ 赋初值
            MOV   TH0,1FH          ;
            AJMP  QQ               ;
PPL：  CLR   C                ;
            MOV   A,R0             ;
            SUBB  A,#06H           ;
            MOV   R0,A             ;恢复控制模型首址
            AJMP  RR              ;
```

3. 步进电动机的变加速度变速控制及程序设计

1）变加速度运行积分器控制

变加速度运行的速度图如图 4 – 39（b）所示。采用积分器实现变加速度自动升降速

104

控制的原理框图如图 4-43 所示。

误差寄存器 A 中的存数 N 等于指令脉冲数 $N_{指}$ 与输出脉冲数 $N_{出}$ 之差。

$$N = N_{指} - N_{出}$$

现对 N 以 f_0 的频率进行累加运算。当累加之和超过累加器的容量时,将在最高位产生溢出,此溢出脉冲即作为输出脉冲 $f_{出}$ 送至环行分配器。

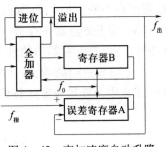

图 4-43 变加速度自动升降
速积分控制器原理

在时间 Δt 内对 N 累加的总次数为

$$N_{总} = Nf_0\Delta t$$

式中 f_0——累加运算频率。

设寄存器和累加器的位数为 n 位,则其容量为 2^n,累加数 $N_{总}$ 的溢出次数为

$$N_{溢出} = \frac{N_{总}}{累加器容量} = \frac{Nf_0\Delta t}{2^n}$$

溢出频率即输出脉冲频率为

$$f_{出} = \frac{N_{溢出}}{\Delta t} = \frac{Nf_0}{2^n} = kN$$

误差寄存器中数的变化

$$\Delta N = (f_{指} - f_{出})\Delta t$$

写成微分形式可得

$$f_{指} = \frac{1}{k}\frac{\mathrm{d}f_{出}}{\mathrm{d}t} + f_{出}$$

当指令脉冲频率由 0 突变为 $f_{出}$ 时,上述方程的解为

$$f_{出} = f_{指}(1 - \mathrm{e}^{-\frac{t}{T}})$$

式中 T——时间常数。

以上为升速进程。

当指令脉冲由 $f_{指}$ 突变为 0 时,解上述微分方程可得

$$f_{出} = f_{指}\mathrm{e}^{-\frac{t}{T}}$$

由此可见,当 $f_{指}$ 突变时,$f_{出}$ 均按指数曲线变化,所以能满足自动升降速的要求。

改变时间常数 T 可以调整升速与降速过程的时间,采用自动升降速控制后,输出脉冲将滞后于指令脉冲。

2) 变加速度运行的软件法程序设计

用软件实现变加速度运行的程序设计的基本思路如下:

(1) 累加脉冲(频率为 f_0)和指令脉冲(频率为 $f_{指}$)的产生　累加脉冲和指令脉冲若采用软件延时的方法产生,需设置两个计数器 C_0 和 C_1,每个机器指令周期值减 1,当其值减至 0 时发出一个累加脉冲,同时 C_0 赋初值,C_1 值减 1,重复上述过程。当 C_1 值减为 0 时发出一个指令脉冲。由此可知,计数器 C_1 中的初值表示了累加脉冲频率 f_0 和指令脉冲频率 $f_{指}$ 的比值。程序原理框图如图 4-44 所示。

(2) 误差寄存器中存数 N 的计算　根据 $N = N_{指} - N_{出}$,每当 CPU 产生一个指令脉冲时,寄存器中的值加1;每当累加器产生溢出时,寄存器中的值减1。

（3）误差寄存器中存数 N 的累加及输出进给脉冲的产生　每当 CPU 产生一个累加脉冲时,将误差寄存器中的数 N 与上次存储在寄存器 B 中的累加数相加,若产生溢出,则发送一个输出进给脉冲,将在累加器中的余数存入寄存器 B,若无溢出,将累加结果存入寄存器 B 中。变加速度运行控制程序框图如图 4 - 44 所示。

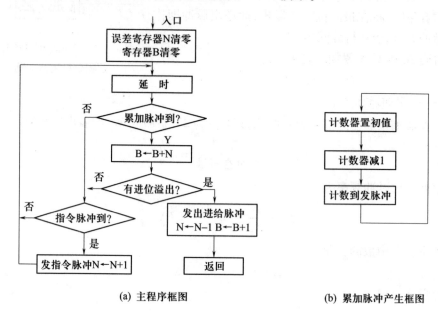

(a) 主程序框图　　　　　　　　(b) 累加脉冲产生框图

图 4 - 44　变加速度运行控制程序框图

MCS - 51 源程序如下:

```
        MOV    NP1,#80H
        MOV    NPH,#01H
        MOV    DPTR,#0000H
        MOV    B,#00H
        MOV    DN,#00H
        MOV    R0,#0EBH          ;8255  I/O
        MOV    A,#80H            ;B 口输出
        MOVX   @R0,A
LP:     MOV    R4,#06H
LP1:    MOV    R2,#10H
LP2:    MOV    R3,#0FFH
        DJNZ   R3,$
        DJNZ   R2,LP2
        ACALL  DNADD;                调 DNADD 子程序
        DJNZ   R4,LP1
        MOV    A,DP1
        CJNE   A,NP1,NXT
        MOV    A,DPH
        CJNE   A,NPH,NXT
```

106

```
        SJMP  LP
NXT:    CP1   P1.1                    ;输出指令脉冲
        MOV   A,P1
        MOV   R0,#0E9H
        MOVX  @R0,A
        MOV   A,#80H
        MOV   R0,#0EBH
        INC   DN                      ;DN + 1
        INC   DPTR
        SJMP  LP
DNADD:  CLR   C
        MOV   A,DN
        ADD   A,B
        MOV   B,A
        JC    OUTP
        RET
OUTP:   CP1   P1.2                    ;输出进给脉冲
        MOV   A,P1
        MOV   R0,#0E9H
        MOVX  @R0,A
        DEC   DN
        INC   B
        RET
```

　　以上程序是步进电动机变速控制的主要技术问题,具体应用时还要考虑其他细节。例如,系统应既能完成大的位移量,又能完成小的位移量。在要求位移量小时,速度增加还未到达最高速时,位移量已达到所要求的 1/2,这时就应立即转入减速阶段,即无等速运行阶段。为使系统具有这种能力,就必须在检查是否已达到最高速以前,先检查位移量是否已达到所要求行程的 1/2。

第5章　直流伺服电动机及其速度控制

5.1　直流(DC)伺服电动机概述

5.1.1　直流伺服电动机的基本工作原理

1. 直流伺服电动机的基本工作原理

图5-1是一台最简单的直流电动机的模型,N和S是一对固定的磁极(一般是电磁铁,也可以是永久磁铁)。磁极之间有一个可以转动的铁质圆柱体,称为电枢铁芯。铁芯表面固定一个用绝缘导体构成的电枢线圈abcd,线圈的两端分别接到相互绝缘的两个弧形铜片上,弧形铜片称为换向片,它们的组合体称为换向器。在换向器上放置固定不动而与换向片滑动接触的电刷A和B,线圈abcd通过换向器和电刷接通外电路。电枢铁芯、电枢线圈和换向器构成的整体称为电枢。

此模型作为直流电动机运行时,将直流电源加于电刷A和B,例如将电源正极加于电刷A,电源负极加于电刷B,则线圈abcd中流过电流。在导体ab中,电流由a流向b,在导体cd中,电流由c流向d。载流导体ab和cd均处于N极和S极之间的磁场当中,受到电磁力的作用。电磁力的方向用左手定则确定,可知这一对电磁力形成一个转矩,称为电磁转矩,转矩的方向为逆时针方向,使整个电枢逆时针方向旋转。当电枢旋转180°,导体cd转到N极下,ab转到S极下,如图5-1(a)所示,由于电流仍从电刷A流入,使cd中的电流变为由d流向c,而ab中的电流由b流向a,从电刷B流出,用左手定则判别可知,电磁转矩的方向仍是逆时针方向。

由此可见,加于直流电动机的直流电源,借助于换向器和电刷的作用,变为电枢线圈中的交变电流,这种将直流电流变为交变电流的作用称为逆变。由于电枢线圈所处的磁极也是同时交变的,从而使电枢产生的电磁转矩的方向恒定不变,确保直流电动机朝确定的方向连续旋转。这就是直流电动机的基本工作原理。

同时可以看到,一旦电枢旋转,电枢导体就会切割磁力线,产生运动电势。在图5-1(b)所示时刻,可以判断出ab导体中的运动电势由b指向a,而此时的导体电流由a指向b,因此直流电动机导体中的电流和电势方向相反。

实际的直流电动机,电枢圆周上均匀地嵌放许多线圈,相应地换向器由许多换向片组成,使电枢线圈所产生总的电磁转矩足够大并且比较均匀,电动机的转速也比较均匀。

2. 直流伺服电动机的特点

根据上述原理,可以看出直流电动机有如下特点:

（1）直流电动机将输入电功率转换成机械功率输出。

（2）电磁转矩起驱动作用。

（3）利用换向器和电刷,直流电动机将输入的直流电流逆变成导体中的交变电流。

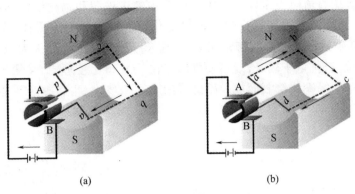

图 5 – 1 直流电动机的基本工作原理

（4）直流电动机导体中的电流与运动电势方向相反。

5.1.2 直流伺服电动机的基本结构

由直流电动机工作原理示意图可以看到，直流电动机的结构由定子和转子两大部分组成。直流电机运行时静止不动的部分称为定子，定子的主要作用是产生磁场，并提供支承作用，由机座、主磁极、换向极、端盖、轴承和电刷装置等组成。运行时转动的部分称为转子，其主要作用是产生电磁转矩和感应电动势，是直流电动机进行能量转换的枢纽，所以通常又称为电枢，由转轴、电枢铁芯、电枢绕组、换向器和风扇等组成。图 5 – 2 是直流电动机的纵剖面图，图 5 – 3 是横剖面示意图。下面对图中各主要结构部件分别作简单介绍。

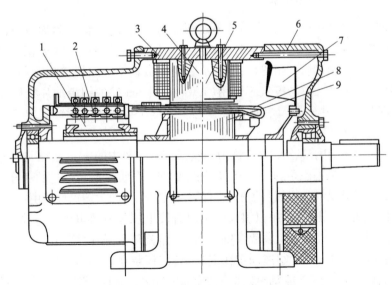

图 5 – 2 直流电动机的纵剖画面

1—换向器；2—电刷装置；3—机座；4—主磁极；5—换向极；6—端盖；
7—风扇；8—电枢绕组；9—电枢铁芯。

1. 定子部分

（1）主磁极 主磁极的作用是在定子和转子之间的气隙中产生一定形状分布的气隙磁场。除了小型直流电机的主磁极用永久磁铁（称为永磁直流电机）外，绝大多数直

109

流电机的主磁极由直流电流来励磁。主磁极由主磁极铁芯和励磁绕组两部分组成,如图 5 - 4 所示。为降低电机运行过程中磁场变化可能导致的涡流损耗,铁芯用(1.0 ~ 1.5)mm 厚的低碳钢板冲片叠压铆紧而成,上面套励磁绕组的部分称为极身,下面扩宽的部分称为极靴,极靴宽于极身,既可使气隙中磁场分布比较理想,又便于固定励磁绕组。励磁绕组用绝缘铜线绕制而成。励磁绕组套在极身上,再将整个主磁极用螺钉固定在机座上。

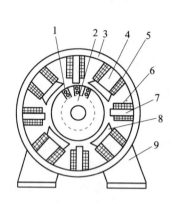

图 5 - 3　直流电机横剖面示意图

1—电枢绕组;2—电枢铁芯;3—机座;4—主磁极铁芯;
5—励磁绕组;6—换向极绕组;7—换向极铁芯;
8—主磁极极靴;9—机座底脚。

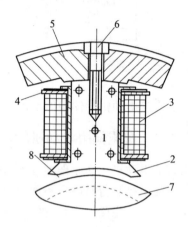

图 5 - 4　主磁极

1—主极;2—极靴;3—励磁绕组;4—绕组绝缘;
5—机座;6—螺杆;7—电枢铁芯;8—气隙。

（2）换向极　两相邻主磁极之间的小磁极称为换向极,也称为附加极或间极。换向极的作用是改善换向,减小电机运行时电刷与换向器之间可能产生的火花。换向极由换向极铁芯和换向极绕组组成,如图 5 - 5 所示。换向极铁芯一般用整块钢制成,对换向性能要求较高的直流电机,换向极铁芯可用(1.0 ~ 1.5)mm 厚的钢板冲片叠压而成。换向极绕组用绝缘导线绕制而成,套在换向极铁芯上。整个换向极用螺钉固定于机座上。换向极的数目与主磁极数相等。

（3）机座　电机定子部分的外壳称为机座(见图 5 - 3 中的 3)。机座具有导磁和机械支承的两个作用。它是主磁路的一部分,构成磁极之间的通路,磁通通过的部分称为定子磁轭。为保证机座具有足够的机械强度和良好的导磁性能,一般为铸钢件或由钢板焊接而成。

（4）电刷装置　电刷装置用以引入或引出直流电压和直流电流。电刷装置由电刷、刷握、刷杆和刷杆座等组成。电刷放在刷握内,用弹簧压紧,使电刷与换向器之间有良好的滑动接触,如图 5 - 6 所示,刷握固定在刷杆上,刷杆装在圆环形的刷杆座上,相互之间必须绝缘。刷杆座装在端盖或轴承内盖上,圆周位置可以调整,调好以后加以固定。

2. 转子(电枢)部分

（1）电枢铁芯　电枢铁芯是主磁通磁路的主要部分,同时用以嵌放电枢绕组。为了降低电机运行时电枢铁芯中产生的涡流损耗和磁滞损耗,电枢铁芯用 0.5mm 厚的硅钢片冲制的冲片叠压而成,冲片的形状如图 5 - 7 所示。叠成的铁芯固定在转轴或转子支架上,铁芯的外圆开有电枢槽,槽内嵌放电枢绕组。

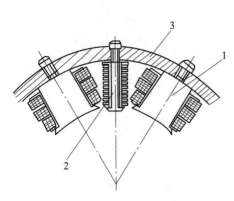

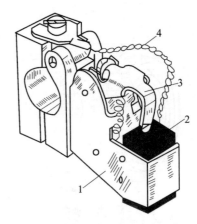

图 5-5 主极和换向极

1—主极；2—换向极；3—机座。

图 5-6 电刷装置图

1—刷握；2—电刷；3—压紧弹簧；4—铜丝瓣。

（2）电枢绕组　电枢绕组的作用是产生电磁转矩和感应电动势，是直流电机进行能量变换的关键部件。它由许多线圈按一定规律连接而成，线圈用高强度漆包线或玻璃丝包扁铜线绕成，不同线圈边分上下两层嵌放在电枢槽中，线圈与铁芯之间和上、下两层线圈边之间都必须妥善绝缘。为防止离心力将线圈边甩出槽外，槽口用槽楔固定，如图 5-8 所示。线圈边的端接部分用热固性无纬玻璃带进行绑扎。

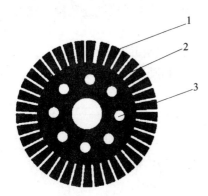

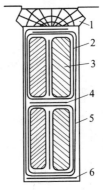

图 5-7 电枢铁芯冲片

1—齿；2—槽；3—轴向通风孔。

图 5-8 电枢槽内绝缘

1—槽楔；2—线圈绝缘；3—导体；

4—层间绝缘；5—槽绝缘；6—槽底绝缘。

（3）换向器　在直流电动机中，换向器配以电刷，能将外加直流电源转换为电枢线圈中的交变电流，使电磁转矩的方向恒定不变；在直流发电机中，换向器配以电刷，能将电枢线圈中感应产生的交变电动势转换为正、负电刷上引出的直流电动势。换向器是由许多换向片组成的圆柱体，换向片之间用云母片绝缘，换向片的紧固通常如图 5-9 所示。换向片的下部做成鸽尾形，两端用钢制 V 形套筒和 V 形云母环固定，再加螺母锁紧。对于小型直流电机，可以采用塑料换向器，如图 5-10 所示，是将换向片和片间云母叠成圆柱体后用酚醛玻璃纤维热压成型，既节省材料，又简化了工艺。

（4）转轴　转轴起转子旋转的支撑作用，需有一定的机械强度和刚度，一般用圆钢加工而成。

111

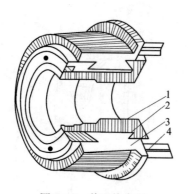

图 5 – 9　普通换向器

1—V 形套筒；2—云母环；3—换向片；4—连接片。

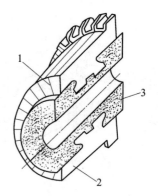

图 5 – 10　塑料换向器

1—云母片；2—换向片；3—塑料。

5.1.3　直流伺服电动机的分类

1. 根据电机励磁方式分类

根据电机励磁方式的不同，直流伺服电动机有他励、并励、串励、复励和永磁等形式。

（1）他励电动机　他励电动机的励磁绕组和电枢绕组分别由两个电源供电（图 5 – 11）。他励电动机由于采用单独的励磁电源，设备较复杂。但这种电动机调速范围很宽，多用于主机拖动中。

（2）并励电动机　并励电动机的励磁绕组是和电枢绕组并联后由同一个直流电源供电（图 5 – 12），这时电源提供的电流 I 等于电枢电流 I_a 和励磁电流 I_f 之和，即 $I = I_a + I_f$。适用于恒压工作场合。

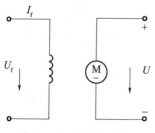

图 5 – 11　他励电动机

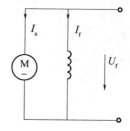

图 5 – 12　并励电动机

（3）串励电动机　串励电动机的励磁绕组与电枢绕组串联之后接直流电源（图 5 – 13）。串励电动机励磁绕组的特点是其励磁电流 I_f 就是电枢电流 I_a，这个电流一般比较大，所以励磁绕组导线粗、匝数少，它的电阻也较小。

（4）复励电动机　这种直流电动机的主磁极上装有两个励磁绕组，一个与电枢绕组串联，另一个与电枢绕组并联（图 5 – 14），所以复励电动机的特性兼有串励电动机和并励电动机的特点，所以也被广泛应用。

2. 根据转速的高低分类

在伺服系统中使用的直流伺服电动机，按转速的高低可分为两类：高速直流伺服电动机和低速大扭矩宽调速电动机。

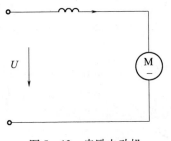

图 5 - 13　串励电动机

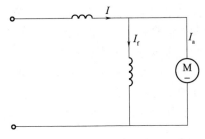

图 5 - 14　复励电动机

1）高速直流伺服电动机

高速直流伺服电动机又可分为普通直流伺服电动机和高性能直流伺服电动机。普通高速他励式直流伺服电动机的应用历史最长。众所周知,这种电动机的转矩－惯量比是很小的,已不能适应现代伺服控制技术的要求。在 20 世纪 60 年代中期出现的永磁式直流伺服电动机,由于有尺寸小、质量小、效率高、出力大、结构简单、无需励磁等一系列优点而被越来越重视。然而,普通伺服电动机在低速性能和动态指标上还不能令人满意,成为进一步提高伺服系统精度和快速性的主要障碍。因此,在 60 年代末出现了两种高性能的小惯量高速直流伺服电动机。下面介绍这两种电机的主要特点。

（1）小惯量无槽电枢直流伺服电动机　无槽电枢直流伺服电动机又称表面绕组电枢直流伺服电动机。这种电动机与普通电动机在结构上不同之处在于电枢的铁芯表面无槽,电枢绕组直接用环氧树脂粘接在光滑的铁芯表面上（故称为表面绕组）,并用玻璃丝带加固,使电枢绕组与铁芯成为一个坚实的整体。由于转子采用无槽结构,电枢绕组均匀分布在铁芯表面上,大大缩小了电枢直径,减小了转子的转动惯量。

由于定子与转子铁芯之间填满了电枢绕组,使气隙主磁通磁阻增大;另一方面也使气隙漏磁通磁阻加大,漏磁通减弱,从而使换向电动势减小,换向性能改善,过载能力可以大大加强。

由于转子无齿槽,因而改善了低速下因齿槽效应而产生的转速脉动。又由于转子与换向器直径减小,摩擦转矩也大为减小,这些都为改善低速平稳性、扩大调速范围创造了有利条件。

综上所述,小惯量无槽电枢直流伺服电动机具有以下优点:

① 转子转动惯量小,是普通电机的 1/10,电磁时间常数小,反应快;② 转矩－惯量比大,且过载能力强,最大转矩可比额定转矩大 10 倍;③ 低速性能好,转矩波动小,线性度好,摩擦小,调速范围可达数千比一。

但是,作为伺服系统的执行元件,高速小惯量电机还存在一些缺点,例如:①由于其转速高,作为伺服系统的执行电动机仍需减速器,齿轮间隙给系统带来的种种不利因素依然存在。特别对于舰载、机载、车载陀螺稳定伺服系统,过大的减速比使电机的有效出力降低（转子自身加速 $i^2 J$ 所消耗的功率加大）。②由于气隙大,安匝数多,效率低,另外,由于惯量小,热容量也较小,过载时间不能太长。为了解决良好散热,多用强迫风冷,因而体积、重量、噪声都较大。③由于电机本身转动惯量小,负载转动惯量可能要占系统总惯量中较大成分。当所驱动负载的尺寸与重量改变时,负载转动惯量可能发生变化,从而影响系统的动态性能。这个问题称为惯量匹配问题。

无槽电枢直流伺服电动机是一种大功率直流伺服电动机,主要用于需要快速动作、功率较大的伺服系统中,如雷达天线的驱动、自行火炮、导弹发射架驱动、计算机外围设备以及数控机床等方面都有应用实例。

(2) 空心杯电枢直流伺服电动机　无槽电枢直流伺服电动机由于存在电枢铁芯,故在实现快速动作的电子设备中,还嫌它的转动惯量太大。空心杯电枢直流伺服电动机则是一种转动惯量更小的直流伺服电动机,人们称为"超低惯量伺服电动机"。空心杯电枢直流伺服电动机的性能特点是:①低转动惯量。由于转子无铁芯,且壁薄而细长,其转动惯量很小,起动时间常数小,可达 1ms 以下。转矩 - 转动惯量比很大,角加速度可达 $10^6 rad/s^2$;②灵敏度高,快速性能好,速度调节方便,其起动电压在 100mV 以下,可完成每秒钟 250 个起 - 停循环;③损耗小,效率高。因转子中无磁滞和涡流造成的铁耗,故其效率可达 80% 或更高;④由于绕组在气隙中均匀分布,不存在齿槽效应,转矩波动小,低速运转平稳,噪声很小;⑤绕组的散热条件好,其电流密度可取到 $30A/mm^2$。⑥转子无铁芯,电枢电感很小,因此换向性能很好,几乎不产生火花,大大提高了使用寿命。

空心杯形电枢直流伺服电动机在国外已系列化生产,输出功率从零点几瓦到几千瓦,多用于高精度的伺服系统及测量装置等设备中,如电视摄像机、各种录音机、$X - Y$ 函数记录仪、数控机床等机电一体化设备中。目前,国产空心杯电枢直流伺服电机可为仪表伺服系统配套。

2) 低速大扭矩宽调速电动机

低速大扭矩宽调速电动机是在过去军用低速力矩电动机经验的基础上发展起来的一种新型电动机。相对于前面的小惯量电动机而言(国外文献中也有称它为大惯量电动机)。大扭矩宽调速电动机具有下列特点:①高的转矩—转动惯量比,从而提供了极高的加速度和快速响应。②高的热容量,使电机在自然冷却全封闭的条件下,仍能长时间过载。③电机所具有的高转矩和低速特性使得它与机床丝杠很容易直接耦合。这样不仅解决了齿轮减速器的间隙给系统带来的种种不利影响,而且从负载端看,电机惯量折算到负载端的系数为1,而不是像高速电动机传动比为 i 时折算关系为 i^2 倍,所以总系统的转矩—惯量比值不一定降低,系统仍有较高的动态性能。④由于精心选择电刷的材料,且电刷的接触面积大,使得电动机在大的加速度和过载情况下,仍能良好换向。⑤电动机采用耐高温的 H 级绝缘材料,且具有足够的机械强度,以保证有长的寿命和高的可靠性。⑥采用能承受重载荷的轴和轴承,使得电动机在加、减速和低速大转矩时能承受最大峰值转矩。⑦电动机内装有高精度和高可靠性的反馈元件——脉冲编码器或多极放置变压器和低纹波测速发电机。

总之,大扭矩宽调速电动机具有许多优点,近年来,在高精度数控机床和工业机器人伺服系统中获得了越来越广泛的应用。尤其是北京机床研究所按日本富士通法那科(FANUC)公司的许可证制造的 FANUC - BESK 系列直流伺服电动机应用最广泛。

5.1.4　永磁直流伺服电动机

目前在数控机床进给驱动中采用的直流电动机主要是 20 世纪 70 年代研制成功的大惯量宽调速直流伺服电动机。这种电动机分为电励磁和永久磁铁励磁两种,但占主导地位的是永久磁铁励磁式(永磁式)电动机,本节将主要介绍这种电动机。

1. 永磁直流伺服电动机基本结构

图 5 – 15 所示为永磁式宽调速直流伺服电动机的基本结构。图 5 – 16 所示为某型号永磁式宽调速直流伺服电动机产品。

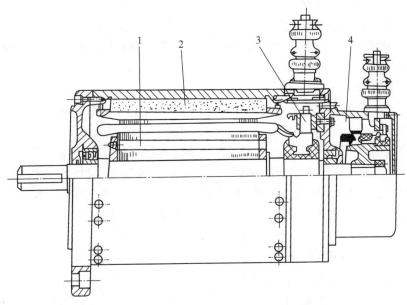

图 5 – 15　永磁式直流宽调速电动机的基本结构
1—转子；2—定子(永磁体)；3—电刷；4—低纹波测速机。

该型号永磁式直流宽调速电动机参数：
额定电压：24V DC
额定电流：1.9A
额定功率：28W
额定转矩：918N·m
额定转速：3000r/min
空载电流：0.4A
空载转速：4000r/min
电机尺寸：$\phi 42 \times 117.5$ mm

图 5 – 16　某型号永磁式宽调速直流伺服电动机产品

该电动机又称直流力矩电机或大惯量宽调速电动机,其定子磁极是个永久磁体。这种磁体一般用铝镍钴合金、铁氧体、稀土钴等材料,它们的矫顽力很高,故可以产生极大的峰值转矩;而且在较高的磁通密度下保持性能稳定(即不出现退磁)。这种电机的电枢的铁芯上槽数较多,采用斜槽,即铁芯叠片扭转一个齿距,且在一个槽内分布有几个虚槽以减少转矩波动。这种电机的调速范围宽。所谓大惯量电机是在维持一般直流电极转动惯量的前提下,用尽量提高转矩的方法改善其动态特性。它既具有一般直流电动机便于调速、机械性能较好的优点,又具有小惯量直流电机的快速响应性能。

2. 永磁直流伺服电动机特点

（1）高性能的铁氧体具有大的矫顽力和足够的厚度，能承受高的峰值电流以满足快的加减速要求。

（2）大惯量的结构使在长期过载工作时具有大的热容量。

（3）低速高转矩和大惯量结构可以与机床进给丝杠直接连接。

（4）一般没有换向极和补偿绕组，通过仔细选择电刷材料和磁场的结构，使得在较大的加速度状态下有良好的换向性能。

（5）绝缘等级高，从而保证电动机在反复过载的情况下仍有较长的寿命。

（6）在电动机轴上装有精密的测速发电机、旋转变压器或脉冲编码器，从而可以得到精密的速度和位置检测信号，以反馈到速度控制单元和位置控制单元。

宽调速直流伺服电动机虽然具有上述特点，但是，对它进行控制不如步进电动机简单，快速响应性能也不如小惯量电动机，宽调速直流伺服电动机转子由于采用良好的绝缘，耐温可达（150～200）℃。转子温度高，热量通过转轴传到丝杠，若不采取措施，丝杠热变形将影响传动精度，此外，电动机电刷易磨损，维修、保养也存在一定的问题。

3. 永磁直流伺服电动机基本方程

由于电刷和换向器的作用，使得转子绕组中的任何一根导体，只要一转过中性线，由定子 S 极下的范围进入了定子 N 极下的范围，那么这根导体上的电流一定要反向；反之由定子 N 极下的范围进入定子 S 极下的范围时，导体上的电流也要发生反向。因此转子的总磁势正交。转子磁场与定子磁场相互作用产生了电动机的电磁转矩，从而使电动机转动。图 5-17 为直流电动机工作原理示意图。

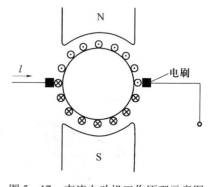

图 5-17　直流电动机工作原理示意图

1）电动机转矩平衡方程式

一般，电磁转矩 T 按下式计算：

$$T = C_M \Phi I \tag{5-1}$$

式中　C_M——转矩常数；

$\quad\quad \Phi$——电动机的主磁通；

$\quad\quad I$——电动机的电枢电流。

对于永磁式直流伺服电动机，C_M 和 Φ 都是常数，所以上式又可写成

$$T = K_M I \tag{5-2}$$

式中，$K_M = C_M \Phi$。

我们知道，当电动机带着负载匀速旋转时，它的输出转矩必与负载转矩相等。但是，电动机本身具有机械摩擦（例如轴承的摩擦，电刷和换向器的摩擦等）和电枢铁芯中的涡流、磁滞损耗都要引起阻转矩，此阻转矩用 T_o 表示。这样，电动机的输出转矩 T_r 就等于电磁转矩 T 减去电动机本身的阻转矩 T_o，所以当电动机克服负载转矩 T_L 匀速旋转时，即

$$T_r = T - T_o = T_L \tag{5-3}$$

式（5-3）就是电磁转矩平衡方程式。

如果把电动机本身的阻转矩和负载转矩合在一起叫做总阻转矩 T_s，即

$$T_s = T_o + T_L \qquad (5-4)$$

转矩平衡方程式可写成

$$T = T_s \qquad (5-5)$$

它表示在稳态运行时，电动机的电磁转矩和电动机轴上的总阻转矩相互平衡。

在实际中，有些电动机经常运行在转速变化的情况下，例如起动、停转或反转，因此也必须考虑转速改变时的转矩平衡关系。当电动机的转速改变时，转动部分的转动惯量，将产生惯性转矩 T_J

$$T_J = J \frac{\mathrm{d}\omega}{\mathrm{d}t} \qquad (5-6)$$

式中　J——负载和电动机转动部分的转动惯量；

　　　ω——电动机的角速度。

电动机轴上的转矩平衡方程式为

$$T - T_s = J \frac{\mathrm{d}\omega}{\mathrm{d}t} \qquad (5-7)$$

由式（5-7）可知，当电磁转矩 T 大于总阻转矩 T_s 时，表示电动机在加速；当电磁转矩 T 小于 T_s 时，表示电动机在减速。有关电动机速度变化的动态过程，详见后述。

2）电动机的电压平衡方程式

如上所述，根据直流电动机的负载情况和转矩平衡方程式，可以确定电动机的电磁转矩的大小，但这时还不能确定电动机的转速。

要确定电动机的转速仅仅利用转矩平衡方程式是不够的，还需要进一步从电动机内部的电磁规律以及电动机与外部的联系去寻找。

电流通过电枢绕组产生电磁力及电磁转矩，这仅仅是电磁现象的一个方面；另一方面，当电枢在电磁转矩的作用下一旦转动后，电枢导体还要切割磁力线，产生感应电动势。根据法拉第电磁感应定律可知：感应电动势的方向适与电流方向相反，它有阻止电流流入电枢绕组的作用，因此电动机的感应电动势是一种反电动势。反电动 E 的计算公式是：

$$E = C_e \Phi n \qquad (5-8)$$

式中　C_e——电势常数；

　　　Φ——每极总磁通；

　　　n——电动机转速。

对于永磁式直流电动机，C_e 和 Φ 都是常数，上式可写成

$$E = K_e n \qquad (5-9)$$

电动机各个电量的方向，如图 5-18 所示。

外加电压为 U 时有

$$U = E + IR_a \qquad (5-10)$$

式中　R_a——电枢电阻。

式（5-10）就是直流电动机的电压平衡方程式。它说明：外加电压与反电势及电枢内阻压降平衡。或者说，外加电压一部分用来抵消反电动势，一部分消耗的电枢电阻上。

3）电动机转速与转矩的关系

如果把 $E = C_e \Phi n$ 代入式（5-10），便可得出电枢电流 I 的表达式：

$$I = \frac{U - C_e \Phi n}{R_a} \qquad (5-11)$$

由式（5-11）可见，直流电动机和一般的直流电路不一样，它的电流不仅取决于外加电压和自身电阻，并且还取决于与转速成正比的反电动势（当 Φ 为常数），这点务必注意。

将式（5-1）代入式（5-11），并经整理可得

$$n = \frac{U}{C_e \Phi} - \frac{R_a}{C_e C_M \Phi^2} T \qquad (5-12)$$

式（5-12）称为电动机的机械特性，它描述了电动机的转速与转矩之间的关系。图5-19是机械特性曲线族。在这一曲线族中，不同的电枢电压对应于不同的曲线，各曲线是彼此平行的。$n_0 \left(\dfrac{U}{C_e \Phi} \right)$ 称为"理想空载转速"，而 $\Delta n \left(\dfrac{R}{C_e C_M \Phi^2} \right)$ 称为转速降落。

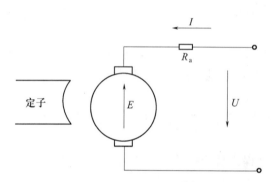

图5-18　直流电动机中各电量的参考方向

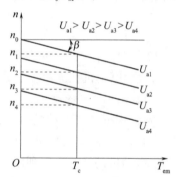

图5-19　机械特性曲线族

5.1.5　无刷进给直流伺服电动机

无刷进给直流伺服电动机（Brushless Direct Current Motor，BLDCM），这里的"刷"实际上就是指"碳刷"，最早的直流电动机都是带有"碳刷"的。碳刷是直流有刷电动机中的关键性部件，主要起到电流的换向作用。然而其缺点也是较为突出：碳刷及整流子在电动机转动时会产生火花、碳粉，因此除了会造成组件损坏之外，使用场合也受到限制。而且碳刷存在磨耗问题，需要定期的更新碳刷，维护不方便。

无刷直流电动机是以电子方式控制交流电换相，得到类似直流电动机特性又没有直流电动机机构上缺失的一种应用。从目前直流电动机的发展趋势来看，有刷直流电动机有逐步被淘汰，无刷直流电动机成为直流电动机的主流的趋势。由于无刷直流电动机调速性能优越，且有体积小、质量小、效率高、转动惯量小和不存在励磁损耗等优点，因此在各个领域具有广阔的应用前景。

1. 无刷直流进给直流电动机的基本结构

无刷直流电动机的组成原理框图如图5-20中虚线框内部所示，无刷直流电动机是一种自控变频的永磁同步电动机，就其基本组成结构而言，可以认为是由电力电子开关逆变器、永磁同步电动机和磁极位置检测电路三者组成的"电动机系统"。普通直流电动机

的电枢通过电刷和换向器与直流电源相连,电枢本身的直流是交变的,而无刷直流电动机用磁极位置检测电路和电力电子开关逆变器取代有刷直流电动机中电刷和换向器的作用,即用电子换向取代机械换向。由位置传感器提供电动机转子磁极的位置信号,在控制器中经过逻辑处理产生 PWM 信号,经过隔离电路及驱动电路,以一定的顺序触发逆变器中的功率开关,使电源功率以一定的逻辑关系分配给电动机定子各相绕组,从而电动机产生持续不断的转矩。

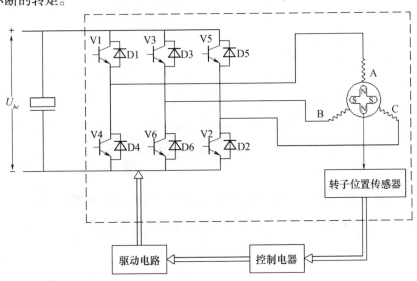

图 5 - 20 无刷直流电动机的控制结构框图

2. 无刷直流进给电动机的工作原理

无刷直流电动机的基本物理量有电磁转矩、电枢电流、反电动势和转速等。这些物理量的表达式与电动机气隙磁场分布、绕组形式有十分密切的关系。对于永磁无刷直流电动机,其气隙磁场波形可以为方波,也可以实现正弦波或梯形波,对于采用稀土永磁材料的电动机,其气隙磁场一般为方波,对于方波气隙磁场,当定子绕组采用集中整距绕组,即每极每相槽数为 1 时,方波磁场在定子绕组中感应的电动势为梯形波。方波气隙磁感应强度在空间的宽度应大于120°电角度,从而使在定子电枢绕组中感应的梯形波反电动势的平顶宽大于120°电角度。方波电动机通常采用方波电流驱动,由电子换向器向方波电动机提供三相对称的、宽度为120°电角度的方波电流。方波电流应位于梯形波反电动势的平顶宽度范围内。下面分析方波电动机的电磁转矩、电枢电流和反电动势等特性。

1) 电枢绕组的反电动势

$$e = Blv \tag{5-13}$$

式中　B——气隙磁感应强度;

　　　l——导体的有效长度;

　　　v——转子相对于定子导体的线速度。

$$v = \frac{\pi D}{60}n = 2p\tau\frac{n}{60} \tag{5-14}$$

式中　n——电动机转速(r/min)；

　　　D——电枢内径；

　　　p——极对数；

　　　τ——极距。

如果定子每相绕组串联的匝数是N，则每相绕组的反电动势为

$$E_x = 2N_e = \frac{4p\tau lBN}{60}n \tag{5-15}$$

方波气隙磁感应强度对应的每极磁通为

$$\Phi = B\tau l\alpha \tag{5-16}$$

式中　α——计算极弧系数。

因而有

$$E_x = \frac{p}{15\alpha}N\Phi n \tag{5-17}$$

考虑到三相永磁方波电动机是两相同时通电，所以，线电动势E为两相电动势之和，即

$$E = 2E_x = \frac{2p}{15\alpha}N\Phi n \tag{5-18}$$

2）电磁转矩

在任何时刻，方波电动机的电磁转矩T_e是由两相绕组的合成磁场与转子的磁场相互作用产生的。可以利用功率与速度的关系来计算电磁转矩。

$$T_e = \frac{EI}{\omega} \tag{5-19}$$

式中　ω——角速度，$\omega = \dfrac{2\pi n}{60}$；

　　　I——电枢电流。

对于转矩则有

$$T_e = \frac{\dfrac{2p}{15\alpha}N\Phi nI}{\dfrac{2\pi n}{60}} = \frac{4p}{\pi\alpha}N\Phi I = K_m\Phi I \tag{5-20}$$

式中　K_m——直流电动机转矩的结构常数。

下面以三相永磁方波电动机分析无刷直流电动机的数学模型。

由于稀土永磁无刷直流电动视的气隙磁场、反电动势以及电流是非正弦的，因此采用直、交轴坐标变换已不是有效的分析方法。通常，直接利用电动机本身的相变量来建立数学模型。该方法既简单又具有较好的准确度。

假设磁路不饱和，不计涡流和磁滞损耗，三相绕组完全对称，则三相绕组的电压平衡方程为

120

$$
\begin{bmatrix} u_A \\ u_B \\ u_C \end{bmatrix} = \begin{bmatrix} R & 0 & 0 \\ 0 & R & 0 \\ 0 & 0 & R \end{bmatrix} \begin{bmatrix} i_A \\ i_B \\ i_C \end{bmatrix} + \begin{bmatrix} L & L_m & L_m \\ L_m & L & L_m \\ L_m & L_m & L \end{bmatrix} \frac{d}{dt} \begin{bmatrix} i_A \\ i_B \\ i_C \end{bmatrix} + \begin{bmatrix} e_A \\ e_B \\ e_C \end{bmatrix} \qquad (5-21)
$$

式中　u_A、u_B、u_C——定子相绕组电压；

　　　　i_A、i_B、i_C——定子相绕组电流；

　　　　e_A、e_B、e_C——定子相绕组反电动势；

　　　　L——每相绕组的自感；

　　　　R——每相绕组的内阻；

　　　　L_m——每两相绕组的互感。

对于方波电动机,由于转子磁阻不随转子的位置变化,因而定子绕组的自感和互感为常数,当采用星型连接时,$i_A + i_B + i_C = 0$,因而有

$$
\begin{bmatrix} u_A \\ u_B \\ u_C \end{bmatrix} = \begin{bmatrix} R & 0 & 0 \\ 0 & R & 0 \\ 0 & 0 & R \end{bmatrix} \begin{bmatrix} i_A \\ i_B \\ i_C \end{bmatrix} + \begin{bmatrix} L - L_m & 0 & 0 \\ 0 & L - L_m & 0 \\ 0 & 0 & L - L_m \end{bmatrix} \frac{d}{dt} \begin{bmatrix} i_A \\ i_B \\ i_C \end{bmatrix} + \begin{bmatrix} e_A \\ e_B \\ e_C \end{bmatrix} \qquad (5-22)
$$

电动机的电磁转矩为

$$
T_e = \frac{1}{\omega}(e_A i_A + e_B i_B + e_C i_C) \qquad (5-23)
$$

5.1.6　对直流伺服电动机的要求及选用

1. 直流电动机的额定值

直流电机的额定值有:

(1) 额定功率 P_N:指电机在铭牌规定的额定状态下运行时,电机的输出功率,以 kW 表示。

对电动机,额定功率是指输出的机械功率;对发电机,额定功率是指输出的电功率。

(2) 额定电压 U_N:指额定状态下电枢出线端的电压,以 V 表示。

(3) 额定电流 I_N:指电机运行在 $U = U_N$,$P_2 = P_N$ 时,电机的线电流,以 A 表示。

(4) 额定转速 n_N:指额定状态下运行时转子的转速,以 r/min 表示。

(5) 额定励磁电压 U_{fN}(仅对他励电机)。

2. 对直流伺服电动机的要求

伺服控制系统中使用的直流电动机和一般动力用的直流电动机在原理上是完全相同的,但由于各自的功能和作用不同,因此它们的工作状态和工作性能差别很大。在伺服系统中,电动机的转速和工作状态要根据指令信号而改变,因此使用在伺服系统中的直流电动机称为直流伺服电动机。根据伺服电动机在系统中的作用和特点,系统对它的性能提出下列要求:

(1) 尽可能高的响应频率,亦即尽可能减小转子的转动惯量,增大转矩—惯量比。

(2) 良好的低速平稳性。

(3) 尽可能宽的调速范围。

121

（4）机械特性的硬度 $\Delta T / \Delta n$ 的数值尽可能大。

（5）换向器和电刷间的接触火花尽可能小，以减小伺服噪声。

（6）过载能力强。

3. 直流伺服电动机的选用

直流伺服电动机的选用有很多标准和依据，常见有额定电压、额定转速、运行方式、负载条件等。常见的是根据负载转矩和负载功率选择电机。

1）负载转矩

首先计算出加在电机轴上的负载转矩及负载转动惯量。负载转矩按下式计算：

$$M_{\mathrm{L}} = \sum M_{\mathrm{R}} + M_{\mathrm{MC}} + M_{\mathrm{a}}$$

式中　$\sum M_{\mathrm{R}}$——克服各种摩擦转矩的总和；

　　　M_{MC}——机械加工切削力的转矩；

　　　M_{a}——机械部分加速度转矩。

负载转动惯量（圆柱直线运动物体，齿轮传动）按下式计算：

$$J_{\mathrm{L}} = i_{\mathrm{G}}^2 (J_{\mathrm{C}} + J_{\mathrm{SP}} + J_{\mathrm{T+W}}) + J_{\mathrm{G}}$$

式中　i_{G}^2——齿轮传动比；

　　　J_{C}——联轴节转动惯量；

　　　J_{SP}——丝杠转动惯量；

　　　$J_{\mathrm{T+W}}$——工作台与工件折算到丝杠轴上的转动惯量；

　　　J_{G}——齿轮减速器的转动惯量。

具体要求如下：

（1）电动机的输出功率应满足机床最大功率的要求。

（2）电动机的额定转矩应满足各种情况下的机床负载转矩的要求，一般不超过额定转矩。

（3）最高转速应满足各种条件下机床快速移动要求。

（4）电动机转子转动惯量应与负载转动惯量相匹配为：

$$0.5 \leqslant \frac{J_{\mathrm{M}}}{J_{\mathrm{M}} + J_{\mathrm{L}}} \leqslant 0.8$$

式中　J_{M}——电机转子转动惯量；

　　　J_{L}——运动部件折合到电机轴上的负载转动惯量。

2）负载功率

电动机的额定功率选择一般分如下三步：① 计算负载功率 P_{L}，若负载为周期性变动负载，还需要作出负载图 $P_{\mathrm{L}} = f(t)$ 或 $T_{\mathrm{L}} = f(t)$。② 根据负载功率，预选电动机的额定功率及其他。③ 校核预选电动机，包括发热温升校核、过载能力的校核以及起动能力的校核，其中主要是发热温升校核。

（1）负载功率计算　直流电动机的负载，按其负载的大小是否变化可分为两类。常值负载：在运行中，负载的大小基本是恒定的，例如大型机床主轴等。变化负载：在运行

122

中,负载的大小变化较大,但大多数具有周期性变化的规律,例如龙门刨床的工作台等。

常值负载功率 P_L 的计算如下。

各种生产机械负载的计算公式不同,可查阅有关的设计手册。下面介绍两种常用生产机械负载功率的计算公式,以供选择电机时参考。

① 直线运行的机械负载功率

$$P_L = \frac{F_L v}{\eta} \times 10^{-3} (\text{kW})$$

式中　F_L——负载力(即静阻力)(N);

　　　v——运动速度(m/s);

　　　η——传动装置的效率。

② 旋转运动的生产机械负载功率

$$P_L = \frac{T_L n}{9550 \eta} (\text{kW})$$

式中　T_L——负载转矩(即静转矩)(N·m);

　　　n——旋转速度(r/min);

　　　η——传动装置的效率。

③ 泵类生产机械负载功率

$$P_L = \frac{q \rho H g}{\eta_b \eta} \times 10^{-3} (\text{kW})$$

式中　q——液体流量,即每秒的排水量(m^3/s);

　　　ρ——的比重(N/m^3);

　　　g——重力加速度(m/s^2);

　　　η_b——水泵的效率,其中低压离心泵 $\eta_b = 0.3 \sim 0.6$,高压泵 $\eta_b = 0.5 \sim 0.8$,活塞泵 $\eta_b = 0.8 \sim 0.9$;

　　　η——传动装置的效率。

变化负载功率 P_L 的计算如下。

电动机在变化负载运行的特点是输出功率不断变化,因而电机的损耗以及它所引起的电机的发热和温升也在不断变化,但经过一段时间后,电机的温升即达到一种稳定的波动状态。对于变化负载只能求出其平均负载功率 P_{Ld} 或平均负载转矩 T_{Ld}:

$$P_{Ld} = \frac{P_{L1} t_1 + P_{L2} t_2 + \cdots + P_{Ln} t_n}{t_1 + t_2 + \cdots + t_n}$$

$$T_{Ld} = \frac{T_{L1} t_1 + T_{L2} t_2 + \cdots + T_{Ln} t_n}{t_1 + t_2 + \cdots + t_n}$$

式中:$P_{L1}, P_{L2}, \cdots, P_{Ln}$ 为各时间段的负载功率,按常值负载公式计算;$T_{L1}, T_{L2}, \cdots, T_{Ln}$ 为各时间段的负载转矩;$t_1, t_2, \cdots, t_n$ 为各段时间,它们之和为一个工作周期,用 t_L 表示。

(2)恒定负载时电动机额定功率的选择　恒定负载是指在工作时间内负载的大小恒定不变,包括连续、短时两种工作方式在内的常值负载。

① 标准工作时间。标准工作时间指电动机三种工作方式所规定的有关时间,例如,连续工作方式标准工作时间是(3~4)倍以上发热时间常数,短时工作时间是15min、30min、60min、90min。

如果生产机械的工作时间与工作电动机的标准工作时间一致,在环境温度为40℃、电动机不调速的情况下,按照负载的工作方式和工作时间选择相应类型的电动机,电动机的额定功率应满足:$P_N \geq P_L$。

由于负载功率不大于电动机的额定功率,因此不需要进行温升校验,只需进行过载能力的校核。

② 非标准工作时间。如果生产机械工作的时间不是标准工作时间,例如20min,预选电动机额定功率时,还需要按发热和温升等效的观点先把负载功率由非标准工作时间折算成标准工作时间,然后按标准工作时间。如短时工作方式的工作时间为t_g,最接近的标准工作时间为t_{gb},预选电动机额定功率应满足:

$$P_N \geq P_L \sqrt{\frac{t_g}{t_{gb}}}$$

式中:$\sqrt{\dfrac{t_g}{t_{gb}}}$为折算系数。由于折算系数是从发热和温升等效观点推导出来,因此工作时间折算后,预选的电动机也不需要进行温升校验。

③ 短时工作方式的负载选择连续工作方式电动机。短时工作方式的负载也可以选择连续工作方式的电动机。显然,从发热与温升的角度考虑,所选择的连续工作方式的电动机的额定功率P_N应该比实际的负载功率P_L小。或者说,在预选电动机时也要将短时工作的负载功率折算到连续工作方式上去。

预选电动机的额定功率应满足:

$$P_N \geq P_L \sqrt{\frac{1 - e^{\frac{t_g}{T}}}{1 + \alpha e^{\frac{t_g}{T}}}}$$

式中:$\alpha = p_0/p_{cu}$为电动机的不变损耗(即空载损耗),p_{cu}为额定运行时的可变损耗(即定子、转子绕组的铜耗)。一般来讲,普通直流电动机 $\alpha = 1 \sim 1.5$;冶金专用直流电动机 $\alpha = 0.5 \sim 0.9$;普通鼠笼式三相异步电动机 $\alpha = 0.5 \sim 0.7$。对于具体电动机,T 和 α 可以从技术数据中找出或估算。

额定功率确定之后,根据需要还要对电动机进行过载能力和起动能力的校验。

① 过载能力的校核。过载能力指电动机负载运行时在短时间内出现电流或转矩过载的允许倍数。不同类型的电动机,过载能力也不同。

限制直流电动机过载能力的是电机的换向问题,因此它的过载能力是电枢允许的电流倍数 λ。λI_N 应比可能出现的最大电流大。

异步电动机和同步电动机的过载能力即最大电磁转矩倍数为 K,但在校核过载能力时要考虑电网电压可能向下波动10%~15%,因此最大转矩按(0.81~0.72)KT_N来校核。它应比负载可能出现的最大转矩大。

若预选的电动机过载能力校核通不过。则要重选电动机及额定功率。

124

② 起动能力校核。如果选择的是鼠笼式异步电动机，还需要进行起动能力的校验。如果起动能力校核通不过，也要重选电动机及额定功率。

发热、过载能力和起动能力校核均通过了，电动机的额定功率就确定下来了。

③ 温度修正。以上电动机额定功率的确定是在国家标准环境温度40℃下进行的。若环境温度常年都比较高或比较低，为了既能长期安全地使用电动机，又能充分利用电动机的容量，需要对电动机的额定功率进行修正。电动机允许输出功率为

$$P \approx P_N \sqrt{1 + \frac{40 - \theta}{\tau_{max}}(\alpha + 1)}$$

式中　τ_{max}——环境温度为40℃时的允许温升。

考虑散热介质空气的密度也对电机的散热有影响，国家标准规定电机铭牌上的功率是指电机在海拔高度不超过1000m的地点使用时的额定功率。当海拔高度超过1000m时，平原地区设计的电动机，出厂试验时必须把允许温升降低，才能供高原地带使用。

（3）变化负载下电动机额定功率的选择　由于电动机运行于过渡过程时电机的电流比稳态运行时大，而可变损耗与电流平方成正比，因此，电动机在拖动变化负载下运行时发热较严重。但在前面计算平均负载功率和平均负载转矩时没有反映过渡过程中电机发热加剧的因素，因此，电机额定功率按下式预选：

$$P_N \geq (1.1 \sim 1.6)P_{Ld}$$

或

$$P_N \geq (1.1 \sim 1.6)\frac{TLd\eta_N}{9550}$$

上式中，如果过渡过程在整个工作时间内占的比例比较大，则系数应选大些。

对于短时工作制和周期性断续工作制电动机可根据负载功率来选择。有时会根据工程实践经验，总结出某些生产机械选择电动机额定功率一些简单而行之有效的实用方法，例如统计分析法。这种方法是将同类型生产机械所选用的电动机功率进行统计分析，找出电动机功率与该类生产机械主要参数之间的关系，再根据实际情况，写出相应的指数。例如我国机械制造工业已经总结出了不同类型机床主传动电动机功率 P 的统计分析公式如下：

① 车床

$$P = 36.5D^{1.54}(kW)$$

式中　D——工件的最大直径(mm)。

② 立式车床

$$P = 20D^{0.33}(kW)$$

式中　D——工件的最大直径(mm)。

③ 摇臂钻床

$$P = 0.0646D^{1.19}(kW)$$

式中　D——最大钻孔直径(mm)。

④ 外圆磨床

$$P = 0.1KB(kW)$$

式中　K——考虑砂轮主轴采用轴承时的系数，当采用滚动轴承时 $K = 0.8 \sim 1.1$，若采用滑动轴承时 $K = 1.0 \sim 1.3$；B 为砂轮宽度(mm)。

⑤ 卧式镗床

$$P = 0.004D^{1.1}(\text{kW})$$

式中　D——镗杆直径(mm)。

⑥ 龙门刨床

$$P = \frac{1}{166}B^{1.15}(\text{kW})$$

式中　B——工作台宽度(mm)。

例如,我国 C660 车床可加工的最大工件直径为 1250mm,用上述公式计算出的主拖动电动机的功率为 $P = 36.5 \times 1.25^{1.54} = 52\text{kW}$。实际选用 $P_\text{N} = 60\text{kW}$ 的直流电动机。实践证明所选电动机是合适的。

5.2　直流电力拖动控制系统的基本知识

5.2.1　电力拖动系统的组成

简单的电力拖动系统由电源、电动机、传动机构、负载和自动控制装置等部分组成(图 5 - 21)。电源提供电动机和控制系统所需的电能;电动机完成电能向机械能的转换;传动机构用于传递动力,并实现运转方式和运转速度的转换,以满足不同负载的要求;自动控制装置则控制电动机拖动负载按照设定的工作方式运行,完成规定的生产任务。

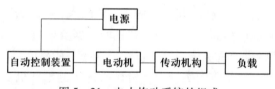

图 5 - 21　电力拖动系统的组成

5.2.2　他励直流电动机的起动

1. 他励直流电动机的起动方法

电动机的起动是指电动机接通电源,从静止状态加速到某一稳定转速的过程。起动时间虽然短,但如不能采用正确的起动方法,电动机就不能正常安全地投入运行,为此,应对直流电动机的起动过程和方法进行分析。

起动瞬间,起动转矩和起动电流分别为

$$T_\text{st} = C_T \Phi I_\text{st}$$

$$I_\text{st} = \frac{U_\text{N} - E_\text{a}}{R_\text{a}} = \frac{U_\text{N}}{R_\text{a}}$$

起动时由于转速 $n = 0$,电枢电动势 $E_\text{a} = 0$,而且电枢电阻 R_a 很小,所以起动电流将达很大值。过大的起动电流将引起电网电压下降、影响电网上其他用户的正常用电、使电动机的换向恶化;同时过大的冲击转矩会损坏电枢绕组和传动机构。一般直流电动机不允许直接起动。

一般直流电动机的最大允许电流为 $(1.5 \sim 2)I_\text{N}$,为了限制过大的起动电流,由 $I_\text{st} =$

U_N/R_a 可以看出,可以采用两种办法:一种办法是降低电源电压;另一种办法是电枢回路串电阻。

2. 降压起动

起动时,降低电源电压 U,使 $I_{st} = U_N/R_a = (1.5 \sim 2)I_N$,且 $T_{st} = C_T\Phi_N I_{st} = (1.5 \sim 2)T_N > T_L$。随着转速的不断升高,电动势 E_a 也逐渐增大,电流 $I_a = (U - E_a)/R_a$ 降低,此时逐渐升高电源电压 U,直至 $U = U_N$,如图 5-22 所示,电动机稳定运行于 A 点。

在起动过程中,U 与 E 的差值使电流一直保持在允许的数值范围以内,直至起动完毕。以较低的电源电压起动电动机,起动电流随电源电压的降低而正比减小。随着电动机转速的上升,反电动势逐渐增大,再逐渐提高电源电压,使起动电流和起动转矩保持在一定的数值上,保证按需要的加速度升速。降压起动需专用电源,设备投资较大,但它起动平稳,起动过程能量损耗小,这种方法适用于直流电源可调的电动机,起动过程中能量损耗小,因此得到广泛应用。

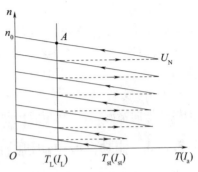

图 5-22　降压起动的机械特性

3. 电枢电路串电阻起动

当没有可调的直流电源时,可在电枢电路中串入电阻以限制起动电流,并在起动过程中将起动电阻逐步切除。图 5-23 为他励直流电动机串电阻三级起动的电路图和机械特性。

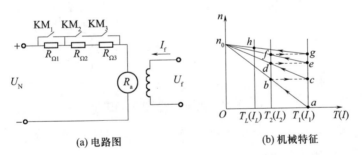

(a) 电路图　　　　　　　　(b) 机械特征

图 5-23　他励直流电动机串电阻三级起动的电路图和机械特性

起动时,应先加励磁电流,且使 $I_f = I_{fN}$,然后接入全部起动电阻 $R_{\Omega1} + R_{\Omega2} + R_{\Omega3}$,即 KM_1, KM_2, KM_3 全部断开,并施加额定电压 U_N,此时起动电流为

$$I_1 = \frac{U_N}{R_a + R_{\Omega1} + R_{\Omega2} + R_{\Omega3}} = \frac{U_N}{R_3}$$

式中　$R_3 = R_a + R_{\Omega1} + R_{\Omega2} + R_{\Omega3}$。

由电流 I_1 所产生的起动转矩 T_1,如图 5-23(b)中 a 点所示,由于 $T_1 > T_L$,电动机开始起动,沿 R_3 所对应的特性 ban_0 加速起动。到 b 点时,电流 I 下降,转矩 T 下降,加速度变小,如果继续加速,要延缓过渡过程。因此,为缩短起动时间,到 b 点时,令触点 KM_3 闭合,切除电阻 $R_{\Omega3}$。电阻切除后,电枢电路只有总电阻 $R_2 = R_a + R_{\Omega1} + R_{\Omega2}$,机械特性变成直线 cdn_0。在切除电阻瞬间,由于转矩来不及变化,工作点从 a 点过渡到 c 点。如果起动

127

电阻配置恰当,则 c 点的电流与 I_1 相等,电动机产生的转矩 T_1 保证电动机又获得较大加速度,转矩迅速上升。由 c 点加速到 d 点时,再切除电阻 $R_{\Omega 2}$(触点 KM$_2$ 闭合),电阻由 R_2 降为 $R_1 = R_a + R_{\Omega 1}$,特性变为 efn_0,工作点由 d 平移至 e,电动机又获得较大的加速度。当工作点由 e 上移到 f 时,将 $R_{\Omega 1}$ 切除(触点 KM$_1$ 闭合),此时起动电阻全部切除,工作点从 f 平移至固有机械特性上的 g 点,然后沿固有机械特性 ghn_0 继续升速,直至 h 点而稳定运行,起动过程就此结束。

这种方法的起动电流可以不超过限值,起动过程中起动转矩的大小、起动速度、起动的平稳性决定于所选择的起动级数。显然,级数越多,起动转矩平均值越大,起动越快,平稳性越好。但是自动切除各级起动电阻的控制设备也就越复杂,初期投资高,维护工作量亦大。为此,一般空载起动时取 $m = 1 \sim 2$,重载起动时取 $m = 3 \sim 4$。另外,分级起动时,使每一级的 I_1(或 T_1)与 I_2(或 T_2)取得大小一致,可以使电机有较均匀的加速度,并能改善电动机的换向情况,减少转矩对传动机构与工作机械的有害冲击。

5.2.3　他励直流电动机的机械特性

他励直流电动机主要由固定磁极(定子)、电枢(转子)、换向器(整流子)和电刷三大部分组成。励磁电流是由另外的独立直流电源供电的,故称为他励直流电动机(当磁极采用了由磁性材料做成的永久磁极时,这种电机就是永磁式直流电动机,这样可省去励磁电源)。

他励直流电动机的原理如图 5 – 24 所示。根据电机学的基本知识,他励直流电动机的固有机械特性可描述如下。

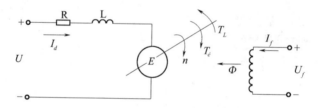

图 5 – 24　他励直流电机原理图

直流电动机的机械特性是指电动机的转速 n 与电磁转矩 T_e(或负载电流 I_d)之间的关系,即 $n = f(T_e)$ 反映了电动机本身的静、动态特性。

当采用图 5 – 24 的数学模型,建立起电枢电压平衡方程、感应电势议程以及电磁转矩方程后,联立求解,即可以得到他励电动机固有的机械特性方程式(5 – 12):

$$n = \frac{U}{C_e \Phi} - \frac{R}{C_e C_M \Phi^2} T$$

式中　n——电动机转速(r/min);

$\quad\quad U$——电枢电压(V);

$\quad\quad \Phi$——励磁主磁通(Wb);

$\quad\quad R$——电枢回路总电阻(Ω);

$\quad\quad T_e$——电机电磁转矩(N·m)(稳态时 T_e 也是负载转矩 T_L);

C_e, C_M——电势常数和力矩常数。

他励直流电动机的固有机械特性曲线如图 5 – 25 所示。

128

由式(5-12)可以看出,当励磁电流为额定且不变时,$\Phi = \Phi_{nom}$常数,其固有机械特性 $n = f(T_e)$ 为一条略微下斜的直线。其特点如下。

(1) 当转矩 $T_e = 0$ 时,$n = n_0 = \dfrac{U}{C_e \Phi_{nom}}$,我们称 n_0 为理想空载转速。

(2) 当转矩为额定值 $T_{e\,nom}$ 时,

$$\Delta n_{nom} = \frac{R}{C_e C_M \Phi_{nom}^2} T_{enom}$$

我们称 n_{nom} 为额定转速,Δn_{nom} 为额定转速降落,简称额定速降,或静态速降。

(3) 令

$$\beta = \frac{R}{C_e C_M \Phi_{nom}^2}$$

则

$$n = n_0 - \beta T_e$$

我们称 β 为机械特性的斜率。从上式可以看出,β 与电枢回路总电阻 R 成正比,与额定磁通 Φ_{nom} 的平方成反比。β 越大,机械特性曲线愈向下垂,特性越"软";β 越小,机械特性曲线越平,特性越"硬"。

(4) 转速特性与调速方案。实用中,电枢电流 I_d 比电机转矩利于测量且电枢电流 I_d 与转矩 T_e 成正比,故通常都用电机的转速特性 $n = f(I_d)$ 来代表其机械特性 $n = f(T_e)$,于是可画出如图 5-26 所示的他励直流电动机的转速特性曲线。

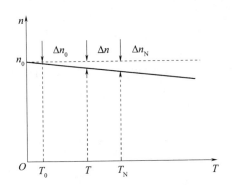

图 5-25　他励直流电动机的固有机械特性曲线

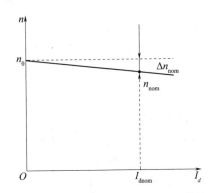

图 5-26　他励直流电动机的转速特性

此时固有特性方程可改写为

$$n = n_0 - \frac{R}{C_e \Phi} I_d \qquad (5-24)$$

式中　I_d——电枢电流(A)。

5.2.4　他励直流电动机的人为特性

从机械特性方程式可看出当人为地改变电动机的电气参数时,可以得到不同的机械特性。如果电枢电压和主极磁通保持为额定,并且电枢回路无外串电阻,则所得到的机械特性称为固有机械特性或简称为固有特性,也称为自然特性。

固有特性是电动机最重要的特性,在此基础上,很容易得到电动机的人为机械特性。

人为地改变电动机的参数,如电压 U、励磁电流 I_f(即磁通 Φ)、电枢回路电阻 R 后所

得到的机械特性称为人为机械特性。

1. 电枢回路串电阻的人为机械特性

保持电枢加额定电压 $U = U_N$，每极磁通为额定磁通 $\varPhi = \varPhi_N$，电枢回路串入电阻 R_Ω 后，机械特性方程式为

$$n = \frac{U_N}{C_e \varPhi_N} - \frac{R_a + R_\Omega}{C_e C_M \varPhi_N^2} T$$

图 5-27 绘出了电枢串入电阻 R_Ω 值不同时的几条人为机械特性曲线。

由图 5-27 可知，理想空载转速 $n = \dfrac{U}{C_e \varPhi}$ 与固有机械特性的 n_0 相同，斜率 $\beta = \dfrac{R_a + R_\Omega}{C_e C_M \varPhi_N^2}$，随 $(R_a + R_\Omega)$ 成正比地增大。

其特点：n_0 不变，β 变大；R_Ω 越大，β 越大，特性曲线越软。特性曲线为一簇放射性直线，都经过理想空载转速点。

2. 改变电枢电压的人为机械特性

保持每极磁通为额定值不变，电枢回路不串任何电阻，只改变电枢电压时的人为机械特性方程为

$$n = \frac{U}{C_e \varPhi_N} - \frac{R_a}{C_e C_M \varPhi_N^2} T$$

图 5-28 绘出了对应于不同电压 U 时的人为机械特性曲线。由图 5-28 可知，不同的电压 U 时，对应的理想空载转速不同，这是因为 n_0 与电枢电压成正比。

但是各条曲线的斜率与电压无关，均与固有机械特性斜率相同，因此，不同电枢电压 U 的人为机械特性是一组平行直线。需要指出，电压 U 的大小不能高于额定电压 U_N，否则电机绝缘将因过压而遭到损坏。

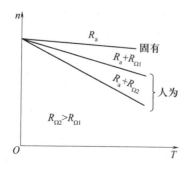

图 5-27　电枢串电阻时的人为特性

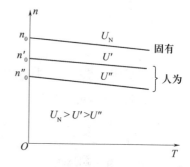

图 5-28　变电压时的人为特性

3. 减少气隙磁通量的人为机械特性

减小气隙每极磁通量 $\varPhi$ 的方法是通过减小励磁电流 I_f 来实现的。所谓减小气隙每极磁通量 $\varPhi$ 的人为机械特性，指的是电动机电枢电压为额定值 U_N，电枢回路不串任何电阻（$R_\Omega = 0$）时的机械特性。此时特性方程式为

$$n = \frac{U}{C_e \varPhi} - \frac{R_a}{C_e C_M \varPhi^2} T$$

对应不同的磁通 Φ 时，其人为机械特性曲线如图 5-29 所示。由图 5-29 可知，当气隙每极磁通 Φ 减小时，理想空载转速 n_0 升高，对应的人为特性曲线的斜率 β 变大，这是因为 β 与 Φ^2 成反比的缘故。

减小气隙每极磁通 Φ 时，得到的一簇人为机械特性曲线，既不平行，又不呈放射形。磁通 Φ 越小，n_0 越大，β 越大，特性变软。

实际运行的他励直流电动机，当 $\Phi = \Phi_N$ 时，电机磁路已接近饱和。所以只能从较高的基础上减弱磁通，而不可能去增加磁通。

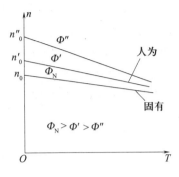

图 5-29 弱磁时的人为特性

5.2.5　直流电动机的调速方法

由式(5-13)可以看出，改变电枢电压、励磁电流或电枢回路电阻即可改变电机的转速。数控机床的速度控制单元常采用前两种方法，特别是第一种方法，用来实现伺服电机或主轴电机的调速。现分析如下。

1. 改变电枢供电电压 U

当改变电枢电压 U 调速时，励磁电流保持在额定值，即 $\Phi = \Phi_{\text{nom}}$。电机转速为

$$n = \frac{U}{C_e \Phi_{\text{nom}}} - \frac{R}{C_e \Phi_{\text{nom}}} I_d$$

若再将恒定值 Φ_{nom} 归算到 C_e 中去，上式还可表示成为

$$n = \frac{U}{C_e} - \frac{R}{C_e} I_d = n_0 - \Delta n \tag{5-24a}$$

此式表明，改变电枢电压 U 时，理想空载转速 n_0 将改变。由于 U 始终只能小于电枢额定电压 U_{nom}，故 $n_0 \leqslant n_{0\text{nom}}$，也就是说，此时电机转速一定小于额定值 n_{nom}。这就表明改变 U 只能实现向基速以下的调速。特性曲线斜率 β 与电压 U 无关，可见随着 U 的降低，特性曲线平行下移(图 5-30)。这种方法简称调压调速。

又电磁转矩 T_e 与电流 I_d 的关系可表示如下：

$$T_e = C_M \Phi I_d \tag{5-25}$$

在调速过程中，若保持电枢电流 I_d 不变，而 Φ 亦不变，则转矩 T_e 为恒定值，可见改变电枢电压 U 的调速方法属于恒转矩调速。

2. 改变励磁磁通 Φ

当改变励磁电流即改变磁通 Φ 调速时，通常保持电枢电压 $U = U_{\text{nom}}$ 不变。而励磁电流总是向减小一方调整，即 $\Phi \leqslant \Phi_{\text{nom}}$。

根据机械特性可知，此时的 n_0 将随 Φ 的下降而上升，机械特性斜率 β 将变大，也就是特性将变"软"。调速的结果是减弱磁通将使电机转速升高。这种调速方法的机械特性曲线如图 5-31 所示。

由转矩公式(5-25)可见，在调磁调速中，即使保证了电枢电流 I_d 不变，由于 Φ 的下降，电机输出转矩将下降，故不再是恒定转矩调速。由于调速过程中，电压 U 不变，若电枢电流也不变，则调速前后电功率是不变的，故调磁调速属于恒定功率调速。

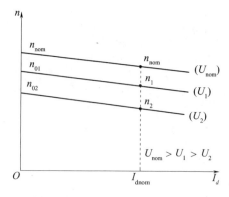

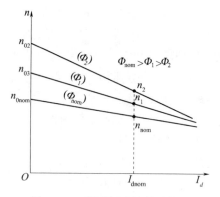

图 5 – 30 调压调速时的转速特性　　　　　图 5 – 31 调磁调速的转速特性

调磁调速因其调速范围较小常常作为调速的辅助方法,而主要的调速方法是调压调速。若采用调压与调磁两种方法互相配合,可以获得很宽的调速范围,又可充分利用电机的容量。

3. 改变电枢回路电阻调速

一般是在电枢回路中串接附加电阻,只能进行有级调速,并且附加电阻上的损耗较大,电动机的机械特性较软,一般应用于少数小功率场合。工程上常用的主要是前两种调速方法。

5.2.6　直流力矩伺服电动机的特性

根据理论分析,为了取得平稳的、无振荡单调上升的调速过程,电机特性应满足:

$$t_m \geqslant 4t_e \text{ 且 } t_m = \frac{\omega_0}{T_S/J}$$

式中　t_m——电机机械时间常数(s);

　　　t_e——电机电气时间常数(s);

　　　ω_0——理想空载角速度(rad/s)。

为了使过程响应迅速,应力图减小 t_m。减小 t_m 有效的方法就是提高伺服电机的力矩—惯量比(T_S/J),即对小惯量电机,应从结构上减小转子转动惯量 J;对大惯量电机,应从结构上提高起动力矩 T_S。

在数控机床的进给驱动系统中,电动机经常处于频繁的起动、反向、制动等过渡过程工作状态,电动机的动态品质直接影响生产率、加工精度和工件表面质量。因此,普通直流电动机已不能满足高性能数控机床的要求,而须采用直流伺服电动机,特别是动态性能更加优越的直流力矩伺服电动机。

力矩 – 惯量比标志着电机本身的加速性能。直流小惯量伺服电机,由于减小了惯量,大大提高了动态过程中电机快速响应特性。而大惯量电机也就是力矩电机,既能维持一定的惯量,以便与机械传动机构的惯量相匹配,又设法从结构上提高了起动力矩 T_S,因此,它比一般伺服电机更优越,在数控机床上获得了广泛应用。

直流力矩伺服电机的特性如下。

(1)低转速大惯量　这种电机由于有较大惯量,可以与机床进给传动滚珠丝杠直接相联,因而省掉了减速机构,一般都将电机额定转速设计得较低。

132

（2）力矩大（特别是低速力矩大）　数控机床经常在低速时进行加工，进刀量也大，因而要求输出力矩大。提高力矩的措施有：选用高性能的导磁材料（目前主磁极用的磁性材料为铝镍钴合金或陶磁铁氧体）、增加极对数、电枢绕组导体数和加大轴径等。

（3）起动力矩 T_S 大　为获得大起动力矩，除上述措施外，还提高了最大允许的电流过载倍数。起动瞬时，加速电流可允许为额定电流的 10 倍，因而使得力矩—惯量比加大，快速性良好。

（4）低速运行平衡、力矩波动小　加工中经常要求电动机能在 0.1r/min 左右运行。这时要求力矩的波动要小，为此，应将转子的槽数增多，并采用斜槽。

（5）力矩电动机的速度－转矩特性曲线　图 5-32 所示是力矩电动机的速度—转矩特性曲线，这也就是该电机的机械特性。力矩电机的速度－转矩特性受到以下因素的限制：

① 磁极的退磁。当电机电枢电流超过允许值时，其强烈的电枢反应会使磁极退磁（力矩电机的定子磁极是永磁体）。因此，力矩电机运行的最大电流不能超过允许值（10 倍额定电流）。图中对应点为 T_{max}。

② 热耗散。电机在工作时，绕组温度升高，超过一定极限就会破坏绕组绝缘。图中 B 与 T_r 的连线就是发热极限，它是电机连续工作电流的界线。一般力矩电机均采用了良好的绝缘材料，有的还安装了热管，可以加大电机绕组的热时间常数，如 FANUC 电机热时间常数可超过 100min。如果电机工作于接通－断开运行方式，还可允许通过较大的工作电流。

③ 换向条件。电枢旋转时，电枢导线电流连续换向，并在换向器和电刷间产生火花。换向电流的大小和切换频率表明了换向功率。换向功率过大，将会产生严重的火花。为了保护换向器和电刷的正常工作，通常应使电机工作于无火花换向区。图中 BE 与 CD 间的连线表明了两种换向极限。

④ 最高转速。电机最高转速和换向有着直接的联系，因为换向频率正比于转速。另外，最高转速还受紧急停止瞬间电流的限制，转速越高，瞬间电流越大。图中 ABC 连线，即表明了最高速度极限。

综上所述，可将力矩电机速度－转矩特性分为三个区：

连续工作区：电机通以连续工作电流，可长期工作，连续电流值受发热极限限制。

断续工作区：电机工作处于接通－断开的断续工作方式，整流子与电刷工作于无火花的换向区。它可承受低速大转矩的工作状态。

加减速区：即电机加减速工作状态。电枢电流受去磁极限和瞬时换向极限的限制。由图可见，起动瞬时电流可以很大，随着转速的上升，电流要相应减小。为此，某些速度控制系统采用了起动电流自适应控制。

（6）力矩电动机的载荷－工作周期曲线　图 5-33 所示是力矩电动机的载荷－工作周期曲线。载荷－工作周期曲线是力矩电机的断续工作特性曲线，它表明断续工作时允许的力矩过载倍数与导通－断开时间比之间的关系。对一定的导通时间 t_R，导通－断开时间比越小，即导通时间短，发热少，允许的过载倍数 T_{md} 就越大。或者说，对一定的过载倍数，导通时间 t_R 长，则发热多。为了保证温升不超过允许值，就减小导通—断开的时间比（即应延长断开时间）。根据该曲线即可求出导通时间、断开时间和力矩过载倍数。

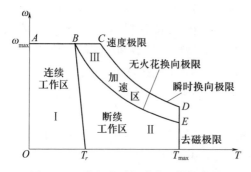

图 5-32 力矩电动机速度-转矩特性

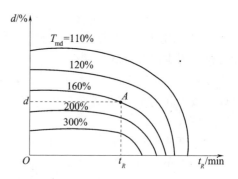

图 5-33 力矩电动机载荷-工作周期曲线

5.2.7 电力拖动控制系统的主要技术指标

每一台需要转速控制的生产设备,其生产工艺对控制性能都有一定的要求。例如,在机械加工工业中,精密机床要求加工精度达百分之几毫米;重型铣床的进给机构需要在很宽的范围内调速,快速移动时的最高速达 600mm/min,而精加工时最低速只有 2mm/min。又如,在轧钢工业中,巨型现代化可逆初轧机的轧辊在不到 1s 的时间内就得完成从正转到反转的全部过程,而且操作频繁;轧制薄钢板的轧钢机压下装置随动系统的定位精度要求 ≤0.01mm;在造纸工业中,日产新闻纸 400t 以上的高速造纸机,抄纸速度达到 1000 m/min,要求稳定误差小于 ±0.01%。凡此种种,不胜枚举。所有这些生产设备量化了的技术指标,经过一定的折算,可以转化成调速系统的稳态或动态性能指标,作为系统设计的依据。

各类不同的生产机械,由于其具体生产工艺过程不同,因而对控制系统的性能指标要求也就不完全相同。但归纳起来有以下三个方面:

(1)调速 在一定的范围内有级或无级地调节转速。调速系统的转向允许正、反向运转为可逆系统,只能单方向运转则为不可逆系统。

(2)稳速 以一定的精度在要求的转速上稳定运行,在各种可能的扰动下不允许有过大的转速波动,以确保产品质量。

(3)加、减速 频繁起动、制动的设备要求尽量快地加、减速,以提高生产效率;不宜经受剧烈速度变化的机械则要求起动、制动尽量平稳。

上述三个方面要求可具体转化为调速系统的稳态和动态性能指标。

1. 稳态性能指标

稳态技术指标是指系统稳定运行时的性能指标。例如:调速系统稳定运行时的调速范围和静差率,位置随动系统的定位精度和速度跟踪精度,张力控制系统的稳态张力误差等。下面先具体介绍调速系统的稳态指标。

1)调速范围

调速范围是指系统在额定负载时电机的最高转速与最低转速之比,可用下式表示:

$$D = \frac{n_{\max}}{n_{\min}} \tag{5-26}$$

在调压调速系统中通常认为 $n_{\max}$ 即是电机的额定转速 n_{nom}。

对于一些经常运行的生产机械,例如精密机床等,可以用实际负载时的最高转速和最

134

低转速之比来计算调速范围 D。不同的生产机械要求的调速范围是不同的,例如车床 $D = 20 \sim 120$,龙门刨床 $D = 10 \sim 40$,轧钢机 $D = 3 \sim 120$,造纸机 $D = 3 \sim 20$ 等。

由式(5 – 26)可知,要扩大调速范围,必须尽可能提高 n_{max} 及降低 n_{min}。电动机的 n_{max} 受其换向及机械强度的限制,n_{min} 则受低速运行时相对稳定性的限制。所谓相对稳定性是指负载转矩变化时转速变化的程度,转速变化越小,相对稳定性越好,能得到的 n_{min} 越小,D 也就越大。

电动机低速时,机械特性越硬,调速范围越大。

2) 静差率

静差率是指电动机在某一转速下运行时,负载由理想空载增加到额定值时所对应的转速降 Δn_{nom} 与理想空载转速 n_0 之比,可用下式表示:

$$S = \frac{\Delta n_{nom}}{n_0} \qquad (5 – 27)$$

或

$$S\% = \frac{\Delta n_{nom}}{n_0} \times 100\% \qquad (5 – 28)$$

由式(5 – 28)可知,在进行调速时,如果理想空载转速 n_0 不变,则静差率和机械特性硬度是统一的,即电动机机械特性越硬,则静差率越小。当负载转矩变化时,静差率小,转速变化小,也就是说相对稳定性高。如图 5 – 34(a)所示,固有特性 1 硬,静差率小,相对稳定性高;电枢回路串电阻的人为机械特性 2 较软,静差率大,相对稳定性差。

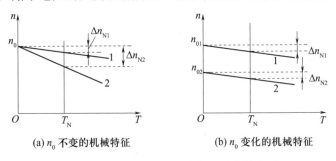

图 5 – 34 机械特性的硬度与静差率的关系

静差率是用来衡量调速系统在负载变化时转速的稳定度的。系统要求的静差率是根据生产机械工艺要求提出的。系统静差率大,当负载增加时,电机转速下降很多,就会降低设备的生产能力,也会影响产品质量,这对数控加工而言,就会使产品表面质量下降。

在调压调速中,不同的电枢电压 U,将对应不同的理想空载转速 n_0,而静态转速降 Δn_{nom} 却是常数。可见高速时,S 小;低速时,S 大。所以,一般提到静差率 S 时,均以系统最低转速时的 n_{0min} 为准。低速达到了要求,高速时就不成问题了。

3) 调速范围与静差率的关系

一般

$$n_{max} = n_{nom}$$
$$n_{min} = n_{0min} - \Delta n_{nom}$$

根据式(5 – 26),有

$$D = \frac{n_{max}}{n_{min}} = \frac{n_{nom}}{n_{0min} - \Delta n_{nom}}$$

135

又 $$S = \frac{\Delta n_{\text{nom}}}{n_0}, \text{即} \qquad n_{0\min} = \frac{\Delta n_{\text{nom}}}{S}$$

得 $$D = \frac{n_{\text{nom}}}{\dfrac{\Delta n_{\text{nom}}}{S} - \Delta n_{\text{nom}}}$$

即 $$D = \frac{n_{\text{nom}} S}{\Delta n_{\text{nom}} (1 - S)} \qquad\qquad (5 - 29)$$

式(5-29)表述了 D、S、n_{nom} 间的关系。D 与 S 由生产机械要求确定,n_{nom} 由铭牌给出。由式(5-29)可知,当系统的额定转速降 Δn_{nom} 一定时,若要求 S 越小,则系统可能达到的调速范围 D 就越小;反之,若要求调速范围 D 很大,则静差率 S 也很大,将可能达不到生产工艺的要求。若系统 S、D 要求一定时,只有 Δn_{nom} 小于某一值时才有可能。这就要求调速系统要减小静态转速降 Δn_{nom} 之值。

为了对这个问题有一个具体概念,现举例加以说明。

一台直流电动机,功率 $P = 60\text{kW}$,电枢额定电压 $U_{\text{nom}} = 220\text{V}$,电枢额定电流 305A,额定转速 $n_{\text{nom}} = 1000\text{r/min}$,电枢电阻 $R_{\text{a}} = 0.05\Omega$,现采用晶闸管可控整流器向电机电枢供电,整流器内阻 $R_{\text{rec}} = 0.13\Omega$,生产工艺要求 $D = 20$,$S \leqslant 5\%$,试问这样的开环调速系统能否满足系统要求。

因 D,S 均为已知值,可求出对应的转速降 Δn_{nom} 再进行分析。现计算如下。

由式(5-24)可得

$$\Delta n_{\text{nom}} = \frac{I_{\text{nom}}(R_{\text{a}} + R_{\text{rec}})}{C_e \Phi_{\text{nom}}}$$

当采用恒定励磁时,$\Phi = \Phi_{\text{nom}} = $ 常数,将此常数 Φ_{nom} 归算到 C_e 中,则

$$\Delta n_{\text{nom}} = \frac{I_{\text{nom}}(R_{\text{a}} + R_{\text{rec}})}{C_e}$$

此处电势系数

$$C_e = \frac{U_{\text{nom}} - I_{\text{nom}} R_{\text{a}}}{n_{\text{nom}}} = \frac{220 - 305 \times 0.05}{1000} = 0.2(\text{V} \cdot \text{min/r})$$

因此

$$\Delta n_{\text{nom}} = \frac{305 \times (0.05 + 0.13)}{0.2} = 275(\text{r/min})$$

高速时转差率

$$S = \frac{\Delta n_{\text{nom}}}{n_{01}} = \frac{275}{1000 + 275} = 0.216 = 21.6\%$$

高速时静差率已大大超过 5% 的要求,可见低速时更不能满足 5% 的要求。由此可知,要想满足低速时静差率的要求,必须减小转速降 Δn_{nom}。

那么要满足 $D = 20$、$S \leqslant 5\%$ 的系统要求,Δn_{nom} 由式(5-29)可计算如下:

$$\Delta n_{\text{nom}} = \frac{n_{\text{nom}} S}{D(1 - S)} = \frac{1000 \times 0.05}{20(1 - 0.05)} = 2.63(\text{r/min})$$

开环状态的晶闸管—电动机调速系统的 Δn_{nom} 已由系统决定,不能改变,要实现 2.63r/min 的速降,开环系统不能满足要求。通常的办法是采用转速反馈闭环调速系统。

一般数控机床的速度控制单元其调速范围 D 可达 100 甚至 1000 以上,负载由 10% 变化到 100% 时,速度的波动要求小于 0.4% ,这些指标,更是开环调速系统难以达到的。

4）平滑性 φ

在一定的调速范围内,调速的级数越多,认为调速越平滑。相邻两级转速的接近程度称为调速的平滑性,可用平滑系数 φ 来衡量。φ 是相邻两级转速之比,即 $\varphi = n_i / n_{i-1}$。φ 值越接近 1,相邻两级速度就越接近,说明调速的平滑性越好。$\varphi = 1$,则转速连续可调,平滑性最好,称为无级调速。

5）调速的经济指标

调速的经济指标指调速装置的初投资、运行维修费用以及调速过程中的电能损耗等。

2. 动态性能指标

电力拖动控制系统在动态过程中的性能指标称做动态指标。由于实际系统存在着电磁和机械惯性,因此当转速调节时总有一个动态过程。衡量系统动态性能的指标分为跟随性能指标和抗扰性能指标两类。

1）跟随性能指标

在给定信号作用下,系统输出量变化的情况用跟随性能指标来描述。当给定信号的变化方式不同时,输出响应也不同。调速系统通常以阶跃信号输入下,系统描述在零初始条件下的响应过程来表示系统对给定输入的典型跟随过程,此时的动态过程又称为阶跃响应,如图 5 - 35 所示。具体的跟随性能指标如下:

（1）上升时间 t_r 在阶跃响应过程中,输出量从零起第一次上升到稳态值 C_∞ 所经历的时间乘上升时间,它反映动态响应的快速性。

（2）超调量 σ 在阶跃响应过程中,输出量超出稳态值的最大偏差与稳态值之比的百分值,称为超调量:

$$\sigma = \frac{C_{max} - C_\infty}{C_\infty} \times 100\% \qquad (5-30)$$

（3）调节时间 t_s 在阶跃响应过程中,输出衰减到与稳态值之差进入 $\pm 5\%$ 或 $\pm 2\%$ 允许误差范围之内所需的最小时间,称为调节时间,又称为过渡过程时间。调节时间用来衡量系统整个调节过程的快慢,t_s 小,表示系统的快速性好。

在实际系统中,快速性和稳定性往往是相互矛盾的。

2）抗扰性能指标

控制系统在稳态运行中,由于电动机负载的变化,电网电压的波动等干扰因素的影响,都会引起输出量的变化,经历一段动态过程后,系统总能达到新的稳态。这就是系统的抗扰过程。一般以系统稳定运行中突加一个负的阶跃扰动 N 以后的动态过程作为典型的抗扰过程,如图 5 - 36 所示。抗扰性能指标定义如下:

（1）动态降落 $\Delta C_{max}\%$ 系统稳定运行时,突加一定数值的阶跃扰动（例如额定负载扰动）后所引起的输出量最大降落,用原稳态值 $C_{\infty 1}$ 的百分数表示,称为动态降落。输出量在动态降落后又逐渐恢复稳定,达到新的稳态值 $C_{\infty 2}$,$(C_{\infty 1} - C_{\infty 2})$ 是系统在该扰动作用下的稳态降落。动态降落一般大于稳态降落（即静差）。调速系统突加负载扰动时的动态降落称为动态速降 $\Delta n_{max}\%$ 。

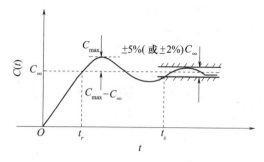

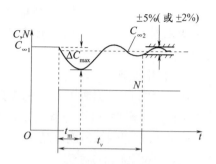

图 5-35 阶跃响应曲线和跟随性能指标

图 5-36 突加扰动的动态
过程和抗扰性能指标

（2）恢复时间 t_v 从阶跃扰动作用开始，到输出量恢复到与新稳态值 $C_{\infty 2}$ 之差进入某基准量 C_b 的 ±5%（或 ±2%）范围之内所需的时间，定义为恢复时间 t_v，如图 5-36 所示。其中 C_b 称为抗扰指标中输出量的基准值，视具体情况选定。在这里，之所以用 C_b 作为基准值而不用稳态值作为基准值，是因为动态速降本身就很小，倘若动态速降小于 5%，则按进入 ±5% 范围来定义的恢复时间只能为零，因而没有意义了。一般说来，阶跃扰动下输出量的动态降落越小，恢复时间越短，系统的抗扰能力越强。

实际控制系统对于各种动态指标的要求各异。例如，可逆轧钢机需要连续正反轧制钢材多次，因而对系统的动态跟随性能和抗扰性能要求都较高；而一般不可逆的调速系统则主要要求一定的抗扰性能，跟随性能的好坏问题不大。数控机床的加工轨迹控制和仿形机床的跟随控制要求有较严格的跟随性能；而雷达天线随动系统则对跟随性能和抗扰性能都有一定的要求。一般来说，调速系统的动态指标以抗扰性能为主，而随动系统的动态指标则以跟随性能为主。

5.3 直流电动机晶闸管供电的速度控制系统

5.3.1 具有转速负反馈的单闭环晶闸管——电动机调速系统

1. 系统结构

该系统的主电路采用晶闸管三相全控桥式整流电路。其系统框图如图 5-37 所示。

目前，生产有多种型号的专用三相桥式全控整流器触发电路芯片，可组成相应的触发装置。GT 有 12 个输出端子，分别输出满足一定相位要求的 12 路触发脉冲去控制 12 个晶闸管，组成电机正反转可逆调速电路。这里，因只讨论正转，只要有 6 路输出脉冲，控制 6 个晶闸管就可以了。

主电路采用三相全控桥式可控整流电路时，其输出电压可用下式表示：

$$U_{d0} = 2.34 U_2 \cos\alpha \tag{5-31}$$

式中 U_{d0}——可控整流器空载输出电压（V）；

U_2——整流变压器副边电压有效值（V）；

α——晶闸管的触发移相角（°）。

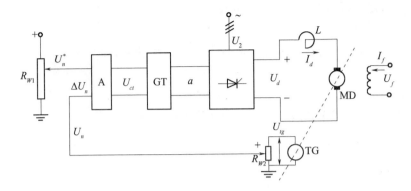

图 5 – 37　转速闭环有静差调速系统

R_{W1}—转速给定电位器；U_n^*—转速偏差电压（V）；U_n—转速反馈电压（V）；

$\Delta U_n = U_n^* - U_n$—转速偏差电压（V）；A—比例放大器，可用集成运算放大器构成；

U_{ct}—放大器输出的电压，用以控制晶闸管触发器的触发脉冲相位，故叫触发控制电压；GT—晶闸管的触发控制装置。

用 U_{ct} 控制 U_{dt}，其控制关系大体如下。

当 $U_{ct} = 0$ 时，GT 输出的触发角 $\alpha = 90°$，整流器输出空载电压 $U_{d0} = 0$，电机处于停止状态。当正的 U_{ct} 上升时，触发角 α 将下降，整流器输出电压将上升，电机即开始正转。当 U_{ct} 达到系统设定的最大值时，触发角 $\alpha = 0°$，电枢两端电压 U_d 将达到额定值，电机在额定负载下达到额定转速 n_{nom}。

在转速闭环情况下，控制电压 U_{ct} 是放大器的输出，而放大器的输入信号是转速偏差信号 ΔU_n，所以，只要放大器的放大倍数足够大，调速系统的速度偏差就会很小。从而满足生产工艺的要求。

图 5 – 37 中 TG 为测速发电机，其作用是检测电动机的转速；U_{tg} 为测速发电机的输出电压。

2. 系统的工作情况及自动调速过程

当系统在某一较小的转速给定电压 U_n^* 作用下起动时，开始一瞬间电机并未转动，故反馈电压 $U_n = 0$，转速偏差电压 $\Delta U_n = U_n^*$，通过放大器后，输出较大的 U_{ct}，触发器输出的触发角 α 将由起始状态时的 90°下降，整流器输出电压也由 $U_d = 0$ 上升到某一较大的值，电动机在这一电压作用下（电流不超过允许值时）起动运转。随着转速的上升，反馈电压 U_n 上升，则转速偏差电压 ΔU_n 下降，U_{ct} 随之下降，α 上升，整流器输出电压 U_d 也下降，电机转速上升率也下降，直到转速 n 接近给定转速 n^*，即反馈电压 U_n 接近给定电压 U_n^*，电机即平稳运转。如前所述，电机转速只能接近给定转速，偏差大小与放大倍数紧密相关。放大倍数取大些，可以减少偏差 Δn，但却不能使 $\Delta n = 0$。同时，放大器放大倍数过大，将使系统不稳定。这都决定了这种系统从原理上说就是有偏差的，故称为有差调速系统。

当系统受到负载的干扰时，比如加工过程中由于条件变化，电机负载 T_L 增加，系统将会发生如下的自动调节过程，使系统转速回升到接近干扰前的转速：

$$T_L \uparrow \longrightarrow n \downarrow \longrightarrow U_n \downarrow \longrightarrow \Delta U_n \uparrow \longrightarrow U_{ct} \uparrow \longrightarrow \alpha \downarrow$$

$$n \longleftarrow \underline{\qquad\qquad\qquad\qquad} U_d \uparrow$$

139

3. 转速负反馈单环调速系统的调速性能

1）系统的静特性

转速单闭环调速系统各环节在一定简化条件下的静特性可分析如下：

电压比较环节 $\qquad\qquad\qquad \Delta U_n = U_n^* - U_n$

放大器 $\qquad\qquad\qquad\qquad U_{ct} = K_p \Delta U_n$

晶闸管整流器及触发装置 $\qquad U_{do} = K_s U_{ct}$

V－M 系统开环机械特性 $\qquad n = \dfrac{U_{do} - I_d R}{C_e}$

测速发电机 $\qquad\qquad\qquad\quad U_n = \alpha n$

以上各式中：

K_p——放大器的电压放大倍数；

K_s——晶闸管整流器与触发装置的放大系数；

α——测速反馈系数（V/(r/min)）。

从上述关系中消去中间变量并整理后，即可得转速负反馈调速系统的静特性方程式：

$$n = \frac{K_p K_s U_n^*}{C_e(1+K)} - \frac{R I_d}{C_e(1+K)} \qquad\qquad (5-32)$$

式中 $\quad K = K_p K_s \alpha / C_e$——闭环系统的开环放大系数。

2）开环调速系统与闭环调速系统的比较

将电机开环机械特性方程式（5－24a）与闭环静特性方程式（5－32）相比较，就可以看到闭环系统的优越性表现在如下几个方面。

首先是闭环静特性比开环机械特性更硬。两者在相同的负载干扰下的静态转速降分别为：

开环时 $\qquad\qquad\qquad\qquad \Delta n_k = \dfrac{I_d R}{C_e}$

闭环时 $\qquad\qquad\qquad\qquad \Delta n_b = \dfrac{I_d R}{C_e(1+K)}$

也就是说，闭环时转速降是开环转速降的 $\dfrac{1}{1+K}$ 倍，即

$$\Delta n_b = \frac{1}{1+K} \Delta n_k$$

再者闭环情况下，系统的静差率减少了。当 U_n^* 调整到使开环状态与闭环状态均具有同一空载转速 n_0 时，则开环下静差率为：$S_k = \dfrac{\Delta n_k}{n_0}$，闭环下静差率为：$S_b = \dfrac{\Delta n_b}{n_0}$，可见

$$S_b = \frac{1}{1+K} S_k$$

由于闭环时静态速降 Δn_b 与静差率 S_b 均比开环状态下小得多，故系统的调速范围也大大提高。经过分析，闭环系统调速范围 D_b 是开环调速范围 D_k 的 $(1+K)$ 倍。

由上可见闭环调速系统的调速指标已大大改善。

140

4. 转速负反馈单环调速系统的基本特征

（1）有静差　由于系统中的放大器采用了比例放大器,对于给定信号 U_n^* 来说是有差的。其静态转速偏差

$$\Delta n = \frac{R}{C_e(1+K)}I_d$$

提高开环放大系数 K,主要是提高放大器的放大倍数 K_p,只有当 K 为无穷大时,才能使偏差 Δn 为零,但这是不可能的。

从电气控制上说,若系统无静差,即 $\Delta n = 0$,也就是 $\Delta U_n = U_n^* - U_n = 0$,对比例放大器而言,输入为零,其输出 U_{ct} 亦为零,晶闸管整流器将没有电压 U_d 输出,当然电机也就不可能运转。

（2）转速 n（被调量）紧随给定量 U_n^* 的变化而变化　只要按要求连续调整转速给定电压 U_n^*,电动机即可实现按给定量的无级调速。

（3）对包围在转速反馈环内的各种干扰都有很强的抑制作用　电源电压的变化,电机负载的变化,电机励磁的变化,放大器放大系数的变化等,只要这些变化最终都反映到转速的变化,系统就会进行自动调节,以便抑制这些变化而带来的转速波动。

（4）系统对给定量 U_n^* 和检测元件的干扰没有抑制能力　因此,U_n^* 电压的稳定及测速发电机的精度和线性度,对系统的调速精度均有非常重要的意义。

5.3.2　PI 调节器与无静差转速负反馈单闭环调速系统

前述采用比例放大器构成的转速负反馈调速系统是一个有差系统。若要求系统在静态时完全没有静差,即 $\Delta U_n = U_n^* - U_n = 0$。这样,在理论上讲其系统的精度将是最高的。为了解决这个问题,必须要有一种放大器,又称为调节器,在系统偏差不为零时,它能起到良好的自动调节作用,以消除偏差,一旦偏差为零时,它既要停止调节作用,又要有相应的输出电压,以保证电机在无偏差作用下稳定地运转。这样的调节器就是积分调节器和比例积分调节器。由于后者在调节过程中更有其优越性而获得了广泛的应用。

1. 比例积分调节器（PI 调节器）

1）PI 调节器的电路

用集成电路构成的 PI 调节器的电路如图 5 – 38 所示。

2）PI 调节器的输入输出特性

根据电路图可以得到调节器输入输出的电压关系如下：

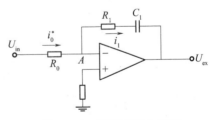

图 5 – 38　PI 调节器电路图

输入电压　　$U_{in} = i_0 R_0$

输出电压　　$U_{ex} = i_1 R_1 + \frac{1}{C_1}\int i_1 dt$

由于 A 点为虚地,所以 $i_1 = i_0$,整理可得

$$U_{ex} = \frac{R_1}{R_2}U_{in} + \frac{1}{R_0 C_1}\int U_{in} dt$$

或
$$U_{ex} = K_{pi}U_{in} + \frac{1}{\tau}\int U_{in} dt \qquad\qquad (5-33)$$

式中　$K_{pi} = \dfrac{R_1}{R_2}$——PI 调节器比例部分的放大系数;

　　$\tau = R_0 C_1$——PI 调节器的积分时间常数。

式(5-33)只考虑了输入输出电压关系,未考虑极性。由于输入信号是加在集成运算放大器的反向输入端的,所以输出电压 U_{ex} 的极性始终与输入信号 U_{in} 极性相反。

由式(5-33)可知,PI 调节器输出电压包括了两部分,一是比例部分;二是积分部分。

当输入信号电压 U_{in} 为阶跃函数时,其输出电压为

$$U_{ex} = K_{pi}U_{in} + \frac{U_{in}}{\tau}t \qquad (饱和前)$$

当 $t = 0$ 时,$U_{ex} = K_{in}U_{in}$,这是一个由比例部分决定的突变量。

当 $t \geqslant 0$ 时,随时间 t 的增长,积分部分从 0 开始线性增长。

PI 调节器的输出电压 U_{ex} 就是比例输出部分与积分输出部分的叠加。其输入输出波形如图 5-39 所示。

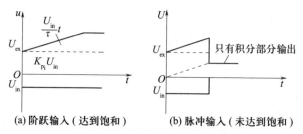

(a) 阶跃输入(达到饱和)　　　　(b) 脉冲输入(未达到饱和)

图 5-39　PI 调节器输出特性

2. 用 PI 调节器构成的转速负反馈单闭环调速系统

该系统的原理如图 5-40 所示。

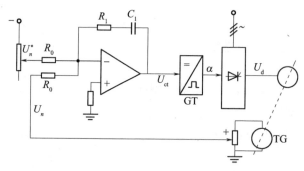

图 5-40　转速反馈无静差调速系统原理框图

本系统采用了 PI 调节器后,在稳态时,有

$$\Delta U_n = U_n^* - U_n = 0$$

此时 PI 调节器输出电压中比例部分为零,但仍有积分部分的输出,即无静差时,$U_{ex} = \dfrac{1}{\tau}\int U_{in}\mathrm{d}t$ 中 ΔU_n 虽为零,不再进行积分,但其原来的积分输出电压值不变,仍继续输出。这就是积分电路的记忆作用。若用这个电压作为 U_{ct} 控制晶闸管的触发电路,则晶

142

闸管仍有输出,即为 $\Delta U_n = 0$ 时的电压值,且电机将继续以给定值正常运转,实现了无静差调节。

3. PI 调节器在系统抗负载干扰中的作用及动态过程

当系统稳态运行时,转速给定电压为 U_n^*,在抗负载干扰过程中,这个给定值是不变的。假定负载干扰是突加的,由 T_{L1} 变到 T_{L2},开始时电机转速将下降,反馈电压 U_n 也将下降,并产生 ΔU_n,于是 PI 调节器开始调节,其输出电压 U_{ct} 包括了比例与积分两部分。在系统调节作用下,电机转速下降到一定程度后就开始回升。控制电压 U_{ct} 中的比例部分具有快速响应的特性,可以立即以产生的速度偏差(ΔU_n)起调节作用,加快了系统调节的快速性;U_{ct} 的积分部分可以在转速偏差(ΔU_n)为零时,维持稳定的输出,保证了电机继续稳定运转,最终消除了静差。这个动态过程可以用图 5-41 表示。

由图 5-41 可见,当负载干扰调节结束进入新的稳态时,ΔU_n 已恢复到零,但 U_{ct} 已由原先的稳态值 U_{ct1} 上升到新的稳态值 U_{ct2},这个变化就是 PI 调节器在整个动态过程中对 ΔU_n 积分积累的结果。U_{ct} 的增加,使晶闸管整流器输出电压由 U_{d1} 上升到 U_{d2},这个差值 ΔU_d 正好抵消了由于负载上升所引起的电枢电流上升在电枢回路电阻上产生的压降增量,使电机仍可以在原来给定转速下稳定运转。

值得说明的是,这样的无静差系统只在理论上成立,实际上系统仍存在着少量的静态偏差。从动态角度说,系统还是有偏差的,上图中 ΔU_n 的变化过程,就是系统动态偏差的反映,其最大偏差称为最大动态转速降落,简称最大动态速降。既然有动态偏差存在,就有一个动态过程的恢复时间 T_f。这些问题在此不再详述。

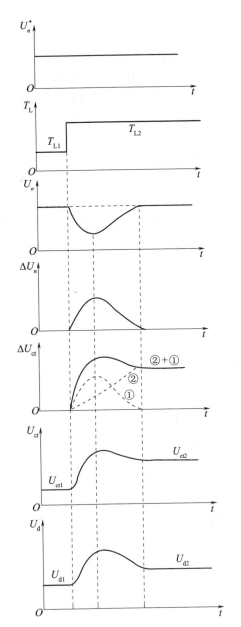

图 5-41　无静差调速系统突加负载的动态过程
①比例积分;②积分部分。

5.3.3　晶闸管供电转速电流双闭环直流调速系统

前述转速反馈单闭环调速系统实际上是不能正常工作的。这是由于直流电动机在大阶跃给定下起动时,在起动瞬间反馈电压 U_n,若给定电压 U_n^* 全部加在调节器输入端,势必造成控制电压 U_{ct} 很大,晶闸管输出电压 U_d 也很大,而造成电动机起动时的过流。对一般要求不高的调速系统,常常在系统中加入电流截止负反馈环节以限制起动和运行中的过电流。但是这种电路,由于转速反馈信号和电流反馈都加在一个调节器的输入端,这两个反馈信号互相牵制,使系统动、静态特性不够理想。对于高性能的调速系统,如要求快速起动、制动,动态速降要不等,通常就采用了转速电流双闭环系统。

1. 直流电动机理想起动过程

带电流截止环节的转速单闭环系统在起动时,由于电流负反馈的影响,起动电流上升较慢。也就是说,该系统不能完全按需要来控制起动电流或转矩,致使电机转速上升也较慢,电机起动过程也大大地延长。这个动态过程曲线如图 5 - 42(a)所示。

理想起动过程如图 5 - 42(b)所示。这个过程可描述如下。在电动机最大允许过载电流条件下,充分发挥其过载能力,使电机在整个过程中始终保持这个最大允许电流值,使电机以尽可能的最大加速度起动直到给定转速,再让起动电流立即下降到工作电流值与负载相平衡而进入稳定运转状态。这样的起动过程其电流呈方形波,而转速是线性上升的。这是在最大允许电流受限制的条件下,调速系统所能达到的最快起动过程。

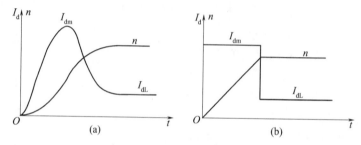

图 5 - 42 调速系统起动过程的电流和转速波形

这样的快速起动过程,对数控机床是完全必要的,并提出了 200ms 这样严格的技术指标。实际上,由于主电路的电感作用,电流不能突变,故图 5 - 42(b)中电流和转速的理想波形只能在实践中去逼近,而不能完全实现。

为了实现在允许过载下的最快速起动,关键是要获得一段使电流保持为恒定最大值 I_{dm} 的恒流过程。按照反馈控制规律,采用电流负反馈即可获得近似的恒流过程。为了不和转速反馈发生相互影响,系统中另加入一个电流调节器,这样就形成了转速、电流双闭环调速系统。

2. 转速电流双闭环调速系统的组成

为了实现转速和电流两种反馈分别起作用,系统中设置了两个调节器,分别对转速和电流进行调节,两者之间实行串级连接,如图 5 - 43 所示。

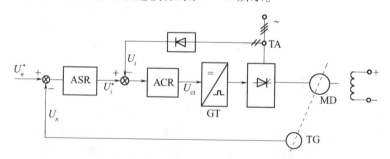

图 5 - 43 转速电流双闭环调速系统框图

由图 5–43 可见,转速给定信号 U_n^* 作为转速调节器 ASR 的输入信号,来自测速环节的转速信号 U_n 作为速度反馈信号,这从闭环结构上构成了该系统的外环——速度环。速度调节器 ASR 的输出信号 U_i^* 是电流调节器 ACR 的输入给定信号,来自主电路的电流检测环节的电流信号 U_i 作为电流调节器的反馈输入信号。其输出信号即为晶闸管触发装置的控制电压 U_{ct}。在闭环结构上,电流反馈环在转速反馈环以内故称内环。这就构成了转速电流双闭环调速系统。

为了获得系统的良好动、静态性能,两个调节器一般都采用带输出限幅的 PI 调节器。速度调节器 ASR 的输出限幅值 U_{im}^* 决定了电流调节器 ACR 的给定电压最大值,也就决定了系统的允许电流最大值 I_{dm},这个值由电机允许过载倍数和拖动系统允许加速度决定。电流调节器 ACR 输出限幅值为 U_{ctm},它限制了晶闸管可控整流装置输出电压的最大值。

3. 系统的静、动态特性

1) 控制量间的关系

当 ASR 和 ACR 均不饱和限幅时,电机处于稳定运转状态。系统各控制量间有以下关系:

$$U_n^* = U_n = \alpha n = \alpha n_0 \tag{5–34}$$

$$U_i^* = U_i \beta I_d = \beta I_L \tag{5–35}$$

$$U_{ct} = \frac{U_{d0}}{K_S} = \frac{C_e n + I_d R}{K_S} \tag{5–36}$$

上述关系表明,在稳态工作时,转速 n 由给定电压 U_n^* 决定,ASR 输出量 U_i^* 由负载电流 I_L 决定,ACR 输出的控制电压 U_{ct} 决定于转速 n 与电枢电流 I_d,也就是 U_{ct} 决定于转速给定电压 U_n^* 和负载电流 I_L。这些关系反映了 PI 调节器不同于比例调节器的特点。比例调节器输出量总是正比于输入量,而比例积分调节器的输出量与输入量无关,并且由它后面环节的需要来决定。而后面环节需要 PI 调节器提供多大输出,它就能提供多大输出,直到饱和限幅为止。

稳态时,无论转速或是电流,都是无静差的。实际转速 n 与理想空载转速 n_0 是一样的,即系统静特性曲线平行于横坐标轴。由于 ASR 不饱和,其输出电压 $U_i^* < U_{im}^*$,也就是电枢电流 I_d 的工作范围可一直延续到 I_{dm},这就是静特性的运行段。

如果 ASR 处于饱和限幅状态,ASR 的输出电压为 U_{im}^*,转速外环即呈现开环状态,即转速的变化对系统不再产生影响,也就没有速度反馈的调节作用,此时系统只有电流环起作用,变成了一个电流无静差的恒值调节系统。稳态时

$$I_d = \frac{U_{im}^*}{\beta} = I_{dm} \tag{5–37}$$

该式描述了静特性中的下垂段。转速将在 n_0 与 0 间变化。这段曲线特别会出现在电机恒流起动的过程和大的负载干扰过程中。

以上分析所得出的双环系统静特性曲线如图 5–44 所示。

双环调速系统的静特性在负载电流小于 I_{dm} 时表现为转速无静差,这时转速外环起主要的调节作用;当负载电流达到 I_{dm} 后,转速调节器将处于饱和状态,失去调节作用,电流

调节器起主导作用,系统表现为电流无静差,达到了过电流自动保护的要求。这就是采用了两个 PI 调节器形成内外两个闭环的控制效果。由于实际的运算放大器开环放大倍数不是无穷大,特别是实际应用的 PI 调节器都有零漂抑制电路而形成所谓"准 PI 调节器";故静特性两段实际上都略有微小的静差。如图中的虚线所示。

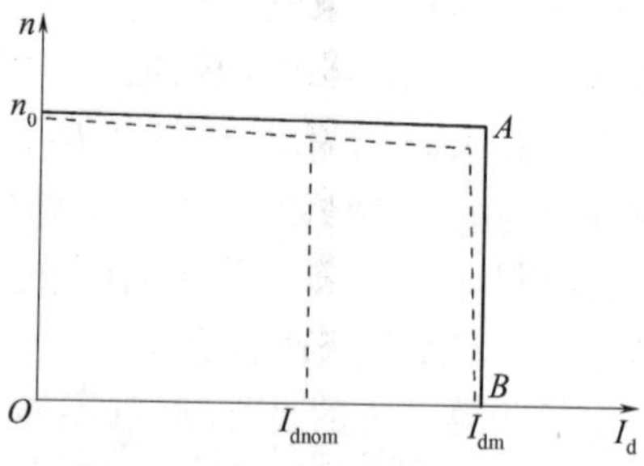

图 5-44 转速电流双闭环系统的静特性

2) 系统的大给定起动过程

前已说明,设置双闭环控制的一个重要目的就是要获得接近于理想的起动过程。实践证明,这个目的已基本达到。下面分析该系统的电动机起动过程。

双闭环调速系统在大给定突加电压 U_n^* 作用下,由静止开始起动时,速度调节器 ASR 经历了不饱和、饱和、退饱和三个阶段,整个起动过程也就分成了相应的三个阶段。

第 I 阶段 $t_0 \sim t_1$ 是电流上升段。系统在突加大给定电压 U_n^* 作用下,由于电机的惯性,起动瞬间反馈电压 $U_n = 0$,ASR 即刻由起始的不饱和状态迅速向饱和状态过渡,此时 U_i^*、U_{ct}、U_{d0}、I_d 都迅速上升,当 $I_d > I_L$ 后,电机开始起动。由于机械惯性,转速增长不大,即 U_n 反馈电压很小,使 ASR 输入偏差电压 $\Delta U_n = U_n^* - U$ 数值较大,ASR 很快到达饱和限幅状态,其输出 $U_i^* = U_{im}^*$ 强迫电流 I_d 迅速上升到 I_{dm}。这时电流反馈电压 $U_i \approx U_{im}^*$。电流调节器的作用使 I_d 不可能超过 I_{dm},它标志着这一阶段的结束。由于电流反馈调节的作用极快,电流给定电压 U_{im}^* 与电流反馈电压 U_i 间偏差 ΔU_i 迅速衰减,使这一阶段电流调节器不会饱和,以保证电流调节器 ACR 的调节作用。

第 II 阶段 $t_1 \sim t_2$ 是恒流升速段。从电流上升到最大值 I_{dm} 开始,到转速升到给定转速值 n^*(即对应 n_0 值)为止。就属于这一阶段。它是起动过程的主要阶段。在整个这一阶段中,ASR 一直饱和限幅。转速环处于开环状态,系统表现为在恒值电流给定 U_{im}^* 作用下的电流调节系统,基本上保持电流 $I_d = I_{dm}$ 恒定,电流超调或不超调取决于 ACR 的结构与参数。电机在恒定最大允许电流 I_{dm} 作用下,以最大恒定加速度使转速线性上升。同时,电机的反电势 E 也线性上升。对电流调节系统而言,这个反电势是一个线性增长的斜坡输入扰动量。为了克服这个扰动,U_{d0} 和 U_{ct} 也必须基本上按线性增长,才能保持 I_{dm} 恒定。这也就要求电流调节器 ACR 的输入电压 $\Delta U_i = U_{im}^* - U_i$ 为一恒定值。同时表明了实际电枢电流 I_d 略小于 I_{dm}。这样就要求在整个起动过程中,ACR 是不能饱和的。此外,整流装置的最大输出电压 U_{dm} 也应留有余地,不应饱和,以保证系统有足够的调整余量。

第 III 阶段,$t_2 \sim t_4$ 是转速调节阶段。当转速上升到给定值 n^* 时,转速输入偏差 $\Delta U_n = 0$,但 ASR 在积分作用下仍保持 U_{im}^* 的输出电压,则电动机仍在最大电流作用下加速,使电动机转速必然出现"超调"。转速超调后,ASR 的输入信号 $\Delta U_n = U_n^* - U_n < 0$,即 ASR 输入反号,使 ASR 退出饱和状态,其输出电压也从最大限幅值 U_{im}^* 降下来。主电路电流也会从最大值下降。但由于 I_d 仍大于负载电流 I_L,在一段时间内,转速仍会继续上升,只是上升

加速度逐渐减小。当电枢电流 I_d 下降到与 I_L 相平衡时,加速度为零,转速 n 达到最大峰值($t = t_3$) n_{max}。此后电动机才开始在负载作用下减速。与此相应,电流 I_d 也出现一小段小于 I_L 的过程,直到稳定。在最后的速度调节段内,ASR、ACR 都不饱和,同时起调节作用。由于 ASR 调节在外环,处于主导地位最终实现转速无静差。ACR 作用是力图尽快地跟随 ASR 输出量 U_i^*,即电流内环是一个电流随动子系统。

上述起动过程的转速和电流等波形如图 5-45 所示。

3) 突加载干扰下的恢复过程

突加载干扰作用点在电流环之后,故只能靠速度调节器 ASR 来产生抗扰作用。这表明负载干扰出现后,必然会引起动态转速变化。如负载突然增加,转速必然下降,形成动态速降。ΔU_n 的产生,使系统 ASR、ACR 均处于自动调节状态。只要不是太大的负载干扰,ASR、ACR 均不会饱和。由于它们的调节作用,转速在下降到一定值后即开始回升,形成抗扰动的恢复过程。最终使转速回升到干扰发生以前的给定值,仍然实现了稳态无静差的抗扰过程。其转速恢复过程如图 5-46 所示。

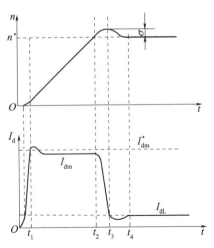

图 5-45　双闭环系统起动时的
转速和电流波形

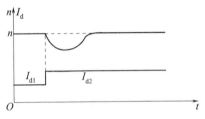

图 5-46　突加扰动下的动态恢复过程

4) 电网电压波动时双闭环系统的调节作用

在转速单闭环系统中,电网电压波动的干扰,必将引起转速的变化,然后通过速度调节器来调整转速以达到抗扰的目的。由于机械惯性,这个调节过程显得比较迟钝。但在双闭环系统中,由于电网电压干扰出现在电流环内,当电网电压的波动引起电枢电流 I_d 变化时,这个变化立即可以通过电流反馈环节使电流环产生对电网电压波动的抑制作用。由于这是一个电磁调节过程,其调节时间比机械转速调节时间短得多,所以双环系统对电网电压干扰的抑制比单环系统快得多,甚至可以在转速 n 尚未显著变化以前就被抑制了。

4. 两个调节器的作用

综上所述,转速调节器与电流调节器在双闭环调速系统中的作用可归纳如下。

(1) 转速调节器 ASR 的作用　①使转速 n 跟随给定电压 U_n^* 变化,保证转速稳态无静差;②对负载变化起抗扰作用;③其输出限幅值 U_{im}^* 决定电枢主回路的最大允许电流值 I_{dm}。

(2) 电流调节器的作用　①对电网电压波动起及时抗扰的作用;②起动时保证获得允许的最大电流 I_{dm};③在转速调节过程中,使电枢电流跟随其给定电压值 U_i^* 变化;④当电机过载甚至堵转时,即有很大的负载干扰时,可以限制电枢电流的最大值,从而起到快速的过流安全保护作用;如果故障消失,系统能自动恢复正常工作。

5.4 晶体管直流脉宽(PWM)调速系统

5.4.1 脉宽调制基本原理

1. 直流 PWM 伺服驱动装置的工作原理和特点

PWM 驱动装置是利用大功率晶体管的开关特性来调制固定电压的直流电源,按一个固定的频率来接通和断开,并根据需要改变一个周期内"接通"与"断开"时间的长短,通过改变直流伺服电动机电枢上电压的"占空比"来改变平均电压的大小,从而控制电动机的转速。因此,这种装置又称为"开关驱动装置"。

PWM 控制的示意图如图 5 – 47 所示,可控开关 S 以一定的时间间隔重复地接通和断开,当 S 接通时,供电电源 U_s 通过开关 S 施加到电动机两端,电源向电机提供能量,电动机储能;当开关 S 断开时,中断了供电电源 U_s 向电动机提供能量,但在开关 S 接通期间电枢电感所储存的能量此时通过续流二极管 VD 使电动机电流继续流通。

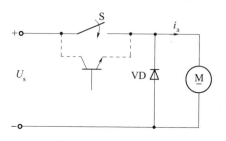

图 5 – 47 PWM 控制示意图

在电动机两端间得到的电压波形如图 5 – 47 所示,电压平均值 U_{av} 可用下式表示:

$$U_{av} = \frac{t_{on}}{T}U_s = \alpha U_s \tag{5 – 38}$$

式中 t_{on} ——开关每次接通的时间;

T ——开关通断的工作周期(即开关接通时间 t_{on} 和关断时间 t_{off} 之和);

α ——占空比,$\alpha = \frac{t_{on}}{T}$。

由式(5 – 38)可见,改变开关接通时间 t_{on} 和开关周期 T 的比例亦即改变脉冲的占空比,电动机两端电压的平均值也随之改变(图 5 – 48),因而电动机转速得到了控制。按照式(5 – 38)改变占空比可获得两种调制方法,即开关周期 T 恒定,通过改变导通脉冲宽度来改变占空比的方式,这就是脉冲宽度调制(Pulse Width Modulation,PWM);另一种方式为导通脉冲宽度恒定,通过改变开关频率($f = 1/T$)来改变占空比,亦即脉冲频率调制(Pulse Frequency Modulation,PFM)。由于

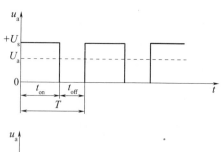

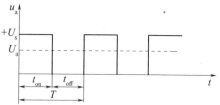

图 5 – 48 PWM 控制电压波形

148

PFM 控制是依靠脉冲频率的变化来改变占空比的,当遇到某个特殊频率下的机械谐振时,常导致系统振荡和出现音频啸叫声,这一严重缺点导致 PFM 控制在伺服系统中不适用。目前,直流电动机的控制中,以应用 PWM 控制方式为主。

我们已经知道,改变脉冲占空比即可调节电机转速,但必须有将控制转速的指令转换为脉冲宽度或开关周期的电路或装置来实现。图 5-49 所示为桥式 PWM 驱动装置的控制原理框图。为叙述方便,在功率转换电路框内绘出了元器件。

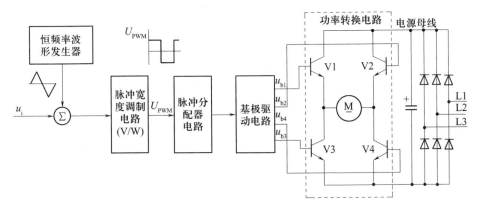

图 5-49　PWM 驱动装置控制原理框图

PWM 驱动装置的控制结构可分为两大部分:从主电源将能量传递给电动机的电路称为功率转换电路;其余部分称为控制电路。

工频电网经三相整流得到控制直流电动机所需的直流电压 U_s,被施加到由四个大功率晶体管(GTR)V1、V2、V3、V4 组成的桥式(H 型)功率转换电路上,大功率晶体管由控制电路给 V1、V4 和 V2、V3 提供相位差 180°的矩形波基极激励电压,而使 V1、V4 和 V2、V3 交替导通(亦可是其他导通方式,只要不构成同侧对管直通短路),将直流电压 U_i 调制成与给定频率相同的方波脉冲电压,作用到电动机电枢两端,为电动机提供能量。

控制电路通常由恒频率波形发生器、脉冲宽度调制电路、基极驱动电路、保护电路等基本电路组成。

(1)恒频率波形发生器　它的作用是产生恒定频率的振荡源以作为时间比较的基准,它可以是三角波,也可以是锯齿波。

(2)脉冲宽度调制电路　按功能而言,它实际上是电压/脉宽转换电路(简称 V/W 电路,它是英文 Voltage-to-Pulse Width Converters 的缩写),也就是 PWM 信号形成电路。产生 PWM 信号有多种方法,常采用图 5-50(a)所示的电压比较器(或者具有正反馈的高增益运算放大器),它具有如图 5-50(b)所示的继电控制特性。这样,在其两个输入端上分别施加三角波信号和控制信号电压,此时,比较器输出将按下述规律变化:①控制信号电压 > 三角波电压时,输出正的电压 + U_{CC};②控制信号电压 < 三角波电压时,输出负的电压 - U_{DD}。

由于输入控制信号电压 U_i 变化相对较慢,因此在一个开关周期内认为 U_i 是常值。脉宽调制器的信号系数为

$$\rho = U_i/U_{DP} \qquad (5-39)$$

式中　U_{DP}——三角波电压的峰值。

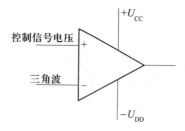

(a) 比较器示意图

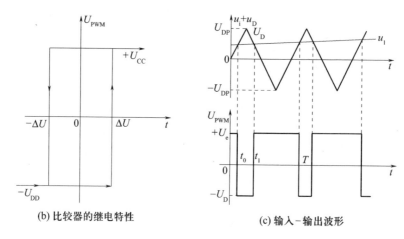

(b) 比较器的继电特性　　　　(c) 输入-输出波形

图 5-50　利用比较器的 PWM 信号形成原理

（3）脉冲分配电路　它根据功率转换电路工作制式,即大功率晶体管的导通次序,对 V/W 变换的信号进行适当的逻辑变换,分配给基极驱动电路以满足功率转换电路工作制式"通"、"断"时序的脉冲电压。

（4）基极驱动电路　对脉冲分配电路提供的脉冲进行前置功率放大,使之激励功率转换电路的大功率晶体管。

（5）保护电路　和晶闸管控制电路一样,PWM 驱动电路的保护显得更为重要,必须设置过电流、过电压、欠电压保护电路,以便一旦发生过电压、欠电压、过电流时,中断功率转换电路,有时也要对大功率晶体管的局部发热和电动机的温升进行监控,以提供过热保护。

综上所述当控制信号电压 U_i 增加时,它与固定频率的三角波电压 U_D 相比较,产生一个宽度与 U_i 成正比例的调制脉冲电压,经脉冲变换分配使基极驱动电路激励主电路大功率晶体管的正向导通时间增加,则电动机两端的平均电压增加,电动机转速上升至控制信号电压 U_i 所要求的数值。这便是 PWM 驱动装置的基本工作原理。

PWM 驱动装置与一般晶闸管驱动装置相比较具有下列特点:

（1）需用的大功率可控器件少,线路简单。例如,在不可逆无制动 PWM 驱动装置中仅用一个大功率晶体管,而在晶闸管驱动装置中至少要用三个晶闸管(指三相),在可逆桥式（H 型）PWM 驱动装置中仅用四个大功率晶体管,而晶闸管则至少要用六个,从而简化了系统的功率转换电路及其驱动电路,使得晶体管 PWM 驱动装置的线路较晶闸管驱

150

动装置的简单。

（2）调速范围宽。PWM 驱动装置与宽调速直流伺服电动机配合，可获得 6000~10000 的调速范围，而一般晶闸管驱动装置的调速范围仅能达到 100~150，如果采取低速自适应控制或锁相环控制等措施，也能达到 6000~10000，但其线路要比 PWM 系统复杂得多。

（3）快速性好。在快速性上，PWM 系统也优于晶闸管系统。主要是调制频率高（(1~10)kHz），失控时间小，可减小系统的时间常数，使系统的频带加宽，动态速降小，恢复时间短，动态硬度好。PWM 驱动装置的电压增益不随输出电压变化而变化，故系统的线性度好。

（4）电流波形系数好，附加损耗小。由于 PWM 调制频率高，不需平波电抗器就可获得脉动很小的直流电流，波形系数约等于 1。因而电枢电流脉动分量对电动机转速的影响以及由它引起的附加损耗都小。

（5）功率因数高，对用户使用有利。PWM 驱动装置是把交流电经全波整流成一个固定的直流电压，再对它进行脉宽调制，因而交流电源侧的功率因数高，系统工作对电网干扰小。在一个多轴机床上，可将几套 PWM 驱动装置组合为一个单元，其公共组件、电源供给及某些控制线路可以共用。

表 5-1 列出 PWM 系统与晶闸管系统的性能比较。

表 5-1　PWM 系统与晶闸管系统性能比较

项　目 / 系统类别		PWM(GTR)系统 调制频率 f=2kHz 调制周期 T=0.5ms	晶闸管系统 f=50Hz　　T=20ms	
			三相全波	单相全波
速度闭环	$\dfrac{有效输出功率}{电动机额定输出功率}$/(%)	95	70~85	50~60
	调节误差/(%)	0.01~0.03	0.1	0.4
	额定角频率 K_v/s^{-1}	400	300	125
位置环	回路增益 K_v/s^{-1}	100	60	23
电流上升时间/ms		3~5	6~10	20~30
平均失控时间/ms		0.25	1.67	5
波形系数			1.05	1.25（带附加电抗器）

总而言之，晶体管 PWM 驱动装置集优点于一身，可以说它是目前一种颇为理想的伺服功率驱动装置。

事物总是一分为二的。PWM 驱动装置有许多优点已勿庸置疑，但它也有不足之处，表现在：

（1）由于 PWM 功率转换电路的电流为不可控整流电路，其单向导电特性使得目前进入实用的 PWM 驱动装置均不能向交流电网回馈能量（当然是出于经济上的考虑）。

（2）由于功率转换电路的晶体管工作在开关状态，它是系统的**严重**干扰源（调制频率高时尤为严重），对其设计和布线必须非常小心，引线电感和耦合电容会引起线路的干扰，所以电磁兼容性设计在 PWM 系统中显得相当重要。

（3）大功率晶体管不能随高峰电流，过载能力差，且目前国产的大功率晶体管性能不稳定，价格昂贵，以致大功率晶体管 PWM 驱动装置在大功率场合应用还不能与晶闸管相位控制驱动装置相抗衡,目前仅限于在中小容量范围内能取代晶闸管控制。

(4) PWM 控制中的大功率晶体管属电流控制型器件,其功率放大倍数远低于晶闸管相位控制,且大功率晶体管的基极驱动电路远比晶闸管的触发电路要复杂,它必须提供一定的激励功率。

总之,晶体管 PWM 控制有许多突出优点,但也存在一些不足之处,随着时间的推移,功率微电子技术的发展和应用电子技术的进步,缺点正在得到改善和克服,其优越性会得到更大的发挥。

2. 不可逆 PWM 变换器

不可逆输出的脉宽调制变换器分为有制动作用和无制动作用两种。

图 5-51(a)是简单的不可逆 PWM 变换器的主电路原理图,它实际上就是直流斩波器,只是采用了全控式的电力晶体管,以代替必须进行强行关断的晶闸管。电源电压 U_s 一般由不可控整流电源提供,采用大电容 C 滤波,二极管 VD 在晶体管关断时为电枢回路提供释放电感储能的续流回路。

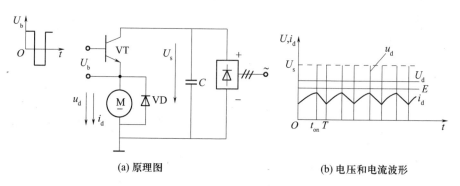

(a) 原理图　　　　　　　　　　(b) 电压和电流波形

图 5-51　简单的不可逆 PWM 变换器电路

电力晶体管 VT 的基极由脉宽可调的脉冲电压 U_b 驱动。在一个开关周期内,当 $0 \leq t \leq t_{on}$ 时,U_b 为正,VT 饱和导通,电源电压通过 VT 加到电动机电枢两端。当 $t_{on} \leq t \leq T$ 时,U_b 为负,VT 截止,电枢失去电源,经二极管 VD 续流,电动机得到的平均端电压为

$$U_d = \frac{t_{on}}{T} U_s = \rho U_s \tag{5-40}$$

由此可见,改变 $\rho(0 \leq \rho \leq 1)$ 即可改变电枢端电压,从而达到调速的目的。

图 5-51(b)中绘出了稳态时电枢的脉冲端电压 u_d、电枢平均电压 U_d 和电枢电流 i_d 的波形。由图可见,稳态电流 i_d 是脉动的,其平均值等于负载电流

$$I_{dL} = \frac{T_L}{C_m}$$

设连续的电枢脉动电流 i_d 的平均值为 I_d,与稳态转速相应的反电动势为 E,电枢回路总电阻为 R,则由回路平衡电压方程

$$U_d = E + I_d R$$

可推导得机械特性方程

$$n = \frac{E}{C_e} = \frac{\rho U_s}{C_e} - \frac{I_d R}{C_e} \tag{5-41}$$

可令 $n_0 = \rho U_s / C_e$（称为调速系统的空载转速，与占空比成正比）；$\Delta n = I_d R / C_e$（由负载电流造成的转速降）；则有

$$n = n_0 - \Delta n \tag{5-42}$$

电流连续时，调节占空比 ρ，便可得到一簇平行的机械特性曲线，这与晶闸管变流器供电的调速系统且电流连续的情况是一致的。

图 5-51 所示的简单不可逆电路中的电流 i_d 不能反向，因此不能产生制动作用，只能作单象限运行。需要制动时必须具有反向电流 $-i_d$ 的通路，因此应该设置控制反向通路的第二个电力晶体管，形成两个晶体管 VT_1 和 VT_2 交替开关的电路，如图 5-52 所示。这种电路组成的 PWM 调速系统可在一、二两个象限中运行。

图 5-52(a) 表示有制动作用的不可逆 PWM 变换电路。它由两个电力晶体管 VT_1、VT_2 与二极管 VD_1、VD_2 组成，VT_1 是主控管，起调制作用；VT_2 是辅助管。它们的基极驱动电压 U_{b1} 和 U_{b2} 是两个极性相反的脉冲电压。

当电动机工作在电动状态时，PWM 变换电路有四种工作模式，如图 5-52(b) 所示。

若为正常负载电流，在 $0 \leqslant t \leqslant t_1$ 时，U_{b1} 为正，VT_1 饱和导通；U_{b2} 为负，VT_2 截止，PWM 变换电路工作在模式 Ⅰ。图 5-52(c) 示出了电枢端电压（即平均电压 U_d）、电枢电流 i_d 的波形和一些基本关系。此时，有

$$U_s = R i_{d1} + L \frac{d i_{d1}}{dt} + E \tag{5-43}$$

$t_1 \leqslant t \leqslant T$ 时，U_{b1} 和 U_{b2} 改变极性，VT_1 截止，切断电动机的电源回路，此时 VT_2 却不能导通，因为电枢电感的电动势维持电流 i_d 经二极管 VD_2 续流，在 VD_2 两端产生的压降给 VT_2 施加反压，使它不能导通，PWM 变换电路工作在模式 Ⅱ。有关参量波形和一些关系见图 5-52(c)。此时有

$$R i_{d2} + L \frac{d i_{d2}}{dt} + E = 0 \tag{5-44}$$

若电动机在轻载电动状态中，负载电流较小，以致当 VT_1 关断后 i_d 的续流很快就衰减到零，即在 $t_1 \sim T$ 区段的 t_2 时刻（图 5-52(d)），二极管 VD_2 两端的压降也降为零，使 VT_2 饱和导通，反电动势 E 起作用，电枢电流 i_d 反向，产生局部时间的能耗制动作用，PWM 变换电路工作在模式 Ⅲ，$t_2 \sim T$ 期间，反电动势为

$$E = R i_{d3} + L \frac{d i_{d3}}{dt} \tag{5-45}$$

在 $T \sim t_3$ 期间，U_{b2} 为负，VT_2 截止，自感电动势维持二极管 VD_1 导通续流。PWM 变换电路工作在模式 Ⅳ。此期间，有

$$E - U_s = R i_{d4} + L \frac{d i_{d4}}{dt} \tag{5-46}$$

如图 5-52(e) 所示，若在电机运行中要降低转速，应减小控制电压，则使 U_{b1} 的正脉冲变窄，负脉冲变宽，平均电压 U_d 降低。但由于惯性的作用，转速和反电动势的大小来不及变化，因而造成 $E > U_d$ 的情况。在 $t_1 \sim T$ 期间，反向电流使电动机进行能耗制动，PWM 变换电路工作在模式 Ⅲ；在 $0 \sim t_1$ 期间，反向电流通过 VD_1 续流，对电源回馈制动，PWM 变换电路工作在模式 Ⅳ。显然，在整个制动状态中，VT_2、VD_1 交替导通，而 VT_1 始终不导

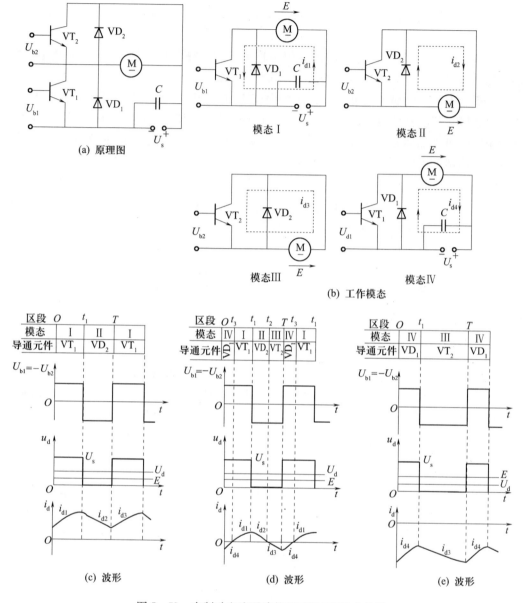

图 5-52 有制动电流通路的不可逆 PWM 变换器

通,反向电流的制动作用使电动机转速迅速下降,直到新的稳态值。

综合上述,带制动回路的不可逆变换器电路中的电枢电流始终是连续的。因此,简单不可逆电路在电流连续时导出的公式对于这种电路也是完全适用的。

由式(5-42)可绘出具有制动作用的不可逆 GTR - M 系统的开环机械特性,如图 5-53 所示,显然,由于电流可以反向,因而可实现二象限运行,故系统在减速和停车时具有较好的动态性能和经济性。

3. 可逆 PWM 变换器

可逆 PWM 变换器电路的结构形式有 H 型、T 型等,现在主要讨论常用的 H 型变换器,它是由四个电力晶体管和四个续流二极管组成的桥式电路。H 型变换器在控制方式

154

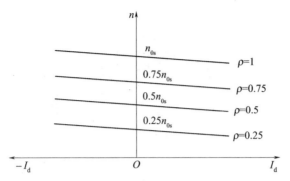

图 5 −53　有制动作用的不可逆系统的开环机械特性

上分双极式、单极式和受限单极式三种。下面着重分析双极式 H 型 PWM 变换器,然后再简要地说明其他方式的特点。

1) 双极式可逆 PWM 变换器

图 5 −54(a)中绘出了双极式 H 型可逆 PWM 变换器的电路原理图。四个电力晶体管的基极驱动电压分为两组。VT_1 和 VT_2 同时导通得关断,其驱动电压 $U_{b1} = U_{b4}$;VT_2 和 VT_3 同时动作,其驱动电压 $U_{b2} = U_{b3} = -U_{b1}$。这种电路可工作在四种模态,如图 5 −54(b)所示。

如果电动机的负载较重。当 $0 \leqslant t \leqslant t_1$ 时,驱动电压 U_{b1} 和 U_{b4} 为正,VT_1 和 VT_4 饱和导通;U_{b2} 和 U_{b3} 为负,VT_2 和 VT_3 截止,PWM 变换器工作在模态 I,电动机处于电动状态,这时 $+U_s$ 加在电枢 AB 两端,$U_{AB} = U_s$,电枢电流 $i_d = i_{d1}$。在 $t_1 \leqslant t \leqslant T$ 时,驱动电压 U_{b1} 和 U_{b4} 变负,VT_1 和 VT_4 截止;U_{b2} 和 U_{b3} 变正,但 VT_2、VT_3 并不能立即导通,因为在电枢电感的作用下,电枢电流经 VD_2 和 VD_3 续流,在 VD_2、VD_3 上的压降使 VT_2 和 VT_3 c − e 极承受着反压而不能导通,PWM 变换器工作在模态 II,电动机仍处于电动状态,$U_{AB} = -U_s$,$i_d = i_{d2}$,与模态 I 的 i_{d1} 方向相同,这是双极式 PWM 变换器的特征。有关参量关系和波形如图 5 −54(c)所示。

如果电动机负载轻,则 i_d 小,续流时电流可能很快衰减到零,即 $t = t_2$ 时(图 5 −54 (d)),$i_d = 0$。在 $t_2 \sim T$ 区段,VT_2 和 VT_3 在电源电压 U_s 和反电动势 E 的共同作用下导通,PWM 变换器工作在模态 III,$i_d(=i_{d3})$ 反向,电动机处于反接制动状态。在 $T \sim t_3$ 区段,驱动电压极性改变,VT_2 和 VT_3 截止,因电枢电感的维持电流经 VD_1 和 VD_4 续流,VT_1、VT_4 不能导通,PWM 变换器工作在模态 IV,电动机工作在制动状态。有关参量关系和波形见图 5 −54(d)。

显然,双极式可逆 PWM 变换器与不可逆变换器的主要区别在于电压波形。前者,无论负载是重还是轻,其电压都在 $+U_s$ 和 $-U_s$ 之间变换;后者的电压只在 $+U_s$ 和 0 之间变换。

实现电动机的可逆运行,由正、负驱动电压的脉冲宽窄而定。当正脉冲较宽时

$$t_{on} = t_1 > \frac{T}{2} \tag{5 − 47}$$

电枢的平均端电压为正,电动机正转。当正脉冲较窄时

$$t_{on} = t_1 < \frac{T}{2} \tag{5 − 48}$$

电枢的平均端电压为负,电动机反转。如果正、负脉冲宽度相等,$t_{on} = t_1 = T/2$,平均电压

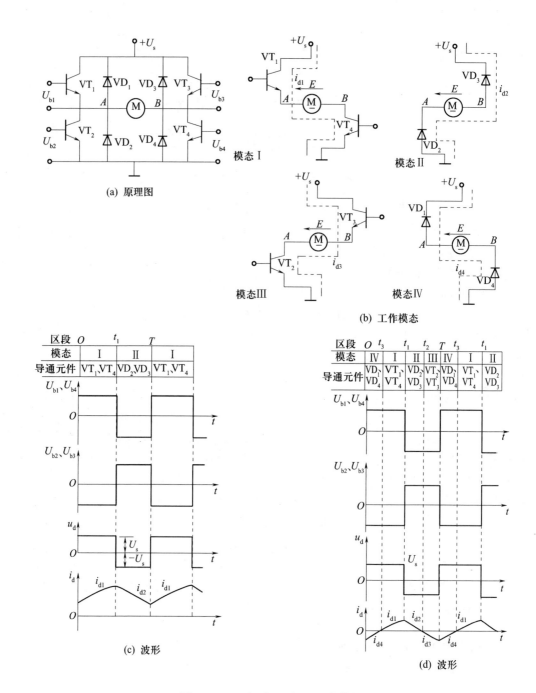

(a) 原理图

模态 I

模态 II

模态 III

模态 IV

(b) 工作模态

区段	O	t_1		T	
模态	I	II	I		
导通元件	VT₁、VT₄	VD₂、VD₃	VT₁、VT₄		

(c) 波形

区段	O t_3	t_1	t_2	T t_3	t_1	
模态	IV	I	II	III	IV	I	II
导通元件	VD₁ VD₄	VT₁ VT₄	VD₂ VD₃	VT₂ VT₃	VD₁ VD₄	VT₁ VT₄	VD₂ VD₃

(d) 波形

图 5-54 双极式 H 型 PWM 变换器

为零,则电动机停止。

以上分析表明,对于双极性可逆 PWM 变换器,无论负载是轻还是重,电动机正转还是反转,加在电枢上的电压极性在一个开关周期内,都在 $+U_s$ 和 $-U_s$ 之间变换一次,故称为双极性。电动机端电压瞬时值为

$$u_d = \begin{cases} U_s & (0 \leqslant t \leqslant t_{on}) \\ -U_s & (t_{on} \leqslant t \leqslant T) \end{cases} \tag{5-49}$$

156

平均端电压为

$$U_{\mathrm{d}} = \frac{1}{T}\int_0^T U_s \mathrm{d}t = \left(\frac{2t_{\mathrm{on}}}{T} - 1\right)U_s \tag{5-50}$$

若仍以 $\rho = U_{\mathrm{d}}/U_s$ 来定义 PWM 电压的占空比,则双极式 PWM 变换器的电压占空比为

$$\rho = \frac{2t_{\mathrm{on}}}{T} - 1$$

则有

$$U_{\mathrm{d}} = \rho U_s$$

调速时,ρ 的变化范围变成 $-1 \leqslant \rho \leqslant 1$。当 ρ 为正值时,电动机正转;ρ 为负值时,电动机反转;$\rho = 0$ 时,电动机停止。在 $\rho = 0$ 时,虽然电动机不动,电枢两端的瞬时电压和瞬时电流却都不是零,而是交变的。这个交变电流平均值为零,不产生平均转矩,徒然增大电动机的损耗。但它的好处是使电机带有高频的微振,起着所谓"动力润滑"的作用,消除正反向时的静摩擦死区。

双极式 PWM 变换器电流一定连续,组成的调速系统在低速时平稳性好,调速范围可达 20000 左右,但要特别注意防止上、下两晶体管的直通事故。

2)单极式可逆 PWM 变换器

对于静、动态性能要求低一些的系统,可采用单极式可逆 PWM 变换器。前面已分析过双极式变换器是指其输出电压瞬时值 u_{AB} 是双极性的。显然单极式应该是指 u_{AB} 为单极性的,其电路图仍和双极式的一样,不同之处仅在于驱动脉冲信号。在单极式变换器中,左边两个管子的驱动脉冲 $U_{\mathrm{b1}} = -U_{\mathrm{b2}}$,具有和双极式一样的正负交替的脉冲波形,使 VT$_1$ 和 VT$_2$ 交替导通。右边两管 VT$_3$ 和 VT$_4$ 的驱动信号就不同了,改成因电动机的转向而施加不同的直流控制信号。当电动机正转时,使 U_{b3} 恒为负,U_{b4} 恒为正,则 VT$_3$ 截止而 VT$_4$ 常通。希望电动机反转时,则 U_{b3} 恒为正而 U_{b4} 恒为负,使 VT$_3$ 常通而 VT$_4$ 截止。

图 5-55 表示了单极式变换器输出电压电流时的稳态过程波形图。在一个开关周期 T 内:当 $t_{\mathrm{on}} \leqslant t \leqslant T$ 时,U_{b1} 为正,VT$_1$ 导通,电源 U_s 通过 VT$_1$ 和 VT$_4$ 加到电枢两端,$U_{AB} = +U_s$,$+i_{\mathrm{d}}$ 上升;当 $t_{\mathrm{on}} \leqslant t \leqslant T$ 时,U_{b1} 为负,VT$_1$ 截止,电动机电源被切断,$+i_{\mathrm{d}}$ 经 VT$_4$ 及 VD$_2$ 续流,以释放回路中磁场能量。$U_{AB} = 0$,但在数值上 $+i_{\mathrm{d}}$ 将减小。当下一周期到来时,以上两区段的各电量变化过程重复出现。

若系统处于大范围减速或实现停车运行状态,由于 t_{on} 相应较短,在 $t_{\mathrm{on}} \leqslant t \leqslant T$ 区段内当磁场能量释放完了时,电动机的反电动势将以 VT$_2$ 与 VD$_4$ 提供的回路产生制动电流,因为这区段内 U_{b2} 已为正信号。

从平均值的概念出发,以上分析可得,由于对应 $+U_{\mathrm{d}}$ 与 $+I_{\mathrm{d}}$,所以认为是电动机的正转运行状态。关于电动机的反转运行状态,分析方法与上面相同,见图 5-55(b),读者可自行分析。

可见为使单极性 PWM-M 调速系统可逆运行,只需根据图 5-55(a)、图 5-55(b)所示波形,给出驱动脉冲 $U_{\mathrm{b1}} \sim U_{\mathrm{b4}}$,而调节速度可用调节正脉宽 $t_{\mathrm{on}} = 0$ 时,两种情况下都是 $U_{AB} = 0$,因而 $U_{\mathrm{d}} = 0$,电动机停转。$t_{\mathrm{on}} = T$ 时,U_{AB} 等于 $+U_s$ 或 $-U_s$,不同 t_{on} 就对应不同

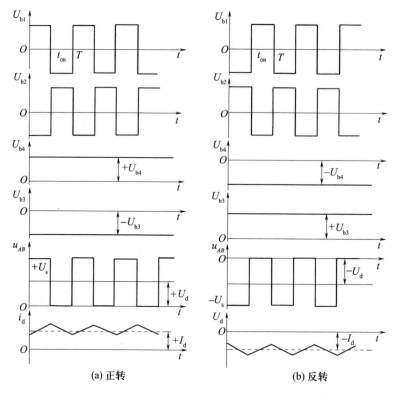

（a）正转   （b）反转

图 5-55　单极式 PWM 变换器电压和电流波形

脉宽的 U_{AB} 波形,其平均值 U_d 表达式为

$$U_d = \frac{t_{on}}{T} U_s = \rho U_s$$

$$\rho = \frac{t_{on}}{T} \qquad\qquad (5-51)$$

需强调指出的是,电力晶体管 VT_1 与 VT_2 或 VT_3 与 VT_4 绝不能同时导通,否则将使电源 U_s 短路,这是任何控制方式中都必须遵守的原则。

3）受限单极式可逆 PWM 变换器

单极式变换器在减少开关损耗和提高可靠性方面要比双极式变换器好,但还是有一对晶体管 VT_1 和 VT_2 交替导通和关断,仍有电源直通的危险。从上面分析可以发现,当电动机正转时,在 $0 \leqslant t \leqslant t_{on}$ 期间,VT_2 是截止的,在 $t_{on} \leqslant t \leqslant T$ 期间,由于经过 VD_2 续流,VT_2 也不导通。既然如此,不如让 U_{b2} 恒为负,使 VT_2 一直截止。同样,当电动机反转时,让 U_{b1} 恒为负,VT_1 一直截止。这样,就不会产生 VT_1、VT_2 直通的故障了。这种控制方式称作受限单极式。

受限单极式可逆变换器在电机正转时 U_{b2} 恒为负,VT_2 一直截止,在电动机反转时,U_{b1} 恒为负,VT_1 一直截止,其他驱动信号都和一般单极式变换器相同。如果负载较重,电流 i_d 在一个方向内连续变化,所有的电压、电流波形都和一般单极式变换器一样。但是,当负载较轻时,由于有一个晶体管受限不可能导通,因而不会出现电流变向的情况,这时电流出现断续,这种电流断续的现象使变换器的外特性变软,和 VTH-M 系统中的情况十分相似,它使 PWM 调速系统的静、动态性能变差,换来的好处则是可靠性的提高。

表 5-2 列出了三种可逆 PWM 变换器在负载较重因而电流方向不变时各管的开关情况和电枢电压。

表 5-2　双极式、单极式和受限单极式可逆 PWM 变换器的比较(负载较重时)

控制方式	电动机转向	$0 \leqslant t \leqslant t_{on}$		$t_{on} \leqslant t \leqslant T$		占空比调节范围
		开关状态	U_{AB}	开关状态	U_{AB}	
双极式	正转	VT_1、VT_4 导通 VT_2、VT_3 截止	$+U_s$	VT_1、VT_4 截止 VD_2、VD_3 续流	$-U_s$	$0 \leqslant \rho \leqslant 1$
	反转	VD_1、VD_4 续流 VT_2、VT_3 截止	$+U_s$	VT_1、VT_4 截止 VT_2、VT_3 导通	$-U_s$	$-1 \leqslant \rho \leqslant 0$
单极式	正转	VT_1、VT_4 导通 VT_2、VT_3 截止	$+U_s$	VT_4 导通、VD_2 续流 VT_1、VT_3 截止 VT_2 不通	0	$0 \leqslant \rho \leqslant 1$
	反转	VT_3 导通、VD_1 续流 VT_2、VT_4 截止 VT_1 不通	0	VT_2、VT_3 导通 VT_1、VT_4 截止	$-U_s$	$-1 \leqslant \rho \leqslant 0$
受限单极式	正转	VT_1、VT_4 导通 VT_2、VT_3 截止	$+U_s$	VT_4 导通、VD_2 续流 VT_1、VT_2、VT_3 截止	0	$0 \leqslant \rho \leqslant 1$
	反转	VT_2、VT_3 导通 VT_1、VT_4 截止	$-U_s$	VT_3 导通、VD_1 续流 VT_1、VT_2、VT_4 截止	0	$-1 \leqslant \rho \leqslant 0$

5.4.2　直流脉宽调速系统的控制电路

直流脉宽调速系统与晶闸管调速系统一样,采用了转速电流双闭环的系统结构(图 5-56)。系统静态、动态特性与 5.3 节基本一致。

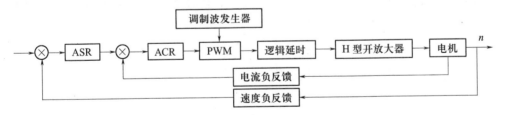

图 5-56　直流脉宽调速系统结构框图

由图 5-56 可知,PWM 调速系统与晶闸管调速系统的主要区别在于功率驱动部分。前者主要包括调制波(常用三角波)发生器、逻辑延时、H 型晶体管开关功率放大器等。

1. 脉冲宽度调制器

这是最关键的部件,它是将输入直流控制信号转换成与之成比例的方波电压信号,以便对电力晶体管进行控制,从而得到希望的方波输出电压。实现上述电压—脉宽变换功能的环节称为脉冲宽度调制器,简称脉宽调制器。下面介绍几种典型的脉宽调制器。

1)锯齿波脉冲宽度调制器

锯齿波脉宽调制器电路如图 5-57 所示,由锯齿波发生器和电压比较器组成。锯齿

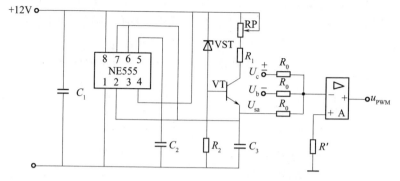

图 5 - 57　锯齿波脉宽调制器

波发生器是由 NE555 振荡器构成,利用其对 C_3 电容进行有规律的充、放电而产生的,调节电位器 RP 可调节锯齿波的输出频率,其信号 U_{sa} 加到运算放大器 A 的一个输入端;而运算放大器 A 工作在开环状态,稍微有一点输入信号就可使其输出电压达到饱和值,若输入信号极性改变时,输出电压就在正、负饱和值之间变化,这样就可实现将连续电压信号变成脉冲电压信号;加在运算放大器 A 输入端上还有两个输入信号,一个输入信号是控制电压 U_c,其极性与大小随时可变,与 U_{sa} 相减,从而在运算放大器 A 的输出端得到周期不变、脉冲宽度可变的调制输出电压 u_{PWM};为了在 $U_c = 0$ 时电压比较器的输出端得到正负半周脉冲宽度相等的调制输出电压 u_{PWM}(供双极性 PWM 变换器用),在运算放大器 A 的另一个输入端加一负的偏移电压 U_b,其值为

$$U_b = -\frac{1}{2}U_{samax} \qquad (5-52)$$

这时 u_{PWM} 如图 5 -58(a)所示。

当 $U_c > 0$ 时,使输入端合成电压为正的宽度增大,即锯齿波过零的时间提前,经比较器倒相后,在输出端得到正半波比负半波窄的调制输出电压,如图 5 -58(b)所示。

当 $U_c < 0$ 时,输入端合成电压被降低,正的宽度减小,锯齿波过零时间后移,经倒相得到正半波比负半波宽的调制输出电压,如图 5 -58(c)所示。

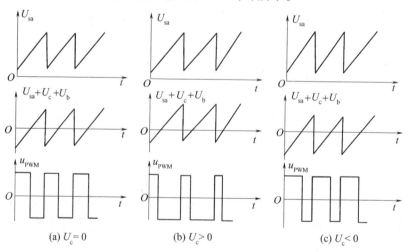

图 5 - 58　锯齿波脉宽调制器波形图

由以上分析,PWM 电压信号的频率就是锯齿波的频率,也就是主电路的开关频率,一般为(1~4)kHz,而其脉宽 t_{on} 则是由控制电压 U_c 的极性和大小来调制,即改变控制电压 U_c 的极性,就可改变双极式 PWM 变换器输出平均电压的极性,因而改变了电动机的转向;改变 U_c 的大小,则调节了输出脉冲电压的宽度,从而调节电动机的转速。只要锯齿波的线性度足够好,输出脉冲的宽度是和控制电压 U_c 的大小成正比的。

2) 三角波脉冲宽度调制器

三角波脉冲宽度调制器电路如图 5-59 所示。运算放大器 A_1 为方波发生器,运算放大器 A_2 为反相积分器,A_1 与 A_2 为三角波振荡器产生三角波电压信号 u_t。运算放大器 A_3 为电压比较器,它对三角波信号 u_t 与极性可变大小可调的控制电压 U_c 作综合比较,输出 u_{PWM} 信号电压。

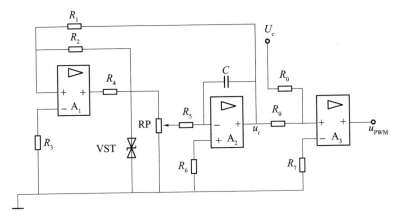

图 5-59 三角波脉宽调制器

图 5-60 所示波形图说明三角波脉宽调制器产生 u_{PWM} 信号波的工作原理。在图 5-60 中

$$\begin{cases} U_c = 0, t_{on} = \dfrac{1}{2}T \\ U_c > 0, t_{on} > \dfrac{1}{2}T \\ U_c < 0, t_{on} < \dfrac{1}{2}T \end{cases} \quad\quad (5-53)$$

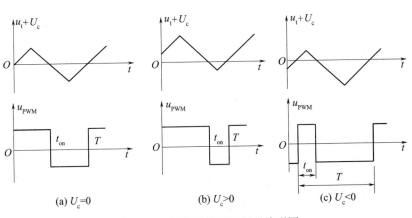

(a) $U_c = 0$ (b) $U_c > 0$ (c) $U_c < 0$

图 5-60 锯齿波脉宽调制器波形图

3）SG3524 脉冲宽度调制组件

随着晶体管集成化程度的日益提高,可以十分方便地用集成电路功能块构成直流调速系统中的脉宽调制器。控制电路集成化的优点是简化了电路接线,易于维修,成本降低,同时更为重要的是降低了运行的故障率,提高了系统的可靠性。下面介绍一种脉宽调制集成电路芯片 SG3524 的功能及外部接线。

SG3524 组件是一种性能优良的脉宽调制器,它采用 16 脚双列直插式陶瓷或塑料封装的形式,其外形图及引线排列如图 5 − 61 所示。SG3524 的内部功能电路图及各点波形如图 5 − 62 所示。它由内部的 5V 基准电压源、锯齿波振荡器、误差运算放大器、电压比较器、控制放大器、触发器、或非门及功率管 VT_1、VT_2 组成,VT_1、VT_2 的最大输出电流约为 100mA。

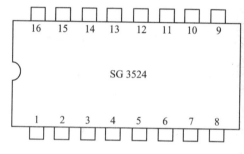

图 5 − 61　SG3524 外形图及引线排列

定时元件由电阻 R_T 和 C_T 电容组成,它们分别被接到组件的第 6 脚和第 7 脚,与组件内部的振荡器控制线路共同组成一个锯齿波振荡器。锯齿波振荡器在其第 7 脚输出一组频率固定的锯齿波,其振荡频率由下式确定:

$$f = \frac{1}{T} = \frac{| \cdot |}{R_T C_T} \tag{5 − 54}$$

当把这个锯齿波电压 U_{sa} 送到电压比较器的同相端与同时送到比较器反相端的来自误差放大器或控制放大器的输出电平 $U_=$ 进行比较时,在比较器的输出端得到一列具有一定宽度的脉冲电压,波形如图 5 − 62(b)所示。在误差放大器的输出电平 $U_=$ 大于锯齿波电压 U_{sa} 的 $0 \sim t_{on}$ 期间,在比较器的输出端将输出幅值为零的电压 u_2;反之,当 $U_= < U_{sa}$ 时,在比较器的输出端将得到幅值为 $+u_2$ 的矩形脉冲。以此类推,在比较器输出就可得到一列如图 5 − 62(b)所示的矩形脉冲 u_2。由图 5 − 62 可知,当误差放大器的输出 $U_=$ 一定时,比较器输出的脉冲宽度一定;$U_=$ 随本身输入信号变化时,比较器的输出脉冲宽度也变化,这就是说,比较器输出的脉冲宽度随误差放大器输出电压 $U_=$ 的升高而减小。

需要指出,振荡器产生的斜坡电压还经过施密特触发器整形成方波脉冲 u_3(图 5 − 62(b)),并从芯片第 3 脚引出;同时脉冲电压 u_3 还控制触发器 D 的工作状态,使其 Q 和 $\overline{Q}$ 端分别输出相位相差 180° 的 u_Q 和 $u_{\overline{Q}}$ 矩形脉冲(图 5 − 62(b))。另外,脉冲电压 u_3 还直接送入两个或非门电路,起闭锁作用,以保证输出晶体管 VT_1、VT_2 不会同时导通。需说明的是,闭锁脉冲 u_3 是很窄的,且只要求它在触发器翻转期间起作用。

比较器的输出电压 u_2、锯齿波振荡器的输出脉冲 u_3、触发器分频后的脉冲 Q 和 $\overline{Q}$ 同时送入两个或非门电路,使得两个或非门电路轮流输出高电平 U_{b1} 和 U_{b2},如图 5 − 62(b)

162

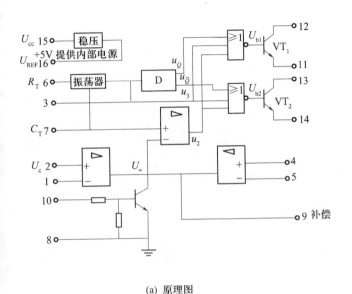
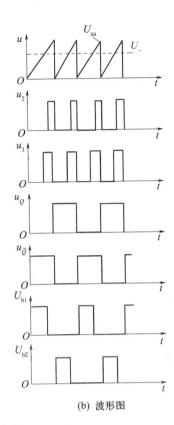

(a) 原理图　　　　　　　　　　　　　　(b) 波形图

图 5-62　SG3524 脉宽调制组件内部电路

所示。U_{b1}、U_{b2} 驱动晶体管 VT_1、VT_2 轮流导通。

　　显然,如果将 SG3524 组件内误差放大器接成全反馈形式的电压跟随器,即将 1 脚和 9 脚短接,则该芯片成为一受误差放大器同相输入电压 U_c 控制的脉宽调制器。通过调节误差放大器的输入电压信号大小,使得 $U_=$ 按一定规律上升或下降时,就可以很方便地控制 VT_1 和 VT_2 的导通或截止,最后驱动 PWM 变换器的电力晶体管,从而实现电动机的转速调节。

　　SG3524 组件的另外一部分电路是,补偿端 9 脚可作为各种自动保护功能的控制端,当 9 端的电平被置零时,SG3524 组件输出的调制脉冲的宽度将变为零,无驱动脉冲输出,从而达到过流、过压等保护的目的。

　　4) 数字式脉冲宽度调制器

　　若用单片微机产生 PWM 信号,则要比上述电子线路实现简便得多。图 5-63 为由 MCS-51 系列 8 位单片机 8031 控制的直流脉宽调速系统原理图。光电耦合器将单片机与调速系统相隔离,以提高系统抗干扰能力。利用单片机某 I/O 端口的位操作功能,选择其中一位作为脉冲信号输出端,在单片机 8031 执行图 5-64(a)程序框图所编制的程序,便能在所选端口送出所需的 PWM 波形信号。其调速可采用中断处理,其程序框图如图 5-64(b)所示。

　　若采用 MCS-96 系列 16 位单片机 8098,由于该机含有脉冲宽度调制输出端即 PWM 端,只需对 PWM 控制寄存器写入不同的值,便可获得宽度不同的 PWM 波形信号输出,实

163

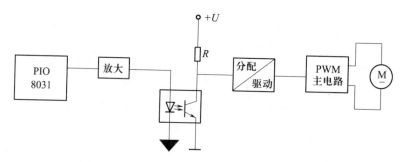

图 5 - 63　单片机控制支流 PWM 调速系统框图

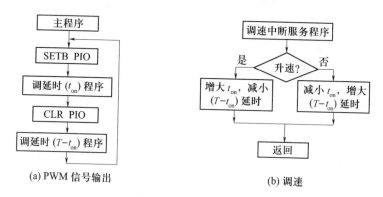

(a) PWM 信号输出

(b) 调速

图 5 - 64　程序框图

现更为方便。

2. 逻辑延时环节

在可逆 PWM 变换器中,跨接在电源两的上、下两个晶体管经常交替工作(图 5 - 54(a))。由于晶体管的关断过程中有一段存储时间 t_s 和电流下降时间 t_f,在这段时间内晶体管并未完全关断。如果在此期间另一个晶体管已经导通,则将造成上下两管直通,从而使电源短路。为了避免发生这种情况,可设置一逻辑延时环节,保证在对一个管子发出关闭脉冲后(图 5 - 65 中的 U_{b1}),延时 t_{ld} 后再发出对另一个管子的开通脉冲(如 U_{b2})。由于晶体管导通时也存在开通时间,延时时间 t_{ld} 只要大于晶体管的存储时间 t_s 就可以了。

在逻辑延时环节中还可以引入保护信号,一旦桥臂电流超过允许最大电流时,使 VT_1、VT_4(或 VT_2、VT_3)两管同时封锁,以保护电力晶体管。

3. 基极驱动电路

脉宽调制器输出的脉冲信号经过信号分配和逻辑延时后,送给基极驱动电路作功率放大,以驱动主电路的电力晶体管,每个晶体管应有独立的基极驱动电路。为了确保晶体管在开通时能迅速达到饱和导通,关断时能迅速截止,正确设计基极驱动电路是非常重要的。

首先,由于各驱动电路是独立的,但控制电路共用,因此必须使控制电路与驱动电路互相隔离,常用光电耦合器实现这一隔离作用。

其次,正确的驱动电流波形如图 5 - 66 所示,每一开关过程包含三个阶段,即开通、饱和导通和关断。

164

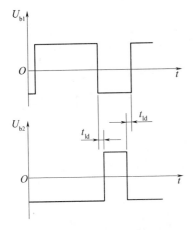

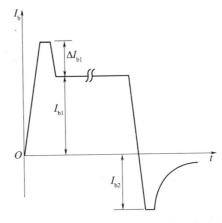

图 5 - 65　考虑开通延时的基极脉冲电压信号　　　图 5 - 66　开关晶体管要求的基极电流信号

（1）开通阶段　为了使晶体管在任何情况下开通时都能充分饱和导通，应根据电动机的起动、制动电流和晶体管的电流放大系数 β 值来确定所需要的基极电流 I_{b1}。此外，由于晶体管开通瞬间还要承担与其串联的续流二极管关断时反向时的电流冲击，有可能使晶体管在开通瞬间因基流不足而退出饱和区，导致正向击穿。为了防止出现这种情况，必须引入加速开通电路，即在基极电流 I_{b1} 的基础上再增加一个强迫驱动分量 ΔU_{b1}（图5 - 65），强迫驱动的时间取决于续流二极管的反向恢复时间。

（2）饱和导通阶段　饱和导通阶段的基极电流 U_{b1} 主要决定于在输出最大集电极电流时能够饱和导通，只要比这时的临界饱和基极电流大一些就行了。

（3）关断阶段　由于晶体管导通时处于饱和状态，因此在关断时有大量存储电荷，导致关断时间延长。为了加速关断过程，必须在基极加上负的偏压，以便抽出基区剩余电荷，这样就形成负的基极电流 $-I_{b2}$。在晶体管关断后，负偏压能使它可靠地截止，但负偏压也不宜过大，以形成最佳的 dI_{b2}/dt 为宜。

按图 5 -66 波形设计基极驱动电路可有多种，下面介绍一种集成电路，它可使电力晶体管具有多种自保护功能，且保证电力晶体管运行于参数最优的条件下。

大规模集成电路 UAA4002 是为一塑封 16 引脚双列直插式集成电路，是由法国汤姆森半导体公司（THOMSON SEMICONDUCTURE）研制和生产。其管脚排列与原理框图如图 5 - 67 所示，它具有输入接口、输出接口和保护三项主要功能。

输入接口的任务是将来自控制电路的信号与 UAA4002 的内部逻辑处理器进行必要的匹配。输入信号可以有电平和脉冲两种工作方式，若在 SE 端加一逻辑高电平或通过阻值最小为 4.7kΩ 的电阻把该端接到正电源，则 UAA4002 便被选定为电平工作模式；UAA4002 的脉冲工作模式可通过在 SE 端施加一交变脉冲信号或在该端接一逻辑低电平或把该端直接接本集成块工作的地端（9 端）来实现。

输出接口的任务是向 GTR 提供驱动电流。正向最大输出电流为 0.5A，该电流是把接收到的逻辑信号输入的 GTR 工作信号变为加到电力晶体管上的基极电流，这一基极电流以保证 GTR 处于临界饱和且自动调节，从而有效地减少了晶体管关断时的存储时间；反向最大输出电流为 3A，这一电流足以使电力晶体管快速关断，因而晶体管集电极的电流下降时间极短，减少了关断损耗。这两个电流均可通过增加外部晶体管进行扩展。

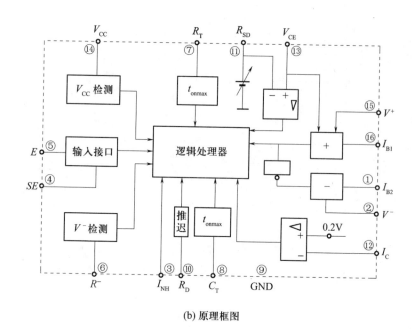

(a) 管脚排列示图   (b) 原理框图

图 5 - 67   UAA4002 模块

丰富的保护功能是该驱动电路模块的突出特点。这些保护功能包括:过流保护;退饱和保护;导通时间间隔的控制;时间延迟和芯片过热保护等。

该模块利用限制发射极电流的办法实现过电流保护。具体办法是:9 脚直接接到晶体管发射极的分流器或电流互感器的一个输出端(其另一端接地),如图 5 - 68 所示,UAA4002 内部的比较器对此端输入的电流进行监控,一旦其大于设定值时,则 UAA4002 内部的逻辑处理器便通过封锁 UAA4002 的输出信号来停止电力晶体管的导通,从而对晶体管进行过流保护。

防止退饱和的措施是采用检测 GTR 集—射极电压的方法,以避免器件因功耗过大而损坏。是由二极管 VD 来检测,如图 5 - 69 所示,二极管的阳极接于 UAA4002 的输入端(13 脚);其阴极接到电力晶体管集电极。在晶体管导通期间,该二极管导通,V_{CE} 上的电压与晶体管集—射极电压相同。当晶体管关断时,二极管也关断,V_{CE} 上的电压与该集成电路的正电源电压 V_{CC} 相同。R_{SD} 端(11 脚)通过电阻接零,其电压值由下式决定:

$$V_{RSD} = \frac{10R_{SD}}{R_T} \tag{5 - 55}$$

式中 V_{RSD}——电压(V)。

V_{RSD} 可在 (1 ~ 5.5)V 间调节,如果 11 脚开路,其电位被自动限制在 5.5V。在晶体管导通时,当电力晶体管的集—射极电压 V_{CE} 大于 R_{SD} 设定的电压 V_{RSD} 时,则 UAA4002 的内部逻辑处理器便通过封锁其输出脉冲来保护电力晶体管,直至下一导通周期,因而对电力晶体管进行任何退饱和保护,防止如基极驱动电流不足或集电极电流过载引起的晶体管退饱和的可能性。

电源电压监测环节用以防止由于控制电源变动可能引起的基极驱动电流不足或控制失误等故障。

166

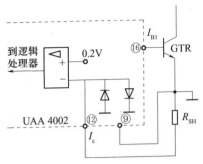

图 5 - 68　UAA4002 的过流保护　　　　图 5 - 69　UAA4002 的退饱和保护环节

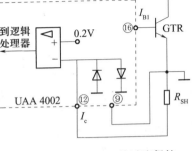

延时功能环节可避免在若干晶体管的顺序控制中同时导通,以至发生直通、短路或误动作等事故。它是由 R_D 端(10 脚)来实现这一功能,如图 5 - 70 所示为 UAA4002 的输出与输入信号前沿之间提供(1 ~ 12)μs 的延时,T_D 的大小与外接电阻 R_D 的大小有关:

$$T_D = 0.05 \times R_D \tag{5 - 56}$$

式中　　T_D——延时时间(μs);

　　　　R_D——外接电阻(kΩ)。

过热保护环节则在芯片温度超过 150℃,自动切断输出脉冲;一旦芯片温度降低到极限温度,输出脉冲重新出现,以保证芯片本身的安全。

由于篇幅的关系,其他功能不在此一一列举,读者可自行查阅相关资料。

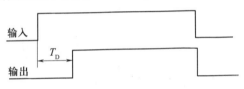

图 5 - 70　延时功能

5.4.3　H 型倍频单极式开关放大器工作分析

1. H 型主电路

图 5 - 71 所示为主电路图。图 5 - 71 中 V_1 ~ V_4 为大功率晶体管,为主电路的开关元件。晶体管工作在开关状态,即只有导通与截止两种状态,并认为工作状态的转换是极快的。VD_1 ~ VD_4 为大功率普通二极管,为主电路的续流元件。M 为直流电动机。电机若不采用永磁式,其励磁电路另外给出。

U_{b1} ~ U_{b4} 为 4 个大功率晶体管的基极控制电压,为了实现单极性工作方式的脉宽调速,其关键就是用 U_{b1} ~ U_{b4} 的电压去控制相应的 4 个晶体管的开关状态。电压 U_{b1} ~ U_{b4} 来自脉宽调制器。

2. 脉宽调制器

为了产生对开关放大器输出脉冲宽度可由控制信号线性调节的 PWM 信号,需要一个电压—脉宽线性变换电路,称为脉宽调制器。要实现这一变换功能,通常可采用三角波或锯齿波作为调制波,输入到一个电压比较器(即脉宽调制器),其输出就是脉宽调制波(PWM 波形)。

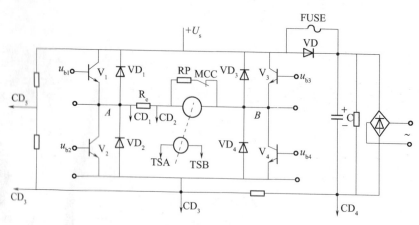

图 5 - 71　单极性 H 型开关放大器电路

1) 三角波发生器

图 5 - 72 所示是三角波发生器的一种电路形式。该三角波发生器由一片双集成运放及相应的电阻电容构成。其中运发 Q_1 为正反馈放大器，Q_2 为反相积分器。输出三角波的幅值与电源电压有关，周期可由式 $T = 4R_3R_5C_2/R_2$ 决定。本例典型值为 $T = 0.1\mathrm{ms}$，即三角波频率为 1kHz，峰值为 $U_\mathrm{p} = \pm 8.5\mathrm{V}$。

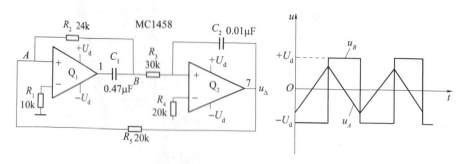

图 5 - 72　三角波发生器及波形

电路工作情况可简述如下。当 Q_1 正相输入端为正电压时，其输出也为正电压，Q_2 在这一正电压作用下线性积分，在其输出端 7 可得到线性良好的三角波下降沿。该输出电压又经 R_5 反馈到 Q_1，当输出电压降到其绝对值大于 Q_1 本身的经 R_2 来的正反馈电压时，Q_1 工作状态翻转，其输出为负电压，于是 Q_2 开始反向线性积分，形成线性良好的三角波上升沿。

2) 由电压比较器构成的脉宽调制器

图 5 - 73 所示是脉宽调制器的原理图。图 5 - 73 中 U_ct 为电流调节器输出的控制电压。当 PWM 调速系统开环运行时，U_ct 即为手动控制给定电压。U_Δ 为三角波调制电压，输出电压 U_ex 即为脉宽调制波形。

其脉宽调制工作原理可简述如下：

当控制电压 $U_\mathrm{ct} = 0$ 时，电压比较器的工作状态由 U_Δ 控制，其输出为占空比 $\rho = 50\%$ 的方波；当 $U_\mathrm{ct} > 0$ 或 $U_\mathrm{ct} < 0$ 时，电压比较器工作状态由 U_Δ 与 U_ct 共同决定，其输出电压波

168

形的占空比 ρ 已不再是 50%，改变控制电压 U_{ct} 即可改变输出电压波形的脉冲宽度，这就实现了脉宽调制。其工作波形如图 5-74 所示。

实际应用的 PWM 调制器，为了实现对 4 个大功率管的控制，常采用相反控制的两路 PWM 调制电路。经分路而形成四路 PWM 信号。实用电路举例如图 5-75 所示。

该电路由 Q_3、Q_4 两个运算放大器构成电压比较器，分别输出 PWMA 和 PWMB 两路脉宽调制波形。1MΩ 的正反馈电阻可保证电压比较器可靠翻转。与输出相接的 12kΩ 电阻为集电极开路输出的 OC 门上拉电阻。

控制电压 U_{ct} 分别接两个电压比较器的正反相输入端，可使 U_{ct} 变化时，两路 PWM 波形的脉宽向不同的方向变化，即 PWMA 占空比上升时，PWMB 占空比应下降。

两路 PWMA、PWMB 信号，由逻辑延时电路处理后即形成为四路 PWM 信号，经光电耦合器送到主电路（图 5-71）的 4 个大功率晶体管的基极上，作为晶体管的基极控制信号电压 $U_{b1} \sim U_{b4}$。

当控制电压 $U_{ct} > 0$ 时，即可得到如图 5-76 所示的工作波形图。从图中可以看出，电枢两端电压 U_{AB} 的波形只有正波形，没有负波形，所以这种电路称单极性工作方式。电枢平均电压为正值时，电机处于正转状态，且只有 V_1、V_4 工作，V_2、V_3 截止。电枢电压波形频率，也就是 H 型开关电路输出电压的频率为晶体管开关频率的两倍。

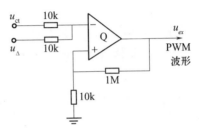

图 5-73　脉宽调制器原理图

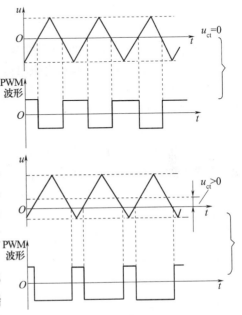

图 5-74　脉宽调制 PWM 波的形成

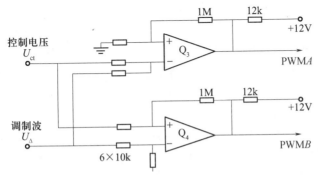

图 5-75　两路 PWM 波的形成

3）电机正转时的电动状态分析

下面根据图 5-71 和图 5-76 所示的电动机电枢电压波形，对电动机的电动工作状

169

态进行分析。

（1）$t_1 < t < t_2$ 区间　在此区间，基极电压 U_{b1}、U_{b4} 为正，晶体管 V_1、V_4 处于饱和导通状态，而 U_{b2}、U_{b3} 为负，V_2、V_3 处于截止状态，直流电源 U_s 经 V_1、V_4 向电机供电，电枢电压为正，其电压平衡方程为

$$U_d = L_a \frac{di_d}{dt} + R_a i_d + E \qquad (5-57)$$

式中　U_d——电动机电枢电压（V）（即 U_{AB}）；

　　　L_a——电动机电枢回路电感量（H）；

　　　i_d——电动机电枢电流（A）；

　　　R_a——电动机电枢回路电阻（Ω）；

　　　E——电动机电枢反电动势（V）。

此时电机处于正转电动状态。等效电路如图 5-77(a)所示。

（2）$t_2 < t < t_3$ 区间　该区间，基极电压 U_{b2}、U_{b4} 均为负，晶体管 V_2、V_4 截止，直流供电回路被切断。由于电枢回路电感的作用，电枢电流要力图保持原值，于是电路经 V_1 和 VD_3 续流，电枢电压为零。其电压平衡方程为

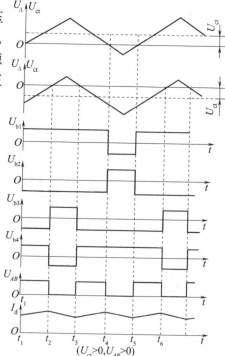

图 5-76　单极性 H 型开关放大器工作波形

$$O = L_a \frac{di_d}{dt} + R_a i_d + E$$

或写成

$$-L_a \frac{di_d}{dt} = R_a i_d + E \qquad (5-58)$$

上式表明，此区间内电枢电感释放出电感能量，继续维持电机的电动状态。VD_3 导通的正向压降使 V_3 反偏，故 V_3 也处于截止状态。等效电路如图 5-77(b)所示。

（3）$t_3 < t < t_4$ 区间　此区间与(1)状态相同，电机又从直流电源经 V_1、V_4 获得电能而处于电动状态。

（4）$t_4 < t < t_s$ 区间　该区间基极电压 U_{b1}、U_{b3} 均为负，故 V_1、V_3 截止，又一次切断了直流电源，也是由于电枢电感的作用，电枢电流经导通管 V_4（此区间 U_{b4} 为正）和 VD_2 续流，电机仍处于电动状态。该过程与(2)相似。其等效电路如图 5-77(c)所示。

以上是电机正转电动状态的一个工作周期。若控制 $U_{b1} \sim U_{b4}$ 基极电压使 V_2、V_3 同时导通，则直流电源通过 V_2、V_3 向电枢供电，则电枢两端电压波形始终为负，电机即可实现反转；当与电源断开时，也有相应的电枢电流续流回路，其分析与正转类似，不再重复。

4）电机正转时的制动过程分析

仍按图 5-76 所示工作波形分析，当控制电压 U_{ct} 下降时，电机产生制动过程。

当给定电压 U_{ct} 突然下降时，基极电压 $U_{b1} \sim U_{b4}$ 脉宽将发生变化，最后使电枢电压正

170

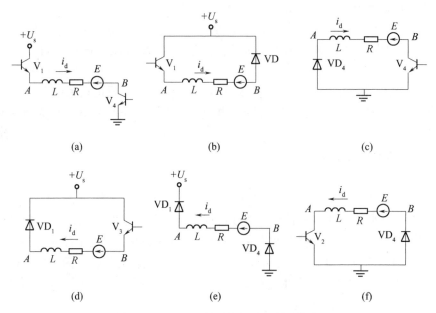

图 5-77　电机正转时的电动与制动状态

波形的脉宽变窄,平均电压 U_d 将下降,即出现了 $U_d < E$ 的状态,即电枢电压小于电机反电势,于是开始了制动过程。

(1) $t_1 < t < t_2$ 区间　在该区间一旦出现 $U_d < E$ 的状态,电枢电流就要反向,由于 U_{b2}、U_{b3} 为负,V_2、V_3 管处于截止状态,反向电流不能流过 V_2、V_3;V_1、V_4 虽然都有正向基极电压,但电流不能反向流过 V_1、V_4,结果只有通过 VD_1、VD_4 形成回路,于是电枢电流经 VD_1、VD_4 把机械能变为电能向直流电源反输能量。此时电机处于再生发电制动状态。值得特别提出的是 H 型开关放大器所用的直流电源是一般的二极管不可控整流电源,没有逆变功能,不能向电网回馈电能,故此区间电机发出的电能不能通过整流电路回馈电网,而只能向整流电路的大滤波电容器充电,抬高了直流电源电压,整称"泵升电压"。泵升电压过高是不允许的,应采取相应的泄放保护措施(图 5-77(e))。

(2) $t_2 < t < t_3$ 区间　此区间 U_{b3} 为正,V_3 处于导通状态,与 VD_1 共同为反向电枢电流提供了最短捷的通路,VD_4 则自动关断。电机的动能变为电能消耗在电枢回路的电阻上而处于能耗制动状态(图 5-77(d))。

(3) $t_3 < t < t_4$ 区间　该区间状态同(1),反向电枢电流经 VD_1、VD_4 向电源滤波电容充电,实现再生发电制动得电能而处于电动状态(图 5-77(e))。

(4) $t_4 < t < t_s$ 区间　该区间状态同(2)类似,电枢电流经 V_2 和 VD_4 继续进行能耗制动(图 5-77(f))。

电机经过能耗制动和再生制动过程,其转速很快达到给定转速,重新达到新的平衡运转状态。

还应特别说明的是,根据理论分析,PWM 调速系统无论是单极性还是双极性工作制,电枢电流都是脉动的,其最大脉动量与直流电源电压值成正比。与电枢电感量和电枢电压脉冲方波频率成反比。可见,对同一电机,在同一供电电压下,提高电枢电压方波频率对减少电流脉动有利。这就需要提高 H 型主电路的开关频率。

从电机转速讲,由于电流的脉动,也会引起转速的脉动。经过分析可知,转速脉动量与电枢电压脉冲频率的平方成反比,这也可看出提高电枢电压工作频率的好处。

但要提高开关放大器的开关频率,会受到大功率晶体管截止频率的限制,不可能很高。如前所述,当采用单极性工作方式时,电枢电压方波频率是晶体管开关频率的两倍,基本上就解决了这一问题。但单极性工作方式时,轻载低速状态下,电流可能断续,对其静、动态特性都有一定的影响。

3. 逻辑延时

在 H 型开关功率放大器中,跨接在电源两端的上下两个晶体管 V_1、V_2 或 V_3、V_4,经常处于交替工作状态。由于晶体管的关断过程中有一段存储时间和电流下降时间,总称关断时间,在这段时间内,晶体管并未完全关断。若在此期间,另一个晶体管导通,则造成上下两管直通而使直流电源正负极短路,烧坏晶体管或其他元器件。为了避免这种情况,PWM 调速系统都设置了逻辑延时电路,保证在向一个管子发出关断脉冲后,延时一段时间,再向另一个管子发出开通脉冲。

现给出逻辑延时设计环节的一个具体电路(图 5 – 78)。该电路由集成运放 Q_5 和 Q_6 组成,其输入信号来自一路 PWM 脉宽调制的输出(图 5 – 75 中的 PWMA),后经延时充电和放电 RC 电路分别控制 Q_5 和 Q_6 的翻转,其输出分别控制 H 型主电路的 V_1、V_2 管。由另外一组相同的电路,其输入信号来自 PWMB,输出信号分别控制 V_3、V_4。电路的工作原理简述如下。当 V_3 输出的 PWMA,由低电平翻到高电平时,晶体管 V 导通为电容 C_1 提供了低阻放电回路,使 Q_5 几乎立即翻转,输出由低电平即刻变为高电平,向大功率晶体管 V_1 发出关断信号。同时 VD$_1$ 截止,+12V 电源经 R_2 向 C_2 充电,经过一段充电延时后,达到了翻转的门限电压而使 Q_6 状态翻转,输出由原来的高电平变为低电平,发出晶体管 V_2 的开放信号。其充电延时时间,即为关断 V_1 后延迟开放 V_2 的延时时间,V_1 和 V_2 不能同时导通而短路。同理,另一组电路也保证了 V_3 和 V_4 不同时导通。若 Q_3 由高电平翻到低电平,则是 V_2 先瞬时关断,延时后 V_1 才能开通。延时

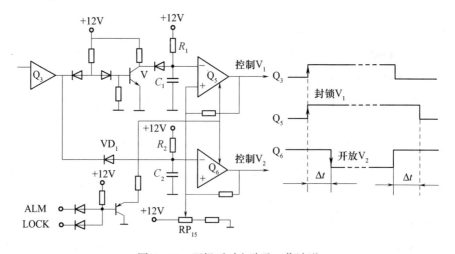

图 5 –78　逻辑延时电路及工作波形

172

时间可通过从 RP_{15} 抽出的比较电压值进行调整。该电路在实际调整时,延时可从 $45\mu s$ 调到 $140\mu s$。

4. 功率输出级的驱动电路

对于 H 型开关放大器的 4 个大功率晶体管要采用四路独立的基极驱动电路,因此常采用四路独立电源供电。其中一路的原理电路如图 5-79 所示。

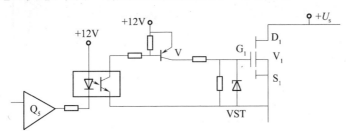

图 5-79 功率输出级及驱动电路

该电路中大功率晶体管 VMOS 场效应管。其工作原理是,当 Q_5 输出低电平时,通过光电耦合使晶体管 V 导通,则有正电压加于大功率晶体管 V_1 的控制栅极 G_1 上,使 VMOS 管 V_1 处于导通状态。图 5-79 中的稳压管 VST(15V),是 VMOS 管的控制栅极保护管,以免当控制栅极电压超过 15V 时造成 VMOS 管的永久损坏。

5.5 脉宽调速系统实例

5.5.1 脉宽调制双环可逆调速系统

下面介绍一典型的双极式 PWM-M 双闭环可逆调速系统,分析其工作原理。系统的原理图如图 5-80 所示。

1. 主电路

主电路由双极式 PWM 变换器组成,由 U_{b1} 和 U_{b2} 控制,VT_1、VT_2、VT_3、VT_4 是做开关用的电力晶体管,VD_1、VD_2、VD_3、VD_4 为续流二极管。当 U_{b1} 端出现正脉冲时,VT_{10} 饱和导通,A 点电位从 $+U_S$ 下降到 VT_{10} 的饱和导通电压,在 VT_5 基极出现负脉冲,从而使 VT_5、VT_1 导通,经电动机电枢使 VT_8、VT_4 导通,电动机经 VT_1、VT_4 电力晶体管接至电源。在 U_{b1} 正脉冲下降沿阶段,VT_1、VT_4 经($15\sim18$)μs 存储时间后退出饱和,流过的电枢电流迅速下降,电枢电感 L 产生很大的自感电动势,其值为

$$e_L = -L\frac{di}{dt}$$

阻止电流下降,自感电动势 e_L 经 VT_4、VD_2 及 VD_3、VT_1 闭合回路续流。二极管 VD_2、VD_3 为电力晶体管 VT_1、VT_4 关断时提供自感电动势的续流通路,以免过压损坏电力晶体管。同理,当 U_{b2} 端出现正脉冲时,VT_3、VT_2 导通,在电流下降阶段续流二极管 VD_1、VD_4 起作用。

2. 转速给定电压

稳压源提供 $+15V$ 和 $-15V$ 的电源,由单刀双掷开关 SA 控制电动机正转与反转,RP_1、RP_2 分别是调速给定电位器。

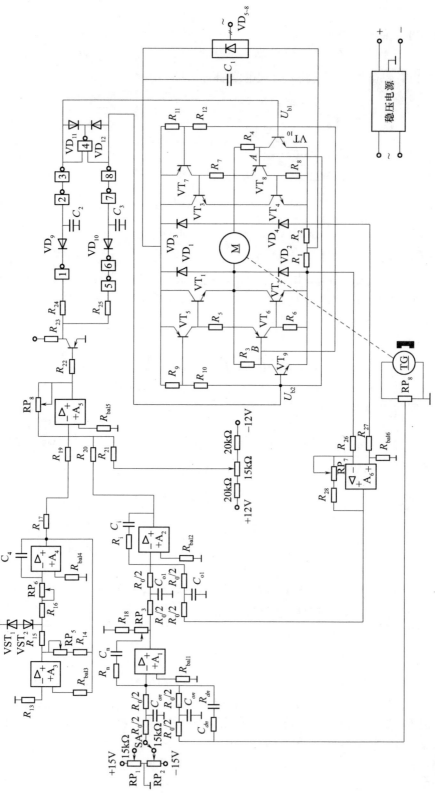

图5-80 双极式PWM-M双闭环可逆调速系统电路图

3. 脉宽调制器及延时电路

脉宽调制器为三角波脉宽调制器,其工作原理前面已分析过,调制信号的质量完全取决于输出三角波的线性度、对称性和稳定性。

由于双向脉宽调制信号是由正脉冲和负脉冲组成一个周期信号,控制逻辑不但要保证正常工作时的脉冲分配,而且必须保证任何一瞬间 VT_1、VT_2 或 VT_3、VT_4 不能同时导通,致使直流电源短路而烧坏电力晶体管。这就要求变换器中的同侧两只晶体管一只由导通变截止后,另一只方可由截止向导通转变。于是就形成了控制信号逻辑延时的要求,这一延时必须大于电力晶体管由饱和导通恢复到完全截止所需要的时间。

延时电路是采用与非门构成并增设了逻辑多"1"保护环节,其延时时间就是电容的充电时间,改变电容大小可以得到不同的延时时间,则电容 C_2 和 C_3 值为

$$C_2 = C_3 = \frac{t}{R\ln\dfrac{U_s}{U_s - U_c}} \tag{5-59}$$

式中　R——充电回路电阻,在 HTL 与非门内 $R = 8.2\text{k}\Omega$;

　　　　U_s——电源电压,HTL 与非门用 15V;

　　　　U_c——电容端电压,HTL 与非门的开门电平为 8.5V。

4. 调节器

系统为转速、电流双闭环调速系统,ASR、ACR 均采用比例积分调节器,参数的选择可参考本章 5.3 节。

5. 转速微分负反馈

ASR 在原来的基础上,增加了电容 C_{dn} 和电阻 R_{dn}(图 5-80 左侧),这就构成了转速微分负反馈,在转速变化过程中,转速只要有变化的趋势时,微分环节就起着负反馈的作用,使系统的响应加快,退饱和的时间提前,因而有助于抑制振荡,减少转速超调,只要参数配合恰当,就有可能在进入线性闭环系统工作之后没有超调而趋于稳定。下面分析带微分反馈转速调节器的动态结构。微分反馈支路的电流用拉普拉斯变换式表示为

$$i_{dn}(s) = \frac{\alpha n(s)}{R_{dn} + \dfrac{1}{C_{dn}s}} = \frac{\alpha C_{dn}sn(s)}{R_{dn}C_{dn}s + 1}$$

式中　R_{dn},C_{dn},i_{dn}——转速负反馈微分支路电阻、电容和电流;

　　　　n——转速负反馈输出电压。

因此,据运放器的特点,有电流平衡方程式

$$\frac{U_n^*(s)}{R_0(T_{on}s + 1)} - \frac{\alpha n(s)}{R_0(T_{on}s + 1)} - \frac{\alpha C_{dn}sn(s)}{R_{dn}C_{dn}s + 1} = \frac{U_i^*(s)}{R_n + \dfrac{1}{C_ns}}$$

式中　R_n,C_n——转速负反馈运放器反馈电阻和电容;

　　　　R_0,T_{on}——转速负反馈比例积分支路电阻和时间常数。

整理后得

$$\frac{U_n^*(s)}{T_{on}s + 1} - \frac{\alpha n(s)}{T_{on}s + 1} - \frac{\alpha \tau_{dn}sn(s)}{T_{odn}s + 1} = \frac{U_i^*(s)}{K_n\dfrac{\tau_ns + 1}{\tau_ns}}$$

式中 $\tau_{dn} = R_0 C_{dn}$——转速微分时间常数;

$T_{odn} = R_{dn} C_{dn}$——转速微分滤波时间常数;

$\tau_n = R_n C_n$——转速微分负反馈时间常数;

$K_n = R_n / R_0$——转速微分负反馈增益。

根据电流平衡方程式可以绘出带转速微分负反馈的转速环动态结构图,如图 5-81 所示。可以看出,C_{dn} 的作用主要是对转速信号进行微分,因此称作微分电容;而 R_{dn} 的主要作用是滤去微分后带来的高频噪声,可以称为滤波电阻。

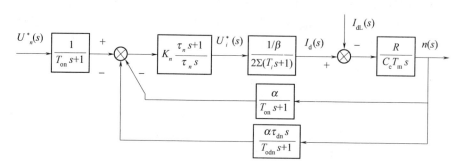

图 5-81 带转速微分负反馈的转速环动态结构图

5.5.2 双机双轴两相推挽斩波调速系统

一般大于 50m 的远程回转式输送机械大都采用双机双轴同步拖动,即两端各置一台直流电动机并列运行,下面就对此系统作一介绍。

1. 主电路

所谓推挽就是两机各用一套斩波器统一由 PWM 控制,以相同的开关频率工作,但在相位上相差 1/2 周期,使两机在一个周期内交替工作,其原理如图 5-82 所示。由于是推挽工作,使电抗器相应减小 1/2,因而运行稳定且效率大大提高。

但是,大功率斩波器工作在开关状态会给电源造成很大脉动,所以必须在输入电源端接大容量电容器与电抗器组成的电源滤波器,这减小了电源的脉动,抑制了外界干扰并吸收过电压,还提高了功率因数,其主电路如图 5-83 所示。

GTR 选用 SQD200A、600V,其频率为 2000Hz。此斩波器采用了软起动技术,在 GTR 的 c-e 极间并联一阻抗元件 R_L,这样就省掉了 GTR 的吸收、缓冲等保护设施,简化了电路和设计并降低了成本。更主要的是使电动机有一软起动基值电流通过,为 GTR 开通、关断提供了通路,又避免了电动机进入全压运行的波动现象。电路中 R_1、R_2 分压后分别经 A602、B602 送给 UAA494 进行 PWM 控制。而 A474、B747、303、404 是对电力晶体管实现退饱和和过流保护的。

2. 推挽驱动电路

其电路如图 5-84 所示,选用 UAA494(或 TL494)及外围器件组成 PWM、4000Hz 的方波发生器。经内部分频放大后,由 9、10 脚分别输出两组相位相差 1/2 周期的 2000Hz 矩形脉冲(即将触发控制端 13 脚和基准输出端 14 脚连接构成推挽工作制),各自再经脉冲变压器降压后输给两片智能保护驱动控制集成块 UAA4002,经 VT_{D44VH}、VT_{D45VH} 晶体管放大后去驱动 SQD200A、600V 的 GTR。

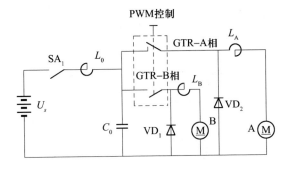

(a) 电路原理

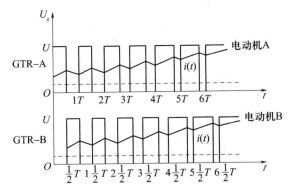

(b) 波形

图 5-82 双机双轴两相斩波推挽电路

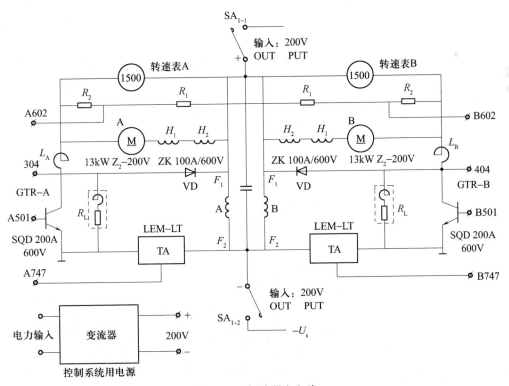

图 5-83 斩波器主电路

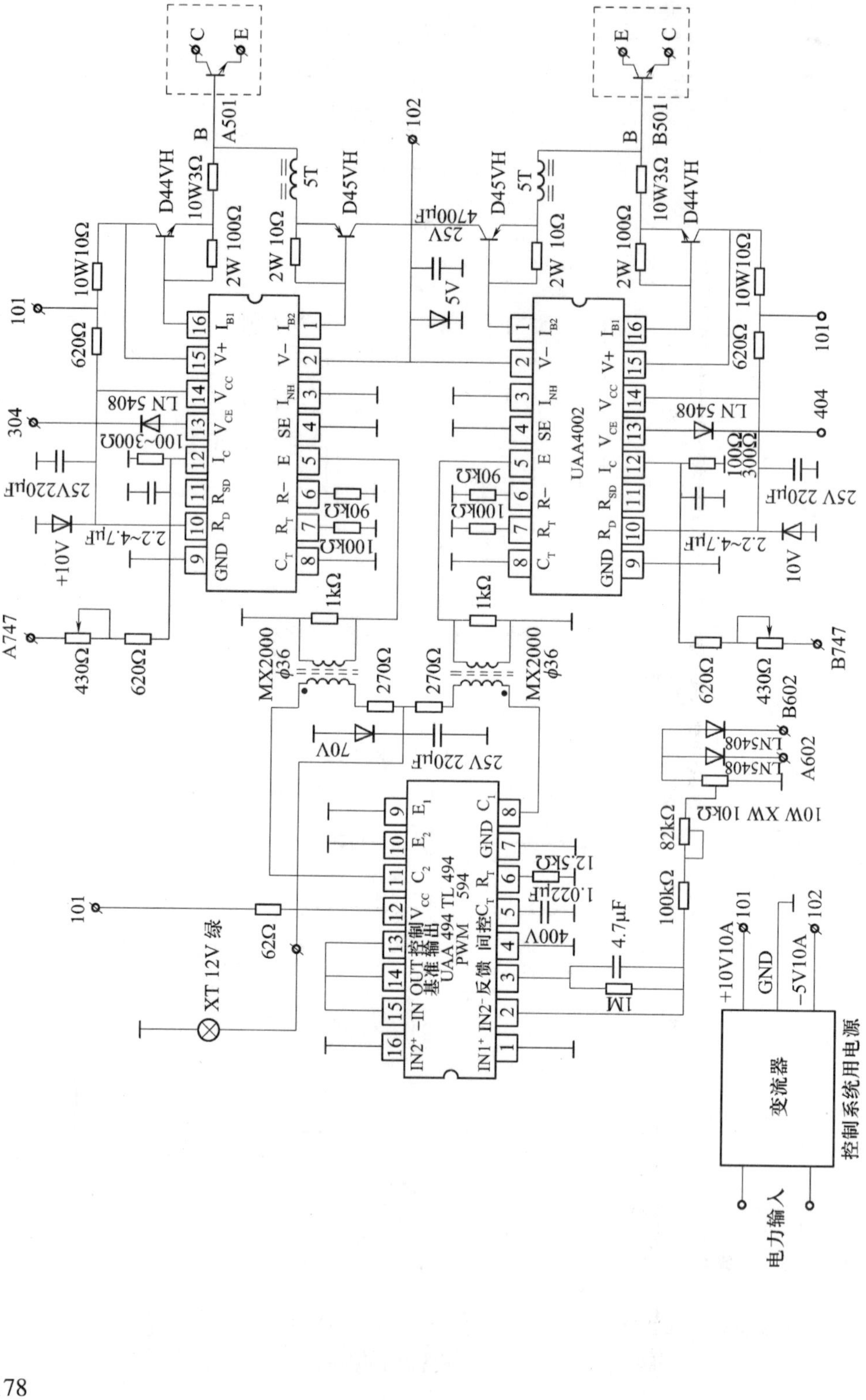

图5-84 振荡、推挽驱动主电路

178

5.6 直流调速系统应用特点

（1）电力晶体管直流脉宽调速系统与晶闸管直流调速系统都是直流电动机调压调速系统。前者晶体管直流脉宽调制（PWM）变换器取代后者的晶闸管变流器，使得直流调速系统的频率特性、控制特性等方面都有明显的改善。因此随着 GTR 电压、电流额定的不断提高以及功率集成电路的开发，直流脉宽调速系统的应用将越来越广泛。

（2）PWM 变换器常用的结构形式为 H 型变换器，由于控制方式的不同，可分成双极式可逆 PWM 变换器、单极式可逆 PWM 变换器和受限式可逆 PWM 变换器三种。三者的特点见表 5 - 2。

（3）直流 PWM 调速系统的控制电路由脉宽调制电路与驱动电路组成。在控制电路中必须设置防止直流电源直通的保护环节。

（4）直流 PWM 调速系统一般采用转速、电流双闭环控制系统。在一定条件下，电枢电流连续，则各组成环节的传递函数、双闭环控制的动态结构图、动态校正以及静特性分析可按连续的晶闸管直流调速系统类似处理。

第6章 交流伺服电动机及其速度控制

6.1 交流伺服电动机

长期以来,在要求调速性能较高的场合,一直占据主导地位的是应用直流电动机的调速系统。但直流电动机存在一些固有的缺点,如电刷和换向器易磨损,需经常维护;换向器换向时会产生火花,使电动机的最高速度受到限制,也使应用环境受到限制;而且直流电动机结构复杂,制造困难,所用钢铁材料消耗大,制造成本高。而交流电动机,特别是鼠笼式感应电动机没有上述缺点,且转子惯量较直流电机小,使得动态响应更好。在同样体积下,交流电动机输出功率可比直流电动机提高 10% ~ 70%。此外,交流电动机的容量可比直流电动机造得大,达到更高的电压和转速。

随着新型大功率电力电子器件、新型变频技术、现代控制理论以及微机数控等在实际应用中取得的重要进展,到了 20 世纪 80 年代,交流伺服驱动技术已取得了突破性的进展。在日本、欧、美等形成了一个生产交流伺服电动机的新兴产业。在德国 1988 年的机床进给驱动中,交流伺服电动机驱动已占 80%,日本 1985 年销售的交流与直流电动机驱动系统之比为 3:1。机床主轴驱动中,采用交流电动机的占销售总量的 90%。

6.1.1 交流伺服电动机的分类和特点

1. 异步型交流伺服电动机(IM)

异步型交流伺服电动机指的是交流感应电动机,它有三相和单相之分,也有鼠笼式和线绕式之分,通常多用鼠笼式三相感应电动机。因为其结构简单,与同容量的直流电动机相比,质量约小 1/2,价格仅为直流电动机的 1/3。其缺点是不能经济地实现范围较广的平滑调速,必须从电网吸收滞后的励磁电流,因而令电网功率因数变坏。

这种鼠笼转子的异步型交流伺服电动机简称为异步型交流伺服电动机,用 IM 表示。

2. 同步型交流伺服电动机(SM)

同步型交流伺服电动机虽较感应电动机复杂,但比直流电动机简单。它的定子与感应电动机一样,都在定子上装有对称三相绕组。而转子却不同,按不同的转子结构又分电磁式和非电磁式两大类。非电磁式又分磁滞式、永磁式和反应式几种。其中磁滞式和反应式同步电动机存在效率低、功率因数较差、制造容量不大等缺点,数控机床中多用永磁式同步电动机。与电磁式相比,永磁式优点是结构简单、运行可靠、效率较高;缺点是体积大、起动特性欠佳。但永磁式同步电机采用高剩磁感应、高矫顽力的稀土类磁铁后,可比直流电动机外形尺寸约小 1/2,质量减小 60%,转子惯量减到直流电动机的 1/5。它与异步电动机相比,由于采用了永磁铁励磁,消除了励磁损耗及有关的杂散损耗,所以效率高。又因为没有电磁式同步电动机所需的集电环和电刷等,其机械可靠性与感应(异步)电动机相同,而功率因数却大大高于异步电动机,从而使永磁

180

同步电动机的体积比异步电动机小些。这是因为在低速时,感应(异步)电动机由于功率因数低,输出同样有功功率时,它的视在功率却要大得多,而电动机主要尺寸是根据视在功率而定的。

6.1.2 永磁同步交流进给伺服电动机

永磁同步电动机(Permanent Magnet Synchronous Motor,PMSM)与其他电机最主要的区别就是其转子的磁路结构,根据磁路结构的不同可以构造出多种不同性能的电机。与其他永磁电机相同,交流伺服 PMSM 的励磁是通过永磁体实现,按照永磁体所在的位置不同,永磁电机可以分为旋转磁极式和旋转电枢式两种,而大部分交流伺服 PMSM 采用的是旋转磁极式。

1. 结构

永磁同步电动机主要由三部分组成:定子、转子和检测元件(速度和位置传感器)。定子有齿槽,内有三相绕组,形状与普通感应电动机的定子相同,但其外圆多呈多边形,且无外壳,以利于散热,避免电动机发热对机床精度的影响。其中速度和位置传感器现在多采用光电编码器或者旋转变压器,可以实现转子转速测量与定位等功能,如图 6-1 和图 6-2 所示。

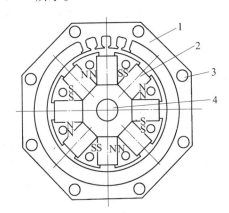

图 6-1　永磁交流伺服电动机横剖面
1—定子;2—永久磁铁;3—轴向通风孔;4—转轴。

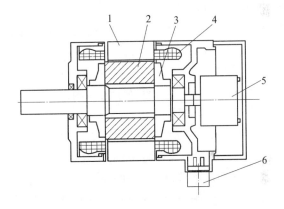

图 6-2　永磁交流伺服电动机纵剖面
1—定子;2—转子;3—压板;4—定子
三相绕组;5—脉冲编码器;6—出线盒。

按照永磁体在转子上的安装方式不同,又可分为面贴式、内插式和内埋式等几种,如图 6-3 所示。

面贴式转子结构中,永磁体通常呈瓦片形,位于转子铁芯的外表面上,永磁体提供磁通的方向为径向,具有结构简单、制造成本低、转动惯量小、易于实现正弦分布磁场等特点。由于永磁材料的相对回复磁导率接近于 1,所以面贴式转子在电磁性能上属于隐极转子结构,该结构的永磁磁极易于实现最优设计,能使电动机气隙磁密波形趋近于正弦波分布,从而提高电动机的运行性能,因此被更多地应用于高性能伺服控制、要求快速响应的应用场合。

内插式转子的相邻两条永磁磁极之间有磁导率很大的铁磁材料,转子磁路不对称,故在电磁性能上属于凸极转子结构,其制造工艺较简单。该结构可以充分利用转子磁路不

  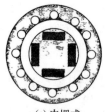

(a) 面贴式   (b) 内插式   (c) 内埋式

图 6-3　永磁同步电动机的转子结构

对称所产生的磁阻转矩提高电动机的功率密度,使得电动机的动态性能较面贴式有所改善,所以经常被交流调速传动系统中的永磁同步电动机采用,但漏磁系数和制造成本都较面贴式大。

内埋式转子结构的永磁体位于转子内部,永磁体受到极靴的保护,能有效地避免失磁,该结构机械强度高、磁路气隙小,与以上两种结构相比,更适用于弱磁运行,但其转子漏磁系数更大。

无论何种永磁交流伺服电动机,所用永磁材料的磁性能对电动机外形尺寸、磁路尺寸和性能指标都有很大影响。所用永磁材料有铝镍钴系永磁合金,铁氧体磁铁及稀土永磁合金;稀土永磁合金又分第一代钐钴($SmCo_5$)、第二代钐钴($SmCo_{17}$)和第三代稀土钕铁硼(Nd-Fe-B)。第三代稀土最有前途,它的最大磁能积达 $4 \times 10^5 T \cdot A/m$,是铁氧体的 12 倍,是铝镍钴 5 类合金的 8 倍,是钐钴永磁合金的 2 倍,且价格只有钐钴永磁合金的 1/3~1/4。

磁性能不同,制成的结构也不同。如星形转子只适合用铝镍钴等剩磁感应较高的永磁材料,而切向式永磁转子适宜用铁氧体或稀土钴合金制造。

2. 工作原理

如图 6-4 所示,一个二极永磁转子(也可以是多极的),当定子三相绕组通上交流电源后,就产生一个旋转磁场,图 6-4 中用另一对旋转磁极表示,该旋转磁场将以同步转速 n_s 旋转。由于磁极同性相斥,异性相吸,定子旋转磁极与转子的永磁磁极互相吸引,并带着转子一起旋转,因此,转子也将以同步转速 n_s 与旋转磁场一起旋转。

当转子加上负载转矩之后,转子磁极轴线将落后定子磁场轴线一个 θ 角,随着负载增加,θ 角也随之增大,负载减小时,θ 角也减小,只要不超过一定限度,转子始终跟着定子的旋转磁场以恒定的同步转速 n_s 旋转。

转子速度 $n_r = n_s = 60f/p$,即由电源频率 f 和磁极对数 p 所决定。

当负载超过一定极限后,转子不再按同步转速旋转,甚至可能不转,这就是同步电动机的失步现象,此负载的极限称为最大同步转矩。

永磁同步电动机起动困难,不能自起动的原因有两点:一是转子本身存在惯量。虽然当三相电源供给定子绕组时已产生旋转磁场,但转子仍处于静止状态,由于惯性作用跟不上旋转磁场的转动,在定子和转子两对磁极间存在相对运动时转子受到的平均转矩为零。二是定子、转子磁场之间转速相差过大。为此,在转子上装有起动绕组,且为笼式的起动绕组,使永磁同步电动机先像感应异步电动机那样产生起动转矩,当转子速度上升到接近同步转速时,定子磁场与转子永久磁极相吸引,将其拉入同步转速,使转子以同步转速旋转,即所谓的异步起动,同步运行。而永磁交流同步电动机中多无起动绕组,而是采用设

182

计时减低转子惯量或采用多极,使定子旋转磁场的同步转速不很大。另外,也可在速度控制单元中采取措施,让电动机先在低速下起动,然后再提高到所要求的速度。

3. 永磁同步伺服电动机的性能

(1) 交流伺服电动机的性能如同直流伺服电动机一样,可用特性曲线和数据表来反映。当然最为重要的是电动机的工作曲线即转矩 – 速度特性曲线,如图 6 – 5 所示。

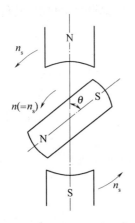

图 6 – 4　永磁交流伺服电动机的工作原理

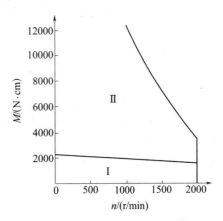

图 6 – 5　永磁同步电动机工作曲线
Ⅰ—连续工作区;Ⅱ—断续工作区。

在连续工作区中,速度和转矩的任何组合都可连续工作。但连续工作区的划分受到一定条件的限制。一般来说,有两个主要条件:一是供给电动机的电流是理想的正弦波电流;二是电动机工作是在某一特定温度下得到这条连续工作极限线的,如温度变化则为另一条曲线,这是由于所用的磁性材料的负的温度系数所致。至于断续工作区的极限,一般受到电动机的供电电压的限制。

交流伺服电动机的机械特性比直流伺服电动机的机械特性要硬,其曲线更为接近水平线。另外,断续工作区范围更大,尤其是在高速区,这有利于提高电动机的加、减速能力。

(2) 高可靠性。用电子逆变器取代了直流电动机换向器和电刷,工作寿命由轴承决定。因无换向器及电刷,也省去了此项目的保养和维护。

(3) 主要损耗在定子绕组与铁芯上,故散热容易,便于安装热保护;而直流电动机损耗主要在转子上,散热困难。

(4) 转子惯量小,其结构允许高速工作。

(5) 体积小,质量小。

6.1.3　感应式异步交流主轴伺服电动机

目前,主轴伺服电动机大多采用永磁同步电动机或感应式异步电动机。永磁同步电机优点明显:转子温升低,在低限速度下,可以作恒转矩运行;转矩密度高,转动惯量小,动态响应特性更好。与现有的交流异步电动机相比,永磁同步电机工作过程中转子不发热、功率密度更高,有利于缩小主轴的径向尺寸、转子的转速严格与电源频率同步、可采用矢量控制等特点,但是一般情况下,永磁同步电动机的同步转速不会超过3000r/min,这就要求永磁同步电动机具有较高的弱磁调速功能。在弱磁控制的区间内,常会导致电流、转矩输出结果变差。虽然在弱磁控制方面也提出过不少方法,但是实际效果并不十分理想,并且主轴电动机功率要求较高,用永磁同步电动机的稀土材料成本过高。

目前,大多数普通机床通常使用感应式异步电动机。但异步调速主轴电机存在的问题十分明显:效率较低,转矩密度比较小、体积较大、功率因数低。此外,异步电机低速下转矩脉动严重,低速下温升高,而且控制算法的运算量大。但是随着 DSP 等新型控制器的飞速发展,运算速度可满足异步电机的复杂控制算法,使得异步电机低速性能得到显著提升。

1. 结构特点

交流主轴伺服电动机采用专门设计的感应电动机的结构形式,为增加输出功率、缩小电动机,采用定子铁芯在空气中直接冷却的方法,没有机壳。而且在定子铁芯上做有轴向孔以利通风。所以电动机外形呈多边形而不是圆形。交流主轴电动机结构和普通感应电动机的比较如图 6-6 所示。

转子结构多为带斜槽的铸铝结构,与一般鼠笼式感应电动机相同。在电动机轴尾部同轴装有检测用脉冲发生器。

2. 交流主轴电动机的性能

和直流主轴电动机一样,交流主轴电动机也是由功率-速度关系曲线来反映它的性能,其特性曲线如图 6-7 所示。

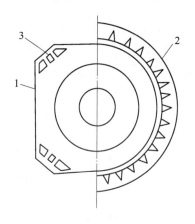

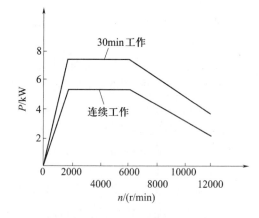

图 6-6　交流主轴电动机与普通感应
电动机比较示意图

1—交流主轴电动机;2—普通感应电动机;
3—冷却通风孔。

图 6-7　交流主轴电动机的特性曲线

从图 6-7 中曲线可见,交流主轴电动机的特性曲线与直流主轴电动机类似:在基本速度以下为恒转矩区域,而在基本速度以上为恒功率区域。但有些电动机,如图中所示那样,当电动机速度超过某一定值之后,其功率—速度曲线又往下倾斜,不能保持恒功率。对于一般主轴电动机,这个恒功率的速度范围只有 1:3 的速度比。另外交流主轴电动机也有一定的过载能力,一般为额定值的(1.2~1.5)倍,过载时间则从几分钟到 30min 不等。

3. 新型主轴电动机结构

从国外较有代表性的 FANUC 公司的研制情况来看,交流主轴电动机结构有下述三

184

种新发展。

（1）输出转换型交流主轴电动机　为满足机床切削的需要，要求主轴电动机在任何刀具切削速度下都能提供恒定的功率。但主轴电动机本身由于特性的限制，在低速时输出功率发生变化（即为恒转矩输出），而在高速区则为恒功率输出。主轴电动机的恒定特性可用在恒转矩范围内的最高速和恒功率时的最高速之比来表示。对于一般的交流主轴电动机，这个比例为1:3～1:4。因此，为了满足切削的需要，在主轴和电动机之间装有齿轮箱，使之在低速时仍有恒功率输出。如果主轴电动机本身有宽的恒功率范围，则可省略主轴变速箱，简化整个主轴机构。

为此，FANUC公司开发出一种称为输出转换型交流主轴电动机。输出切换方法很多，包括三角形－星形切换和绕组数切换，或二者组合切换。尤其是绕组数切换方法格外方便，而且，每套绕组都能分别设计成最佳的功率特性，能得到非常宽的恒功率范围，一般能达到1:8～1:30。

（2）液体冷却主轴电动机　图6-8所示为液体冷却主轴电动机。在电动机尺寸一定的条件下，为了得到大的输出功率，必然会大幅度增加电动机发热量。为此，必须解决电动机的散热问题。一般是采用风扇冷却的方法散热。但若采用液体（润滑油）强迫冷却法则能在保持小体积条件下获得大的输出功率。

液体冷却主轴电动机结构特点是在电动机外壳和前端盖中间有一个独特的油路通道，用强迫循环的润滑油经此来冷却绕组和轴承，使电动机可在20000r/min高速下连续运行。这类电动机的恒功率范围也很宽。

（3）内装式主轴电动机——电主轴　如果能将主轴与电动机制成一体，即可省去齿轮机构，使主轴驱动机构简化。内装式主轴电动机就是将主轴与电动机合为一体：电动机轴就是主轴本身，而电动机的定子被拼入在主轴头内。

与传统机床主轴相比，电主轴具有如下特点：

① 主轴由内装式电动机直接驱动，省去了中间传动环节，具有结构紧凑、机械效率高、噪声低、振动小和精度高等特点。

② 采用交流变频调速和矢量控制，输出功率大，调整范围宽，功率转矩特性好。

③ 机械结构简单，转动惯量小，可实现很高的速度和加速度及定角度的快速准停。

④ 电主轴更容易实现高速化，其动态精度和动态稳定性更好。

⑤ 由于没有中间传动环节的外力作用，主轴运行更平稳，使主轴轴承寿命得到延长。

如图6-9所示，内装式主轴电动机由三个基本部分组成：空心轴转子，带绕组的定子和检测器。由于取消了齿轮变速箱的传动及与电动机的连接，因而简化了构成，降低了噪声、共振，即使在高速下运行，振动也极小。

6.1.4　交流伺服电动机的发展动向

1. 新永磁材料的应用

永磁材料自20世纪30年代以来得到了很大发展，尤其是60年代稀土材料的出现和永磁材料性能的不断完善，更推动了永磁电动机迅速发展。第三代稀土材料钕铁硼的出现，已可达到的矫顽力H_c为$636 \times 10^3 \text{A/m}$，剩磁感应为14.5T，最大磁能积为$4 \times 10^5 \text{T} \cdot \text{A/m}$。这么高的磁性能，将可使磁铁长度缩到最短。它不但缩小了电动机的外形尺寸，还将对传统

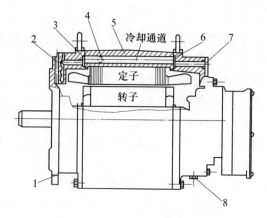

图 6-8 液体冷却主轴电动机

1、8—油/空气出口；2—油/空气入口；3、6—O形圈；
4—冷却油入口；5—定子外壳；7—通道挡板。

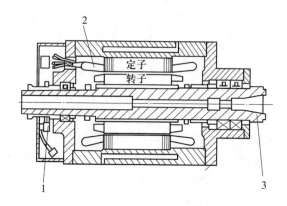

图 6-9 内装式主轴电动机

1—检测器；2—带绕组的定子；3—空心轴转子主轴。

的磁路尺寸比例带来一次大的变革。

2. 永磁铁结构的改革

通常结构是磁铁装在转子表面，称为外装永磁（SPM）电动机，还可将磁铁嵌在转子里面，称为内装永磁（IPM）电动机，后者结构如图 6-10 所示。

内装式永磁交流伺服电动机的特点是：

（1）电动机结构更牢固，允许在更高转速下运行。

（2）有效气隙小，电枢反应容易控制，因此能实现恒转矩区和弱磁恒功率区的控制。

（3）电动机采用凸极转子结构，纵轴感抗大于横轴感抗，因此转矩靠磁场相互作用及磁阻效应产生。1987 年已在实验室实现了这种结构的钕铁硼永磁交流伺服电动机的驱动系统，目前得到了广泛的应用。

3. 与机床部件一体化式的电动机

日本 FANUC 公司在 1989 年试制出一种新结构形式的永磁交流伺服电动机，称为空心轴交流伺服电动机。其结构特点是伺服电动机的转轴是空心的，进给丝杠的螺母装在空心输出轴上，使进给丝杠能在电动机内来回移动。这种与进给传动机构结合在一起的

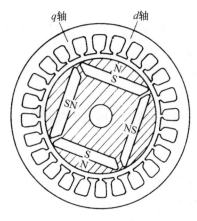

图 6 - 10 内装式永磁电动机

结构形式,是与机床部件一体化式的伺服电动机。这一结构特点可以使移动的重物重心正好与丝杠运动在同一直线上,这就有可能建立一个具有最小弯曲或倾斜的高效的驱动系统,而且不需采用联轴器,因而使伺服系统具有很高的刚性和极高的控制精度。这种电动机的用途很广,其中一个典型例子是电动机在卧式铣床上的应用。卧式铣床的立柱需要作前后左右移动,当采用普通伺服电动机驱动时,丝杠必须固定在主轴的一侧(图 6 - 11(a)),而使用空心轴电动机时,丝杠可直接位于主轴的中心(图 6 - 11(b)),从而使得很小的立柱有着很大的可加工范围。

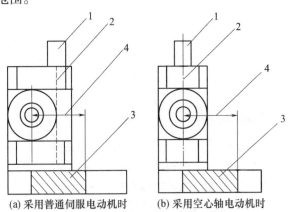

(a) 采用普通伺服电动机时   (b) 采用空心轴电动机时

图 6 - 11 采用不同电动机的立柱结构示意图
1—伺服电动机;2—丝杠;3—工作台;4—加工范围。

6.2 交流电动机调速原理

6.2.1 交流调速的基本技术途径

由电机学基本原理可知,交流电机的同步转速为

$$n_0 = \frac{60f_1}{p} \quad (\text{r/min}) \qquad (6-1)$$

异步电动机的转速为

187

$$n = \frac{60f_1}{p}(1 - S) = n_0(1 - S) \quad (\text{r/min}) \tag{6-2}$$

式中　f_1——定子供电频率（Hz）；

　　　p——电机定子绕组磁极对数；

　　　S——转差率。

由式（6-2）可见，要改变电机转速可采用以下几种方法。

（1）改变磁极对数 p。这是一种有级的调速方法。它是通过对定子绕组接线的切换以改变磁极对数调速的。

（2）改变转差率调速。这实际上是对异步电动机转差功率的处理而获得的调速方法。常用的是降低定子电压调速、电磁转差离合器调速、线绕式异步电动机转子串电阻调速或串级调速等。

（3）变频调速。变频调速是平滑改变定子供电电压频率 f_1 而使转速平滑变化的调速方法。这是交流电动机的一种理想调速方法。电机从高速到低速其转差率都很小，因而变频调速的效率和功率因数都很高。

6.2.2　异步电动机的等效电路及机械特性

根据电机学原理，经过一定假设和简化以后，异步电动机的稳态等效电路如图6-12所示。

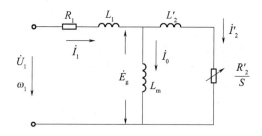

图 6-12　异步电动机的稳态等效电路

R_1，R_2—定子每相电阻和折合到定子侧的转子每相电阻（Ω）；

L_1，L'_2—定子每相漏感和折合到定子侧的转子每相漏感（H）；

L_m—定子每相绕组产生气隙主磁通的等效电感，即励磁电感（H）；

ω_1—定子电压角频率（rad/s）；U_1—定子相电压有效值（V）；S—转差率。

根据图6-12可以导出异步电动机的机械特性方程式：

$$T_e = \frac{3PU_1^2 \dfrac{R'_2}{S}}{\omega_1 \left[\left(R_1 + \dfrac{R'_2}{S} \right)^2 + \omega_1^2 (L_1 + L'_2)^2 \right]} \tag{6-3}$$

式中　T_e——电动机的电磁转矩；

　　　P——极对数。

式（6-3）可以画出异步电动机的机械特性曲线，如图6-13所示。图6-13中，S_m是最大转矩时的转差率，T_{emax}是电动机的最大电磁转矩。

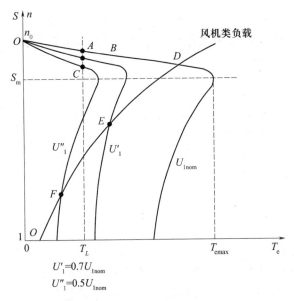

$$U'_1 = 0.7U_{1nom}$$
$$U''_1 = 0.5U_{1nom}$$

图 6-13　异步电动机机械特性曲线

该机械特性表明,当转速和转差率一定时,电磁转矩与电压的平方成正比。这样,对于不同的电压 U_1,还可画出不同的机械特性。当电机带恒转矩负载时,调压调速时的调速范围是极小的,其最大转差不会超过 S_m。但对于风机类负载,调整定子供电电压时,可以得到较大的调速范围。

6.2.3　交流变频调速系统基本分析

1. 变频调速的基本控制方式

一般电机在设计时,主磁通 Φ_m 应选在接近饱和的数值上并保持额定,这样可以充分利用铁芯材料,并输出足够的转矩。

根据异步电动机的理论,其定子电势平衡方程为

$$E_g = 4.44 f_1 W_1 k_1 \Phi_m \tag{6-4}$$

式中　E_g——定子每相感应电势(V);

　　　f_1——定子电源频率(Hz);

　　　W_1——定子每相绕组匝数;

　　　K_1——基波绕组系数;

　　　Φ_m——每极气隙磁通量(Wb)。

当采用变频调速时,若定子电势 E_g 保持恒定,则随着频率 f_1 的上升,气隙磁通 Φ_m 势必下降。根据电动机转矩关系

$$T = C_M \Phi_m I_2 \cos\varphi_2 \tag{6-5}$$

式中　I_2——转子电流;

　　　φ_2——转子电流的相位角。

可知,磁通 Φ_m 的减小势必降低电动机的输出转矩和最大转矩,从而影响电动机的过载能力。相反,若频率 f_1 下降,势必造成磁通 Φ_m 的增加,使磁路饱和,激磁电流上升,电动机发

189

热就比较严重,这也是不允许的。这就说明,变频调速时,必须根据不同的要求,在调节频率 f_1 的同时,也要相应改变定子的电势值,以维持气隙磁通 Φ_m 不变。这就是恒定电势频率比的调速方式,即

$$\frac{E_g}{f_1} = 常数 \qquad (6-6)$$

但定子电势 E_g 是难以控制的,也不便于测量出来。当电势较高时,可以忽略定子绕组 R_1 和 L_1 上的阻抗压降,即可认为定子电压 $U_1 \approx E_g$,则恒定电势频率比控制方式可以变为恒定定子电压频率比控制方式,即

$$\frac{U_1}{f_1} = 常数 \qquad (6-7)$$

简称恒压频比控制方式。

当电势较低,即频率很低时,定子阻抗压降已不能忽略,所以必须人为地提高定子电压 U_1,用以补偿定子阻抗压降。这种带定子压降补偿的恒压频比控制特性如图 6-14 所示。

在恒压频比控制方式下, U_1 的最大值只能是定子额定电压,而 f_1 此时应为额定频率 f_{1nom},对应的转速为额定转速。调速时,电压 U_1 只能小于额定值,即 f_1 只能向下调才能保证其与电压比值为恒定,所以恒压频比工作方式只适于基频(即额定转速)以下的调速。这相当于直流电机恒磁调压调速的情况。

当工作频率 f_1 大于额定频率时,电压 U_1 不能向上调节,而只能维持在额定电压,这将迫使磁通 Φ_m 与频率 f_1 成反比的变化,这相当于直流电机弱磁升速的情况。

这种基频以下和基频以上的两种情况合起来,就是异步电动机变频调速的完整的控制特性,如图 6-15 所示。

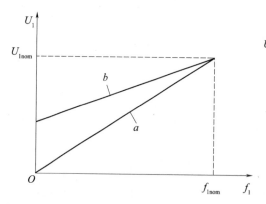

图 6-14　恒压频比控制特性
a—不带定子压降补偿;b—带定子压降补偿。

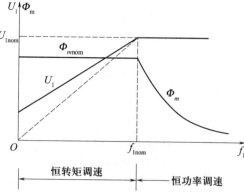

图 6-15　异步电动机变频调速控制特性

如果电动机在不同转速下都工作在额定电流情况下,电机能在允许温升条件下长期稳定运行。这时转矩基本上随磁通 Φ_m 而变化。由图可见,基频以下属于"恒转矩调速",而基频以上属于"恒功率调速"。

2. 恒压频比控制时电机的机械特性

在这种情况下,电机同步转速随频率而变化,即

$$n_0 = \frac{60f_1}{p} = \frac{60\omega_1}{2\pi p} \tag{6-8}$$

式中 ω_1——定子电源角频率(rad/s)。

电机带负载时的转速降

$$\Delta n = Sn_0 = \frac{60}{2\pi p}S\omega_1 \tag{6-9}$$

并可由机械特性方程导出

$$S\omega_1 \approx \frac{R'_2 T_e}{3p\left(\dfrac{U_1}{\omega_1}\right)^2} \tag{6-10}$$

由式(6-10)可知,当 $\dfrac{U_1}{\omega_1}$ 为恒定值时,对于同一转矩 T_e,$S\omega_1$ 是基本不变的,因而 Δn 也基本不变。这表明频率 f_1 向下调时,机械特性将平行下移。这和直流电机恒定励磁下调压调速的平行下移特性相类似。

恒压频比变频调速时异步电机的机械特性曲线如图6-16所示。

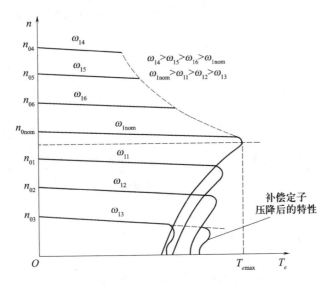

图6-16 恒压频比控制变频调速的机械特性

恒功率调速时,对于任一频率 f_1,电机都工作在额定功率下,而转矩随频率 f_1 成反比下降。

6.3 变频调速技术

6.3.1 变频器的分类与特点

对交流电动机实现变频调速的装置叫变频器,其功能是将电网电压提供的恒压恒频

(Constant Voltage Constant Frequency,CVCF)交流电变换为变压变频(Variable Voltage Variable Frequency,VVVF)交流电,变频伴随变压,对交流电动机实现无级调速。变频器的基本分类如下:

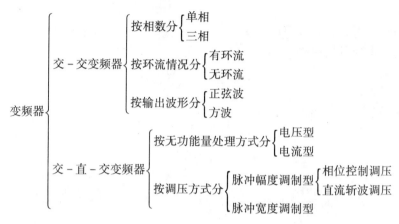

交 - 交变频器与交 - 直 - 交变频器的结构对比如图 6 - 17 所示。交 - 交变频器没有明显的中间滤波环节,电网交流电被直接变成可调频调压的交流电,又称为直接变频器。而交 - 直 - 交变频器先把电网交流电转换为直流电,经过中间滤波环节之后,再进行逆变才能转换为变频变压的交流电,故称为间接变频器。在数控机床上,一般采用交 - 直 - 交变频器。

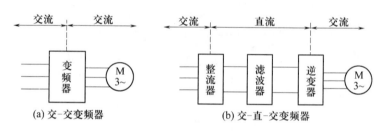

图 6 - 17 两种类型的变频器

从图 6 - 17(a)、图 6 - 17(b)的对比中可以看出,交 - 直 - 交变频器有明显的中间滤波环节,按照这个中间滤波环节是电容性或是电感性可以将交 - 直 - 交变频器划分为电压(源)型或电流(源)型交 - 直 - 交变频器。

图 6 - 18 给出了交 - 直 - 交电压型变频器的主电路结构形式,图 6 - 19 给出了交 - 直 - 交电流型变频器的主电路结构形式。

在图 6 - 18 的电压型变频器中,因采用电容滤波,故输出电压波形是规则的。图 6 - 18(a)结构靠调节可控整流器的控制角 α 进行调压(VV),逆变器只进行调频(VF)。图 6 - 18(b)结构则使用不可控整流器接入电网,再通过斩波器进行调压,逆变器调频。图 6 - 18(a)、图 6 - 18(b)两种结构的共同特点在于都有专门的调压环节调整输出电压的幅值,因此,从最后输出波形看,它们同属于脉冲幅度调制(PAM)方式。图 6 - 18(c)结构是目前通用变频器产品中最常见的主电路形式,由不可控整流器接入电网,整流之后不调节电压幅度就送入逆变器,逆变器一次完成调频调压,因其电压幅值不可变,逆变器的调压靠改变电压输出脉冲的宽度来完成,所以就输出波形上划分,该结构为脉冲宽度调制(PWM)

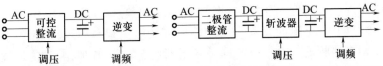

(a) 可控整流器调压、六拍逆变器变频　(b) 二极管整流斩波器调压、六拍逆变器变频

(c) 二极管整流、PWM 逆变器调压调频

图 6 - 18　交 - 直 - 交电压型变频器的结构形式

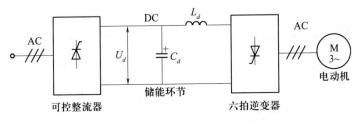

(a) 可控整流器调压、六拍逆变器变频

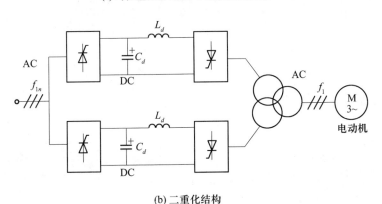

(b) 二重化结构

图 6 - 19　交 - 直 - 交电流型变频器的结构形式

方式。

　　此外,在图 6 - 18 所示的交 - 直 - 交电压型变频器中,图 6 - 18(b)、图 6 - 18(c)两种结构因采用不可控整流,功率因数高,图 6 - 18(a)种结构由于采用可控整流,电压波形缺块,谐波的无功功率使得输入端功率因数降低。图 6 - 18(a)、图 6 - 18(b)两种结构中,独立的调压调频环节使之容易分开调试,但系统的动态反应慢,图 6 - 18(c)结构则动态响应快且功率因数高,独具优势。

　　图 6 - 19 的交 - 直 - 交电流型变频器主电路结构中,在整流器与逆变器之间起抗干扰及无功能量缓冲作用的滤波器件是电感,因此,电流型变频器的输出电流波形比较规则。图 6 - 19(a)所示的结构是普通交 - 直 - 交电流型变频器的常见结构,可控整流器用来调节电压和电流的大小,逆变器变频。由于电流型变频器很少进行脉冲宽度调制(像电压型图 6 - 18(c)方案那样),而普通方案图 6 - 19(a)的输出电流波形(方波)中谐波分

量太大,影响了电动机的低速性能,因此,对电流型变频器可以采用图 6-19(b)所示的二重化结构。该结构中,上下两套变频器的输出方波电流频率一致,但相位上错开一定角度,输出时将两套变频器的输出电流通过变压器(或直接)叠加,叠加之后输出的交流电流将成为多阶梯的波形,更接近于正弦波,有利于抑制低速运行时的转矩脉动,扩大运行范围。多套变频器的叠加称为多重化,但重数越多,控制电路越复杂,越难于实现。

交-交变频器与交-直-交变频器的主要特点比较见表 6-1,电流型与电压型交-直-交变频器的主要特点比较见表 6-2。表中所列比较内容有待于结合变频器原理内容加以理解。

表 6-1 交-交变频器与交-直-交变频器的主要特点比较

变频器类型 比较内容	交-交变频器	交-直-交变频器
换能方式	一次换能,效率较高	二次换能,效率略低
换流方式	电网电压换流	强迫换流或负载换流
装置元件数量	较多	较少
元件利用率	较低	较高
调频范围	输出最高频率为电网频率的 1/3~1/2	频率调节范围宽
电网功率因数	较低	如用可控整流桥调压,则低频低压时功率因数较低,如用斩波器或 PWM 方式调压,则功率因数高
适用场合	低速大功率拖动	可用于各种拖动装置,稳频稳压电源和不停电电源

表 6-2 电流型与电压型交-直-交变频器的主要特点比较

变频器类型 比较内容	电 流 型	电 压 型
直流回路滤波环节	电抗器	电容器
输出电压波形①	决定于负载,当负载为异步电机时,近似正弦形	矩形
输出电流波形①	矩形	决定于逆变器电压与负载电动机的电势,近似正弦形,有较大的谐波分量
输出动态阻抗	大	小
再生制动	尽管整流器电流为单向,但 L_d 上电压反向容易,再生制动方便,主回路不需附加设备	整流器电流为单向且 C_d 上电压极性不易改变,再生制动困难,需要在电源侧设置反并联有源逆变器
过流及短路保护	容易	困难
动态特性	快	较慢,如用 PWM 则快
对晶闸管要求	耐压高,对关断时间无严格要求	耐压一般可较低,关断时间要求短
线路结构	较简单	较复杂
适用范围	单机、多机拖动	多机拖动,稳频稳压电源或不停电电源

注:① 均指简单的晶闸管三相六拍变频器波形,既不用 PWM 也不进行多重化

6.3.2　晶闸管交-直-交变频器

对传统晶闸管交-直-交变频器这里只分析最基本的两种形式,局限于图6-18(a)及图6-19(a)的主电路结构。

1. 交-直-交电压型变频器

1) 主电路组成

图6-20是串联电感式电压型变频器逆变部分的主电路。变频器主电路由晶闸管整流器、中间滤波电容器及晶闸管逆变器组成,整流器可根据使用场合采用单相或三相晶闸管整流电路,此处不再研究,因此图中电路只有电容滤波器及晶闸管逆变器两部分。

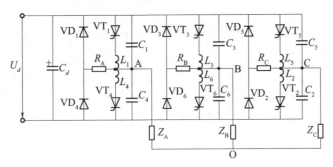

图6-20　三相串联电感式电压型逆变器主电路

C_d为滤波电容器,逆变器中$VT_1 \sim VT_6$为主晶闸管,$VD_1 \sim VD_6$为反馈二极管,R_A、R_B、R_C为衰减电阻,$L_1 \sim L_6$为换流电感,$C_1 \sim C_6$为换流电容,Z_A、Z_B、Z_C为变频器的三相对称负载。

该逆变器部分没有调压功能,只要将六个主晶闸管按一定的导通规则通断,就可以将滤波电容C_d送来的直流电压U_d逆变成频率可调的交流电。调压靠前级的可控整流电路完成。

2) 晶闸管导通规则及输出波形分析

逆变器中六个晶闸管的导通顺序为$VT_1 \rightarrow VT_2 \rightarrow VT_3 \rightarrow VT_4 \rightarrow VT_5 \rightarrow VT_6 \rightarrow VT_1$,触发间隔均匀,即各晶闸管的触发间隔为60°电角度。另外,这种电压型逆变器的导通区间只能采用180°导电型,即每个晶闸管导通之后,经180°电角度被关断。

按照每个晶闸管触发间隔为60°,触发导通后维持180°电角度才被关断的特征,可以作出六个晶闸管导通区间分布如图6-21(a)所示。

由导通区间分布,可以作出各导通区间内的等效电路,并由此求出输出相电压与线电压。

在0°~60°区间,有VT_5、VT_6、VT_1共同导通,等效电路如图6-21(b)所示,输出相电压为

$$\begin{cases} U_{AO} = U_d \dfrac{Z_A // Z_C}{(Z_A // Z_C) + Z_B} = \dfrac{1}{3} U_d \\[2mm] U_{BO} = -U_d \dfrac{Z_B}{Z_B + (Z_A // Z_C)} = -\dfrac{2}{3} U_d \\[2mm] U_{CO} = U_{AO} = \dfrac{1}{3} U_d \end{cases} \qquad (6-11)$$

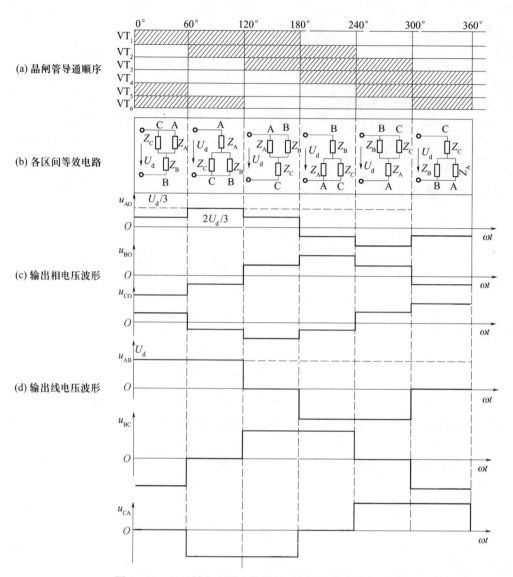

图 6-21 180°导电型逆变器的导通规律和输出电压波形

线电压为

$$\begin{cases} U_{AB} = U_{AO} - U_{BO} = U_d \\ U_{BC} = U_{BO} - U_{CO} = -U_d \\ U_{CA} = U_{CO} - U_{AO} = 0 \end{cases} \quad (6-12)$$

在 60°~120°区间,有 VT_6、VT_1、VT_2 共同导通,该区间相、线电压计算值为

$$\begin{cases} U_{AO} = \dfrac{2}{3} U_d \\ U_{BO} = -\dfrac{1}{3} U_d \\ U_{CO} = -\dfrac{1}{3} U_d \end{cases} \quad (6-13)$$

196

$$\begin{cases} U_{AB} = U_d \\ U_{BC} = 0 \\ U_{CA} = -U_d \end{cases} \qquad (6-14)$$

同理可以求出其他区间的相电压、线电压大小。图 6-21(c) 为各区间连接起来之后的交-直-交电压型变频器输出相电压波形,三个相电压波形是阶梯状的互差 120° 电角度的交变电压,三个线电压波形则为矩形波三相对称交变电压,如图 6-21(d) 所示。

图 6-21(c)、图 6-21(d) 所示相、线电压波形有效值为

$$U_{AO} = U_{BO} = U_{CO} = \sqrt{\frac{1}{2\pi} \int_0^{2\pi} u_{AO}^2 d\omega t} = \frac{\sqrt{2}}{3} U_d \qquad (6-15)$$

$$U_{AB} = U_{BC} = U_{CA} = \sqrt{\frac{1}{2\pi} \int_0^{2\pi} u_{AB}^2 d\omega t} = \sqrt{\frac{2}{3}} U_d \qquad (6-16)$$

$$U_{线} = \sqrt{3} U_{相} \qquad (6-17)$$

3) 晶闸管换流原理

交-交变频器中晶闸管的换流同普通整流电路一样是采用电网电压自然换流,而交-直-交变频器的逆变部分则无法采用电网电压换流,又由于逆变器的负载一般为三相异步电动机,属电感性,也无法采用对电容性负载使用的负载换流方式,故逆变器中晶闸管只能采用强迫换流方式。

为便于分析换流原理,特作如下假定:①假设逆变器所输出交流电的周期 $T \gg$ 晶闸管的关断时间;②在换流过程的短时间内,认为负载电流 I_L 不变;③上、下两个换流电感 L_1 和 L_4、L_3 和 L_6、L_5 和 L_2 耦合紧密;④晶闸管的触发时间近似认为等于零,反向关断电流也近似为零;⑤忽略各晶闸管及二极管的正向压降。

从图 6-21(a) 可看出,各个区间由哪几只管子导通构成回路,并且在什么地方哪两个管子该换流。例如在 180° 电角度时,从 VT_1 换流至 VT_4,下面就以这个时刻为例说明其换流原理:

(1) 换流前的初始状态:显然换流以前逆变器工作于 120°～180° 区间,这时 VT_1、VT_2、VT_3 三只管子导通,与负载形成初始的闭合回路,A 相负载电流如图 6-22(a) 中虚线箭头所示。稳态时 VT_1、L_1 上无压降,C_4 上充有电压 U_d,极性上正下负 VT_4 上承受正压。

(2) 触发 VT_4 后的 C_4 放电阶段:在 180° 电角度触发 VT_4,电路主要有以下三个方面的变化:

首先,由于 C_4 上原来充有电压 $U_{C4} = U_d$,VT_4 触发后立即导通,C_4 立即会通过 VT_4 释放能量。放电回路为 $C_4 \rightarrow L_4 \rightarrow VT_4 \rightarrow C_4$,设放电电流为 i_4 如图 6-22(b) 所示。

另一方面,触发 VT_4 则 VT_1 立即关断,原因是由于 i_4 放电回路使 L_4 两端感应电压立即变为 $U_{L4} = U_{C4} = U_d$,又由于 L_1 和 L_4 紧密耦合,故 L_1 上也必然感应出 $U_{L1} = U_d$ 来,于是 b 点电位被抬高至 $2U_d$,VT_1 承受反压在瞬间关断。

再一方面,电压 U_{C4} 随放电降低,换向电容 C_1 同时开始充电,为下次换流做好准备。

这一阶段,负载 A 相电流 I_L 不变由 C_1、C_4 的充放电提供,I_L 方向也示于图 6-22(b)。

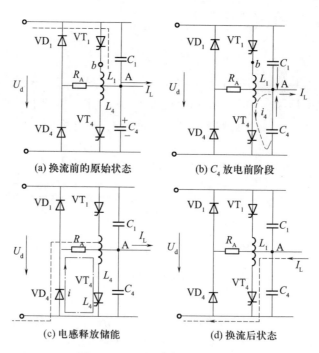

(a) 换流前的原始状态　　　　　(b) C_4 放电前阶段

(c) 电感释放储能　　　　　　(d) 换流后状态

图 6-22　A 相电路的换流过程

当这一阶段结束时，U_{C4} 放电到零，电容 C_4 流向 L_4 的振荡放电电流 $i_4 = \dfrac{1}{L}\displaystyle\int_0^t u_{C4}\mathrm{d}t$ 达到最大值 $I_{4\mathrm{m}}$。

各物理量的变化可以这样表示：

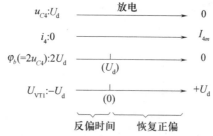

由于 C_4 放电段，b 点电位由 $2U_d$ 连续降到零，可见 φ_b 必然要经历 $\varphi_b = U_d$ 即 $u_{L4} = u_{C4} = \dfrac{1}{2}U_d$ 这一时刻，这时刻以前，VT_1 承受的是反偏压，这时刻之后，VT_1 又恢复正偏。VT_1 承受反偏电压时间必须保证其可靠关断。

（3）电感释放储能阶段：当电容 C_4 放电完毕后，不能再提供给电感（包括 L_4 及 $L_{负载}$）能量了，于是电路中电感储能开始释放。

电感 L_4 上储能为 $\dfrac{1}{2}L_4 I_{4\mathrm{m}}^2$，通过 $VT_4 \rightarrow VD_4 \rightarrow R_A \rightarrow L_4 \rightarrow VT_4$ 构成的闭合回路放电，放电电流为 i_{L_4}，如图 6-22（c）所示，电感能量在 R_A 中消耗掉。VD_4 是在本段才开始导通的，由于第（2）阶段中 C_4 上有正向电压，故 VD_4 上承受反压，在 C_4 放电结束之后，VD_4 才被导通。

负载电感中储能为$\frac{1}{2}L_{负载}I_L^2$,放电回路为:$Z_A \rightarrow Z_B \rightarrow VT_3 \rightarrow U_d \rightarrow VD_4 \rightarrow R_A \rightarrow Z_A$,回路可参考图6-22(c)自己作出,该回路经过直流电源U_d,可见换流时负载能量回馈电网。

当换流电感L_4及负载电感中的能量都释放完毕后,换流过程即为结束,接着VT_4导通,进入新的换流后状态。

(4)换流后状态:$VT_1 \rightarrow VT_4$换流后,逆变器进入180°~240°区间,该区间A相负载电流如图6-22(d)所示。值得注意的是,这种逆变器必须具有足够的脉冲宽度去触发晶闸管。原因如下:如果负载电感较大,第(3)阶段中L_4电感中的电能先释放完,而$L_{负载}$中的储能后释放完,即i_{L4}先从I_{4m}变到0,这时VT_4就会因放电电流到零而关断,待负载电流i_L从I_L变到零,要从VT_4反向时,VT_4已先关断。为了防止VT_4先关断而影响换流,触发脉冲应采用宽脉冲(一般取120°)或脉冲列,以保证VT_4在负载电感量较大时的再触发。

除了上述串联电感式逆变器之外,晶闸管交-直-交电压型逆变器还有串联二极管、采用辅助晶闸管换流等典型接线型式,由于晶闸管元件没有自关断能力,这些逆变器都需要配置专门的换流元件来换流,装置的体积与重量大,输出波形与频率均受到限制。随着各种自控式开关元件(大功率晶体管GTR、可关断晶闸管GTO、金属场效应管MOSFET、绝缘栅双极型晶体管IGBT)的研制与应用,在三相变频器中已越来越少采用晶闸管做开关,故此处旨在描述180°导电型交-直-交电压型变频器的输出波形及变频作用,其他晶闸管电压型变频电路概不赘述。

2. 交-直-交电流型变频器

1)异步电动机等效电路的简化

图6-23(a)为三相异步电动机一相等效电路,其中R_1、L_{l1}分别为定子每相内阻及漏感,R'_2、L'_{l2}分别为折合到定子侧的转子每相电阻及漏感,L_m为定子每相绕组产生气隙主磁通对应的铁芯电路电感。

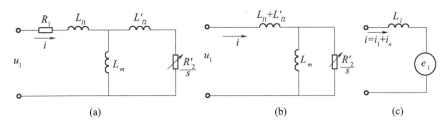

图6-23 三相异步电动机一相等效电路及简化电路

为了简化分析,可以忽略定子电阻R_1,并且可以将励磁电抗L_m移至L'_{l2}之后,形成如图6-23(b)所示的近似等效电路。

如果将流入三相异步电动机的相电流i分为基波i_1与谐波i_n两部分:$i = i_1 + i_n$,则i_1和i_n都要在该相产生感生电动势。在串联漏电感$L_{l1} + L'_{l2} = L_l$上,基波与谐波电流都会产生感生电动势,而在L_m与R'_2/s的并联支路中,却只有基波电流i_1的感生电动势e_1存在(由于认为电机主磁通分布是正弦的,故感生电动势只有基波没有谐波),于是电动机的一相等效电路可进一步简化为图6-23(c)。

在最后的简化电路中,设基波电流

$$i_1 = \sqrt{2}I_1 \sin\omega t \qquad (6-18)$$

式中 $\omega = 2\pi f$, f 为逆变器对电动机的供电频率。则 $e_1 = E_{1m}\sin(\omega t + \varphi_1)$，其中

$$E_{1m} = \sqrt{2}I_1\left(\frac{R'_2}{s}//\mathrm{j}\omega L_m\right) = \sqrt{2}I_1\frac{\dfrac{R'_2}{s}\cdot \mathrm{j}\omega L_m}{\dfrac{R_2}{s} + \mathrm{j}\omega L_m} \qquad (6-19)$$

于是，电动机各相等效电压表达式可以写成

$$u_{相} = L_l\frac{\mathrm{d}i}{\mathrm{d}t} + e_1 \qquad (6-20)$$

以下对电流变频器的分析中，将采用这种简化的各相等效电路。

2）电流型变频器的主电路及输出波形

交－直－交电流型变频器逆变部分的典型电路为串联二极管式主电路结构，如图 6－24 所示，图中负载电动机采用简化后的各相等效电路作出。

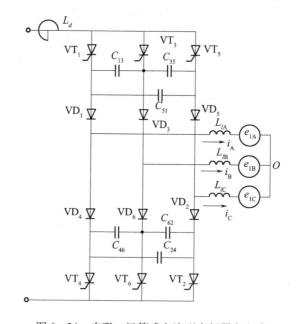

图 6－24　串联二极管式电流型变频器主电路

以 e_{1A}、e_{1B}、e_{1C} 分别表示各相基波电流感应电势，L_{lA}、L_{lB}、L_{lC} 表示各相漏电感，则

$$u_A = L_{lA}\frac{\mathrm{d}i_A}{\mathrm{d}t} + e_{1A} \qquad (6-21)$$

$$u_B = L_{lB}\frac{\mathrm{d}i_B}{\mathrm{d}t} + e_{1B} \qquad (6-22)$$

$$u_C = L_{lC}\frac{\mathrm{d}i_C}{\mathrm{d}t} + e_{1C} \qquad (6-23)$$

L_d 即为整流与逆变两部分电路的中间储能环节——直流平波电抗器，$VT_1 \sim VT_6$ 为主晶闸管，C_{13}、C_{35}、C_{51}、C_{46}、C_{62} 及 C_{24} 为换流电容，$VD_1 \sim VD_6$ 为隔离二极管，电流型逆变器一般采用 120°导电型，6 个晶闸管的触发间隔为 60°，每只管子在持续导通 120°后换流，晶闸管的导通区间分布如图 6－25(a)所示，从中可以看出在各 60°区间内只有两个晶闸管

导通,如在 $0° \sim 60°$ 区间,VT_1、VT_6 导通,则主电路电流 I_d(经 L_d 滤波后为平直的电流)流向为 $VT_1 \to VD_1 \to A$ 相 $\to 0 \to B$ 相 $\to VD_6 \to VT_6$。于是对星形对称负载:$i_A = +I_d$,$i_B = -I_d$,$i_C = 0$;若带三角形对称负载:$i_{AB} = \dfrac{2}{3}I_d$,$i_{BC} = -\dfrac{1}{3}I_d$,$i_{CA} = -\dfrac{1}{3}I_d$;其余区间也可同样计算。交 - 直 - 交电流型逆变器的输出电流波形如图 6 - 25 所示。

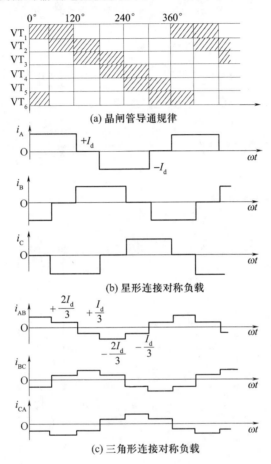

图 6 - 25　交 - 直 - 交电流型逆变器的导通规律及输出电流波形

3)晶闸管换流原理

串联二极管式电流型逆变器的换流过程,以 $0°$ 电角度时 VT_5 向 VT_1 换流为例进行分析,可分为以下几个阶段:

(1)原始导通阶段:逆变器在 $0°$ 电角度之前工作于 $300° \sim 360°$ 正常运行区段,有晶闸管 VT_5、VT_6 导通,负载电流 $I_L = I_d$ 流向为:$L_d \to VT_5 \to VD_5 \to C$ 相负载 $\to 0 \to B$ 相负载 $\to VD_6 \to VT_6$,电容 C_{35}、C_{51} 上均充有左负右正的电压 $u_C(0)$,因为 C_{35}、C_{51} 的右端均为最高电位,C_{13} 上无充电电压。该区间电流流通情况如图 6 - 26(a)所示。

(2)电容器恒流充电阶段:在 $0°$ 电角处触发 VT_1,则 VT_1 由于 C_{51} 与 VT_5 回路所施的正压而立即导通,VT_1 导通后又与 C_{51} 一起对 VT_5 施反压,于是 VT_5 立即关断。这时负载电流 $I_L = I_d$ 不能突变,暂时保持恒定,流向变为:$VT_1 \to \begin{bmatrix} C_{13}、C_{35} \text{串联支路} \\ C_{51} \text{支路} \end{bmatrix} \to VD_5 \to C$ 相 $\to 0 \to B$

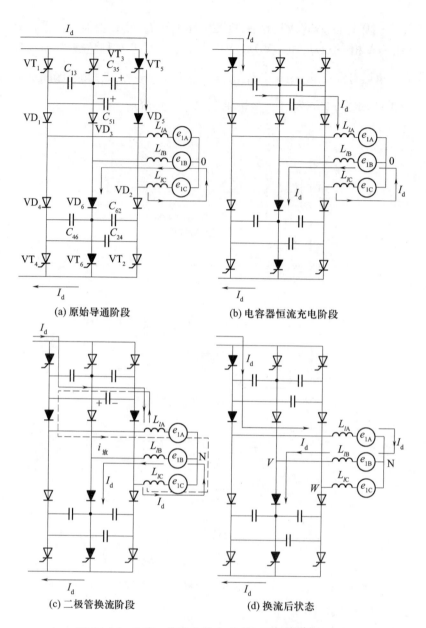

(a) 原始导通阶段　　　　　　　　　　(b) 电容器恒流充电阶段

(c) 二极管换流阶段　　　　　　　　　　(d) 换流后状态

图 6-26　串联二极管式电流型逆变器的换流过程

相→VD_6→VT_6，使三只电容接受恒流充电，由于电流 I_d 很大，C_{51} 上电压将立即由左负右正转为左正右负，随着 C_{51} 上充电电压的继续反向升高，当 u_{51} 达到 $u_{51} = e_{1A} - e_{1C}$ 时，将使 VD_1 导通，进入二极管换流阶段。恒流充电阶段电流流通路径见图 6-26(b)。

（3）二极管换流阶段：VD_1 导通后，电容立即通过 VD_1 放电，放电具体路径为：$\begin{bmatrix} C_{51} \\ C_{13} 与 C_{35} \end{bmatrix}$→$VD_1$→A 相→C 相→$VD_5$，此外，负载电流 $I_L = I_d$ 则仍由恒流充电阶段的路径沿 C、B 相通过。本阶段中，A 相只流过放电电流 $i_A = i_{放}$，VD_5 中流过的电流为 $(I_d - i_A)$，C 相电流 $i_C = (I_d - i_A)$，B 相电流同前一阶段。由于电容放电是振荡放电，由三个放电电容

202

$\left(\dfrac{3}{2}C\right)$ 与电机的两相电感($2L_1$)振荡,于是放电电流为一谐振电流,电流 $i_{\text{放}}=i_A$ 从零上升,而电容电压下降,当 $i_{\text{放}}=i_A$ 上升到 I_d 时,VD_5 截止,这时 $i_A=I_d$,$i_C=I_d-i_A=0$,实质上电流从 A 相恰好换流至 C 相。该阶段 $i_{\text{放}}$ 与 I_d 各自的电流流向如图 6 – 26(c)所示。

(4)换流后状态:二极管换流阶段结束时,VD_5 已被切断,不再存在振荡回路,只有 I_d 流通回路为:$I_d \to VT_1 \to VD_1 \to$ A 相 $\to$ B 相 $\to VD_6 \to VT_6$,进入 0°~60°稳定运行区段,换流电流 C_{46} 充电极性为左正右负,C_{62} 极性为左负右正,已为 VT_6 向 VT_2 换流做好准备。

4)换流过程的波形及附加装置

图 6 – 27 即为换流过程时间轴放大后的输出电压及电流波形图。图 6 – 27 中①为换流前的原始导通阶段。②为恒流充电段,$i_A=0$(VT_1 已通但 VD_1 不通),$i_C=I_d$,本段相电压 $u_A=e_{1A}$(正弦量),因为 $L_{lA}\dfrac{\mathrm{d}i_A}{\mathrm{d}t}=0$,而 $u_C=e_{1C}$。③为二极管换流阶段,该段 $i_A=i_{\text{放}}$ 由 0 上升到 I_d,$i_C=I_d-i_{\text{放}}$ 则由 I_d 下降到 0,于是相电压 $u_A=e_{1A}+L_{lA}\dfrac{\mathrm{d}i_A}{\mathrm{d}t}$ 中,$L_{lA}\dfrac{\mathrm{d}i_A}{\mathrm{d}t}\neq 0$ 为正值,$u_C=e_{1C}+L_{lC}\dfrac{\mathrm{d}i_C}{\mathrm{d}t}$ 中,$L_{lC}\dfrac{\mathrm{d}i_C}{\mathrm{d}t}\neq 0$ 为负值,波形图中 A 相电压表现为在 e_{1A} 正弦基础上叠加正尖峰,而 C 相电压 u_C 则在 e_{1C} 正弦基础上叠加负尖峰。④为换流后状态下电流电压波形。由此可见,在两相换流时,电流波形基本上为矩形波,而电压波形上将出现毛刺,电动机机端电压畸变,这种尖峰电压又叫做浪涌电压,会对晶闸管的工作造成很大影响。

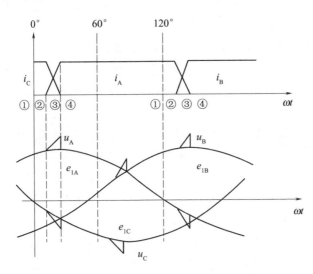

图 6 – 27　换流过程的输出电压、电流波形

电流型变频器工作时,为了避免浪涌电压的影响,需要在逆变器的输出端附加浪涌电压吸收装置,以吸收换流能量并抑制机端电压,使输出电压更接近于正弦波。图 6 – 28 为浪涌电压吸收装置的三种电路,其中图 6 – 28(a)为无源式电压钳位器,将尖峰电压能量消耗在电阻 R_F 上;图 6 – 28(b)为直流回馈式电压钳位器,通过电阻 R_F 将大部分直流能量回馈到直流电源侧;图 6 – 28(c)为有源逆变式电压钳位器,将尖峰电压能量回馈至交流电源侧。

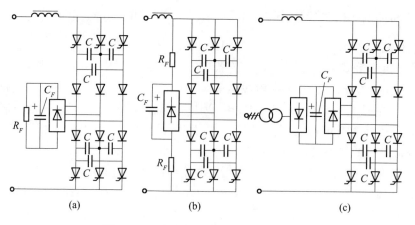

图 6 - 28 浪涌电压吸收装置的几种电路

6.3.3 脉宽调制型(PWM)变频器

前面所述的晶闸管常规交 - 直 - 交变频器在运行中存在着如下问题:

(1) 变压与变频需要两套可控的晶闸管变换器,开关元件太多,控制线路复杂,装置庞大。

(2) 晶闸管可控整流侧在低频低压下功率因数太低。

(3) 逆变器输出的阶梯波交流电压(电流)谐波分量较大,因此变频器输出转矩的脉动率大,低速时影响电动机的稳定工作。

(4) 由于储能电容的充放电时间长,变频器的动态反应慢。

随着现代电力电子器件的发展,变频器输出电压靠调节直流电压幅度的 PAM(Pulse Amplitude Modulation)控制方式已让位于输出电压调宽不调幅的 PWM(Pulse Width Modulation)控制方式。

脉宽调制变频的设计思想,源于通信系统中的载波调制技术,1964 年由德国科学家 Aschonumg 等率先提出并付诸实施。用这种技术构成的 PWM 变频器基本上解决了常规阶梯波 PAM 变频器中存在的问题,为近代交流调速开辟了新的发展领域,目前 PWM 已成为现代变频器产品的主导设计思想。图 6 - 29 是 PWM 变频器的示意图,由图 6 - 29 可知,该变频器的整流部分采用的是不可控整流桥,它的输出电压经电容滤波(附加小电感限流)后形成不可调的恒定的直流电压 U_d,逆变部分的主体是六只功率开关器件 $VT_1 \sim VT_6$,这些开关器件可以选用功率晶体管 GTR,功率场效应晶体管 MOSFET,绝缘门极晶体

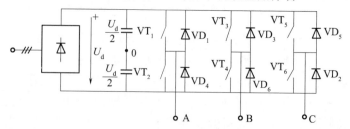

图 6 - 29 PWM 交 - 直 - 交变频器示意图

管 IGBT 等,只要按一定规则控制逆变器中功率开关器件 $VT_1 \sim VT_6$ 的导通或断开,逆变器的输出侧即可获得一系列恒幅调宽的输出交流电压,且既变压又变频,VVVF 协调控制在逆变环节中同时完成。

PWM 型变频器的主要特点是:

(1)主电路只有一个可控的功率环节,开关元件少,控制线路结构得以简化。

(2)整流侧使用了不可控整流器,电网功率因数与逆变器输出电压无关而接近于 1。

(3)VVVF 在同一环节实现,与中间储能元件无关,变频器的动态响应加快。

(4)通过对 PWM 控制方式的控制,能有效地抑制或消除低次谐波,实现接近正弦波形的交流电压输出。

6.3.4 正弦波脉宽调制(SPWM)变频器

SPWM 变频器属于交-直-交静止变频装置,它先将 50Hz 交流市电经整流变压器变到所需电压后,经二极管不控整流和电容滤波,形成恒定直流电压,再送入由六个大功率晶体管构成的逆变器主电路,输出三相频率和电压均可调整的等效于正弦波的脉宽调制波(SPWM 波),即可拖动三相异步电机运转。这种变频器结构简单,电网功率因数接近于 1,且不受逆变器负载大小的影响,系统动态响应快,输出波形好,使电机可在近似正弦波的交变电压下运行,脉动转矩小,扩展了调速范围,提高了调速性能,因此在数控机床的交流驱动中得到了广泛应用。

1. SPWM 逆变器的工作原理

1)SPWM 波形与等效正弦波

SPWM 逆变器用来产生正弦脉宽调制波即 SPWM 波形。其工作原理是,把一个正弦半波分成 N 等份,然后把每一等份的正弦曲线与横坐标轴所包围的面积都用一个与此面积相等的等高矩形脉冲来代替,这样可得到 N 个等高而不等宽的脉冲序列。它对应着一个正弦波的半周,对正负半周都这样处理,即可得到相应的 $2N$ 个脉冲,这就是与正弦波等效的正弦脉宽调制波。其波形如图 6-30 所示。

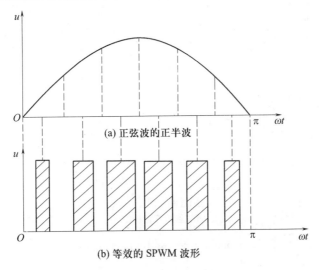

图 6-30 与正弦波等效的 SPWM 波形

2）产生 SPWM 波形的原理

SPWM 波形可用计算机技术产生，即对给定的正弦波用计算机算出相应脉冲宽度，通过控制电路输出相应波形，或用专门集成电路芯片产生；也可采用模拟式电路以"调制"理论为依据产生。其方法是以正弦波为调制波对等腰三角波为载波的信号进行"调制"。调制电路仍可采用电压比较放大器，调制原理在直流脉宽调速系统中已有说明。所不同的是这里需要三路以产生三相 SPWM 波形。其原理框图如图 6 – 31 所示。

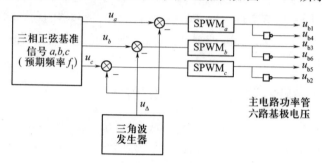

图 6 – 31　三相 SPWM 控制电路原理框图

3）SPWM 变频器的主电路

该电路原理及电机线电压波形如图 6 – 32 所示。图 6 – 32（a）中 $V_1 \sim V_6$ 为六个大功率晶体管，并各有 1 个二极管与之反并联，作为续流用。来自控制电路的 SPWM 波形作为基极控制电压加于各功率管的基极上。按相序要求和频率要求，从参考信号振荡器上产生频率与电压协调控制的三路正弦波信号，与等腰三角波发生器来的载波信号一同送入电压比较器，产生三路 SPWM 波形，经倒相分离后可得到六路 SPWM 信号，加于 $V_1 \sim V_6$ 六个功率晶体管基极，作为驱动控制信号。当逆变器工作于双极性工作方式时，可得到如图6 – 32所示的线电压波形。

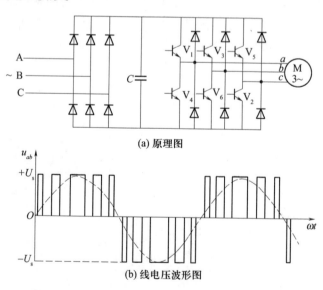

(a) 原理图

(b) 线电压波形图

图 6 – 32　SPWM 变频器主电路原理与电机线电压波形

206

2. 用单片微机控制 SPWM 的原理框图

为了对 SPWM 系统具有实际的概念,现给出一个以单片微机构成的原理框图如图 6 – 33 所示。该电路原理简单,工作可靠,控制灵活,可对频率、电压实现精确计算,还可以对系统运行进行监控和故障保护。其主要部件及功能介绍如下。

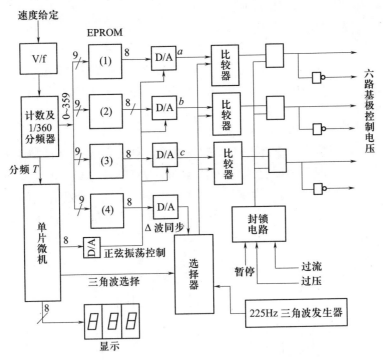

图 6 – 33　单片微机控制的 SPWM 原理图

1）V/f 变换器

它是一个电压/频率转换器件,将来自 CNC 的速度给定直流电压变成相应的频率脉冲信号,其最高频率由电机最高转速和 SPWM 输出电压每周中包含的调制波脉冲数 N 确定。

2）计数分频器及地址译码

这个部件实际上是一个计数值为 0 ~ 359 的计数器。其输出端共有 9 位,它对经 V/f 变换后输出的脉冲计数,其输出端循环输出二进制数 000000000 ~ 101100111(即十进制数 0 ~ 359)共 360 个数码。每个二进制数码对应 1°的电角度,将这些数码(即 9 位输出线)输入 EPROM 的地址总线,作为 EPROM 的地址译码信息。在另一输出端每 360 个脉冲输出 1 个信号 T 送入单片机,作为 1 个正弦波周期的结束标志。

3）基准正弦波的形成

基准正弦波由三路 EPROM 与 D/A 变换器组成。EPROM 中存放有分辨力为 1°电角度的 360 个电角度下对应的波形幅值(二进制数),根据各 EPROM 的地址选择相应的输出幅值,然后经 D/A 将幅值二进制数变为相应的模拟量。3 个 EPROM 分别存放三相正弦波各电角度下的幅值。由于 A、B、C 三相正弦波信号彼此相差 120°电角度,故对 EPROM 设置数据表时,预先设置成同一地址下 3 个 EPROM 的数据有 120°的相位差。如

207

地址为 OOOH 时,A 相 EPROM 的值设为 sin0°的值(二进制数),B 相 EPROM 的值设为 sin120°的值,而 C 相设为 sin240°的值。A、B、C 三路 EPROM 的输出分别经 D/A 变换后, 即得到了三路基准正弦波。

同样,用 1 个 EPROM 存放 360 个不同电角度下的三角波幅值,经 D/A 变换后送入选择器,作为三角波振荡器的同步控制信号。

4) 频率与电压的协调控制

如前所述,恒压频比控制方式要保证输出正弦波的频率与电压协调控制。这个任务是由单片机 8748 来控制的。在系统内存中已事先制好不同频率下的幅值对应表,计算机根据分频器来的周期信号 T 计算出频率 f_1,再用查表法得到对应的正弦电压幅值,经 D/A 变换后,去调整控制正弦波的输出电压。

5) 三角波发生器

本装置每个正弦波周期中,包含 9 个双极性正负窄脉冲,故三角波频率为正弦波基波频率 50Hz 的 4.5 倍,即 225Hz,送入选择器,经同步处理后,与基准正弦波一同送入电压比较器,用以产生 SPWM 波形。当采用双极性工作制时,每一个桥臂上的晶体管轮流工作,形成双极性相电压输出。每相波形如图 6-34 所示。其线电压波形如图 6-32 所示(正负半周各有 9 个脉冲)。

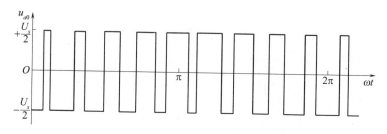

图 6-34　SPWM 双极性相电压波形

6.4　交流电动机的矢量控制调速系统

6.4.1　概述

矢量控制是一种新型控制技术。应用这种技术,已使交流调速系统的静、动态性能,接近或达到了直流电机的高性能。在数控机床的主轴与进给驱动中,应用日益广泛,并有取代直流驱动之势。

直流电动机能获得优异的调速性能,其根本原因是与电机电磁转矩相关的是互相独立的两个变量 Φ 和 I_d。由直流电机理论可知,若补偿绕组完全补偿了电枢反应,即完全克服了电枢电流对主磁通的影响,若略去磁路饱和的影响,电刷又置于几何中心线上,则主磁通 Φ 仅正比于励磁电流,而与电枢电流 I_d 无关。在空间上,主磁通 Φ 与电枢电流 I_d 正交,使 Φ 与 I_d 形成两个独立变量。由直流电动机电磁转矩表达式 $T_e = C_M \Phi I_d$ 可知,分别控制励磁电流和电枢电流,即可方便地进行转矩与转速的线性控制。从控制角度看,直流电动机控制是一个单输入/单输出的单变量控制系统,经典控制理论完全适用于这种系统。

然而,交流电动机大不一样。其定子与转子间存在着强烈的电磁耦合关系,在电机结构上又没有补偿这种强耦合的装置,而不能形成像直流电机那样的独立变量。根据交流电机理论中异步电机电磁转矩关系 $T_e = C_M \Phi_m I_2 \cos\varphi_2$ 可知,其电磁转矩与气隙磁通 Φ 和转子电流 I_2 成正比。但气隙磁通 Φ 是定子电流 I_1 与转子电流 I_2 的合成结果,并处于旋转状态。由于交流电机设有独立的励磁电路,可以把转子电流 I_2 比作直流电机电枢电流 I_d,则转子电流 I_2 时刻影响着气隙磁通 Φ 的变化,它们不再是独立的变量,其次,交流电机输入量定子电压和电流均是随时间交变的矢量,而磁通是空间交变矢量。如果仅仅控制定子电压和频率,其输出机械特性受到磁通的影响将不会是线性的。这样,从控制角度看,交流电动机是一个高阶、非线性、强耦合的多变量控制系统,其数学模型可由电压矩阵方程、磁链矩阵方程、转矩方程和运动方程构成。整个数学模型也就相当复杂,用适于单变量系统的经典控制理论分析这种系统,其结果将与实际相差甚远而不能适用。矢量变换控制调速系统应用了适于处理多变量系统的现代控制理论及坐标变换和反变换等数学工具,建立起一个与交流电动机等效的直流电动机模型,通过对该模型的控制,即可实现对交流电动机的控制,而得到与直流电机相同的优异控制性能。现对矢量控制系统作概略描述。

如果利用"等效"的概念,将三相交流电机输入电流变换为等效的直流电机中彼此独立的电枢电流和励磁电流,然后和直流电机一样,通过对这两个量的反馈控制,实现对电机的转矩控制;再通过相反的变换,将被控制的等效直流电机还原为三相交流电机,那么三相电机的调速性能就完全体现了直流电机的调速性能。这就是矢量控制的基本构思。

矢量变换调速系统的特性可概略表述为:

(1) 速度控制精度和过渡过程响应时间与直流电动机大致相同,调速精度可达 $\pm 0.1\%$。

(2) 自动弱磁控制与直流电动机调速系统相同,弱磁调速范围为4:1。

(3) 过载能力强,能承受冲击负载、突然加减速和突然可逆运行;能实现四象限运行。

(4) 性能良好的矢量控制的交流调速系统比直流系统效率高约2%,不存在直流电机换向火花问题。

目前,矢量控制系统已能适应于恒转矩、恒功率或速度平方如风机、泵等负载特性的生产机械,适用于大、中、小容量异步电机电力拖动系统,也适用于同步电机电力拖动。

6.4.2 矢量变换的运算功能及原理电路

根据前述,要实现矢量控制,必须把三相交流变量(矢量)变换为与之等效的直流量(标量),即求出与异步电机等效的直流电机的磁场电流和电枢电流两个分量,再分别加以独立控制。这就是矢量变换。

这种等效矢量变换的准则是,使变换前后有同样的旋转磁势,即必须产生同样的旋转磁场。一般采用的方法是,先把异步电动机的 A、B、C 三相坐标系的交流量变换成 $\alpha - \beta$ 二相固定坐标系的交流量,然后再变换成以转子磁场定向的 $d - q$ 直角坐标系的直流量,即进行矢量变换和坐标变换。在组成控制系统时,除了完成以上变换外,还要把两相表示的电压、电流和磁通,随时进行检测,确定其大小和相位,以进行分析,控制整个调节过程。

完成这些功能的相应单元有三相/二相(3φ/2φ)变换器、矢量旋转变换器(VR)和直角坐标/极坐标(z/ρ)变换器等,以及相应的检测处理单元。由于在矢量控制系统中,最后必须将直流量还原为交流量以控制交流电动机,因此,还要用到这些变换的反变换,即这些变换器必须是可逆的。

1. 三相/二相(3φ/2φ)变换

这种变换是将三相交流电机变换为等效的二相交流电机及其反变换。方法是将A、B、C 三相坐标系的交流瞬时值投影在 $\alpha - \beta$ 直角坐标系上形成两相交流值,如图 6 - 35 所示。

由图可见,三相定子电流 i_A、i_B、i_C 变换为相应的二相定子电流 i_α、i_β,其变换关系是

$$
\begin{bmatrix} i_\alpha \\ i_\beta \end{bmatrix} = \sqrt{\frac{2}{3}} \begin{bmatrix} 1 & -\dfrac{1}{2} & -\dfrac{1}{2} \\ 0 & \dfrac{\sqrt{3}}{2} & -\dfrac{\sqrt{3}}{2} \end{bmatrix} \begin{bmatrix} i_A \\ i_B \\ i_C \end{bmatrix} \tag{6-24}
$$

值得注意的是,通过计算可以验证,变换后的二相电压和电流有效值均为三相绕组每相电压、电流有效值的 $\sqrt{3/2}$ 倍,因此每相功率增加为三相绕组每相功率的3/2 倍,但相数由原来的三变二,所以变换前后总功率不变,且变换后的二相绕组每相匝数是原三相绕组每相匝数的 $\sqrt{3/2}$ 倍。

二相/三相逆变换关系表达式为

$$
\begin{bmatrix} i_A \\ i_B \\ i_C \end{bmatrix} = \sqrt{\frac{2}{3}} \begin{bmatrix} 1 & 0 \\ -\dfrac{1}{2} & \dfrac{\sqrt{3}}{2} \\ -\dfrac{1}{2} & -\dfrac{\sqrt{3}}{2} \end{bmatrix} \begin{bmatrix} i_\alpha \\ i_\beta \end{bmatrix} \tag{6-25}
$$

若三相电机定子是丫接法且不带零线,则 $i_A + i_B + i_C = 0$。此时式(6-24)、式(6-25)可简化为

$$
\begin{bmatrix} i_\alpha \\ i_\beta \end{bmatrix} = \begin{bmatrix} 1 & 0 \\ \dfrac{1}{\sqrt{3}} & \dfrac{2}{\sqrt{3}} \end{bmatrix} \begin{bmatrix} i_A \\ i_B \end{bmatrix} \tag{6-26}
$$

$$
\begin{bmatrix} i_A \\ i_B \end{bmatrix} = \begin{bmatrix} 1 & 0 \\ -\dfrac{1}{2} & \dfrac{\sqrt{3}}{2} \end{bmatrix} \begin{bmatrix} i_\alpha \\ i_\beta \end{bmatrix} \tag{6-27}
$$

若两相电流 i_α、i_β 通入在空间正交的二相定子绕组所产生的旋转磁场,与三相电流 i_A、i_B、i_C 通入在空间互成120°的三相定子绕组所产生的旋转磁场完全一致,这时,三相交流电机就变成了性能一致的二相电机了。

根据式(6-26)所构成的三相/二相变换器如图 6-36 所示。

210

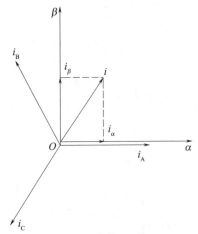

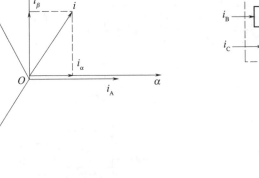

(a) 变换器电路

(b) 变换器符号

图 6-35 三相/二相变换　　　　图 6-36 三相/二相变换器($3\phi/2\phi$)

三相异步电机的电压 U 和磁链 Ψ 的变换均与电流 i 变换相同。所以式(6-26)和式(6-27)的电流变换矩阵方程就是电压变换矩阵和磁链变换矩阵。

2. 矢量旋转变换器(VR)

将三相交流电机等效变换为二相交流电机后,还要将二相交流电机变换为直流电机。它是将 $\alpha-\beta$ 两相固定坐标系中的交流量变换成为以转子磁场 Φ_2 定向的旋转直角坐标系 $d-q$ 中的直流量。这属于矢量旋转变换。这可以想象成为将二相电机电流 i_α、i_β 所产生的合成电流 i,向一个旋转直角坐标系 $d-q$ 分解,分解后所得到的互相正交的两个不变的电流分量,若能与一个全补偿的直流电机的电枢电流和励磁电流等效,那么这个变换就实现了二相交流电机向直流电机的等效变换。矢量旋转变换如图 6-37 所示。

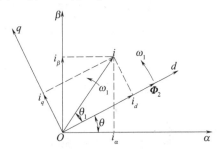

图 6-37 矢量旋转变换

图 6-37 中,$\alpha-\beta$ 是固定的直角坐标系,$d-q$ 是以同步角速度 ω_1 旋转的直角坐标系。矢量旋转变换的矩阵表达式为

$$\begin{bmatrix} i_d \\ i_q \end{bmatrix} = \begin{bmatrix} \cos\theta & \sin\theta \\ -\sin\theta & \cos\theta \end{bmatrix} \begin{bmatrix} i_\alpha \\ i_\beta \end{bmatrix} \tag{6-28}$$

逆变换矩阵为

$$\begin{bmatrix} i_\alpha \\ i_\beta \end{bmatrix} = \begin{bmatrix} \cos\theta & -\sin\theta \\ \sin\theta & \cos\theta \end{bmatrix} \begin{bmatrix} i_d \\ i_q \end{bmatrix} \tag{6-29}$$

式中,i_d 对应直流电机的励磁电流,i_q 对应直流电机转矩电流即电枢电流。

矢量旋转变换器(VR)的构成可由式(6-28)、式(6-29)直接得到,如图 6-38 所示。

由图 6-38 可见,当输入信号为 i_α、i_β 时,输出量为 i_d、i_q;而输入是 i_d、i_q 时,输出是 i_α、i_β,即该变换器是可逆的。正弦和余弦信号可由微型计算机的一个只读存储器 ROM 提供,输入 θ 角时,则输出为 $\sin\theta$;输入为 $90°-\theta$ 时,输出为 $\cos\theta$。由于矢量旋转变换是以

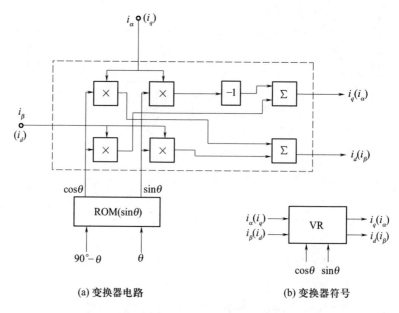

(a) 变换器电路

(b) 变换器符号

图 6-38　矢量旋转变换器(VR)

转子磁通 Φ_2 为基准的,所以变换系统中的关键是要得到转子磁通的实际值,即 Φ_2 的幅度和它在空间的位置(空间相位角)。

3. 直角坐标/极坐标变换器(K/P)

在图 6-37 中,由 i_d、i_q 求取 i 和 θ_1,就要用到直角坐标与极坐标的变换。其变换关系为

$$\begin{cases} |i| = \sqrt{i_d^2 + i_q^2} \\ \tan\dfrac{\theta_1}{2} = \dfrac{i_q}{|i| + i_d} \end{cases} \tag{6-30}$$

该变换器电路如图 6-39 所示。

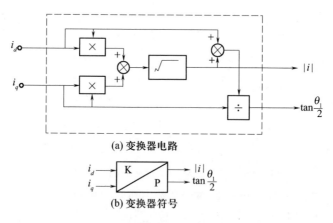

(a) 变换器电路

(b) 变换器符号

图 6-39　直角坐标/极坐标变换器

4. 矢量分析器(VA)

该分析器(VA)是将直角平面坐标系表示的电压、电流和磁通分量,对其幅值和相位

212

进行分析的功能单元。如将磁敏元件检测出来的转子磁通分量 $\Phi_{2\alpha}$、$\Phi_{2\beta}$，求出其幅值 $|\Phi_2|$ 及其与 d 轴的夹角 θ，即可由 VA 来完成。其关系表达式为

$$
\begin{cases}
|\Phi_2| = \sqrt{\Phi_{2\alpha}^2 + \Phi_{2\beta}^2} \\
\sin\theta = \dfrac{\Phi_{2\beta}}{|\Phi|} \\
\cos\theta = \dfrac{\Phi_{2\alpha}}{|\Phi|}
\end{cases}
\tag{6-31}
$$

矢量分析器(VA)电路如图 6-40 所示。

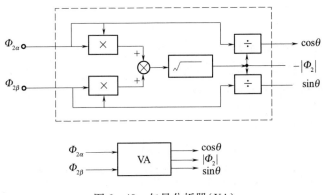

图 6-40　矢量分析器(VA)

以上各变换器均采用了线性模拟电路构成的各种高精度低温漂的乘法器、除法器和加法器等，也可以采用微型计算机数字控制，用软件来实现矢量变换控制。

6.4.3　磁通的检测

在矢量变换控制系统中，无论是磁通反馈，还是转子磁场定向，都需要测出实际转子磁通的幅值及相位。检测的方法常采用直接测量或间接测量方法。

（1）磁敏式检测法　用两只磁敏元件(如霍耳元件)，嵌放在异步电动机定子槽中 α 轴和 β 轴的气隙处，直接测量电动机气隙磁通 Φ_α 和 Φ_β，然后由矢量分析器(VA)或直角坐标/极坐标变换器(K/P)，求出转子磁通 Φ_2 的幅值和与 α 轴之间的空间夹角 θ。

（2）探测线圈法　这是将磁场探测线圈嵌放在电机定子槽内，其感生电压正比于电机电势，检测出这个电压并进行积分，也可较精确地测出异步电动机的转子磁场幅值和相位。

以上两种直接测量的方法，从理论上说，可以得到精确检测值，但实际上，埋设磁敏元件和线圈都遇到不少工艺和技术问题，特别是由于齿槽的影响，使检测信号中含有较大的脉动分量，越到低速时影响越严重。

（3）转子检测法　这是在异步电机转子轴上安装磁通传感器直接测量气隙磁通。但这种方法不易实现，且在检测信号中也包含有脉动分量。

（4）电压模型法　这是一种间接测量法，是从异步电动机的端电压中减去原绕组的电阻压降，即得电机的电势再进行积分即可求得磁通。这种方法简单、精确，但在低速时，电势正确运算很困难。

（5）电流模型法　这是根据异步电机定子电流通过运算来求电机磁通的间接测量方法。转子磁通 Φ_2 的幅值和相位可根据定子电流由下列关系式求取：

$$|\Phi_2| = \frac{M_{12}}{1 + T_2 S} i_{1d} \tag{6-32}$$

$$\omega_1 = K \frac{R_2'}{M_{12}} \frac{i_{1q}}{\dfrac{1}{1+T_2 S} i_{1q}} + \omega \tag{6-33}$$

$$\theta = \int \omega_1 \mathrm{d}t + \theta_0 \tag{6-34}$$

式中　　M_{12}——定子转子间的互感；

　　　　T_2——转子电路时间常数；

　　　　i_{1d}——定子磁场电流分量；

　　　　i_{1q}——定子转矩电流分量；

　　　　ω_1——定子旋转磁场角速度；

　　　　ω——转子角速度；

　　　　R_2'——转子电阻折算值；

　　　　K——比例系数, $K = \dfrac{i_2'}{i_{1q}}$；

　　　　i_2'——转子电流折算值；

　　　　θ_0——常数。

电流模型法磁通运算器如图 6 - 41 所示。图 6 - 41 中两相振荡器是按式（6 - 34）进行的积分过程。该电流模型法磁通运算器可在电动机的全速范围内运用。为了保证磁通运算精度,随着磁通饱和或电机绕组温度的变化,需要对模拟电路的参数进行修正。

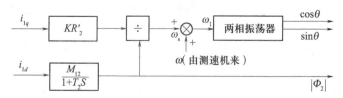

图 6 - 41　电流模型法磁通运算器

6.5　矢量变换控制的 SPWM 调速系统

矢量变换控制的 SPWM 调速系统的转速控制和磁通控制均采用了双闭环控制系统,用了一个速度调节器（ASR）,两个电流调节器（ACR）,一个磁通调节器（AΦR）;逆变器采用 SPWM 系统。在主电路上装有两相或三相电流互感器用以检测交流电机定子电流 i_a,i_b,i_c。在三相电机转子轴上装有两个或三个检测磁通幅值和空间相位的霍耳传感器,与电机同轴装有测速发电机。输入给定信号有转速给定电压 U_n^* 和磁通幅值给定电压 U_Φ^*。系统原理框图如图 6 - 42 所示。

为了实现矢量控制,系统采用能实现相应变换和逆变换的电路,如集成运算放大器,

214

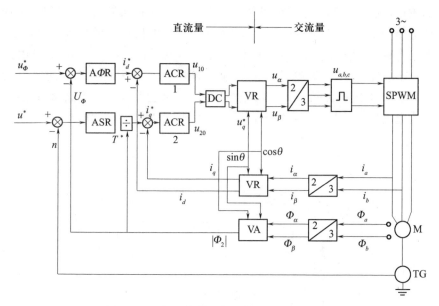

图 6 – 42　矢量控制 SPWM 调速系统原理图

高精度、低温漂的乘法器；但更多的是采用微机控制来实现。其工作情况简述如下。

三相定子电流和三相磁通经检测传感器输出相应信号，再分别经三相/二相变换电路得到相应的二相电机的电流和磁通。磁通信号经 VA 变换得到了磁通幅值信号 $|\Phi_2|$ 和空间相位信号 θ，$|\Phi_2|$ 作为磁通反馈信号送入磁通调节器（AΦR）与磁通给定值 U_Φ^*，进行比较调节。

二相电流信号 i_α、i_β 经矢量旋转变换得到等效直流电机的励磁电流 i_d 和电枢电流 i_q，这两个信号作为反馈量分别送到励磁电流调节器 ACR$_1$ 和电枢电流调节器 ACR$_2$。矢量旋转变换中所需的磁通相位信号 $\sin\theta$ 和 $\cos\theta$ 则来自矢量分析器 VA 的输出。

以上过程，实现了由交流电动机向等效直流电机的变换。

通过转速和电枢电流调节器可实现对等效直流电机的转矩控制。这里速度调节器的输出是电磁转矩的给定值 T^*，由于电磁转矩正比于电枢电流和磁通，故将 T^* 值除以磁通 Φ 即可得到电枢电流给定值 i_q^*，它与反馈电流 i_q 一同送入电枢电流调节器，实现了对等效直流电机转速的恒转矩双闭环控制。

同理，通过磁通调节器和励磁电流调节器实现了对等效直流电机励磁的双闭环控制。通过对等效直流电机的转矩、励磁磁通的双环控制，使其具有优异的调速性能。

两个电流调节器的输出分别给出了控制电压 U_{10} 与 U_{20}，经电压控制器 DC 输出等效直流电机的励磁电压给定值 U_d^* 和电枢电压给定值 U_q^*。这两个信号经直流电机向两相交流电机的变换（也就是前述的反变换），再经两相到三相的变换，即可得到相应的交流电机的三相电压控制信号 U_a、U_b、U_c。用这三个信号作为 SPWM 系统的给定基准正弦波，即可实现对交流电机的高技术水平的调速。

本系统的特点是实现了转矩与磁通的独立控制，其控制方式与直流电机一样，故获得了与直流电机相同的调速控制特性，满足了数控机床进给驱动的恒转矩、宽调速的要求，也可以满足主轴驱动中恒功率调速的要求，在数控机床上得到了广泛应用。美国 GE 公司开发的矢量控制交流调速系统可以作为一个实例。这种系统有两个系列,其中 AC200 适于位置进给伺服系统,AC200S 适于主轴驱动。所用电机与普通异步电机基本一致,但在结构上已有改进,采用了新材料,提高了导磁率和绝缘等级。主电路采用正弦脉宽 (SPWM) 调速系统,直流整流电源 325V。电机同轴接光电编码盘作为速度反馈检测装置,产生相位差 90°的脉冲信号 P_A 和 P_B 送入矢量变换控制器。主电路接有电流检测器,其输出作为电流反馈信号。该系统控制电路原理框图如图 6-43 所示。

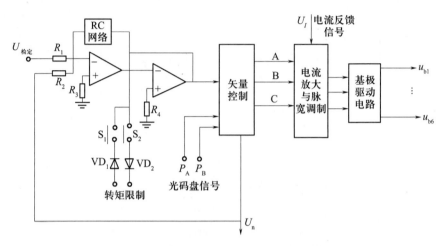

图 6-43 GE 矢量变换系统控制原理框图

该矢量变换系统与前述基本一致,但省去了磁通调节的双闭环控制。转速双闭环控制部分必须保留,以获得良好的转速控制性能。速度给定电压和测速反馈信号先送入速度调节器,进行 PI 调节。其输出为转矩给定信号经电压跟随器送至矢量变换组件,以实现矢量控制。在速度调节器输出端,接入 S_1、S_2 并有二极管 VD_1、VD_2,作为转矩限定控制。当开关闭合时,将转矩信号分路,使电机的转矩被限定在一定值以内,用于换挡实现电机的保护。光电编码盘输出的信号 P_A、P_B 经矢量变换后,一方面用于电机轴的位置检测,以确定电机磁通矢量的位置,作为矢量变换的参考坐标;另一方面,根据脉冲计数,得知电机实际转速,作为转速反馈信号 U_n。经矢量变换后的三相交流信号即可作为 SPWM 基准信号送入脉宽调制电路并进行电流调节放大,由基极驱动电路输出 u_b 信号去控制主电路的六个大功率晶体管进行逆变。

6.6 无整流子电动机调速系统

无整流子电动机又称无刷电动机,这是一种同步电动机和实现静止换向的电子逆变器的组合体。它可以采用直流电机控制方式,也可以采用交流电机控制方式。当采用前者时,不会出现碳刷与整流子换向的火花问题,可获得直流电机优良的调速性能。这种控制一般与直流调速相比,有起动转矩低、转矩脉动大、过载能力小等缺点,但其机械特性呈线性,输出力矩与输入电流成正比,故适于机床的进给驱动。

无整流子电机结构与同步电机一样,当采用直流控制方式时,其主电路如图 6-44 所示。

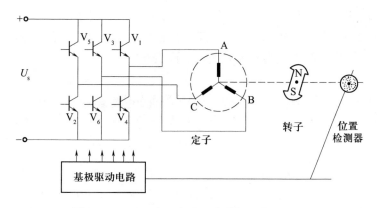

图 6 - 44　无整流子直流电动机主电路原理图

该电机采用永磁体转子,省去了转子的直流励磁环节。三相定子绕组与 $V_1 \sim V_6$ 六个大功率晶体管组成的逆变器相连,逆变电源为直流电压。当定子三相绕组通有平衡励磁电流时,将在定子空间产生以 ω_0 为转速的旋转磁场,并带动转子以 ω_0 的转速同步旋转。这相当于同步电机。而定子励磁电流的换向,又由转子位置控制,这又相当于直流电机电枢绕组内电流的换向,只是把旋转的电枢变为固定的定子绕组,把固定的磁极变为旋转的磁极而已,这相当于一台倒装的直流电机。

该电机工作原理是:直流电源向三相逆变器提供电源,六只大功率晶体管的基极接收基极驱动电路来的控制信号,按确定的相序轮流导通,给定子绕组提供三相平衡励磁电流。触发控制信号由转子位置检测信号控制。为此,在电机轴上装有位置检测传感器,如电子接近开关、霍耳元件或光电脉冲编码器等。根据转子位置,每隔 60°空间角度,送出控制信号,使相应的功率管导通,形成三相平衡工作方式。每个功率管将导通 120°空间角度,每 60°就有一个管子进行切换。若按图示的编号,则六个管子按顺序 V_6—V_1—V_2—V_3—V_4—V_5—V_6—V_1 循环导通工作。触发电路就是按这个要求进行设计的。这样的换向方式类似直流电机换向,但却无整流子。

无刷电机速度控制系统可采用转速、电流双闭环控制,其原理框图如图 6 - 45 所示。

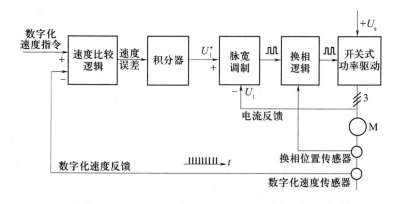

图 6 - 45　无刷电机调速系统原理框图

来自 CNC 的数字化速度指令与速度反馈数字反馈量送入速度比较逻辑,其输出即为速度误差的数字量,通过积分可得到相应的误差模拟量作为电流指令,与电流反馈一并送入脉宽调制器,将其输出作为控制电压送入换向逻辑电路,根据转子位置传感器来的信号,给出功率管的换向开关控制信号。由于电路采用了脉宽调制线路,故电机定子得到的是脉宽调制方波,电机的转速将跟随转速给定而变化。

6.7 全数字式交流伺服系统

6.7.1 全数字伺服的特点

在数控机床的伺服系统中,需要对位置环、速度环和电流环的控制信息进行处理,根据这些信息是用软件处理还是硬件处理,可以将伺服系统分为全数字和混合式。

混合式伺服系统是指位置环用软件控制、速度环和电流环用硬件控制。在混合式伺服系统中,位置环控制在数控系统中进行,由 CNC 插补得出位置指令值,并由位置采样输入实际值中,用软件求出位置偏差,经软件调解后得到速度指令值,然后经 D/A 转换后作为速度控制单元(伺服驱动装置)的速度给定值。在驱动装置中,经速度和电流调节后,由功率驱动控制伺服电动机的转速和转向。

在全数字伺服中,由速度、位置和电流构成的三环全部数字化信息都反馈到处理器,由软件处理。系统的位置、速度和电流的校正环节采用 PID 控制,它的 PID 控制参数 K_P、K_I、P_D可以设定并自由改变,如图 6 - 46 所示。

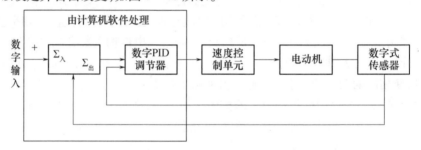

图 6 - 46　全数字伺服系统示意图

全数字伺服系统利用计算机计算机软件和硬件技术,采用了先进的控制理论和算法,这种控制方式的伺服系统是当今国内外技术发展的主流。

全数字伺服系统具有如下一些特点:

(1)具有较高的动、静态特性。在检测灵敏度、时间温度漂移、噪声及外部干扰等方面都优于混合式伺服系统。

(2)全数字伺服系统的控制调整环节全部软件化,很容易引进经典和现代控制理论中的许多控制策略,比如比例(P)、比例 - 积分(PI)和比例 - 积分 - 微分(PID)控制等。而且这些控制调节的结构和参数可以通过软件进行设定和修改。这样可以使系统的控制性能得到进一步提高,以达到最佳控制效果。

(3)引入前馈控制,实际上构成了具有反馈和前馈的复合控制的系统结构。这种系统在理论上可以完全消除系统的静态位置误差、速度误差、加速度误差以及外界扰动引起的误差,即实现完全的"无误差调节"。

(4)由于是软件控制,在数字伺服系统中,可以预先设定数值进行反向间隙补偿,可以进行定位精度的软件补偿,设置因热变形或机构受力变形所引起的定位误差,也可以在实测出数据后通过软件进行补偿;因机械传动件的参数(如丝杠的导程)或因使用要求的变化而要求改变脉冲当量(即最小设定单位)时,可以通过设定不同的指令脉冲倍率(CMR)或检测脉冲倍率(DMR)的办法来解决。

6.7.2 前馈控制简介

在全数字伺服系统中,为了提高系统性能,采用了前馈控制的方法。下面进行简要介绍。

一般进给伺服系统的结构如图6-47所示。

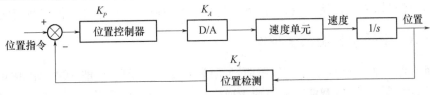

图6-47 进给伺服系统的结构

将各环节的传递函数置换图6-47中的框图,可以得到进给伺服系统动态结构图,如图6-48所示。

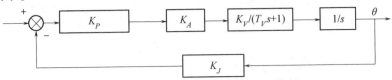

图6-48 进给伺服系统动态结构图

采用前馈技术的进给伺服系统的结构如图6-49所示。$F(s)$表示前馈控制环节。

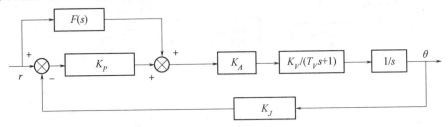

图6-49 前馈控制结构图

采用前馈控制技术的进给伺服系统的总的闭环传递函数如下:

$$G_F(s) = \cfrac{\dfrac{K_A K_V}{(T_V s + 1)s}[K_P + F(s)]}{1 + \dfrac{K_P K_A K_V K_J}{(T_V s + 1)s}} \qquad (6-35)$$

若令 $F(s) = \dfrac{s(T_V s + 1)}{K_A K_V K_J}$,则可化简成

$$G_F(s) = \frac{1}{K_J} \qquad (6-36)$$

这表明,可以用一个比例环节来表示进给伺服系统,但是这是一种理想的情况,难以实现。从 $F(s)$ 的表达式可以看出,若要将进给伺服系统的传递函数 $G_F(s)$ 简化成式(6-36)所示的比例环节,需要引入输出信号 $r(t)$ 的一阶导数 v。

令 $F(s) = s/K_J K_A K_V$,这就是前馈环节的传递函数。

可见,进给伺服系统的跟随误差是与位置输入信号 $r(t)$ 的一阶导数 v 成正比的,v 也就是指令速度。通过前馈环节 $F(s)$,引入了位置输入信号 $r(t)$ 的一阶导数,就可以对系统的跟随误差进行补偿,从而大大地减小了跟随误差。

此外,还可以采用自调整控制、预测控制和学习控制等方法来提高伺服系统的性能。

6.7.3 全数字伺服系统举例

下面介绍一种用全数字交流伺服驱动系统,此系统采用高性能 DSP ADMC401 芯片为核心运动控制芯片,以智能功率模块为逆变器开关元件,配合单片机来组成主电路、控制电路和数据采集电路,完成交流伺服驱动器的位置控制、速度控制、转矩控制和内部速度控制、状态显示、数据交换等相关功能,其系统硬件结构框图如图 6-50 所示,图 6-51 为系统原理框图。

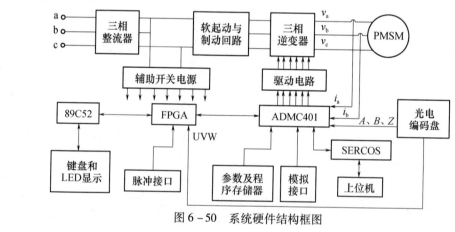

图 6-50　系统硬件结构框图

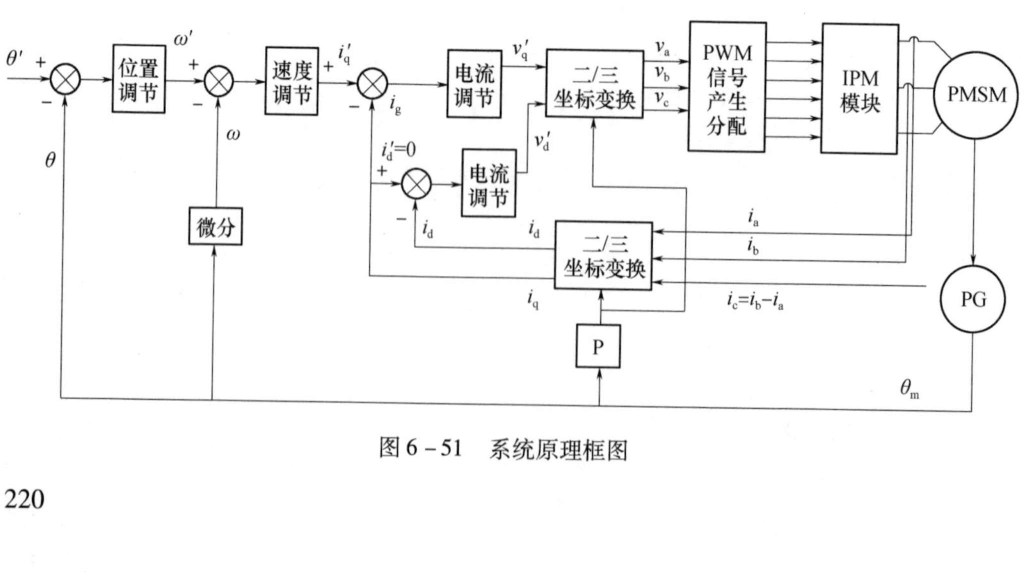

图 6-51　系统原理框图

ADMC401 是 AD 公司推出的专门针对电机控制的数字信号处理器芯片,它将高性能的 DSP(数字信号处理器)内核 ADSP2171 与丰富的外设控制器继承于单个芯片中,大大简化了硬件设计。

1. 系统组成

该伺服系统主要由以下几部分组成。

(1)功率部分 功率部分以智能功率模块 IPM 为核心,主要由三相整流器、软起动与制动回路和 IPM 模块等三部分组成。其中三相整流器将交流电整流为直流,软起动与制动回路提供初始上电和电机制动运行时的期间保护;IPM 模块继承了功率开关器件 IGBT(绝缘门极晶体管)与驱动电路,内设故障检测电路,可将检测信号送至 DSP,它将整流滤波后的直流电压转换成脉宽调制电压,驱动电机;辅助电源部分为系统提供所有的低压直流电源。

(2)执行元件部分 以交流伺服电机 PMSM 为系统的执行元件。

(3)以 ADMC401 为核心的控制系统部分 ADMC401 主要负责控制策略的具体实现。高密度的 FPGA 用于集成 DSP 外部的所有的数字逻辑,单片机 89C52 用于状态控制与显示,ADMC401 通过 SERCOS(串行实时通信系统)接口与上位机联系。

2. 系统工作过程

1)位置与速度反馈信号的测量

采用增量式光电编码器作为速度及位置检测器件,它输出的两路相位差 90° 的方波信号 A、B 和零脉冲信号 Z 以及它们的 $\overline{A}$、$\overline{B}$、$\overline{Z}$,经差分接收及光电隔离后送入 ADMC401 的编码器接口单元(EIU),在其内部可实现编码器输出信号的四倍频,利用 EIU 内部的 16 位计数器对脉冲进行计数,得到位置反馈值。同时可得到速度反馈值。

2)电流的检测

定子电流由霍耳传感器检测,B、A 两相定子电流经隔离滤波送入 ADMC401 进行模拟/数字量的转换,得到数字量的电流反馈值。

3)脉宽调制 PWM 的实现

ADMC401 具有灵活的 PWM 产生方式,根据 SPWM 原理可计算出 6 个功率开关元件的占空比,利用 ADMC401 产生 6 路 PWM 脉冲,经功率放大后驱动功率开关元件 IGBT。

4)故障显示与处理、指令输入方式

当系统出现故障时,如欠电压、过电压、过电流、过温度等,故障信号被送入 FPGA 锁存并报警,同时 FPGA 送出封锁桥臂的信号保护元器件不受损坏。系统的运行状态可通过单片机与 LED 的接口进行显示,上位控制机进行参数设计,指令的输入方式有三种:通过 SERCOS(串行实时通信系统)数字接口送入 DSP、由脉冲接口输入或由模拟接口输入。

3. 控制方式

系统控制软件中采用了 PI 控制方式面对检测到的定子电流进行 A/D 转换,计算零偏值,并对电流进行软件滤波,判断是否过电流,采用 PI 调节方式对电流进行调节。

该系统的另一个特点是采用了矢量变换控制的 SPWM 调速系统,控制软件进行矢量变换计算,产生矢量脉宽调制波。

在系统位置控制中,将位置指令与反馈值进行比较,误差送入位置调节器,其输出作为速度给定;速度环控制速度反馈值实时跟踪指令值,由于速度控制器受负载的影响比较显著,其控制方法采用自调整技术,通过参数辨识调整控制器的增益。

6.8 交流伺服系统的发展动向

电力电子学的发展以及新的电力电子器件的开发,微电子技术的发展以及现代控制理论的发展,促进了交流伺服系统的快速变化。目前的发展动向主要体现在以下几个方面。

(1)矢量变换控制不断完善 矢量控制技术中,由于在运行中转子电阻的变化将会引起控制误差,为了克服这一问题,提出了磁能模型和参数自适应等控制技术。它可以对转子电阻变化进行精确推算,并以此对系统参数进行修正。

还有一种控制方案是强迫系统沿着一个预先设定的参考模型的轨迹滑动,而与电机参数及负载转矩无关,这就是滑模变结构控制技术。

在解决调速系统理论问题时,常常为了简化问题,突出主要矛盾,往往都将系统的非线性特征忽略。而实际上,非线性的存在,对系统影响有时又是不能忽略的,特别是对高技术性能的控制系统。于是出现了变结构控制方法。如低速时采用速度开环控制,高速时改为转速闭环控制;或低速时采用电流模型控制,而在高速时改为电压模型控制等。

(2)提出了直接转矩控制法概念 这是交流调速控制理论的又一突破。它可以直接在定子坐标上计算电机的转矩和磁通,并能使转矩响应时间控制在一个节拍以内,且无超调。这就既避开了矢量控制系统的复杂计算,又比矢量控制优越。所以这是一个颇有发展前途的控制新概念。在日本,已据此开发出一种新型交流调速系统,调速范围从1:30000~50000扩展到1:1000000。

(3)开发出全控型大功率快速电力电子器件 一种绝缘门极双极晶体管 IGBT 的参数已达到1000V,25A。它将是今后一段时间内变频器功率元件的主流。

(4)变频器主电路的优化 从硬件上看,将不可控整流电路改为晶体管可控整流器,这样可实现电动机向电网的回馈制动,解决了泵升电压问题,系统功率因数进一步提高。

从软件方面进一步改进 SPWM 的调制和控制方法。如采用可编程 PWM 以及空间电压矢量控制,它将变频器和电动机当成一个整体,以"整体最佳"为前提来确定 PWM 的波形。这是系统论在控制系统上的一个应用。

(5)微型机及微处理器在系统中大量应用 这就进一步提高了系统的功能,如系统具备自诊断功能,可将现行运转状态记录和刷新,一旦出现故障,可以将这些记录作为事故分析的依据,并向自动排除故障、自行修理等智能化方向发展。

微机的采用,为全数字化控制系统开辟了道路,是交流调速系统的发展方向。其硬件采用模块化公用总线结构,能使系统任意扩展;软件也采用标准模块形式。设计人员只需设计出总的系统框图,选用标准硬件与软件单元,进行简单的连接,即可构成多微机控制交流调速系统。

第7章　位置伺服系统

进给伺服系统是 CNC 系统中一个重要组成部分,它的性能影响甚至决定 CNC 系统的快速性、稳定性和精确性。进给伺服系统是以位置为控制对象的自动控制系统,对位置的控制是以对速度控制为前提的,而伺服电动机及其速度控制单元只是伺服控制系统中的一个组成部分。对于位置闭环控制的进给系统,速度控制单元是位置环境的内环,它接收位置控制器的输出,并将这个输出作为速度环路的输入命令,去实现对速度的控制;对于性能好的速度控制单元,它将包含速度控制及加速度控制,加速度控制环路是速度环路的内环;对速度控制而言,如果接收速度控制命令,接收反馈实际速度并进行速度比较,以及速度控制器功能都是微处理器及相应软件来完成的,那么速度控制单元常称为速度数字伺服单元;对于加速度环路亦是如此类推。对于位置控制,若位置比较及位置控制器都由微机完成,这当然是位置数字伺服系统。目前,在高性能的 CNC 系统中,位置、速度和加速度是数字伺服,至少也是位置、速度为数字伺服。对于那些全功能中档数控系统,则有的位置环控制是计算机完成的,而速度环则是模拟伺服。那么在这种情况下,位置控制器输出往往是数字量,需经 D/A 转换后,作为速度环的给定命令。

7.1　进给伺服系统的概述

数控机床进给伺服系统有多种分类方式。若按照有无位置检测和反馈环节以及位置检测元件的安装位置来分类,可以将进给伺服系统分为开环、半闭环和闭环三种类型;若按照进给伺服系统的进给轨迹来分类,可以将其分成点位控制系统和轮廓控制系统两类。

对于轮廓控制的进给伺服系统来说,它在进给运动中要连续地接收来自 CNC 装置的运动控制指令。这一指令可以是连续的脉冲序列,也可以是一个接一个的数字。若按照运动控制指令的形式来分,又可将轮廓控制的进给伺服系统分为数据采样式和基准脉冲式两类。

只有正确地掌握进给伺服系统的分类方法,才能全面领会各种系统的特点。

7.1.1　伺服系统常用的控制方式

数控机床的位置伺服控制按其结构可分成开环控制和闭环(半闭环)控制。详细分类,开环控制又可分为普通型和反馈补偿型,闭环(半闭环)控制也可分为普通型和反馈补偿型。开环步进式伺服系统已在前面的章节中讲述,这里分析其他有关的控制方式。

1. 反馈补偿型开环控制

开环系统的精度较低,这是由于步进电动机的步距误差、起停误差、机械系统的误差都直接影响到定位精度所致。可采用补偿型进行改进,其原理框图结构如图 7-1 所示。

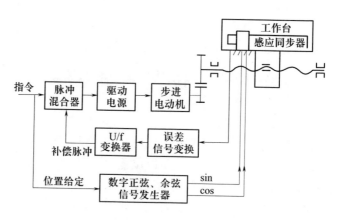

图 7-1 反馈补偿型开环控制的原理结构图

该系统由开环控制和感应同步器直接位置测量两个部分组成。这里的位置检测不用作位置的全反馈,而是作为位置误差的补偿反馈。它的基本工作原理如下:由数控装置发出的指令脉冲,一方面供给开环系统,控制步进电动机按指令运转,并直接驱动机床工作台移动,构成开环控制;另一方面该指令脉冲又供给感应同步器的测量系统,作为位置给定(设为 φ 角),工作在鉴幅方式的感应同步器此时既是位置检测器,又是比较器,它把由正弦余弦信号发生器给定的滑尺励磁信号(φ)与由步进电动机驱动的定尺移动位置信号(设为 θ)及时进行比较。由于两者的指令是同一个,假定开环控制部分没有误差,则 φ = θ,定尺输出的误差信号 e = 0,此时不需要补偿,系统的工作状况与通常的开环系统没有区别。但是,实际上开环控制部分不是没有误差的,所有上述的种种因素造成的位置误差都直接反映到指令位置与实际位移位置之间的差别上,也精确地反映到感应同步器的励磁位置(φ)与实际位置 θ 之间的差别上,因此定尺误差信号 e ≠ 0。该误差信号经过一定处理后,由电压频率变换器产生变频脉冲,再与指令脉冲相加减,从而对开环控制达到位置误差补偿的目的。

可见,这种系统具有开环与闭环两者的主要优点,即具有开环的稳定性和闭环的精确性,不会因为机床的谐振频率、爬行、死区、失动等因素而引起系统振荡。反馈补偿型开环控制的优点是不需间隙补偿和螺距补偿,缺点是增加了费用。

2. 闭环控制

开环控制的精度不能很好地满足机床的要求,为了提高伺服系统的控制精度,最根本的办法是采用闭环控制方式。这种方式既有前向控制通道,又有检测输出反馈通道,指令信号与反馈信号相比较后得到偏差信号,实现以偏差控制的闭环控制系统(图 7-2)。

在闭环控制系统中,检测机床移动部件的移动用位置检测装置,并将测量结果反馈到输入端与指令信号进行比较。如果二者存在偏差,将此偏差信号进行放大,控制伺服电机带动机床移动部件向指令位置进给,只要适当地设计系统校正环节的结构与参数,就能实现数控系统所要求的精确控制。

从理论上讲,闭环控制系统位置伺服的精度取决于测量装置的测量精度。自然,机床结构及传动装置的精度也不可忽视,如传动间隔的非线性因素亦将影响到系统的品质。

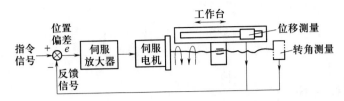

图 7 - 2　闭环(半闭环)控制原理结构图

　　为保证伺服系统的稳定性,并具有满意的动态品质,在数控机床伺服系统中有时还引入速度负反馈通道(图 7 - 3)。

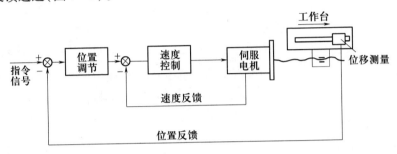

图 7 - 3　有速度内环的闭环系统

　　从系统的结构来看,该系统可看成是以位置调节为外环、速度调节为内环的双闭环控制系统。系统的输入是位置指令,输出是机床移动部件的位移。分析系统内部的工作过程,它是先把位置输入转换成相应的速度给定信号后,再通过速度控制单元驱动伺服电机实现实际位移控制的。数控机床进给速度范围可达 3 ~ 10000mm/min,甚至更大,这就规定了处于内环的调速系统必须是一个高性能的宽调速系统。

　　在闭环控制系统中,机床的进给传动部分被包含在环内,因此,机械系统引起的误差可由反馈得以消除。由于环内包括机械部分,它的参数、刚度、摩擦特性、惯量和失动等非线性特性对伺服系统的动态和静态会产生影响,进而影响到系统的稳定性。所以在系统设计时,必须对机电参数综合考虑,以求获得良好的系统特性。

　　闭环控制可以获得较高的精度和速度,但制造和调试费用大,适合于大中型和精密数控机床。

3. 半闭环控制

　　对于闭环控制系统只要合理设计,可以得到可靠的稳定性和很高的精度,但是,要直接测量工作台的位置信号需要用如光栅、磁尺或直线感应同步器等安装维护要求均较高的位置检测器。相比之下,若采用旋转变压器、光电编码器、圆盘式感应同步器等位置检测元件测量电机转轴或丝杠的转角,则要容易得多。如图 7 - 2 所示,通过对传动轴或丝杠的角位移的测量,可间接地获得位置输出量的等效反馈信号。由于这种由等效反馈信号构成的系统中不包含从旋转轴到工作台之间的传动链,因此这部分传动引起的误差将不能被闭环系统自动补偿,所以称这种由等效反馈信号构成的闭环控制系统为半闭环伺服系统,这种控制方式称为半闭环控制方式。

　　对于检测器装在丝杠末端的半闭环控制,丝杠的螺距误差与反向间隙等带来的机械传动部件误差一起限制了位置精度,因此要比闭环系统的精度差。当检测器装在电机轴

225

上时连丝杠都在控制环之外,因而控制精度将更低,与一般开环控制相当。然而由于其驱动功率大,快速响应好,也能满足各种数控机床的应用要求。对半闭环控制系统的机械误差,可以在数控装置中通过间隙补偿和螺距误差补偿的方法,使其大大减小,也可采用反馈补偿的方法解决。

4. 反馈补偿型半闭环控制

图 7-4 是反馈补偿型半闭环控制的一种原理结构图。

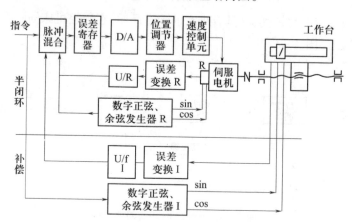

图 7-4　反馈补偿型半闭环控制的原理图

构成半闭环控制的检测元件是旋转变压器 R,而直接位置检测的感应 I 不构成位置全反馈,只作误差补偿量反馈,其补偿原理与开环补偿系统相同。由 R 和 I 组成的两套独立的测量系统均以鉴幅方式工作。两者的区别在于 R 测量系统的励磁信号 sin、cos 的 ϕ 角是由它的反馈脉冲自动修改,故可以保证 ϕ 始终跟踪 θ 的变化;而 I 测量系统的励磁信号 sin、cos 的电气角 ϕ 是由数控装置给定的。感应同步器在不断地比较 θ 与 ϕ 角,当发现 $\theta \neq \phi$ 时,产生误差信号,经变换后产生补偿脉冲加到脉冲混合电路,对指令脉冲进行随机补偿,以提高整个系统的定位精度。该系统的缺点是成本高,要用两套检测系统;优点是比全闭环系统调整容易,稳定性好,适合用作高精度大型数控机床的进给驱动。

7.1.2　数控机床运动方式对伺服系统的要求

按照数控机床加工运动方式的不同,数控机床有点位控制、点位直线控制和轮廓控制三种方式。从对伺服系统要求的角度,分析点位控制和轮廓控制就可满足要求。

1. 点位控制

点位控制是机床移动部件只能够实现由一个位置到另一个位置的精确移动,在移动和定位的过程中不进行任何加工,机床移动部件的运动路线并不影响加工的孔距精度。如坐标钻床、坐标镗床以及冲床等就采用点位控制系统。点位控制只需控制行程终点和坐标值,而不控制点与点之间的运动轨迹,因此几个坐标轴之间的运动不需要有任何联系。在点位控制的构成中,就不需要加工轨迹的计算装置。为了尽可能减少移动部件的运动和定位时间,通常先快速移动后,采用三级减速,以减少定位误差,保证良好的定位精度。

点位控制对伺服系统的基本要求是保证实现高的定位精度和快的定位效率。采用闭

226

环方式的点位控制就能满足要求。显然,稳定误差是点位控制的主要品质指标。

2. 轮廓控制

对于数控车床、铣床和加工中心等数控系统,要求刀具在相对工件移动的过程中,一边进给一边进行切削加工。因此,进给控制的过程也是工件切削加工的过程。伺服系统控制工作台行进的轨迹,即工件要求加工的轮廓,所以称为轮廓控制。

轮廓控制的伺服系统除了有精确定位的要求外,还必须随时控制进给轴伺服电机的转向和转速,以保证数控加工轨迹能准确地复现指令的要求。由于轮廓控制中伺服系统可能频繁地处于过渡过程中,动态误差将上升为影响加工精度的主要矛盾,特别在圆弧切削加工中,实际进给过程中速度的跟随误差将直接造成轮廓形状与尺寸的误差。对于2轴及2轴以上联动的数控系统,不仅每个驱动轴要尽可能增大系统速度增益以减少速度跟随误差,而且必须使各轴的速度增益相接近,才能保证2轴以上联动时的加工精度。尤其在速度增益较小时,这个要求更为严格。

总之,轮廓控制要求伺服系统速度稳定,跟随误差小,并在很宽的速度范围内有良好的稳态和动态品质。

7.1.3 检测信号反馈比较方式

从控制原理中知道,闭环伺服系统是由指令信号与反馈信号相比较后得到偏差,进而实现偏差控制的。在数控机床位置伺服系统中,由于采用的位置检测元件不同,指令信号与反馈信号有三种不同的比较方式,即脉冲比较方式、相位比较方式和幅值比较方式。

7.2 进给伺服系统分析

本节中通过建立数学模型来分析进给伺服系统的动、静态性能。

在这一节的分析中,均以最常见的半闭环系统为例进行介绍,得出的有些结论对全闭环系统是同样适用的。

我们知道速度调节器和电流调节器对于决定速度伺服单元的性能是十分重要的。讨论位置进给伺服系统时,位置控制器的类型是首先要研究的内容。从理论上来说,位置控制器的类型可以有很多种,但目前在CNC系统中实际使用的主要只有两种类型:“比较型”和“比例加前馈型”。对于“比例型”和“比例加前馈型”的位置控制器,将在本节中详细分析。

为什么只有“比例型”和“比例加前馈型”位置控制器得到广泛采用呢?这主要是由数控机床位置控制的特殊要求所决定的。在数控机床位置进给控制中,为了加工出光滑的零件表面,绝对不允许出现位置超调,采用“比例型”和“比例加前馈型”的位置控制器,可以较容易地达到上述要求。

7.2.1 进给伺服系统的数学模型

进给伺服系统的结构如图7-5所示。

在图7-5中,位置控制器中执行比例控制算法。控制器本身可以是微处理器,也可以是由硬件构成的脉冲比较电路或相位比较电路。从传递函数的角度来看,位置控制器相当于一个比例环节,其比例系数是 K_P。

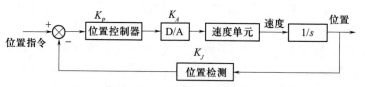

图 7-5　进给伺服系统的结构

位置控制器输出的数字量必须经过 D/A 转换之后才能控制调速单元,D/A 转换也相当于一个比例环节,其比例系数是 K_A。

调速单元的结构和原理在前面已经介绍过。从位置环的角度来看,调速单元可以等效为一惯性环节 $K_V(T_V s+1)$,式中,T_V 为惯性时间常数;K_V 为调速单元的放大倍数。

调速单元输出的量是速度量,这一速度量经过积分环节 $1/s$ 后成为角位移量。

位置量检测环节包括位置传感器(光电编码器、旋转变压器等)和后置处理电路。这个环节也可以看作是一个比例环节,比例系数是 K_J。

即各环节的传递函数置换图 7-5 中的框图,就得到了动态结构图,如图 7-6 所示。

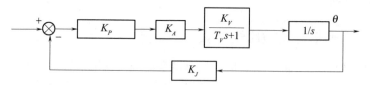

图 7-6　进给伺服系统动态结构图

在图 7-6 中,前向通道的传递函数为:

$$G_1(s) = K_P K_A \frac{K_V}{T_V s + 1} \cdot \frac{1}{s} \tag{7-1}$$

利用前向通道的传递函数 $G_1(s)$,可以将图 7-6 简化成图 7-7。

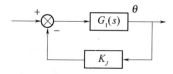

图 7-7　简化的动态结构图

根据自动控制原理可知,图 7-7 所示系统的闭环传递函数是

$$G(s) = \frac{G_1(s)}{1 + K_J G_1(s)} \tag{7-2}$$

将式(7-1)代入式(7-2),得

$$G(s) = \frac{1/K_J}{\dfrac{T_V}{KK_J}s^2 + \dfrac{1}{KK_J}s + 1} \tag{7-3}$$

式中:$K = K_P K_V K_A$。

式(7-3)表明,半闭环进给伺服系统是一个典型的二阶系统,可引入下列一些新的参量来描述二阶系统:

$$\frac{KK_J}{T_V} = \omega_n^2 \tag{7-4}$$

228

$$\frac{1}{T_V} = 2\xi\omega_n = 2\sigma \tag{7-5}$$

式中 σ——衰减系数；

ω_n——无阻尼自然角频率；

ξ——系统的阻尼比。

引入这些参数后式(7-3)可以变换为

$$G(s) = \frac{\dfrac{K}{T_V}}{s^2 + 2\xi\omega_n s + \omega_n^2} \tag{7-6}$$

7.2.2 进给伺服系统的动、静态性能分析

现在来分析进给伺服系统的动、静态特性,这里主要针对斜坡型输入信号进行分析。前面介绍过,斜坡输入信号是一种典型的位置控制输入信号。

1. 动态性能

由式(7-6)可知,就数学模型而言,进给伺服系统是一个典型的二阶系统,阻尼比 ξ 是描述系统动态性能的重要参数。下面分欠阻尼($0 < \xi < 1$)、临界阻尼($\xi = 1$)和过阻尼($\xi > 1$)三种情况进行分析。

(1) 欠阻尼 若 $0 < \xi < 1$,就称系统是欠阻尼的。在这种情况下,进给伺服系统的传递函数有一对共轭复极点,传递函数可以写成

$$G(s) = \frac{K/T_V}{(s + \xi\omega_n + j\omega_d)(s + \xi\omega_n - j\omega_d)} \tag{7-7}$$

式中:$\omega_d = \omega_n\sqrt{1 - \xi^2}$ 为阻尼角频率。

在这种情况下系统对于斜坡输入信号的跟随响应是要经历振荡的,如图7-8所示。

(2) 过阻尼 若阻尼比 $\xi > 1$,则称为过阻尼。在这种情况下,进给伺服系统的传递函数有一对不相同的实数极点,传递函数可以写成

$$G(s) = \frac{K/T_V}{(s + r_1)(s + r_2)} \tag{7-8}$$

式中:$r_1 = r_2 = (-\xi \pm \sqrt{\xi^2 - 1})\omega_n$。

在这种情况下,系统对输入信号的响应是无振荡的,其对斜坡输入信号的响应如图7-9所示。

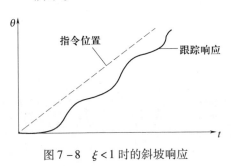

图7-8 $\xi < 1$ 时的斜坡响应

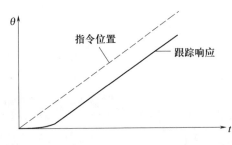

图7-9 $\xi > 1$ 时的斜坡响应

（3）临界阻尼　若阻尼比 $\xi = 1$，则称为临界阻尼。在临界阻尼的情况下，进给伺服系统的传递函数有一对相同的实数极点，传递函数可以写成

$$G(s) = \frac{K/T_V}{(s + \omega_n)^2} \tag{7-9}$$

在这种情况下，系统对输入的响应也是无振荡的，其对斜坡输入信号的响应与过阻尼时的情况差不多。

由于数控机床的伺服进给控制不允许出现振荡，故欠阻尼的情况是应当避免的；临界阻尼是一种中间状态，若系统参数发生了变化，就有可能转变成欠阻尼，故临界阻尼的情况也是应当避免的。由此得出了结论：数控机床的进给伺服系统应当在过阻尼的情况下运行。

将式(7-4)代入式(7-5)，可以得出阻尼的表达式：

$$\xi = \frac{1}{2} \frac{1}{\sqrt{KK_JT_V}} \tag{7-10}$$

根据过阻尼$(\xi > 1)$的要求，可以得出

$$K < \frac{4}{K_JT_V} \tag{7-11}$$

式中：$K = K_PK_AK_V$。

由图7-6可知，K_V 和 K_A 的大小都是固定的，所以对于位置控制器的增益 K_P 来说，应满足下式：

$$K_P < \frac{4}{K_JT_VK_AK_V} \tag{7-12}$$

事实上，位置控制器增益 K_P 是数控系统的一个重要参数，是由系统的操作人员设定的。

2. 静态性能

进给伺服系统静态性能的优劣主要体现为跟随误差的大小。

在进给伺服系统中，输入指令曲线与位置跟踪响应曲线之间存在着误差，随着时间的增加，这一误差趋向于固定。这一误差就称为系统跟随误差。在一般的数控系统应用说明中，常常用"伺服滞后"来表达跟随误差，"伺服滞后"与"跟随误差"本质是一样的，如图7-10所示。

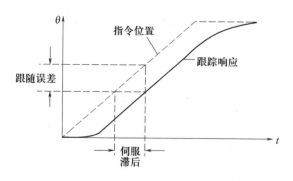

图7-10　"伺服滞后"与"跟随误差"

230

设进给伺服系统的斜坡输入指令信号为

$$r(t) = \begin{cases} vt, & t \geqslant 0 \\ 0, & t < 0 \end{cases} \qquad (7-13)$$

式中 v——指令速度。

则其拉普拉斯变换的像函数为

$$R(s) = v/s^2 \qquad (7-14)$$

利用拉普拉斯变换理论中的终值定理,得

$$e = \lim_{s \to 0} \frac{s}{1 + \dfrac{K_P K_A K_V K_J}{(T_V s + 1)s}} \cdot \frac{v}{s^2}$$

即

$$e = \frac{v}{K_P K_A K_V K_J} \qquad (7-15)$$

从式(7-15)可以看出,伺服系统的跟随误差与位置控制器增益 K_P 成反比。要减小跟随误差就要增大 K_P。但是,由前面的分析可知,K_P 的增大,同时要影响到伺服系统的动态性能,K_P 的最大值要受到式(7-12)的限制。

动态性能的要求和静态性能的要求在这里是一对矛盾。设置 K_P 的大小,要同时兼顾两方面的要求。由此可以得出如下重要结论:若仅采用比例型的位置控制,跟随误差是无法完全消除的。

7.2.3 位置伺服控制技术

在一些高档的数控系统中,采用了前馈控制、预测控制和学习控制的方法来改善系统的性能。

1. 前馈控制

采用前馈技术的进给伺服系统结构如图7-11所示。在图7-11中,$F(s)$ 表示前馈控制环节。

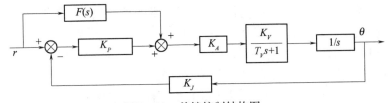

图 7-11 前馈控制结构图

采用前馈控制技术的进给伺服系统总的闭环传递函数如下:

$$G_F(s) = \frac{\dfrac{K_A K_V}{(T_V s + 1)s}[K_P + F(s)]}{1 + \dfrac{K_P K_A K_V K_J}{s(T_V s + 1)}} \qquad (7-16)$$

若令 $F(s) = \dfrac{s(T_V s + 1)}{K_J K_A K_V}$,则可将式(7-16)简化成

$$G_F(s) = \frac{1}{K_J} \qquad (7-17)$$

这表明,进给伺服系统可以用一个比例环节来表示。如果真能做到这样,进给伺服系统的性能当然是好极了,但事实上这是很难实现的。从 $F(s)$ 的表达式可以看出,若要将进给伺服系统的传递函数 $G_F(s)$ 简化成式(7-11)所示的比例环节,需要引入输出信号 $r(t)$ 的一阶导数,令 $F(s) = s/(K_J K_A K_V)$,这就是前馈环节的传递函数。

由式(7-15)可知,进给伺服系统的跟随误差是与位置输入信号 $r(t)$ 的一阶导数 v 成正比的,v 也就是指令速度。现在利用前馈环节 $F(s)$,引入了 $r(t)$ 的一阶导数,其目的就是要对系统的跟随误差进行补偿,从而大大地减小了跟随误差。

2. 预测控制

预测控制是一类基于对象非参数模型(例如脉冲响应或阶跃响应)的计算机控制算法,适用于线性或近似线性的渐近稳定对象。这种控制方式利用系统模型来预测被控对象的未来输出,根据实际输出反馈对其进行修正,再与设定轨迹比较得到偏差,然后以一种优化性能指标计算当前应加于被控过程的控制量,以期未来的输出尽可能地跟踪给定参考轨迹。

预测控制用来描述过程动态行为的信息是直接从生产现场检测到的过程响应(即脉冲响应或阶跃响应),这种方法无需事先知道过程模型的结构和参数的有关经验知识,不必通过复杂的系统辨识来建立过程,就可以根据某一优化性能指标设计控制系统,确定一个控制量的时间序列,使未来一段时间内的被调量与经过柔化后的期望轨迹之间的误差为最小。由于预测控制算法采用的是不断地在线滚动优化,而且在优化过程中,不断通过实测系统输出与预测模型输出的误差来进行反馈校正,所以能在一定程度上避免了由于预测模型误差和某些不确定干扰等造成的影响,使系统的鲁棒性得到增强。它适用于控制复杂工业生产过程,其基本特征如下:

(1)建立预测模型方便。用来描述过程动态行为的预测模型可以通过简单的工业常规实验得到,不需要深入地了解过程的内部机理,也不需要进行复杂的系统辨识这类建模过程的运算。

(2)采用滚动优化策略。预测控制算法与通常的离散最优控制算法不同,不是采用一个不变的全局优化目标,而是采用滚动式的有限时域优化策略。这意味着优化过程不是一次离线进行,而是在线反复进行优化计算、滚动实施,从而对模型失配、时变、干扰等引起的不确定性进行弥补,提高了系统的控制效果。

(3)采用模型误差反馈校正。在实际工业过程中,常具有非线形、时变性和不确定性,并且存在模型失配和干扰等因素。在预测控制算法中,基于不变模型的预测输出不可能与系统的实际输出保持一致。为此,在预测控制算法中,采用检测实际输出与模型输出之间的误差进行反馈校正来弥补这一缺陷,使滚动优化建立在预测模型输出误差反馈校正的基础上。这种利用实际信息对模型预测的校正是克服系统中存在的不确定性,提高系统控制精度和鲁棒性的有效措施。

预测控制的三要素是内部模型、参考轨迹和控制算法,它们通常被认为是这类预测控制的基本原理。

对预测控制而言,其预测模型是一个广义的概念。任何具有预测功能、能进行预测计算、反映系统特性的模型均可作为它的预测模型。对实时控制而言,在满足要求的情况下(能够复现对象的动态特性),模型应该越简单越好。对于一个位置系统,采用传递函数的差分方程形式,将其简化为一个三阶系统时,可以很好地复现系统的特性,如图7-12所示。

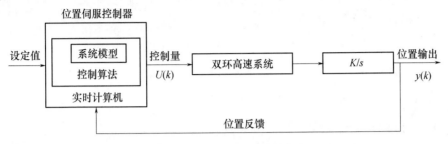

图7-12　预测控制结构图

图7-12所示的控制系统需要实现的控制是用实时计算机控制数控机床的运动,实现对目标设定值迅速、实时地计算机精确跟踪。双环系统等效传递函数为 $\dfrac{1/\alpha}{T_n s + 1}$,所以模型的传递函数为

$$G(s) = \frac{y(s)}{u(s)} = \frac{1/\alpha}{T_n s + 1} \frac{K}{s} \tag{7-18}$$

式中:K 为包括传动比和单位换算在内的比例系数。

把式(7-18)化为差分方程,得到二阶 ARMA 模型

$$y(k) = a_0 y(k-1) + a_1 y(k-2) + bu(k-1) \tag{7-19}$$

式中:$a_0 = e^{-T/T_n} + 1$,$a_1 = -e^{-T/T_n}$,$b = \dfrac{K}{\alpha}(1 - e^{-T/T_n})$;$u(k)$、$y(k)$ 分别为 kT 时刻的控制量与输出量,T 为采样周期。

对于第 $k+1$ 个采样时刻,模型的预测输出为

$$y_m(k+1) = a_0 y(k) + a_1 y(k-1) + bu(k) \tag{7-20}$$

单步预测时,系统的预测输出为

$$y_p(k+1) = y_m(k+1) + e(k) \tag{7-21}$$

式中:$e(k) = y(k) - y_m(k)$ 为第 kT 时刻实际输出与模型输出的误差。

参考轨迹是系统输出将要跟随的一条光滑迹线。在大多数情况下,一阶的参考轨迹有如下形式:

$$y_\tau(k+1) = ay(k) + (1-a)C_g(k+1) \tag{7-22}$$

式中:$C_g(k+1)$ 为 $(k+1)T$ 时刻系统的给定值,这里指位置给定。$\alpha = e^{-T/\tau}(0 \leqslant \alpha \leqslant 1)$,$\tau$ 为参考轨迹的时间常数,改变 τ,可以改变系统的过渡过程时间,一般 τ 取系统自由过渡所需时间的一半。

需指出的是,对于目标设定值时变的系统,参考轨迹略有不同,即

$$C_g(k+1) - y_\tau(k+1) = a[C_g(k) - y(k)] \tag{7-23}$$

预测控制算法实质就在于按一定的优化目标寻找最优控制律,这里采用最小方差的目标函数:

$$J = \min\{[y_p(k+1) - y_\tau(k+1)]^2 + u^2(k)\} \qquad (7-24)$$

式中:$[y_p(k+1) - y_\tau(k+1)]^2$ 反映了系统过渡过程的平滑性,其第二项 $u^2(k)$ 则使得控制量较为平稳,不会产生大的冲击。

最优控制律的获得,即将目标函数 J 对 $u(k)$ 求导,使其为零,有

$$u(k) = -\frac{b}{b^2+1}[a_0 y(k) + a_1 y(k-1) + e(k) - y_\tau(k+1)] \qquad (7-25)$$

算法的实现步骤如下:

(1) 在时间 kT 时刻采样,得到输出值 $y(k)$;

(2) 借助式(7-22)计算参考轨迹 $y_\tau(k+1)$;

(3) 计算出 $e(k) = y(k) - ym(k)$;

(4) 借助式(7-25)计算得 $u(k)$;

(5) 输出控制量 $u(k)$。

3. 学习控制

学习是一个跨学科的概念,涉及心理学、生理学、生物学、脑科学,以及一切和生命有关的学科,在数理与工程领域将学习的概念推广到机器学习(Machine Learning)。控制中的学习大致可分为三个层次:单一目标的精确学习,基于模式的多目标学习(统计学习),以及量化的生物学习(Bio-learning)。这三个层次的学习与控制相结合构成了学习控制全体。

控制的首要任务就是为执行器精确地提供所需的控制信号,从而实现单一目标的追踪。当系统的精确模型已知且逆系统可解,控制信号可直接算出,无需学习。当系统模型并非精确但低增益反馈满足控制要求,也无需学习。除此之外,学习控制就大有用武之地。我们可构造如下的学习控制模式,通过执行一次控制任务,获得相应控制信号 $u_i(t)$ 与追踪误差信号 $e_i(t)$。当再次执行同一控制任务时,在反馈的基础上,再加上前次的控制信号,即

$$u_i(t) = u_{i-1}(t) + qe_i(t) \qquad (7-26)$$

式中:q 是反馈增益,也是学习增益。图7-13显示了学习控制系统的结构。

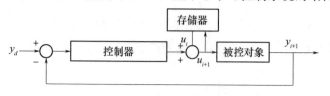

图7-13　学习控制结构

所谓学习控制,简言之,就是寻找一个理想的输入特性曲线,使被控对象产生一个期望的运动,即对有限时间域定义的期望响应 $y_d(t)$,$t \in [0, T]$,寻找某种给定 $u_k(t)$,$t \in [0, T]$,k 为寻找次数,使系统响应$(y_k(t), t \in [0, T])$在某种意义上比 $y_0(t)$ 有所改善。称这一寻找过程为学习控制过程,当 $k \to \infty$ 时,有 $y_k(t) \to y_d(t)$,则称学习控制过程收敛。

位置伺服系统是具有位置环、速度环和电流环的三环结构,由 PWM 的 GTR 功率放大器驱动直流电机,检测元件是增量光电码盘。上、下级机之间采用半双工串行通信,如图 7 – 14 所示。

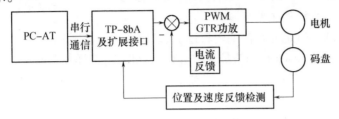

图 7 – 14　学习控制系统构成框图

下级机的给定和伺服系统的测量都是增量式的,T_s 为采样周期,在采样时刻 $t = iT_s$,有

$$U[k+1][i] = U[k][i] + pE[k][i] + qe_k(i) + r(E[k][i] - E[k][i-1])$$

$$(7 – 27)$$

式中:$U[k][i] = U_k(i) - U_k(i-1)$;$E[k][i] = e_k(i) - e_k(i-1)$;$r = T/T_s$。

令 $U_0(t) = y_d(t)$,将输入、输出化为增量形式:$U[0][i] = y_d(i) - y_d(i-1)$;$Y[0][i] = y_k(i) - y_k(i-1)$,则有

$$E[k][i] = U[0][i] - Y[k][i] \qquad (7 – 28)$$

初始条件为

$$U[k][0] = 0, E[k][0] = 0$$

迭代学习控制(Iterative Learning Control, ILC)是学习控制的一个重要分支,是一种新型学习控制策略,通过反复应用先前试验得到的信息来获得能够产生期望输出轨迹的控制输入,以改善控制质量。与传统的控制方法不同的是,迭代学习控制能以非常简单的方式处理不确定度相当高的动态系统,且仅需较少的先验知识和计算量,同时适应性强,易于实现;更主要的是,它不依赖于动态系统的精确数学模型,是一种以迭代产生优化输入信号,使系统输出尽可能逼近理想值的算法。它的研究对那些有着非线性、复杂性、难以建模以及高精度轨迹的控制问题有着非常重要的意义。其数学描述如下:

设被控对象的动态过程为

$$\begin{cases} \dot{x}(t) = f(t, x(t), u(t)) \\ y(t) = g(t, x(t), u(t)) \end{cases} \qquad (7 – 29)$$

式中:$x(t) \in R^{n \times 1}$ 为系统的状态向量;$y(t) \in R^{m \times 1}$ 为系统的输出向量;$u(t) \in R^{r \times 1}$ 为控制向量;f, g 为相应的向量函数,其结构与参数均未知。且要求系统满足:

(1)周期性,每次运行时间间隔为 T,即 $t \in [0, T]$;

(2)期望输出 $y_d(t), t \in [0, T]$ 是预告给定的,并且假定每次运行时期望输出 $y_d(t)$ 不变;

(3)每次运行前,初始状态 $x(0)$ 相同;

(4)每次运行的输出 $y(t)$ 均可测,误差信号 $e(t) = y(t) - y_d(t)$;

(5)假定期望控制 $u_d(t)$ 存在,即在给定的状态初值 $x(0)$ 下,$u_d(t)$ 是式(7 – 29)当

235

$y(t) = y_d(t)$ 的解；

（6）系统的动力学结构在每次运行中保持不变。

迭代学习控制经过多次重复的运行，在一定的学习律下使 $u(t) \to u_d(t)$, $y(t) \to y_d(t)$。

迭代学习控制算法的主要步骤如下：

（1）当 $k = 0$ 时，给定并存储期望轨迹 $y_d(t)$ 以及初始控制 $u_0(t)$；

（2）施加控制输入 $u_k(t)$ 到被控对象开始重复操作，采样并存储 $y_k(t)$；

（3）重复操作结束时，计算输出误差 $e_k(t)$，由学习算法计算并存储新的控制输入 $u_{k+1}(t)$；

（4）检验迭代停止条件是否满足，如果满足条件则停止运行，否则置 $k = k + 1$，转步骤（2）。

根据系统当前输入 $u_{k+1}(t)$ 的组成情况，可将迭代学习控制分为三种：

1）开环 PID 型迭代学习算法

当前输入 $u_{k+1}(t)$ 是上一次的输入 $u_k(t)$ 和上一次的输出误差 $e_k(t)$ 组合而成，而并没有当前的输出误差 $e_{k+1}(t)$，如图 7 – 15 所示。

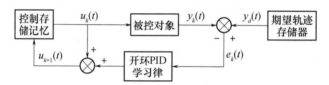

图 7 – 15　开环 PID 型迭代学习控制的基本结构

它是最简单的迭代学习控制算法，即 $u_{k+1}(t) = u_k(t) + T_L e_{k+1}(t)$，其控制规律为

$$u_{k+1}(t) = u_k(t) + P_0(t)e_k(t) + I_0(t)\int_0^t e_k(\tau)\mathrm{d}\tau + D_0(t)e'_k(t) \qquad (7-30)$$

2）闭环迭代学习算法

在开环迭代学习中使用当前输出误差的"新的"信息 $e_{k+1}(t)$，则构成闭环迭代学习控制算法，如图 7 – 16 所示。

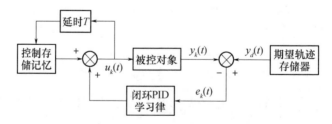

图 7 – 16　闭环 PID 型迭代学习控制的基本结构

对于图 7 – 16 所示的闭环迭代学习控制算法是使用当前的输出误差 $e_{k+1}(t)$ 作为学习的修正项，即

$$u_{k+1}(t) = u_k(t) + T_L e_{k+1}(t) \qquad (7-31)$$

其控制规律为

236

$$u_{k+1}(t) = u_k(t) + P_c(t)e_{k+1}(t) + I_c(t)\int_0^t e_{k+1}(\tau)\mathrm{d}\tau + D_c(t)e'_{k+1}(t) \quad (7-32)$$

3）开闭环迭代学习控制算法

开环迭代学习控制算法只利用了系统前一次运行的信息 $u_k(t)$ 和 $e_k(t)$，舍弃了系统当前运行的信息 $e_{k+1}(t)$；而闭环迭代学习控制算法只利用系统当前次运行的信息 $e_{k+1}(t)$，舍弃了系统前一次运行的信息，如果把前一次和当前的误差都利用起来，则构成开闭环迭代学习控制，结构如图 7-17 所示。

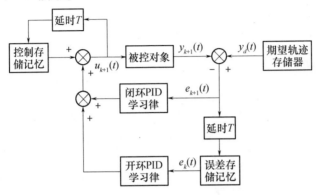

图 7-17　开闭环 PID 型迭代学习控制的基本结构

控制规律如下：

$$u_{k+1}(t) = u_k(t) + P_0(t)e_k(t) + I_0(t)\int_0^t e_k(\tau)\mathrm{d}\tau + D_0(t)e'_k(t) +$$

$$P_c(t)e_{k+1}(t) + I_c(t)\int_0^t e_{k+1}(\tau)\mathrm{d}\tau + D_c(t)e'_{k+1}(t) \quad (7-33)$$

式中：$P_0(t)$ 和 $P_c(t)$，$I_0(t)$ 和 $I_c(t)$，$D_0(t)$ 和 $D_c(t)$ 分别为比例、积分及微分项的学习增益矩阵且有界，当取不同值时可以构成 P 型、D 型、PI 型、PD 型、PID 型迭代学习算法。

7.2.4　位置指令信号分析

数控机床的进给位置指令是由 CNC 装置通过插补运算而得到的。纵观整个加工程序段的插补过程，看看位置进给指令信号究竟属于什么类型，这对于深入理解进给伺服系统的工作原理是很重要的。

由于位置指令是通过插补得到的，所以在研究位置控制时，当然要涉及插补。关于插补问题已有详述，这里并不需要研究具体的插补算法，只需要对插补过程的本质有如下的认识：所谓插补，无非是将数控加工程序中指明的轮廓轨迹方程改写成相应的以时间 t 为变量的参数方程，这个参数方程所描述的正是各进给轴的位置指令的函数规律。

在数控机床中，最常见的插补方式有直线插补和圆弧插补。对于 2 轴直线插补，轮廓轨迹如图 7-18 所示，轨迹方程是 $x = kz$，其中 k 是常数。

上述直线轨迹方程等价于式（7-34）所示的参数方程组

$$\begin{cases} z = v_z t \\ x = kv_z t \end{cases} \quad (7-34)$$

式中　v_z——Z 轴的进给速度；

　　　kv_z——X 轴的进给速度。

式(7-34)表明,在直线插补时,各进给轴的位置指令均为斜坡函数。

对于 2 轴圆弧插补,轨迹如图 7-19 所示,轨迹方程是 $x^2 + z^2 = r^2$。

上述圆弧轨迹方程等价于参数方程式组

$$\begin{cases} x = r\sin\omega t \\ y = r\cos\omega t \end{cases} \qquad (7-35)$$

式中　r——圆弧半径。

式(7-35)表明,圆弧插补的位置指令是正弦函数。

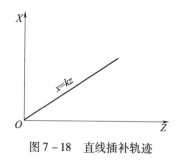
　图 7-18　直线插补轨迹

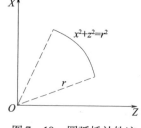
　图 7-19　圆弧插补轨迹

对于其他类型的插补(如抛物线插补、双曲线插补等),位置控制指令的函数规律也不尽相同。取斜坡函数的位置指令作为典型的位置输入指令。

7.2.5　指令值的修正

现在来分析典型的斜坡位置指令,参见图 7-20。

图 7-20(a)表示的是斜坡位置指令,图 7-20(b)表示的是图 7-20(a)中所包含的进给速度信息;图 7-20(c)表示图 7-20(a)中所包含的加速度信息。很明显,这里没有加减速的过程,进给速度是突变的,这样就产生了冲击加速度,加速度是与驱动力成正比的,因而冲击加速度意味着驱动力的冲击,这对机械传动部件是不利的。此外,指令进给速度的突变会造成系统跟踪失步,增大跟随误差。

图 7-20 所描述的位置指令称为具有速度限制的位置指令,这种位置指令函数的主要缺陷是没有对加速度进行限制,是一种没有经过修正的指令函数。对位置指令函数进行修正就是要对加速度进行限制。图 7-21(a)所描述的是经过修正以后的位置指令函数,这一指令函数呈现“S”形,而不是如图 7-20(a)所描述的斜坡形。经过修正的位置指令函数中包含了速度和加速度信息,分别如图 7-21(b)和图 7-21(c)所示。

在这里,进给速度指令曲线中包含了匀加速上升和匀减速下降段,进给速度不存在阶跃变化,加速度也被限制在 $\pm a_m$ 之内,这种位置指令函数称为加速度控制的位置指令函数。

对于数控机床,要达到好的动态特性,这种具有速度和加速度指令值限制的位置指令值修正一般是足够的。

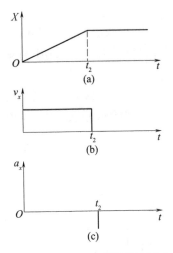

图 7-20　斜坡位置指令

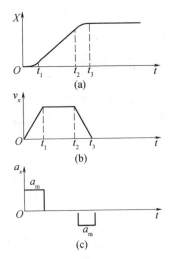

图 7-21　加速度控制的位置指令

7.3　脉冲比较的进给伺服系统

在本节中将讨论几种典型的进给位置伺服系统实例。

7.3.1　脉冲比较式进给位置伺服系统

图 7-22 所示为用于工件轮廓加工的一个坐标进给伺服系统,它包含速度控制单元和位置控制外环,由于它的位置环是按给定输入脉冲数和反馈脉冲数进行比较而构成闭环控制的,所以称该系统为脉冲比较式位置伺服系统。

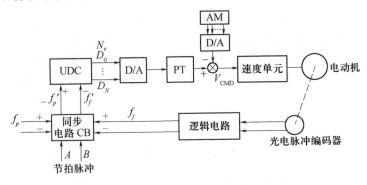

图 7-22　脉冲比较式进给位置伺服系统

CNC 装置经过插补运算得到指令脉冲序列 f_p。指令脉冲有两条通道,当指令方向为正时,f_p 从正向通道输入,反之 f_p 则从反向通道输入。

位置检测器(光电脉冲编码器)输出的脉冲经过逻辑电路处理后成为反馈计数脉冲 f_f。反馈脉冲也有两条通道,当电动机实际转向为正时,f_f 从正向反馈通道输入,反之 f_f 则从反向反馈通道输入。

可逆计数器 UDC 是用来计算位置跟随误差的,这一误差记为 N_e。位置跟随误差实际上就是位置指令脉冲个数与位置反馈脉冲个数之差。为了计算这一误差,应当将指令

脉冲 f_p 和反馈脉冲 f_f 分别送入可逆计数器 UDC 的不同计数输入端。

若运动指令方向和伺服电动机的实际运动方向都是正的,则跟随误差也是正的,参见图 7-23(a)。这时应将指令脉冲从 UDC 的加法端输入,将反馈脉冲从 UDC 的减法端输入。

若运动指令方向和伺服电动机的实际运动方向是负的,则跟随误差也是负的,参见图 7-23(b)。这时应将指令脉冲从 UDC 的减法端输入,将反馈脉冲从 UDC 的加法端输入。

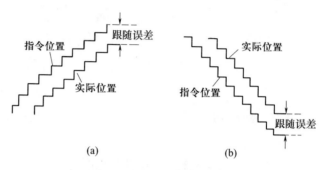

图 7-23 位置跟随误差

由于在 UDC 的两个输入端同时送入脉冲 f_f 和 f_p,可能引起可逆计数器工作不正常,为此设置了同步电路 CB,由它保证送往计数器加端和减端的脉冲必定有一时间间隔。

另外,当变更运动方向时,指令脉冲已从原来的通道(正向)换成新的通道(反向),而伺服电动机的运动可能还在原来的方向,所以这时在可逆计数器 UDC 的同一个输入端上,既要接收指令脉冲,也要接收反馈脉冲。也就是说,在 UDC 的同一个输入端上,也存在着同步的问题,这也需要同步电路来解决。

同步电路要解决的是指令脉冲 f_p 与反馈脉冲 f_f 的同步问题,无论 f_p 和 f_f 实际是什么时刻到来的,必须保证它们作用于 UDC 输入端的时刻至少间隔 Δt。同步电路共有四个完全相同的组件 $CB_1 \sim CB_4$,分别基于两路节拍脉冲 A 和 B 进行工作。节拍脉冲 A 和 B 的频率要比指令脉冲 f_p 和反馈脉冲 f_f 的频率高得多。同步电路组件 CB_1 和 CB_2 实现节拍脉冲 A 对指令脉冲 f_p(正、负通道)的同步,同步电路组件 CB_3 和 CB_4 实现节拍脉冲 B 对反馈脉冲 f_f(正、负通道)的同步。A、B 两路节拍脉冲间隔时间为 Δt。同步电路的工作波形见图 7-24。

在图 7-24 中,f_p 和 f_f 是作用于计数器的指令脉冲和反馈脉冲。

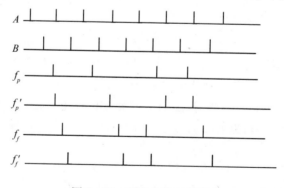

图 7-24 同步电路工作波形

由可逆计数器 UDC 计算得出的位置跟随误差是数字量,对 N_e 进行数/模转换后送入位置控制 PT,PT 实际上就是一个增益可控的比例放大器,PT 的增益可由 CNC 装置设定。

AM 是偏差补偿寄存器,AM 中的值也可由 CNC 装置设定,其作用是对速度控制单元的死区进行补偿。AM 中的数值经数模转换后与 PT 的输出信号相加,即为速度控制信号 V_{CMD},这个信号送到速度控制单元。

随着数控技术的日益推广,在数控机床的位置伺服系统中,采用脉冲比较方法构成的闭环控制受到了普遍的重视,这种系统的最主要优点是结构比较简单,易于实现数字化的闭环位置控制。目前,采用光电编码器(光电脉冲发生器)做位置检测元件,以半闭环的控制结构形式构成脉冲比较伺服系统,是中低档数控伺服系统中应用最普遍的一种。本节主要介绍应用光电编码器进行位置反馈及实现脉冲比较的位置控制原理与方法。

7.3.2　脉冲比较进给系统组成原理

图 7-25 为脉冲比较伺服系统的结构图。整个系统按功能模块大致可分为三部分:采用光电脉冲编码器产生位置反馈脉冲 P_f;实现指令脉冲 F 与反馈脉冲 P_f 的比较,以取得位置偏差信号 e;以位置偏差 e 作为速度调节系统。本节着重对前两部分展开讨论。

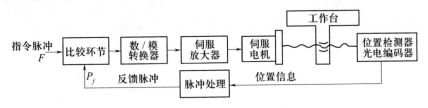

图 7-25　脉冲比较伺服系统结构框图

光电编码器与伺服电机的转轴连接后,随着电机的转动产生脉冲序列输出,其脉冲的频率将随着转速的快慢而升降。

现设指令脉冲 $F=0$,且工作台原来处于静止状态。这时反馈脉冲 P_f 亦为零,经比较环节可知偏差 $e=F-P_f=0$,则伺服电机的速度给定为零,工作台继续保持静止不动。

然后,设有指令脉冲加入,$F\neq0$,则在工作台没有移动之前,反馈脉冲 P_f 仍为零,经比较判别后可知偏差 $e\neq0$。若设 F 为正,则 $e=F-P_f>0$,由调速系统驱动工作台向正向进给。随着电机运转,光电编码器将输出的反馈脉冲 P_f 进入比较环节。该脉冲比较环节可看作为对两路脉冲序列的脉冲数进行比较。根据负反馈原理,只有当指令脉冲 F 和反馈脉冲 P_f 的脉冲个数相当时,偏差 $e=0$,工作台才重新稳定在指令所规定的位置上。由此可见,偏差 e 仍是数字量,若后续调速系统是一个模拟调节系统,则 e 需经数/模转换后才能成为模拟给定电压。对于指令脉冲 F 为负的控制过程与 F 为正时基本上类似,只是此时 $e<0$,工作台应作反向进给。最后,在该指令所规定的反向某个位置 $e=0$,伺服电机停止转动,工作台准确地停在该位置上。

7.3.3　脉冲比较电路

在脉冲比较伺服系统中,实现指令脉冲 F 与反馈脉冲 P_f 的比较后,才能检出位置的偏差。脉冲比较电路的基本组成有两个部分：一是脉冲分离，二是可逆计数器（图7-26）。

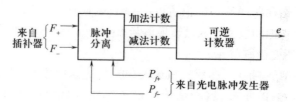

图7-26　脉冲分离与可逆计数框图

应用可逆计数器实现脉冲比较的基本要求是：当输入指令脉冲为正（由 F_+）或反馈脉冲为负（由 P_{f-}）时，可逆计数器作加法计数；当指令脉冲为负（由 F_+）或反馈脉冲为正（由 P_{f+}）时，可逆计数器作减法计数。例如，设初始状态的可逆计数器为全0，工作台静止。然后突加正向指令脉冲 $F_+ = +1$，计数器加1，在工作台移动之前，可逆计数器的输出（即位置偏差）$e+1$。为消除偏差，工作台应作正向移动，随之产生反馈脉冲 $P_{f+} = +1$，应使可逆计数器减1，$e = 0$。这样，工作台就在正向前进一个脉冲当量的位置上停下来。反之，$F_- = +1$，使计数器减1，$e = -1$。则有 $P_{f-} = +1$，使计数器加1，$e = 0$。

在脉冲比较过程中值得注意的问题是，指令脉冲 F 和反馈脉冲 P_f 分别来自插补器和光电编码器。虽然经过一定的整形和同步处理，但两种脉冲源有一定的独立性，脉冲的频率随运转速度的不同而不断变化，脉冲到来的时刻互相可能错开或重叠。在进给控制的过程中，可逆计数器要随时接受加法或减法两路计数脉冲。当这两路计数脉冲先后到来并有一定的时间间隔，则该计数器无论先加后减，或先减后加，都能可靠地工作。但是，如果两路脉冲同时进入计数脉冲输入端，则计数器内部可能会因脉冲的"竞争"而产生误操作，影响脉冲比较的可靠性。为此，必须在指令脉冲与反馈脉冲进入可逆计数器之前，进行脉冲分离处理。

脉冲分离原理如图7-27所示，其功能为：当加、减脉冲先后到来时，各自按预定的要

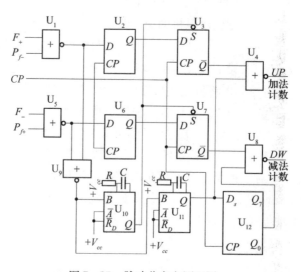

图7-27　脉冲分离电原理图

求经加法计数或减法计数的脉冲输出端进入可逆计数器;若加、减脉冲同时到来时,则由硬件逻辑电路保证,先作加法计数,然后经过几个时钟的延时,再作减法计数,这样,可保证两路计数脉冲信号均不会丢失。

电路工作原理分析如下:

U_1、U_4、U_5、U_8、U_9均为或非门;U_2、U_3、U_6、U_7为触发器,U_{12}为8位移位寄存器,由时钟脉冲CP同步控制(CP的频率可取1MHz);U_{10}、U_{11}为单稳态触发器。当F与P_f分别到来时,在U_1和U_5中同一时刻只有一路有脉冲输出,所以U_9的输出始终是低电平。这时,作加法计数,计数脉冲自U_2、U_3至U_4输出,计作UP;作减法计数时,计数脉冲自U_6、U_7至U_8输出,计作DW。U_{10}、U_{11}和U_{12}在这种情况下不起作用。当F与P_f这两种脉冲同时到来时,U_1与U_5的输出同时为"0",则U_9输出为"1",单稳U_{10}和U_{11}有脉冲输出,U_{10}输出的负脉冲同时封锁U_3与U_7,使上述正常情况下计数脉冲通路被禁止。U_{11}的正脉冲输出分成两路,先经U_4输出作加法计数,再经U_{12}延迟四个时钟周期由U_8输出作减法计数。

可逆计数器可由若干集成的4位二进制可逆计数器组成,计数器位数与允许的位置偏差e的大小有关。考虑到机械系统的惯性,在制动或高速进给时,控制系统可能会出现较大的偏差,计数器的位数不能取得过小。图7-28的可逆计数器由三个4位计数器组成,除一位作符号位外,允许的计数范围为$-2048 \sim +2047$。该可逆计数器内部以4位为一组,按二进制数进位和借位的接法互联,外部输入三个信号:加法计数脉冲输入信号UP、减法计数脉冲输入信号DW和清零输入信号CLP。

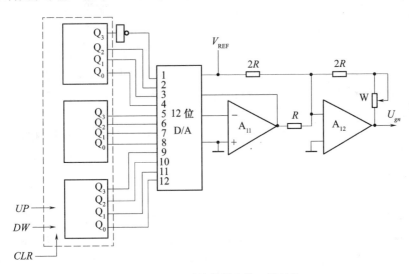

图7-28 可逆计数器和数—模转换

12位D/A转换器输出通过运算放大器A_{11}、A_{12}可实现双极性模拟电压U_{gn}输出。当12位可逆计数器清零时,相当于D/A输入的数字量为800H(设D/A的1端为最高数据位,12端为最低数据位),在U_{gn}端输出为零。当输入的数字量为FFFH时,U_{gn}的电压可达$+V_{REF}$的最大值;输入数字量为000H时,U_{gn}为$-V_{REF}$的满刻度值。改变基准电压V_{REF}及适当调整输出端电位器W,可获得所要求电压极性与满刻度数值。当U_{gn}作为伺服放大器的速度给定电压时,就可以依据位置偏差来控制伺服电机的转向和转速,即控制工作台向指令位置进给。

7.4 相位比较的进给伺服系统

采用相位比较方法实现位置闭环控制的伺服系统,是高性能数控机床中所使用的一种伺服系统(以下简称相位伺服系统)。

相位伺服系统的核心问题是,如何把位置检测转换为相应的相位检测,并通过相位比较实现对驱动执行元件的速度控制。

7.4.1 相位伺服进给系统组成原理

图 7 – 29 是一个采用感应同步器作为位置检测元件的相位伺服系统原理框图。

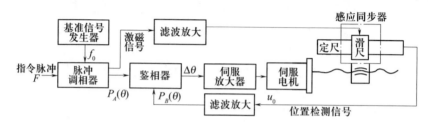

图 7 – 29 相位比较伺服系统原理框图

在该系统中,感应同步器取相位工作状态,以定尺的相位检测信号经整形放大后所得的 $P_B(\theta)$ 作为位置反馈信号。指令脉冲 F 经脉冲调相后,转换成重复频率为 f_0 的脉冲信号 $P_A(\theta)$。$P_A(\theta)$ 和 $P_B(\theta)$ 为两个同频的脉冲信号,它们的相位差 $\Delta\theta$ 反映了指令位置与实际位置的偏差,由鉴相器判别检测。伺服放大器和伺服电机构成的调速系统,接受相位差 $\Delta\theta$ 信号,以驱动工作台朝指令位置进给,实现位置跟踪。该伺服系统的工作原理概述如下:

当指令脉冲 $F=0$ 且工作台处于静止时,$P_A(\theta)$ 和 $P_B(\theta)$ 应为两个同频同相的脉冲信号,经鉴相器进行相位比较判别,输出的相位差 $\Delta\theta=0$。此时,伺服放大器的速度给定为 0,它输出到伺服电机的电枢电压亦为 0,工作台维持在静止状态。

当指令脉冲 $F\neq0$ 时,工作台将从静止状态向指令位置移动。这时若设 F 为正,经过脉冲调相器,$P_A(\theta)$ 产生正的相移 $+\theta$,即在鉴相器的输出将产生 $\Delta\theta=+\theta>0$。因此,伺服驱动部分应按指令脉冲的方向使工作台作正向移动,以消除 $P_A(\theta)$ 和 $P_B(\theta)$ 的相位差。反之,若设 F 为负,则 $P_A(\theta)$ 产生负的相移 $-\theta$,在 $\Delta\theta=-\theta<0$ 的控制下,伺服机构应驱动工作台作反向移动。

因此,工作台在指令脉冲的作用下无论作正向运动还是反向运动,反馈脉冲信号 $P_B(\theta)$ 的相位必须跟随指令脉冲信号 $P_A(\theta)$ 的相位作相应的变化。位置伺服系统要求,$P_A(\theta)$ 相位的变化应满足指令脉冲的要求,而伺服电机则应有足够大的驱动力矩使工作台向指令位置移动,位置检测元件则应及时地反映实际位置的变化,改变反馈脉冲信号 $P_B(\theta)$ 的相位,满足位置闭环控制的要求。一旦 F 为 0,正在运动着的工作台应迅速制动,这样 $P_A(\theta)$ 和 $P_B(\theta)$ 在新的相位值上继续保持同频同相的稳定状态。

下面着重讨论该相位伺服系统中,脉冲调相器和鉴相器的工作原理。

7.4.2 脉冲调相器

脉冲调相器也称数字移相电路,其功能为按照所输入指令脉冲的要求对载波信号进行相位调制。图7-30为脉冲调相器组成原理框图。

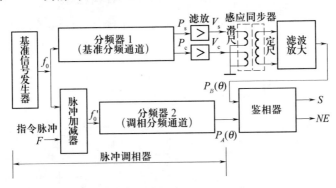

图7-30 脉冲调相器组成原理框图

在该脉冲调相器中,基准脉冲f_0由石英晶体振荡器组成的脉冲发生器产生,以获得频率稳定的载波信号。f_0信号输出分成两路,一路直接输入M分频的二进制计数器,称为基准分频通道;另一路则先经过加减器,再进入分频数亦为M的二进制数计数器,称为调相分频通道。上述两个计数器均为M分频,即当输入M个计数脉冲后产生一个溢出脉冲。

基准分频通道应该输出两路频率和幅值相同但相位互差90°的电压信号,以供给感应同步器滑尺的正弦余弦绕组激磁。为了实现这一要求,可将该通道中的最末一级计数触发器分成两个,接法如图7-31所示。由于最后一级触发器的输入脉冲相差180°,所以经过一次分频后,它们的θ输出端的相位互差90°。

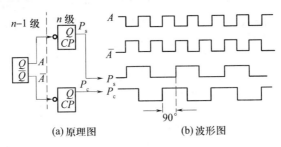

(a)原理图　　　　(b)波形图

图7-31 基准分频器末级相差90°输出

由脉冲调相器基准分频通道输出的矩形脉冲,应经过滤除高频分量并功率放大后才能形成供给滑尺激磁的正弦余弦信号V_s和V_c。然后,由感应同步器电磁感应作用,可在其定尺取得相应的感应电势u_0,再经滤波放大,就可获得用作位置反馈的脉冲信号$P_B(\theta)$。

调相分频通道的任务是在指令脉冲的参与下输出脉冲信号$P_A(\theta)$。在该通道中,加减器的作用是:当指令脉冲F为零时,使其输出信号$f_0'=f_0$,即调相分频计数器与基准分频计数器完全同频同相工作。因此,$P_A(\theta)$和$P_B(\theta)$必然同频同相,两者相位差$\Delta\theta=0$;当$F\neq0$时,加减器按照正的指令脉冲使f_0'脉冲数增加,负的指令脉冲使f_0'脉冲数减少的原则,使得输入到调相分频器中的计数脉冲个数发生变化。结果是该分频器产生溢出脉冲的时刻将提前或者推迟,因此,在指令脉冲的作用下,$P_A(\theta)$不再保持与$P_B(\theta)$同相,其相位差大小和极性与指令脉冲F有关。

下面举例说明指令移相的情况。为了便于叙述,设两个分频器均由4个十六进制计数触发器$C_0 \sim C_3$组成(图7-32),分频数$m = 2^4 = 16$,即每输入16个脉冲产生一个溢出脉冲信号。对应$F = 0$、$F = +1$和$F = -1$的三种情况,可用波形图具体叙述如下:

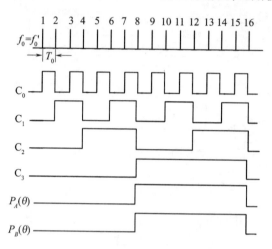

图7-32 $F = 0$时,时序波形图($\Delta\theta = 0$)

(1)指令脉冲$F = 0$的情况 当$F = 0$时,调相分频计数脉冲f_0'就等于基准脉冲f_0。计数触发器$C_0 \sim C_3$按二进制数方式逐个进位计数,其中C_0为最低位,C_3为最高位。工作时的时序波形如图7-32所示。由于$F = 0$时,f_0'与f_0相等,则反映指令脉冲输入的$P_A(\theta)$亦应该与位置反馈信号$P_B(\theta)$同频同相,两者的相位差$\Delta\theta = 0$。

(2)指令脉冲$F = +1$的情况 $F = +1$,表示此时脉冲移相的输入端接收到一个正向指令脉冲如图7-33所示。由图7-33可知,这时计数脉冲f_0'在基准脉冲的基础上插

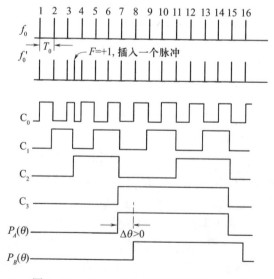

图7-33 $F = +1$时,时序波形图($\Delta\theta > 0$)

入了一个脉冲,因此调相分频计数器将比基准分频器提前一个时钟周期 T_0 产生溢出脉冲。因此,此时 $P_A(\theta)$ 的波形相位将比 $P_B(\theta)$ 超前,记作 $\Delta\theta = +T_0 > 0$。

(3)指令脉冲 $F = -1$ 的情况 $F = -1$,表示此时加入一个负向指令脉冲,则 f'_0 为在 f_0 的基础上减去一个时钟脉冲周期 T_0 才有溢出脉冲,则 $P_A(\theta)$ 波形的相位应滞后于 $P_A(\theta)$,记作 $\Delta\theta = -T_0 < 0$,波形如图 7-34 所示。

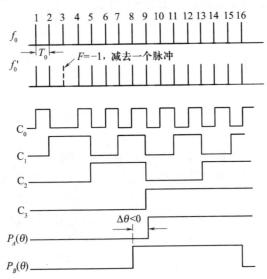

图 7-34 $F = -1$ 时,时序波形图($\Delta\theta < 0$)

由上述指令移相的原理可知,对应于每个指令脉冲所产生的相移角 $\Delta\theta$,若记作 θ_0,其量值与分频器的容量有关。例如,在上述示例中,分频系数 $m = 16$,则 $\theta_0 = 360°/16 = 22.5°$,当相移角 θ_0 要求为某个设定值时,可由下式计算所需要的 m 值:

$$m = 360°/\theta_0 \tag{7-36}$$

例如,设某数控机床的脉冲当量为 $\delta = 0.002\text{mm}$,感应同步器的节距 $2\tau = 2\text{mm}$,则单位脉冲所对应的相位角 $\theta_0 = \delta \times 360°/2\tau = 0.002 \times 360°/2 = 0.36°$。由式(7-36)计算,可知分频系数 $m = 360°/\theta_0 = 360°/0.36° = 1000$。分频器输入的基准脉冲频率将是激磁频率的 m 倍。例如,本示例的感应同步器激磁频率为 10kHz,分频系数 $m = 1000$,则基准频率 $f_0 = 1000 \times 10\text{kHz} = 10\text{MHz}$。

7.4.3 鉴相器

在一个相位系统中,指令信号的相位与实际位置检测所得的相位之间存在相位差是一个客观事实,鉴相器的任务就是把它用适当的方式表示出来。图 7-35 是一种鉴相器逻辑原理图。由脉冲移相和位置检测所得的脉冲信号 $P_A(\theta)$ 和 $P_B(\theta)$ 分别输入鉴相器的计数触发器 T_1 和 T_2,经过二分频后所输出的 A、$\overline{A}$ 和 B、$\overline{B}$ 频率降低 1/2。鉴相器的输出信号有两个:S 取为 A 和 B 信号的半加和,$S = A\overline{B} + \overline{A}B$,其量值反映了相位差 $\Delta\theta$ 的绝对值。

NE 为一个 D 触发器的输出端信号,根据 D 端和 CP 端相位超前或滞后的关系,决定

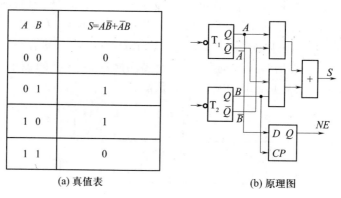

$A\ B$	$S=A\bar{B}+\bar{A}B$
0 0	0
0 1	1
1 0	1
1 1	0

(a) 真值表　　　　　　　(b) 原理图

图 7-35　半加器鉴相器

其输出的电压高低。

因此,鉴相器是完成脉冲相位—电压信号的转换电路。

由半加原理可知,同频脉冲信号 A 和 B 相位相同时,半加和 $S=0$。然而,当 A 和 B 不同相时,无论两者超前或滞后的关系如何,S 信号将是一个周期的方波脉冲,它的脉冲宽度与两者的相位差成正比。可以通过低通滤波的方法取出其直流分量,作为相位差 $\Delta\theta$ 的电平指示。

相位差的极性由 NE 信号指示。由图可见,对于由下降沿触发的 D 触发器,当接于 D 端的 S 信号超前 B 时,即 A 领先于 B 由"1"变为"0",则 D 触发器的 Q 端就被置"0",输出低电平。反之,当 A 滞后于 B 由"1"变为"0",则 D 触发器将被置"1",输出高电平。因此若把该输出端记作 NE,$NE=$"0"表示指令信号的相位超前于位置信号,相位差为正;$NE=$"1"表示指令信号的相位滞后位置信号,相位差为负。

图 7-36 分别表示鉴相器输入信号 $P_A(\theta)$、$P_B(\theta)$,二分频后的信号 A、B 以及输出信号 S 和 NE 在不同相位差 $\Delta\theta$ 下的波形。

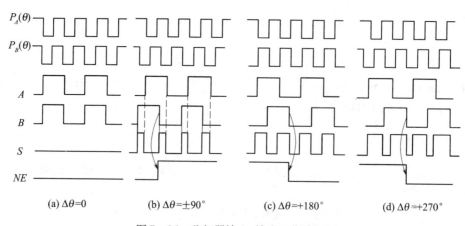

(a) $\Delta\theta=0$　　　(b) $\Delta\theta=\pm90°$　　　(c) $\Delta\theta=+180°$　　　(d) $\Delta\theta=+270°$

图 7-36　鉴相器输入、输出工作波形图

下面讨论该半加器鉴相器的检测范围。由图 7-36 可知,当 $P_A(\theta)$ 和 $P_B(\theta)$ 的相位差超过 180°后,两者的超前和滞后的关系会发生颠倒。现在是利用经过二分频后的 A 和 B 进行相位比较,因此其鉴相范围可扩大至 $\pm360°$。

对于实际的位置检测器,如感应同步器的滑尺与定尺相对位移一个节距2τ,绝对长度仅2mm,相位差等于360°。为了扩大实际的检测范围,可在数控机床中设置绝对位置计数器,以节距数为单位,累计坐标位置的粗计数值。然后由感应同步器检测提供一个节距内的精确计数值。在条件允许的情况下,也可以用粗、中、精三套不同节距的感应同步器来测量绝对位置,例如节距分别为2mm、100mm和400mm。如果将这三套绕组做在一起,称为三重式或三速式感应同步器。在一些大型数控机床中,为了满足较长尺寸和高精度加工的要求,采用旋转变压器加感应同步器的方法实现位置检测,由旋转变压器做粗测,而感应同步器做精测。相比之下,这种方案实现起来容易一些。

7.5　幅值比较的进给伺服系统

幅值比较伺服系统是以位置检测信号的幅值大小来反映机械位移的数值,并以此作为位置反馈信号与指令信号进行比较构成的闭环控制系统(以下简称幅值伺服系统)。该系统的特点之一是,所用的位置检测元件应工作在幅值工作方式。感应同步器和旋转变压器都可以用于幅值伺服系统,本节采用旋转变压器作为所讨论系统的示例。幅值伺服系统实现闭环控制的过程与相位伺服系统有许多相似之处,本节着重讨论幅值工作方式的位置检测信息如何取得,即怎样构成鉴幅器,以及如何把所取得的幅值信号变换成可以与指令脉冲相比较的数字信号,从而获得位置偏差信号,构成闭环控制系统。

7.5.1　幅值伺服系统组成原理

图7-37所示的幅值伺服系统框图中,旋转变压器取幅值工作方式反馈位置信息,如图7-38形式。当采用幅值工作方式时,在其定子上两个相互垂直的绕组应分别输入频率相同、幅值成正交关系的正弦余弦信号,见式(7-37):

$$\begin{cases} U_s = U_m\sin\varphi\sin\omega t \\ U_c = -U_m\cos\varphi\cos\omega t \end{cases} \qquad (7-37)$$

式中　φ——已知的电气角,系统中可通过改变φ角的大小控制定子激磁信号的幅值;

ω——正弦交变激磁信号的角频率,$\omega = 2\pi f(\text{rad/s})$。

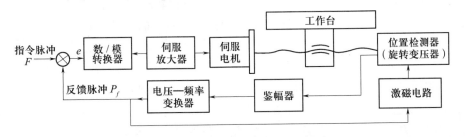

图7-37　幅值比较伺服系统原理框图

在图7-38所示的旋转变压器示意图中,设转子绕组轴线与垂直方向的夹角为θ,并以此作为转子相对于定子的位移角。按照电磁感应原理,在定子激磁信号加入后,转子绕

组产生的感应电势 e_0 为

$$
\begin{aligned}
e_0 &= -n(U_s\cos\theta - U_c\sin\theta) = \\
&\quad -nU_m(\sin\varphi\cos\theta - \cos\varphi\sin\theta)\sin\omega t = \\
&\quad -nU_m\sin(\theta - \varphi)\sin\omega t = E_{0m}\sin\omega t
\end{aligned}
\tag{7-38}
$$

式中　n——旋转变压器定、转子间的变化。

　　若将已知电气角 φ 看作转子位移角的测量值,只要 φ 与 θ 不相等,则转子电势幅值 $E_{0m} = nU_m\sin(\theta - \varphi) \neq 0$,即,如果想知道转子位移角的实际大小,可以通过改变激磁信号中 φ 角的设定值,然后检测 E_{0m} 的大小来换算。只要测出 $E_{0m} = 0$,就可以知道,此时 $E_{0m} = nU_m\sin(\theta - \varphi) = 0$,即 $\sin(\theta - \varphi) = 0$,$\theta = \varphi$。亦即,可以通过被动测量的方法,准确地获得转子位移角的实测值。

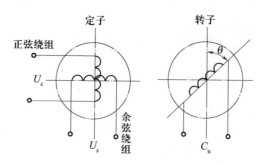

图 7-38　幅值工作的旋转变压器

　　在幅值系统中,若要获得激磁信号的 φ 值与转子位移角 θ 的相对关系,则只需检测转子电势的幅值,这就是鉴幅器的任务。为了完成闭环控制,该电势幅值需经电压—频率变换电路才能变成相应的数字脉冲,一方面与指令脉冲作比较以获位置偏差信号,另一方面修改激磁信号中 φ 值的设定输入。下面举例说明幅值比较的闭环控制过程。

　　首先,假设整个系统处于平衡状态,即工作台静止不动,指令脉冲 $F = 0$,有 $\varphi = \theta$,经鉴幅器检测转子电势幅值为零,由电压—频率变换电路所得的反馈脉冲 P_f 亦为零。因此,比较环节对 F 和 P_f 比较的结果,所输出的位置偏差 $e = F - P_f = 0$,后续的伺服电机调速装置的速度给定为零,工作台继续处于静止位置。

　　然后,若设插补器送入正的指令脉冲,$F > 0$。在伺服电机尚未转动前,φ 和 θ 均没有变化,仍保持相等,所以反馈脉冲 P_f 亦为零。因此,经比较环节可知,偏差 $e = F - P_f > 0$。在此,数字脉冲的比较,可采用上一节中脉冲比较伺服系统的可逆计数器方法,所以偏差 e 也是一个数字量。该值经数/模变换就可以变成后续调速系统的速度给定信号(模拟量)。于是,伺服电机向指令位置(正向)转动,并带动旋转变压器的转子做相应旋转。从此,转子位移角 θ 超前于激磁信号的 φ 角,转子感应电势幅值 $E_{0m} > 0$,经鉴幅器和电压—频率变换器,转换成相应的反馈脉冲 P_f。按照负反馈的原则,随着 P_f 的出现,偏差 e 逐渐减小,直至 $F = P_f$ 后,偏差为零,系统在新的指令位置达到平衡。但是,必须指出:由于转子的转动使 θ 角发生了变化,若 φ 角不跟随做相应变化,虽然工作台在向指令位置靠近,但 $\theta - \varphi$ 的差值反而进一步扩大了,这不符合系统设计要求。为此,应把反馈脉冲同时也输入到定子激磁电路中,以修改电气角 φ 的设定输入,使 φ 角跟随 θ 变化。一旦指令脉

冲 F 重新为零,反馈脉冲 P_f 方面应使比较环节的可逆计数器减到零,令偏差 $e \to 0$;另一方面也应使 φ 角增大,令 $\theta - \varphi \to 0$,以便在新的平衡位置上,转子电势的幅值 $E_{0m} \to 0$。

若指令脉冲 F 为负时,整个系统的检测,比较判别以及控制过程与上述 F 为正时基本上类似,只是工作台应向反向进给,转子位移角 θ 减小,φ 也必须随之减小,直至在负向的指令位置达到平衡。

从上述过程可以看出,在幅值系统中,激磁信号中的电气角 φ 由系统设定,并跟随工作台的进给做被动的变化。可以将这个 φ 值作为工作台实际位置的测量值,并通过数显装置将其显示出来。当工作台在进给后到达指令所规定的平衡位置并稳定下来,数显装置所显示的是指令位置的实测值。

7.5.2 鉴幅器

由上述幅值比较原理可知,转子电势 e_0 是一个正弦交变的电压信号,其幅值 E_{0m} 与角度差值 $\theta - \varphi$ 在 $\pm 90°$ 范围内,该幅值的绝对值 $|E_{0m}|$ 才与 $|\sin(\theta - \varphi)|$ 成正比,而幅值的数符由 $\theta - \varphi$ 的符号决定。即,当 $\theta = \varphi$ 时,$E_{0m} = 0$;当 $\theta > \varphi$ 时,E_{0m} 为正;$\theta < \varphi$ 时,E_{0m} 为负。该幅值的数符表明了指令位置与实际位置之间超前或滞后的关系。θ 与 φ 的差值越大,则表明位置的偏差越大。

图 7-39 是一个实用数控伺服系统中实现鉴幅功能的鉴幅器原理框图。图中,e_0 是由旋转变压器转子感应产生的交变电势,其中包含了丰富的高次谐波和干扰信号。低通滤波器 I 的作用是滤除谐波的影响和获得与激磁信号同频的基波信号。例如,若激磁频率为 800Hz,则可采用 1000Hz 的低通滤波器。运算放大器 A_1 为比例放大器,A_2 则为 1:1 倒相器。K_1、K_2 是两个模拟开关,分别由一对互为反相的开关信号 $S\overline{L}$ 和 SL 实现通断控制,其开关频率与输入信号相同。由这一组器件(A_1、A_2、K_1、K_2)组成了对输入的交变信号的全波整流电路,即,在 $0 \sim \pi$ 的前半周期中,$SL = 1$,K_1 接通,A_1 的输出端与鉴幅输出部分相连;在 $\pi \sim 2\pi$ 的后半周期中,$SL = 1$,K_2 接通,输出部分与 A_2 相连。这样,经整流所得的电压 U_E 将是一个单向脉动的直流信号。低通滤波器 II 的上限频率设计成低于基波频率,在此可设为 600Hz,则所输出的 U_F 是一个平滑的直流信号。

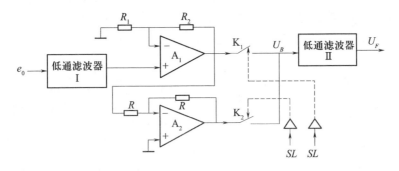

图 7-39 鉴幅器原理框图

当输入的转子感应电势 e_0 分别在工作台做正向或反向进给时,开关信号 SL、脉动的直流信号 U_E 和平滑直流输出 U_F 的波形如图 7-40 所示。由图可知鉴幅器输出信号 U_F 的极性表示了工作台进给的方向,U_F 绝对数值的大小反映了 θ 与 φ 的差值。

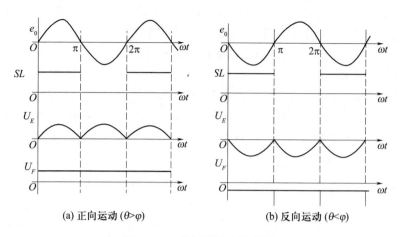

图7-40 鉴幅器输出波形图

7.5.3 电压-频率变换器

电压-频率变换器的任务是把鉴幅后输出的模拟电压 U_F 变换成相应的脉冲序列。该脉冲序列的重复频率与直流电压的电平高低成正比。对于单极性的直流电压,可以通过压控振荡器变换成相应的频率脉冲,而双极性的 U_F 应先经过极性处理,然后再作相应的变换,电压-频率变换器框图如图7-41所示。

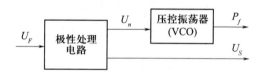

图7-41 电压-频率变换器框图

图7-42是对 U_F 信号进行极性处理的原理图。其中,图7-42(a)为极性判别电路,当 U_F 为正极性时,$U_S \approx 0$,为低电平;U_F 为负极性时,由稳压二极管钳位使 $U_S \approx 3\text{V}$,为高电平。由此可见,U_S 信号是可与 TTL 逻辑电平相匹配的开关信号。图7-42(b)相当于对 U_F 信号作全波"整流",所输出的 U_S 是 U_F 的绝对值,其电压值始终大于等于零。

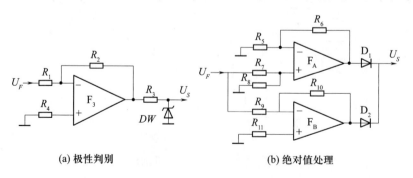

图7-42 双极性直流信号极性处理原理图

压控振荡器能将输入的单极性直流电压转换成相应频率的脉冲输出,压控振荡器

（简称为 VCO）的 $f-V$ 特性如图 7-43 所示,输出的脉冲频率 f 与控制电压 V 呈线性关系。

至此,由位置检测器取得的幅值信号,转变成为相应的脉冲和电平信号,即可用来作为位置闭环控制的反馈信号。如前所述,若要真正完成位置伺服控制,对于幅值系统还有激磁 φ 角的跟随变化问题。

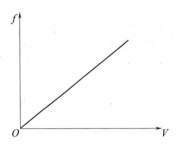

图 7-43　压控振荡器 $f-V$ 特性

7.5.4　脉冲调宽式正余弦信号发生器

由式(7-21)可知,采用幅值工作方式的放置变压器定子的两绕组激磁电压信号,是一组同频同相位而幅值分别随某一可知变量 φ 作正弦余弦函数变化的正弦交变信号。要实现幅值可变,就必须控制 φ 角的变化。可使用多抽头的函数变压器或脉冲调宽式两种方案来实现调幅的要求。前者对加工精度要求很高,控制线路也比较复杂;后者完全采用数字电路,易于实现整机集成化,能达到较高的位置分辨力和动静态检测精度。因此,下面着重讨论这种脉冲调宽式的正余弦信号发生器。

1.　矩形波激磁

脉冲宽度调制是一种利用控制矩形波脉宽等效地实现正弦波激磁的方法,其波形如图 7-44 所示。

设 V_1 和 V_2 分别是放置变压器定子正余弦激磁绕组的矩形波激磁信号。矩形波为双极性,幅值的绝对值均为 A,在一个周期内,V_1、V_2 的取值为

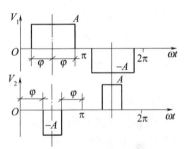

$$V_1 = \begin{cases} A, & \dfrac{\pi}{2} - \varphi \leq \omega t \leq \dfrac{\pi}{2} + \varphi \\ -A, & \dfrac{3\pi}{2} - \varphi \leq \omega t \leq \dfrac{3\pi}{2} + \varphi \\ 0, & \text{除上述范围之外} \end{cases}$$

图 7-44　脉冲调宽波形图

$$V_2 = \begin{cases} -A, & \varphi \leq \omega t \leq \pi - \varphi \\ A, & \pi + \varphi \leq \omega t \leq 2\pi - \varphi \\ 0, & \text{除上述范围之外} \end{cases}$$

式中:φ 为正弦波激磁中影响正弦波幅值的电气角,在此表现为影响矩形脉冲宽度的参数。V_1 的脉宽为 2φ,V_2 的脉宽为 $\pi-2\varphi$,用傅里叶级数对 V_1 和 V_2 进行展开,由于是奇函数,则在 $[-\pi,\pi]$ 区间内可展开成如下正弦级数:

$$f(\omega t) = \sum_{h=1}^{\infty} b_k \sin k\omega t = b_1 \sin\omega t + b_3 \sin3\omega t + b_5 \sin5\omega t + \cdots \tag{7-39}$$

式中　b_k——系数。

$$b_k = \frac{2}{\pi} \int_0^{\pi} f(\omega t) \sin k\omega t \mathrm{d}\omega t \tag{7-40}$$

（1）令 $f(\omega t) = V_1$,若只计算基波分量,则

$$b_1 = \frac{2}{\pi} \int_0^{\pi} V_1 \sin\omega t \mathrm{d}\omega t = \frac{2A}{\pi} \int_{\frac{\pi}{2}-\varphi}^{\frac{\pi}{2}+\varphi} \sin\omega t \mathrm{d}\omega t =$$

$$\frac{2A}{\pi}\Big[-\cos\Big(\frac{\pi}{2}+\varphi\Big)+\cos\Big(\frac{\pi}{2}-\varphi\Big)\Big]=$$

$$\frac{2A}{\pi}\big[\sin\varphi+\sin\varphi\big]=\frac{4A}{\pi}\sin\varphi$$

所以
$$f_1(\omega t)=\frac{4A}{\pi}\sin\varphi\sin\omega t$$

（2）令 $f(\omega t)=V_2$，若只计算基波分量，则

$$b_1=\frac{2}{\pi}\int_0^{\pi}V_2\sin\omega t\mathrm{d}\omega t=-\frac{2A}{\pi}\int_{\varphi}^{\pi-\varphi}\sin\omega t\mathrm{d}\omega t=$$

$$-\frac{2A}{\pi}\big[-\cos(\pi-\varphi)+\cos\varphi\big]=-\frac{4A}{\pi}\cos\varphi$$

所以
$$f_2(\omega t)=-\frac{2A}{\pi}\cos\varphi\sin\omega t$$

若令 $U_m=4A/\pi$，则矩形激磁信号的基波分量为

$$\begin{cases}f_1(\omega t)=U_m\sin\varphi\sin\omega t\\ f_2(\omega t)=-U_m\cos\varphi\sin\omega t\end{cases}\tag{7-41}$$

可以看出，式（7－41）与式（7－37）完全一致。即当设法消除高次谐波的影响后，用脉冲宽度调制的矩形波激磁与正弦波激磁其幅值工作方式的功能完全相当。因此可将对正弦余弦激磁信号幅值的电气角 φ 的控制，转变为对脉冲宽度的控制。在数字电路中，对脉冲宽度的控制比较准确而又易于实现。

2. 调宽脉冲发生器

产生符合上述要求的调宽脉冲发生器如图 7－45 所示。其中，脉冲加减器和两个分频系数相同的分频器用于实现数字移相，计数触发脉冲 CP' 和 CP'' 的频率是在时钟脉冲 C_p 的基础上，按位置反馈信息 P_f 和 U_s 输入的情况下进行加减的。每个分频器有两路相差90°电角度的溢出脉冲输出，通过组合逻辑进行调宽脉冲的波形合成。最后，经功率驱动电路加于两组绕组上的将是符合调幅要求的脉冲调宽式矩形波脉冲。

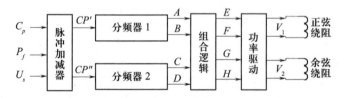

图 7－45　脉冲调宽矩形脉冲发生器框图

调宽脉冲产生的基本原理如下：

按照数字移相的原理，当输入的计数脉冲增加时，溢出脉冲的相位将拉前；相反，计数脉冲减少则溢出脉冲相位延后。脉冲加减电路应按照最后合成的波形要求，控制两个分频器计数脉冲 CP'、CP'' 的加减。图 7－46 画出了从分频器输出到波形合成的各处工作波形图。

S_0 为 $\varphi=0$ 时分频器 A 端输出的波形，在此用作比较的基准波。

由幅值比较原理可知，当工作台正向移动时，φ 应增大。设此时，$CP'=C_p+P_f$，$CP''=C_p-P_f$，则 A 信号相位向超前方向移动，C 相位向滞后方向移动。B 与 D 信号的相位固定地分别滞后 A 和 C 相位90°。

254

A、B、C、D 四个信号经组合逻辑完成波形合成,其输出 E、F、G、H 四路信号与输入之间的逻辑关系为

$$E = B + \overline{D}, F = \overline{B} + D, G = \overline{A} + \overline{C}, H = A + C$$

此四路脉冲信号分成两组,经过功率驱动后,分别加到旋转变压器的正弦余弦绕组两端。正弦绕组两端的电压为 V_1,其波形由 $F-E$ 的差值决定;余弦绕组两端的电压为 V_2,其波形由 $H-G$ 的差值决定。按调幅的要求,V_1 的脉冲宽度等于 2φ,V_2 的脉冲宽度等于 $\pi-2\varphi$。

由上述调宽脉冲形成原理可知,绕组的激磁频率 f 与时钟 C_p 的脉冲频率及分频器的分频系数 m 的关系为 $f = C_p/m$。当激磁频率 f 一定时,时钟 C_p 的频率与分频系数 m 成正比。

例如,若设 $f = 800\text{Hz}$,m 取为 500,则 $C_p = 500 \times 800\text{Hz} = 400\text{KHz}$。如果将 m 增大至 2000,则保持 f 不变的情况下,C_p 脉冲的频率将变为 1.6MHz。由数字移相原理可知,m 值越大,对应于单位数字的相移角 φ_0 越小。对于 m 分频的分频器,输入 m 个时钟脉冲,将产生 $90°$ 相移角。所以,$\varphi_0 = 90°/m$,当 $m = 500$ 时,$\varphi_0 = 90°/500 = 0.18°$;而当 $m = 2000$ 时,$\varphi = 90°/2000 = 0.005°$。显然,分频系数 m 取值越大,脉冲调宽的精度也越高。

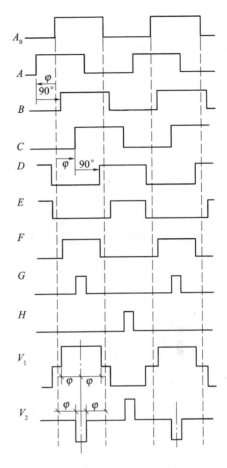

图 7-46　脉冲调宽工作波形图

7.6　数据采样式进给伺服系统

前面介绍了"脉冲比较"、"相位比较"及"幅值比较"的伺服系统,其实若比较环节由硬件电路完成,那幅值比较伺服系统中脉冲比较环节与脉冲比较伺服系统的比较环节是一致的,因而,这两种从比较环节来看,称为"脉冲比较式"和"相位比较式"。本节,我们重点介绍数据采样式进给伺服系统。

7.6.1　数据采样式进给位置伺服系统

在这里,我们介绍数据采样式进给位置伺服系统。图 7-47 是数据采样式进给位置伺服系统的控制结构框图。

与前面介绍过的"脉冲比较式"和"相位比较式"不同,数据采样式进给伺服系统的位置控制功能是由软件和硬件两部分共同实现的。软件负责跟随误差和进给速度指令的计算;硬件接收进给指令数据,进行 D/A 转换,为速度控制单元提供命令电压,以驱动坐标轴运动。光电脉冲编码器等位置检测元件将坐标轴的运动转化成电脉冲,电脉冲在位置

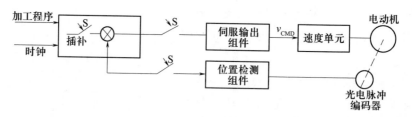

图 7 – 47　数据采样式进给位置伺服系统

检测组件中进行计数,被微处理器定时读取并清零。计算机所读取的数字量是坐标轴在一个采样周期中的实际位移量。

目前,对于采样周期的选择还无精确的公式可循,都是给出一般的指导思想和推荐数值。一般来说,选择采样周期要考虑以下三方面的因素:

(1)系统的稳定性　进给伺服系统是二阶系统,对于数据采样式进给伺服系统来说,由于加入了采样器,往往使系统变得不稳定,或者至少降低了系统的稳定性。影响系统稳定性的因素是系统的开环增益和采样周期,这两者是相互关联的。也就是说,从系统稳定性考虑,必须参考系统开环增益的大小来确定系统的采样周期。

(2)输入信号的频谱特性　根据自动控制原理中的香农采样定理,采样系统的采样周期 T 应满足

$$T < \frac{\pi}{\omega_{\max}} \tag{7 – 42}$$

才能保证输入信号的较好的复现性。式(7 – 42)中的 $\omega_{\max}$ 是输入信号频谱的最高频率,即频带宽度。

CNC 系统在进行直线插补时,位置指令信号应为斜坡函数;在进行圆弧插补时,位置指令信号应为正弦函数。

对于斜坡函数,其频带宽度是较难确定的,对于圆弧插补时的正弦指令函数,其频带宽度由最大轮廓进给速度 $v_{\max}$(m/min)和最小允许切削半径 $r_{\min}$(mm)来确定,表达式为

$$\omega_m = 15.6 \frac{v_{\max}}{r_{\min}} \tag{7 – 43}$$

(3)与速度控制单元的惯性匹配　速度控制单元是整个进给伺服系统中的一个环节,速度控制单元的动态特性可用一个惯性环节来描述,这一环节的惯性时间常数为 T_v。实践经验和理论分析都指出,采样周期应小于 T_v,这样控制质量好。

上面介绍了选择采样周期的原则,一般进给伺服系统的位置采样周期是(4～20)ms,它是通过微处理器的实时中断来实现的。一般数控系统的控制软件多采用多级中断的结构,位置伺服中断只是其中的一级中断,其中断级别通常是较高的。

在前面介绍的"脉冲比较式进给位置伺服系统"和"相位比较式进给位置伺服系统"中我们已经看出,位置伺服控制的关键是实时地计算系统的跟随误差,速度控制命令是根据跟随误差得出的。前面介绍的两种位置伺服系统的跟随误差是由硬件算出的,而现在介绍的"数据采样式进给位置伺服系统",其跟随误差和速度控制命令都是微处理器执行位置伺服中断程序算出的,图 7 – 48 是该程序的框图。

这里的插补指令是以数据序列的形式给出的。在第 i 步的位置伺服中断中,应当先

256

得到插补指令数据,也就是要先知道在第 i 步中坐标轴应当运动的位移 ΔD_{ci}。

在位置伺服中断中,还应当读取位置检测组件中的计数器,以得到在第 i 步中坐标轴实际运动的位移 ΔD_{fi}。

计算系统的位置跟随误差 E_i 可采用下式:

$$E_i = E_{i-1} + \Delta D_{ci} - \Delta D_{fi} \qquad (7-44)$$

式中:E_i 为第 i 步的跟随误差,E_{i-1} 为第 $i-1$ 步的跟随误差。

式(7-44)的意思是很明显的:第 i 步的位置跟随误差应当等于第 $i-1$ 步的位置跟随误差加上在第 i 步中新产生的误差。

计算速度控制命令应当以图 7-49 为依据,E_p 称为速度抑制点,它作为系统参数由用户输入。K_{p1} 和 K_{p2} 都是位置控制增益,K_{p1} 是由用户输入的,K_{p2} 由系统自动取为 K_{p1} 的 25% ~ 50%。

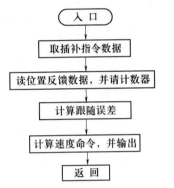

图 7-48　位置伺服中断子程序框图

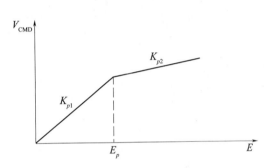

图 7-49　跟随误差与速度命令的关系

在计算速度控制命令时,首先应判断跟随误差 E_i 的绝对值是否大于 E_p,若 $|E_i| < E_p$,则说明系统工作于轮廓加工区,这时可按下式计算速度控制命令:

$$v_{Di} = K_{p1} \cdot E_i \qquad (7-45)$$

若 $|E_i| > E_p$,则说明系统工作于快速进给区,这时可按式(7-46)计算速度控制命令:

$$v_{Di} = K_{p1} \cdot E_p + K_{p2} \cdot (E_i - E_p) \qquad (7-46)$$

当速度控制命令计算完毕后,立即将其输出到"伺服输出组件"。"伺服输出组件"保持速度命令数据,并将其转换成模拟电压 V_{CMD},V_{CMD} 被送到速度伺服单元。

7.6.2　反馈补偿式步进电动机进给伺服系统

步进电动机的主要优点之一是能在开环的方式下工作。由于这种运行方式的控制电路简单经济,不需要位置检测元件,是一种实用的进给伺服系统,只要静态和动态性能满足要求,就应首先考虑采用这种系统。但是,就步进电动机而言,关键在于电动机的转动能跟随每一个指令脉冲,在运行结束时所走的总行程正好等于输入脉冲的个数乘以步距。然而,由于开环控制没有位置反馈,无法知道步进电动机是否丢失脉冲。另外,电动机的响应速度将受负载大小的影响,所以步进电动机的开环控制性能受到了一些限制。输入指令脉冲序列的频率太高,步进电动机不能完全跟上指令脉冲的情况是屡见不鲜的。

由于上述原因,近年来出现了一种反馈补偿型的步进电动机伺服系统。这种系统基本上解决了步进电动机丢失脉冲的问题,但是这种系统从控制方式来看并不是真正意义上的闭环控制。尽管在这种系统中也装置了位置检测元件,但这种系统与前面介绍过的几种进给伺服系统在控制方式上的区别是显而易见的。

图7-50是反馈补偿型的步进电动机进给伺服系统的结构框图。与开环系统不同,这里在步进电动机的轴上装上了脉冲编码器,脉冲编码器将步进电动机的转动变换成脉冲输出,输出脉冲被送到"反馈处理电路"中。"反馈处理电路"有两个作用:第一,由于脉冲编码器每转一周输出的脉冲个数与步进电动机每转一周所走过的步数不一定一样,所以需要"反馈处理电路"起适配的作用;第二,"反馈处理电路"应当将脉冲编码器输出的脉冲变换成正、反转反馈计数脉冲。

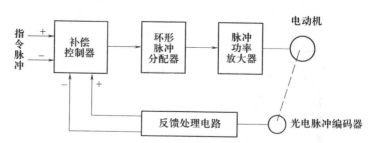

图7-50 反馈补偿型的步进电动机的进给伺服系统

与反馈脉冲一样,指令脉冲也有正转和反转两个通道。指令脉冲和反馈脉冲均送入"补偿控制器"中进行比较,"补偿控制器"根据指令脉冲和反馈脉冲之差向后面的"环形分配器"发出脉冲,以驱动步进电动机运转。

"补偿"控制器是整个系统的核心,其内部结构如图7-51所示。

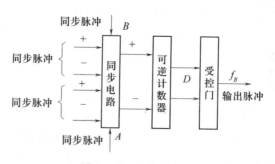

图7-51 补偿控制器

A、B两路为同步脉冲,其频率较高。同步电路的作用是对指令脉冲的反馈脉冲进行同步,以使可逆计数器能正常工作,这一点与前述完全一样。

可逆计数器中的计数值D代表了指令脉冲数与反馈脉冲数之差,这一计数值用来控制后面的受控门。

所谓受控门是这样一种电路,它接受基准脉冲f_0,但不完全让其通过。通过受控门的基准脉冲个数是受可逆计数器的计数值D控制的。D是多少,就允许多少个基准脉冲通过受控门,从受控门输出的脉冲送到"环形分配器",驱动步进电动机运行。

第8章　直线伺服系统及新型驱动技术

8.1　直线伺服系统概述

长期以来,数控机床的进给驱动技术经历了步进电动机构成的开环伺服驱动系统、闭环直流伺服系统及目前广泛应用的交流伺服系统三个阶段。而伴随着大功率电力半导体技术和计算机技术的发展,控制器件和控制原则的不断更新和完善,特别是 PWM 调制技术的广泛应用,使得采用三环结构(位置环、速度环和电流环)的位置伺服系统的控制理论和技术日臻成熟,在实现快速、准确定位等方面已达到相当高的水准。但是,进给驱动技术的变化,其基本传动形式始终是"旋转电动机 + 滚珠丝杠",而对于刀具和工作台等被控对象是直线形式的运动路径,只能借助于机械变换中间环节"间接"地获得最终的直线运动,并因此带来一系列的问题:首先,中间变换环节将使传动系统的刚度降低,尤其细长的滚珠丝杠是刚度的薄弱环节,起动和制动初期的能量都消耗在克服中间环节的弹性变形上,而且弹性变形也是数控机床产生机械谐振的根源;其次,中间环节增大了运动的惯量,使系统的速度、位移响应变慢,而制造精度的限制,不可避免地存在间隙死区与磨擦,使系统非线性因素增加,增大了进一步提高系统精度的难度。随着高速和超高速精密加工技术的迅速发展,要求数控机床有一个反应快速灵敏、高速轻便的进给驱动系统,而传统的驱动方式所能达到的最高进给速度与超高速切削要求相差甚远,为适应现代加工技术发展的需要,采用直线伺服电动机直接驱动工作台来替代"旋转电动机 + 滚珠丝杠"模式,从而消除中间变换环节的直线进给伺服驱动新技术应运而生。

直线伺服系统,是采用直线伺服电动机实现进给驱动的数控伺服系统,这种驱动进给方式是当前超精密机床最具代表性的技术之一。在直线电机出现之前,直线运动是由旋转电机加上将旋转运动变换成直线运动的转换机构来实现的。而直线伺服电机能够将电能直接转换成直线运动的机械能,取消了电动机与工作台之间的机械传动环节,把机床进给传动链的长度缩短为零,实现了"零传动",简化了机械结构,具有优越的加、减速度特性,并提高了系统刚度和可靠性,解决了传统旋转电机加滚珠丝杠的驱动方式的缺点。

从图 8-1 可见,线性直接驱动与旋转电动机(滚珠丝杠)驱动的根本区别在于:直线电动机所产生的力直接作用于移动部件,中间没有通过任何有柔度的机械传动环节,诸如滚珠丝杠、螺母、齿形带以及联轴器等,从而减少传动系统的惯性矩,提高系统的运动速度、加速度和精度,避免振动的产生。例如,直线电动机可以达到 $(80 \sim 150)\text{m/min}$ 的直线运动速度,在部件质量不大的情况下可实现 $5g$ 以上的加速度。与此同时,由于动态性能好,可以获得较高的运动精度。如果采用拼装的次级部件,还可以实现很长的直线运动距离。此外,运动功率的传递是非接触的,没有机械磨损。但是,直线电动机最根本的缺点是效率低,功率损耗往往超过输出功率的 50% 。因为直线电动机的移动速度 $(v = (1 \sim 2)\text{m/s})$ 仅是旋转电动机

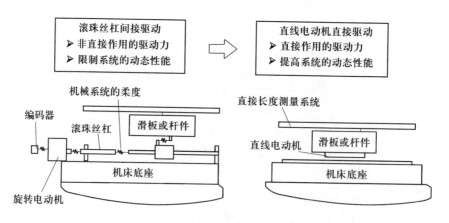

图 8-1 滚珠丝杠驱动与直线电动机驱动的比较

转子切线速度($v = 10 \sim 20\text{m/s}$)的 1/10,大电流和低速条件下的运行,必然导致大量发热和效率低下。因此,直线电动机通常必须采用循环强制冷却以及隔热措施,才不会导致机床热变形。

8.1.1 直线伺服电动机的结构和分类

1. 直线电机的结构

直线电机可以看成是由旋转电机演变而成,相当于把旋转电机的定子和转子按圆柱面展开成平面,如图 8-2 和图 8-3 所示。图 8-2 为感应式直线电机的演变过程,图 8-3 为永磁式直线电机。这样就得到了由旋转电机演变而来的最原始的直线电机,由定子演变而来的一侧称为初级,由转子演变而来的一侧称为次级。

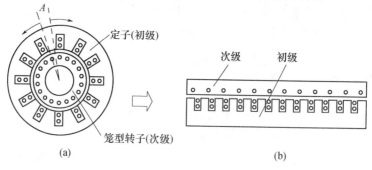

图 8-2 由感应式旋转电机演变为直线电机的过程

图 8-2 中演变来的直线电机,其初级和次级长度相等,由于在运行时初级与次级之间要做相对运动,如果在运动开始时,初级与次级正好对齐,那么在运动中初级与次级之间相互耦合的部分越来越少而不能正常运动。为了在运动中始终保持初级和次级耦合,初级侧和次级侧中的一侧必须做得较长,在直线电动机的制造中,既可以是初级短、次级长,也可以是初级长、次级短,前者称为短初级,后者称为短次级。图8-4为短初级和短次级的直线电动机结构示意图。由于短初级在制造成本上、运行费用上均比短次级低得多,因此除特殊场合外,一般均采用短初级。

图 8-4 所示的直线电动机仅在次级的一侧有初级,这种结构型式的直线电动机称为单边型直线电动机。除此之外,在次级的两侧都安装上初级的直线电动机称为

260

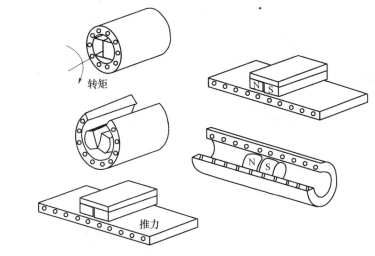

图 8 – 3 由永磁旋转电机演变为直线电机的过程

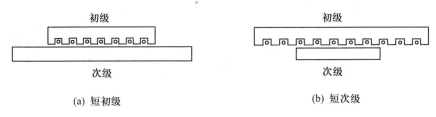

(a) 短初级　　　　　　　　　　　(b) 短次级

图 8 – 4 短初级和短次级的单边型直线电动机

双边型直线电动机,除了结构型式的不同外,两者的最大区别是单边型直线电动机的初级与次级之间存在法向吸引力,该力在大多数的场合是不希望有的,而双边型直线电动机在次级的两边都装上初级,可以使该法向吸引力相互抵消。图 8 – 5 为单边型直线电动机和双边型直线电动机的结构示意图。

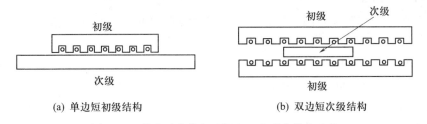

(a) 单边短初级结构　　　　　　　(b) 双边短次级结构

图 8 – 5 单边型直线电动机和双边型直线电动机

2. 直线电机的分类

1）按照结构型式分类

直线电动机按结构型式可以分为平板型、管型、弧型和盘型。图 8 – 2 ~ 图 8 – 4 所示的直线电动机即为平板型,平板型结构是最基本的结构,应用也最广泛。把平板型结构电机沿着和直线运动相垂直的方向卷接成筒形,就得到了管型(又称圆筒形)结构,如图 8 – 6 所示。管型结构的优点是没有绕组端部,不存在横向边缘效应,次级的支撑也比较方便。缺点是铁芯必须沿周向叠片,才能阻挡由于交变磁通在铁芯中感应出的涡流,这就导致其工艺复杂,并且其散热也比较差。弧型结构是将平板型的初级沿运动方向改成弧形,并

261

安装在管形次级的柱面外侧。如图 8 - 7 所示,盘型结构是把次级做成一片圆盘,将平板形初级安装在盘形次级的断面外侧,并使次级产生切线运动,如图 8 - 8 所示。弧型和盘型结构直线电动机虽然是作圆周运动,但它们的运行原理与平板型直线电动机相同,故仍归入直线电动机的范畴。

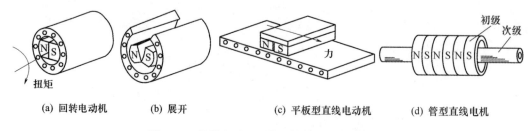

(a) 回转电动机　　　(b) 展开　　　(c) 平板型直线电动机　　　(d) 管型直线电机

图 8 - 6　旋转电动机到管型直线电动机的演化

图 8 - 7　弧形直线电机

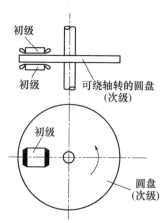

图 8 - 8　盘形直线电机

2）按工作原理分类

从原理上讲,每种旋转电机均有与之相对应的直线电机。直线电机按其工作原理可以分为两大方面:直线电动机和直线驱动器。

直线电动机包括交流直线感应电动机(Linear Induction Motors,LIM)、交流直线同步电动机(Linear Synchronous Motors,LSM)、直线直流电动机(Linear DC Motors,LDM)和直线步进(脉冲)电动机(Linear Stepper(Pulse)Motors,LPM)、混合式直线电动机(Linear Hybrid Motors,LHM)等。直线驱动器包括直线振荡电动机(Linear Oscillating Motors,LOM)、直线电磁螺线管电动机(Linear Electric Solenoi,LES)、直线电磁泵(Linear Electriomagnetic pump,LEP)、直线超声波电动机(Linear Ultrasonic Motors,LUM)等。以上这些直线电机又可分成许多不同种类,如图 8 - 9 所示。

8.1.2　直线伺服系统的特点

直线电动机的特点在于直接产生直线运动,与间接产生直线运动的"旋转电动机 + 滚动丝杠"相比,其优点是:①结构简单,体积小,以最少的零部件数量实现直线驱动,而且只有一个运动的部件;②行程在理论上不受限制,而且性能不会因为行程的改变

262

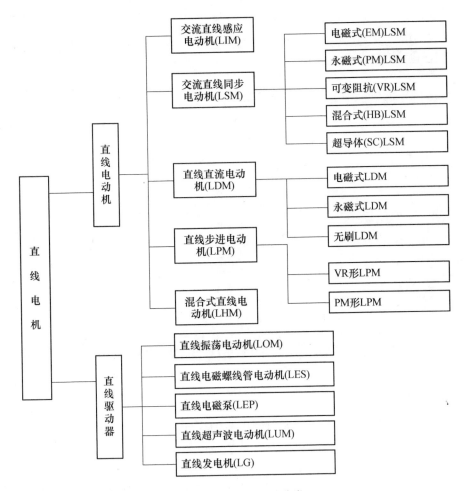

图 8-9 直线电机的分类

而受到影响;③可以提供很宽的速度范围,从几微米到数米每秒,高速是其一个突出的优点;④加速度很大,最大可达 $10g$;⑤运动平稳,这是因为除了起支撑作用的直线导轨或气浮轴承外,没有其他机械连接或转换装置的缘故;⑥精度和重复精度高,因为消除了影响精度的中间环节,系统的精度取决于导轨、位置检测,有合适的反馈装置可达亚微米级;⑦维护简单,由于部件少,运动时无机械接触,元件和控制系统除了导轨外没有其他摩擦,从而大大降低了零部件的磨损,只需很少甚至无需维护,使用寿命更长。直线电动机进给系统与滚珠丝杠进给系统的性能比较见表 8-1。

直线电动机的缺点有:首先,直线电动机端部磁场的畸变影响到行波磁场的完整性,使直线电动机损耗增加,推力减小,而且存在较大的推力波动,这就是直线电动机特有的"端部效应(Edge Effect)",直线电动机的结构特点决定了端部效应是不可避免的。其次,直线电动机的控制难度大,因为在电动机的运行过程中负载(如工件重量、切削力等)的变化、系统参数摄动和各种干扰(如摩擦力等),包括端部效应等都直接作用到电动机上,没有任何缓冲或削弱环节,如果控制系统的鲁棒性不强,会造成系统的失稳和性能的下降。其他缺点还包括安装困难、需要隔磁、效率低、成本高等。

表 8 - 1　滚珠丝杠进给系统与直线电动机进给系统的比较

比较项目	旋转电动机 + 滚珠丝杠副	直线电动机直接驱动
最大速度	<60m/min	可达5m/s
最大加速度/g	0.5~1	5~10
进给力/kN	通过减速可达很高	一般<10
控制方式	开环/半闭环/闭环	只能闭环
磨损	大,特别是快速运动时	小,直线导轨是唯一磨损件
传动链	根据力和速度要求而变化	零传动链
维护性能	中等,传动元件磨损后需更换	好,直线电机本身无磨损
防护要求	导轨和滚珠丝杠需要防护	需防止漏磁吸入铁屑
冷却	一般不需要	需要
对铁磁性铁屑的敏感性	不敏感	敏感
碰撞防护	可以机械防护	需采用电子防护
工作行程	受滚珠丝杠的限制	不限
导轨形式	滑动、滚动、直线	直线滚动或气压、静压导轨

8.2　直线电动机的工作原理和控制方法

8.2.1　直线电动机的基本工作原理

直线电机不仅在结构上相当于从旋转电机演变而来,而且其工作原理也与旋转电机相似。因此,本节以直线感应电动机为例,从旋转电机的基本工作原理出发,引申出直线电机的基本工作原理。当在初级的多相绕组中通入多相电流后,也会产生气隙磁场。当不考虑由于铁芯两端开断而引起的纵向边端效应时,这个气隙磁场的分布情况与旋转电机相似,可看成沿展开的直线方向呈正弦形分布。当多相电流随时间变化时,气隙磁场将按 A、B、C 相序沿直线移动。这个原理与旋转电机相似,两者的差异是:这个磁场是平移的,不是旋转的,因此称为行波磁场,如图 8 - 10 所示。显然,行波磁场的移动速度与旋转感应电动机的旋转磁场在定子内圆表面的线速度是一样的,行波磁场的移动速度同样称为同步速度,即

$$v_s = \frac{D}{2} \frac{2\pi n_0}{60} = \frac{D}{2} \frac{2\pi}{60} \frac{60f}{p} = 2f\tau \qquad (8-1)$$

式中　D——旋转电动机定子内圆周的直径;

　　　f——电源频率;

　　　p——极对数;

　　　τ——极距。

再来看行波磁场对次级的作用。在行波磁场的切割下,次级导条将感应出电动势并产生感应电流,所有导条的电流和气隙磁场相互作用,便产生电磁推力。在这个电磁推力的作用下,如果初级是固定不动的,那么次级就会顺着行波磁场的运动方向做直线运动。若次级移动的速度用 v 表示,则相对应于旋转电动机的转差率为

$$S = \frac{v_s - v}{v_s} \qquad (8-2)$$

同样,该转差率 S 的取值在 $0 \sim 1$ 之间。次级的移动速度为

$$v = (1-S)v_s = 2f\tau(1-S) \qquad (8-3)$$

旋转电机通过对换任意两相的电源线,可以实现反向旋转,即三相绕组的相序相反了,旋转磁场的转向也随之反了,使转子转向也改变了。同理,在直线电机中,可以通过改变极距和电源的频率来改变直线感应电动机的移动速度,通过改变初级绕组的通电相序来改变次级的移动方向,使直线感应电动机实现往复直线运动。在实际应用中,也可以将次级固定不动,而让初级运动,因此,通常又把静止的一方称为定子,运动的一方称为动子。

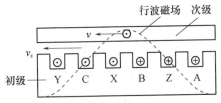

图 8 - 10　直线感应电动机的工作原理

8.2.2　直线电动机的控制方法

制造业中满足高速加工中心进给系统要求的主要是交流直线电动机。交流直线电动机可分为感应式和同步式两大类。虽然同步式直线电动机比感应式直线电动机成本较高、装配困难、需要屏蔽磁场,但效率较高、结构简单、次级不用冷却、控制方便、更容易达到所要求的高性能,并且随着钕铁硼(NdFeB)永磁材料的出现和发展,永磁同步直线电动机逐渐发展成主流。因此在高速加工中心中永磁交流同步直线电动机所占的比例将越来越高。

目前应用于数控机床上的直线电动机主要有感应式直线交流伺服电动机和永磁式直线交流伺服电动机。

感应式直线交流伺服电动机通常由 SPWM 变频供电,采用次级磁场定向的矢量变换控制技术,对其运动位置、速度、推力等参量进行快速而又准确的控制。由于感应式直线伺服电动机的初级铁芯长度有限,纵向两端开断,在两个纵向边缘形成"端部效应",使得三相绕组之间互感不相等,引起电动机的运行不对称。消除这种不对称的方法有三种:①同时使用三台相同的电动机,将其绕组交叉串联,这样可获得对称的三相电流;②对于不能同时使用三台电动机的场合,可采用增加极数的办法来减小各相之间的差别;③在铁芯端部外面安装补偿线圈。

永磁式直线伺服电动机的次级是采用高能永磁体,电动机采用矩形波或正弦波电流控制,由 IG2BT 组成的电压源逆变器供电,PWM 调制。当向动子绕组中通入三相对称正弦电流后,直线电动机产生沿直线方向平移并呈正弦分布的行波磁场,与永磁体的励磁磁场相互作用产生电磁推力,推动动子沿行波磁场运动的相反方向做直线运动。其控制系统的基本结构是 PID 组成的速度—电流双闭环控制,直接受控的是电流,通常采用 $i_d = 0$ 的控制策略,使电磁推力与 i_d 具有线性关系。

直线伺服系统运行时直接驱动负载,这样负载的变化就直接反作用于电动机;外界扰动,如工件或刀具质量、切削力的变化等,也未经衰减就直接作用于电动机;电动机参数的

变化也直接影响着电动机的正常运行;直线导轨存在摩擦力;直线电动机还存在齿槽效应和端部效应,以及其他一些细微的因素如系统的非线性、耦合性、动子质量和黏滞摩擦系数变化、负载扰动、永磁体充磁的不均匀性、从子磁链分布的非正弦性,动子槽内磁阻的变化、环境温度和湿度的变化等都会对直线伺服系统的性能造成影响。因此,要满足高精度微进给的要求,必须采取有效的控制策略来抑制或补偿这些扰动,以免出现控制系统的失稳。

总体来说,控制器的设计要达到以下要求:稳态跟踪精度高、动态响应快、抗干扰能力强和鲁棒性好。不同的直线电动机或不同的应用场合对控制算法会提出不同的要求,所以要根据具体情况采用合适的控制方法。目前直线伺服电动机采用的控制策略主要有传统的 PID 控制、解耦控制,现代控制方法如非线性控制、自适应控制、滑模变结构控制、H∞ 控制等,智能控制方法如模糊控制和人工智能(如人工神经元网络系统)控制等。

1. 传统的控制策略

在对象模型确定、不变化且为线性,操作条件、运动环境不变的情况下,采用传统控制策略是一种有效的控制方法。传统的控制策略包括 PID 反馈控制、解耦控制、Smith 预估控制算法等。其中 PID 控制算法包含了动态控制过程中的过去、现在和将来的信息,而且其配置几乎为最优,具有较强的鲁棒性,与其他新型控制思想相结合,形成许多有价值的控制策略,是交流伺服电动机驱动系统中最基本的控制形式,应用广泛(图 8 - 11)。Smith 预估计器与控制器并联,可以使控制对象的时间滞后得到完全的补偿,对解决伺服系统中逆变器电力传输延迟和速度测量滞后所造成的速度反馈滞后影响十分有效,与其他控制算法结合,可形成更有效的控制策略。而针对直线永磁伺服电动机系统中存在的多个电磁变量和机械变量之间较强的耦合作用,利用矢量控制,采用动态解耦控制算法,可使各变量间的耦合减小到最低限度,从而使各变量都能得到单独的控制。

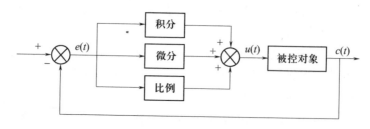

图 8 - 11　PID 控制原理图

如图 8 - 12 为一典型的直线伺服系统控制框图。与普通的伺服电机系统一样,直线伺服电机采用了三环控制。驱动器闭合了电流环和速度环,运动控制器闭合了位置环。电流环的作用是根据电流命令信号调整电机电流,速度环的作用是调整直线伺服电机运动速度,驱动器是通过光栅尺反馈信号计算出电机实际运动速度,位置环的控制器用 PID 算法闭合。

2. 现代控制策略

在高精度微进给的加工领域,必须考虑对象的结构和参数变化、各种非线性的影响、运行环境的改变及干扰等时变和不确定因素,才能得到满意的控制结果。因此,将现代控制技术应用于直线伺服电动机的控制研究得到了控制专家的高度重视。

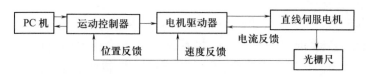

图 8 - 12　直线伺服系统控制框图

1）自适应控制

自适应控制大体可分为模型参考自适应控制和自校正控制两种类型。模型参考自适应控制是在控制器—控制对象组成的基本回路外,还建立一个由参考模型和自适应机构组成的附加调节电路。自适应机构的输出可以改变控制器的参数,或对控制对象产生附加的控制作用,使伺服电动机的输出和参考模型的输出保持一致。自校正控制的控制回路,由辨识器和控制器设计机构组成,辨识器根据对象的输入和输出信号,在线估计对象的参数,并以此估算作为对象的真值送入控制器的设计机构,按设计好的控制规律进行计算,计算结果送入可调控制器,形成新的控制输出,以补偿对象的特性变化。对于直线伺服电动机特性参数变化缓慢的一类扰动及其他外界干扰对系统伺服性能的影响,可以采用自适应控制策略加以降低或消除。

2）滑模变结构控制

滑模变结构控制系统是一类特殊的非线性系统,其非线性表现为控制的不连续,即一种使系统"结构"随时变化的开关特性。利用不连续的控制规律不断地变换系统的结构,迫使系统的状态在预定的空间轨线上运行。最后渐近稳定于平衡点或平衡点允许的领域内,即滑动模态运动。该控制方法的最大优点是系统一旦进入滑模状态,便对控制对象参数及扰动变化不敏感,无需在线辨识与设计,具有完全的自适应性和鲁棒性,因而在直线伺服系统中得到了成功的应用。

3）鲁棒控制

针对伺服系统中控制对象模型存在的不确定性(包括模型不确定性、降价近似、非线性的线性化、参数与特性的时变、漂移和外界扰动等),设法保持系统的稳定鲁棒性和品质鲁棒性,主要方法有代数方法和频域方法。H_∞ 控制是其频域方法中较为成熟的方法,该方法是从系统的传递函数矩阵出发设计系统,使系统由扰动至偏差的传递函数矩阵的 H_∞ 范数取极小或小于某一给定值,并据此来设计控制器,对抑制扰动具有良好的效果。

4）预见控制

预见控制不但根据当前目标值,而且根据未来目标值及未来干扰来决定当前的控制方案,使目标值与受控量间偏差整体最小。这是属于全过程控制期间某一评价函数取最小值的最优控制理论框架。预见控制理论是最优跟踪控制,是在普通伺服系统的基础上附加了使用未来信息的前馈补偿后构成,它能极大地减小目标值与被控制量的相位延迟,从而使预见成为伺服系统真正实用的控制方法。需要指出的是,预见控制是指不完全清楚目标值及干扰信号或控制系统输出的未来值时,采取一定的方法进行推测的,推测值未必很准确,根据预测值决定实施的控制,也就未必是理想的。

3. 智能控制策略

对控制对象环境与任务复杂的伺服系统宜采用智能控制方法。模糊逻辑控制、神经网络和专家控制是当前比较典型的智能控制策略。其中模糊控制能够把专家知识转化为控制系统的模糊集,利用特定的模糊推理原则,这些模糊集就能够对系统的输出进行智能调节,因而能够解决许多复杂而无法建立精确的数学模型系统的控制问题,且具有很高的鲁棒能力,是处理控制系统中不精确和不确定性的一种有效方法。模糊控制器已有商品化的专用芯片,因其实时性好、控制精度高,在伺服系统中已得到应用。神经网络从理论上讲具有很强的信息综合能力,在计算速度能够保证的情况下,可以解决任意复杂的控制问题。但目前缺乏相应的神经网络计算机的硬件支持,在直线伺服中的应用有待于神经网络集成电路芯片生产技术的成熟,而专家控制一般用于复杂的过程控制中,在伺服系统中的研究较少。可以预计,未来智能控制策略必将成为直线伺服驱动控制系统中重要的控制方法之一。

现在所研究的控制方法很多,在理论和实验研究上有许多文章发表于刊物,但见诸成功应用于实际产品的,基本上还是以零极点配置的 PID 和前馈控制为基础的控制方法,形式上完备的现代控制方法和耗时费力的智能控制尚未在实际产品中应用。

8.3 直线伺服系统的应用

8.3.1 直线伺服系统控制

直线电机能直接产生直线推力,推力大、行程长、响应快,可作为首选电机类型来构成直线驱动伺服单元,但在控制过程中,直线电机受非线性机电参数耦合影响非常严重,而且极易受到摩擦力、负载以及直线电机的端部效应和推力波纹效应等的影响,要求相应的控制系统既要具有高性能的软硬件结构,又要有高性能的控制策略和控制算法,因此需要对整个伺服控制系统进行非常精心的设计,驱动器和位置伺服控制作为其中关键的部分,有着更高的设计要求。

1. 驱动器介绍

如图 8 - 13 为全数字控制模式下的驱动器与永磁直线交流电机的接线图,系统采用美国 Kollmorgen 公司的 Servostar - cd 系列驱动器。该驱动器可以有效地驱动永磁直线电机。其主要特性有:全数字处理;多种数字控制环算法;可实现对电流/转矩的控制、速度控制、位置控制和加减速度控制;具有先进的正弦波换向技术,精确的低速控制减少了力矩波动;专利的转矩角控制技术提高电机转矩和速度;可以接收模拟、串行口和 SERCOS 用户界面命令;有 RS - 232 和 RS - 485 串行通信口实现与计算机的实时通信。

其中:驱动器输入线电压为 230V 的三相交流电,驱动器上端的数显部分用来显示系统运行的状态和出错代码,从而便于系统的维护和出错处理。C1 为串行通信口,本套系统中采用 RS - 232 与计算机实现通信。采用的通信协议为:全双工通信方式,波特率为 9600Hz 或 19200Hz,无奇偶校验位以及一个起始位和一个停止位。自行编制程序时需遵守此协议。

C2 为电机反馈联接口,包括三大部分:电机侧直线光栅的位置反馈,霍耳元件的换相信号反馈和电机热保护。

C3 为用户输入输出联接口,通过该口可以接收模拟用户命令,在全数字控制模式下,所有控制命令均通过串口 C1 传递,因而只需如图输入 24V 的直流电压,设置使能开关用

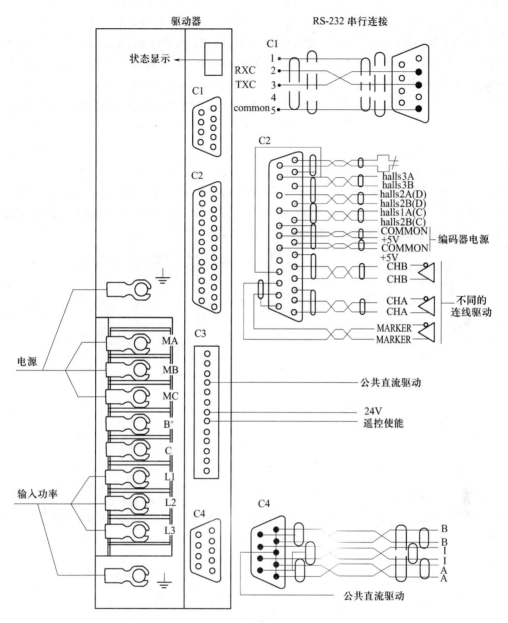

图 8 – 13　驱动器的接线图

以初始化驱动器内的软件使能。当系统出现致命错误时,软件使能可以自动关断,起到保护的作用。

　　C4 为编码器等效输出口,使用示波器,通过该口可以观察到直线编码器各个通道的信号。

2. 位置伺服控制

　　直线电机采用直接驱动方式,因而来自外界的各种扰动如工件、刀具质量的变化以及切削力的变化等都直接作用于直线电机上。高精确度的直线电机位置伺服系统要求既具有高的动态响应能力和静态稳定性,又具有抗干扰能力,即鲁棒性。为了能达到得到良好的位置伺服性能,必须采用良好实用的控制算法。位置伺服控制包括:位置调节器和速度调节器,分别负责位置控制和速度控制。在 Servostar - cd 驱动器中,位置调节器采用带速度和加速度前馈的 PID 算法,提供的速度控制策略有:PI 控制、Standard Poles Placement 控制、Pseudo-Derivative Feed Forward 控制和 Advanced Poles Placement 控制。通过选择不同的控制算法和调节各个控制参数,可使系统运行于良好的稳定状态。

本书还以华中科技大学陈幼平等人针对永磁同步直线电机给出的一套位置伺服控制方案为例,来进一步说明直线电机位置伺服控制系统的控制方法。

直线电机位置伺服控制系统结构如图 8 - 14 所示。位置伺服系统采用模糊自适应 PID 控制技术来改善 PID 控制调节速度慢的缺点,提高动态性能;通过干扰观测器来对外部干扰进行观测并补偿,消除因干扰所引起的波动,提高系统的静态精确度;同时通过模型参考自适应算法对位置角 θ 进行校正以消除直线电机定位时出现的振荡。控制系统的硬件部分选用 TI 公司的 TM S320LF2407A 控制器。

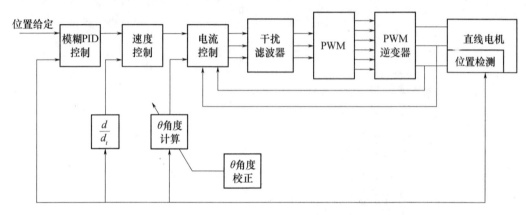

图 8 - 14　直线电机位置伺服系统结构图

1）干扰观测器设计

干扰观测器结构如图 8 - 15 所示。$F(s)$ 为低通滤波器,此干扰观测器先根据系统的输入值与反馈值求出干扰信号,然后对求出的干扰信号进行低通滤波,最终求出系统的干扰观测值。

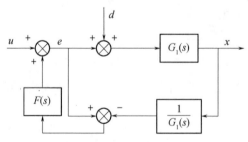

图 8 - 15　干扰观测器的结构图

2）模糊自适应 PID 控制

模糊自适应 PID 控制结合模糊控制和 PID 控制技术,具有调速范围宽、调节速度快和不要求掌握受控对象的精确数学模型等优点,其根据直线电机位置运动规律,基本的控制思想是:当误差大时,需加大误差控制作用的权重,以快速消除误差,提高系统响应速度;当误差小时,需加大误差变化量控制作用的权重,以避免超调使系统尽快进入稳态。根据这个规律,设计模糊自适应PID控制系统的模糊推理规则表。

3) θ 角度的校正

位置角 θ 在旋转电机中可以通过检测电机旋转的角度和位置角初始值直接测得,在直线电机中则通过检测动子移动距离的大小并结合初始位置和极距计算得到。

$$\theta = \mathrm{mod}\left(\frac{p}{d}\right)(2\pi) \tag{8-4}$$

式中:p 为位移传感器检测到的位移;d 为直线电机的极距;mod 为取模运算。直线电机定位时,位置角 θ 出现误差会导致系统振荡,因此在实际应用中,要采用模型参考自适应算法(MRAS)对 θ 角进行校正,以消除系统振荡。

8.3.2 直线电动机的冷却

直线电动机通电工作时,绕组线圈会产生大量的热量,热量在直线电机初级和次级导轨上积聚会引起导轨变形,进而影响进给运动的位移和速度精度,因此需要很好地解决冷却问题。此外,当直线电机用于机床,尤其是高速卧式加工中心时,通常只能安装在机床内部,因此散热就更加困难。在这个问题上,直线电机与旋转电机不同:一方面旋转电机利用电机轴上的风扇即能较好地散热;另一方面旋转电机经丝杠传动后,到机床导轨的距离较远,线圈引起的热变形问题就不明显了。综上,对直线电机,必须采取风冷(自然风或压缩空气)或循环液冷等冷却措施。例如,1FN1 246 系列直线电动机在正常运转时,初级功率损失约为5400W,而次级功率损失仅为50W左右。因此,初级绕组的冷却系统是主冷却回路(内冷却回路)。1FN1 系列直线电动机的冷却回路和隔热措施如图8-16所示。

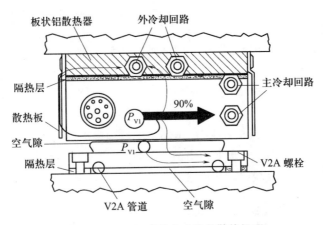

图 8-16   1FN1 直线电动机的散热机理

从图8-16可见,主冷却回路是装在初级部件里面的,也称为内冷却回路,它能够带走功率损失的90%的热量,保护初级绕组不至于过热。直线电动机的持续驱动力 F_N 与温升有关,当没有冷却或水箱温度高于35℃时,直线电动机的持续驱动力将明显下降。

271

在初级部件上面安装有板状铝散热器。其中间安放外冷却回路(精密冷却回路)。铝板两侧也安装有散热板,以增加散热面积。在散热器与初级部件之间还有一层隔热材料。次级部件与机床部件之间也有一层隔热材料和空气层,还可以安装 V2A 材料的附加冷却管道。

8.3.3 直线电动机的选择

直线电动机的选择比传统伺服电动机的选择要复杂一些,直线电动机的合理选择取决于下列因素:

(1) 峰值驱动力和持续驱动力。

(2) 速度和加速度。

(3) 可利用的安装时间。

(4) 直线电动机的配置(单直线电动机、并联或双排直线电动机)。

(5) 冷却系统。

直线电动机的选择可以按照以下步骤进行。

步骤1:定义使用条件,包括:①移动部件的质量(包括直线电动机本身的质量);②重力;③移动长度;④摩擦力;⑤切削力;⑥驱动系统配置。

步骤2:确定负载循环,包括:①运动—时间图;②最大速度和最大加速度;③切削力—时间图。

步骤3:计算电动机驱动力—时间图,包括:①确定所需要的峰值驱动力;②确定所需要的持续驱动力。

步骤4:按照下列数据选择电动机的初级部件,包括:①峰值驱动力;②持续驱动力。

步骤5:所选择的初级部件是否能够满足要求,包括:①如果能够满足,进行步骤8;②如果不能够满足,进行步骤6。

步骤6:按照手册要求绘制驱动力—时间图,包括:①如果能够满足,进行步骤8;②如果不能够满足,进行步骤7。

步骤7:修改所选择的初级部件,并返回到步骤5,包括:①采用较大的直线电动机;②采用不同绕组的直线电动机。

步骤8:按照下列数据选择次级部件,包括:①初级绕组的型号;②位移长度;③切削力。

步骤9:选择变频电源,包括:①按照电动机的峰值电流;②按照电动机的持续电流。

步骤10:按照下列数据计算驱动力,包括:①直线电动机数据;②直线电动机驱动力—时间图。最后,检查直线电动机的安装。

8.3.4 直线电动机在机床上的应用

随着航空航天、汽车制造、模具加工、电子制造行业等领域对高效率加工提出越来越高的要求,大量高速数控机床应运而生。而直线电机具有传统驱动系统无法比拟的优势和潜力,备受各国制造业的关注。因此,近年来,直线电动机驱动的数控机床迅猛发展,世界上著名的机床生产厂家都推出了采用直线电机驱动的高速加工中心。

1. 国外应用概况

Ford、Ingersoll 和 Anorad 公司在 20 世纪 80 年代中期的合作,最初实现了直线电动机在机床上的应用。Ford 公司希望机床既高速、高精度,又具有高柔性。合作的结果是 Ingersoll 公司推出了"高速模块"HVM800,其三轴都安装了 Anorad 公司的永磁式直线电动机,可获得很好的性能。德国 Ex–Cell–O 公司于 1993 年在德国汉诺威欧洲机床展览会上展出世界上第一台直线电动机驱动工作台的 XHC240 型高速加工中心,采用的是德国 Indramat 公司开发的感应式直线电动机,各轴移动速度高达 60 m/min,加速度可达 $1g$,进给力为 2800N,当进给速度为 20m/min 时,加工精度达到 $4\mu m$。之后,许多厂商纷纷推出安装直线电动机的加工中心。

意大利 MCM 公司生产的 E63 加工中心快速移动速度为 80m/min,加速度为 $2g$;意大利 Samputensili 公司生产的 RSB18CNC8 轴数控剃齿刀磨床的工件头架滑板采用直线电机驱动后,其最高冲程次数可达 70 次/min,加工效率提高 50%。日本 Fanuc 公司采用美国 Anorad 的转让技术生产的具有代表性的产品 L17000N,最大速度 240 m/min,最大加速度 $3g$。日本 Mazak 公司开发的 HMC F3–660L 加工中心,直线电机驱动三轴,快移速度高达 208m/min,加速度 $3.12g$,各轴在 120m/min 的速度下进行高速加工。德国 GROB 公司展出的 BZ500L 高速卧式加工中心,主轴转速 18000r/min,直线电机驱动 $X/Y/Z$ 三轴,行程均为 630mm,快移速度达 120m/min,加速度分别为 $1g \sim 3g$;意大利普瑞玛工业公司的切割机采用直线电机并联驱动方式,可实现 $6g$ 的加速度,每分钟可切割超过 1000 个孔;德国西门子公司设计的 1FN3 系列电机,最大进给力 20.7kN,速度为 836m/min,其驱动器设计紧凑,可进行无磨损的力传输,适用于高速铣床、曲轴车床、超精密车床、磨床、激光车床等。

目前,世界上一些主要的机床制造商都已采用直线电机驱动。直线电机的实验加速度可达 $10g$,由于所驱动部件的质量及惯性问题,使直线电机的使用加速度大大降低,因此可以通过采取固定值量较大零部件方式减少总体驱动质量及采用密度较低的材料作为移动零部件的方法,来提供加速度,未来加速度的提升空间还很大。

2. 国内应用

我国对直线电机的研究起步较晚,但发展较快。目前我国已经有许多科研院校进行了直线电机在机床上的应用研究,并制造出了相关典型产品。

南京四开公司在 2001 年推出了一台自行研制开发的高速数控直线电机机床,其 X 轴采用直线电机直接驱动,其刀具最大加速度达到 $4g \sim 5g$,最大进给速度超过 100 m/min,但直线电机和驱动系统都为国外产品;广东工业大学开发的 GD–3 型直线电动机高速数控进给单元,额定进给力为 2kN,最高进给速度 100m/min,定位精度 0.004mm,行程为 800mm;北京机电院高技术股份公司研发的 VS1250 型直线电机驱动的立式加工中心,其 X/Y 轴采用西门子公司的 IFN1 型直线电机驱动,行程分别为 250/630mm,最大快移速度达 80/120 m/min,最大加速度 $0.8/1.5g$;北京机床研究所研发的电火花成形机床 GV754L,快速进给速度高达 24m/min,加速度达 $1.5g$;清华大学精密仪器与机械学系制造工程研究所研制的长行程永磁直线伺服单元,电动机的额定推力为 1500N,最高速度 60m/min,空载最大加速度 $1g$,行程 600mm。哈尔滨泰富实业有限公司和哈尔滨工业大学承担国家重大专项完成的数控机床用大推力直线电机及驱动装置,使其额定速度最高达 240m/min。针对产量最大的非圆截面零件,国防科学技术大学非圆切削研究中心开发了基于直线电机的高频响、大行程数控进给单元,当用于数控活塞机床时,工作台尺寸为 600mm×320mm,行程 100mm,最大推力为 160N。这些研究院所的工作,填补了我国在数控机床直线电机应用技术领域的空白,缩短了与国外的差距。图 8 - 17 为一直线电机用于数控车床的 X 轴的结构示意图。

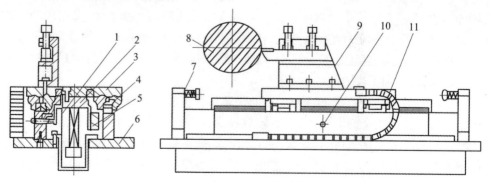

图 8 - 17 直线电机用于数控车床的 X 轴的结构

1—定子;2—动子;3—滑台;4—直线导轨副;5—光栅;6—底座;

7—机械挡块;8—非圆截面工件;9—刀架;10—限位开关;11—导线拖链。

3. 应用详例:西门子 1FN1 电机应用于机床

近年来,为了进一步提高直线电动机的运动精度,同步直线电动机的应用日益广泛。它的主要特点是采用永磁式次级部件。西门子公司生产的 1FN1 系列三项交流永磁式同步直线电动机的外观如图 8 - 18 所示。

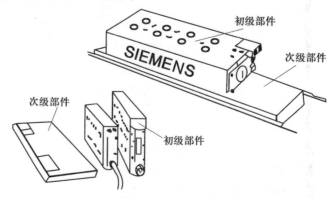

图 8 - 18 西门子公司 1FN1 直线电动机的外观

1FN1 系列直线电动机是专门为动态性能和运动精度要求高的机床设计的,分为初级和次级两个部件,具有完善的冷却系统和隔热设施,热稳定性良好。

1FN1 直线电动机能够适应各种切削加工的环境,配置 SINODRIVE611 数字变频系统后,就成为独立的驱动系统,可以直接安装到机床上,用于高速铣床、加工中心、磨床以及并联运动机床。1FN1 系列直线电动机的特点如下:

(1) 配有主冷却和精密冷却两套冷却回路,再加上隔热层,保证电动机的发热对机床没有影响。

(2) 电动机部件全部金属密封,尽可能防止有腐蚀性的液体和空气间隙中的微粒

274

侵入。

（3）独立部件,安装方便,即插即用。

（4）驱动力的波动经过优化,过载特性良好。

1FN1系列直线电动机的技术规格如表8-2所列。

表8-2　1FN1系列直线电动机的主要技术特性

初级型号	次级宽度/mm	最大速度/(m/min)		驱动力/N		相电流/A	
		F_{max}时	F_N时	F_N	F_{max}	I_N	I_{max}
122-5□C71 124-5□C71 126-5□C71	120	65	145	1480 2200 2950	3250 4850 6500	8.9 15 17.7	22.4 37.5 44.8
184-5AC71 186-5AC71	180	65	145	3600 4800	7900 10600	21.6 27.2	54.1 67.9
244-5AC71 246-5AC71	240	65	145	4950 6600	10900 14500	28 37.7	54.1 67.9
072-3AF7□ 072-3AF7□	070	95	200	790 1580	1720 3450	5.6 11.1	14 28
122-5□F71 124-5□F71 126-5□F71	120	95	200	1480 2200 2950	3250 4850 6500	11.1 16.2 22.2	28 40.8 56
184-5AF71 186-5AF71	180	95	200	3600 4800	7900 10600	26.1 34.8	65.5 86.9
244-5AF71 246-5AF71	240	95	200	4950 6600	10900 14500	36.3 48.3	90.8 119.9

从表8-2中可见,直线电动机的驱动力与初级有效面积(初级后次级的宽度)有关。面积越大,驱动力越大。因此,在驱动力不够的情况下,可以将两个直线电动机并联或串联工作,或者在移动部件的两侧安装直线电动机。此外,直线电动机的最大运动速度在额定驱动力时可以达到较高,而在最大驱动力时较低。

1FN1系列直线电动机的典型安装方式如图8-19所示。运动部件通常与电动机初

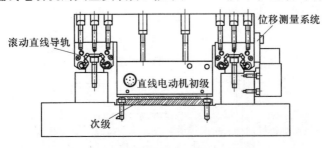

图8-19　直线电动机的典型安装方式

级部件固定在一起,沿直线导轨移动。次级部件安装在机床床身或立柱上。此外,在移动部件上还安装有位移测量系统。1FN1 系列直线电动机的长度有两种,即 216mm 和 504mm。次级可以安装移动最大长度拼接。初级和次级之间有一定的空气间隙。

8.4 新型驱动技术及元件

新型驱动技术,有别于传统驱动技术,是一种新颖的或更先进的驱动技术。主要分为两类,一类为电磁式的,另一类为非电磁式的。电磁式驱动技术包括在传统驱动技术上进行改进型驱动技术如特高、低速电机驱动和新型转子电机驱动,以及新发展型的驱动技术如新型无刷、永磁步进电动机、直线电机、磁浮驱动和电磁弹射技术等。非电磁式驱动技术主要有电、磁致伸缩驱动技术,形状记忆合金驱动技术,光、静电、超导驱动技术及其他非电磁类驱动技术。

8.4.1 传统改进型电磁式驱动技术

1. 高、低速电机技术

高速电机有两个主要特点,一是转子的转速高达每分钟数万转甚至十几万转,圆周速度可达 200 m/s 以上;二是定子绕组电流和铁芯中磁通的高频率,一般在 1000 Hz 以上。高速电机由于其转速高,所以电机功率密度高,而体积远小于功率普通的电机,可以有效节约材料,同时可与原动机相连,取消了传统的减速机构,传动效率高,噪声小,并且其转动惯量小,所以动态响应快。

普通电机如果要用于拖动设备运行,必须与减速机配套使用,而低速电机则是一种机电一体化产品,它的输出转速通常为 100 r/min 以下,最低可达 2 r/min,因此不需要减速机就可直接驱动设备运行。低速电机不仅淘汰了笨重的减速机,而且减少了因传统机构所总成的功率损失,提高了设备的安装精度和传统效率,是传统电机和减速机的理想替代品。

2. 特型转子电机

传统的电动机一般只有一个定子和一个转子,也只有一个机械端口。近年来人们提出了双转子电机的概念,这种新型电机具有 2 个机械轴,可以实现 2 个机械轴能量的独立传递,其极大地减小了设备的体积和重量,提高了工作效率,能够很好地满足节能和调速的要求,有着优越的运行性能,如图 8-20 所示。除此之外,还有实心转子、外转子、盘式、杯式、锥形等各种新型步进电动机。

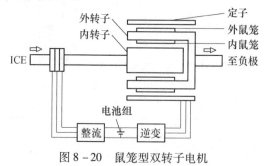

图 8-20 鼠笼型双转子电机

276

8.4.2 新发展型电磁式驱动技术

1. 无刷直流电机技术

集有刷直流电机和交流异步电机优点于一体，采用方波自控式永磁同步电机，以霍耳传感器取代碳刷换向器，以钕铁硼作为转子的永磁材料，其性能包括了传统直流电机的优点，同时又解决了直流电机碳刷滑环的缺点。其具有低速高转矩、高频率正反转不发热、稳速运转精度高等特点，调速方便，结构简单，非常适用于24小时连续运转的产业机械及空调冷冻主机、风机水泵等领域，是理想的调速电机。

2. 开关磁阻电机技术

开关磁阻电机由控制器、功率变换器、电流检测器、位置检测器、开关磁阻电机等组成。其工作原理是遵循"磁阻最小原理"，定子绕组轮流通电一次，转子转过一个转子极距。其结构简单、性能优越，可靠性高，作为调速驱动呈现了很低的电机制造成本，在宽调速范围内均具有高的效率，在许多需要调速和高效的场合，从小功率到大功率范围，均能提供所需性能要求。

3. 永磁电机技术

永磁电机是由永磁体建立励磁磁场，从而实现机电能量转换，具有结构简单、体较小、损耗小、效率高的特点。和直流电机相比，它没有直流电机的换向器和电刷的缺点，因而效率高，功率因数高，力矩惯量比较大，定子电流和定子电阻损耗减小；与普通同步电机相比，它省去了励磁装置，简化了结构，提高了效率。并且其采用的矢量控制系统能够实现高精度、高动态性能、大范围的调速或定位控制。永磁电机本身所具有的一些特性、优点以及我国稀土原料在世界上所占有绝对优势的特点，使得其成为一种被专门研究的种类而被业内人士所重视，在医疗器械、化工、轻纺、数控机床、微型汽车等领域有广泛的应用。

4. 直线电机技术

直线电机技术取消了从电动机到工作台之间的一切机械中间传动环节，把机床进给传动链的长度缩短为零，这种"零传动"方式，使直线电机具有高速响应、定位精度高、传动刚度高、速度快、行程长度不受限制、噪声低、效率高等优良性能。

5. 磁浮驱动技术

一般在几十万转/分的情况下，高速电机的轴承已无法承受高速所带来的机械摩擦，并产生发热、振动、噪声等。因此采用磁悬浮来支撑电动机转轴，并将磁浮系统与电机定子绕组系统的磁场合成一体进行控制，组成一种新型的高速电机。

6. 电磁弹射技术

军用和航天以火药为发射能源进行物体发射，但其受到比推力或推力/质量比的限制且成本高、技术复杂。而用电磁能直接转变为动能（实际上是直线电机技术的一种），电磁力做功，其速度高，结构相对简单，控制相对方便，国外已经在军用上尝试发射飞机。

8.4.3 非电磁驱动技术

1. 压电驱动技术

以压电陶瓷材料的逆压电效应，通过控制其机械变形产生旋转或直线运动。压电材料在给其提供一定的电压时能够产生稳定的微米、纳米量级的输出位移精度,是一种精密微驱动技术,且具有驱动线性好、控制方便、分辨率高、频率响应好、不发热、无磁干扰、无噪声等优点。这种电机有三种类型,分别为超声式、蠕动式和惯性式。超声式是利用逆压电效应的基础上,以超声频域的机械振动为驱动技术在电能的控制下通过机械变换产生运动;蠕动式和惯性式主要用于直线运动。

2. 磁致伸缩驱动技术

某些磁性体的外部一旦加上磁场,则磁性体的外形尺寸会发生变化,这种由焦耳发现的焦耳效应称为磁致伸缩现象,利用这种现象制作的驱动器称为磁致伸缩驱动器。虽然该现象发现早在 100 多年前,但一直以来由于能产生这种现象的材料其应变量很小,所需磁场强度又很大,且需在低温下,因此一直未能得到应用。20 世纪 70 年代人们研制了常温超磁致伸缩材料,80 年代又开发了外部弱磁场的超磁伸缩材料,90 年代终于有了实用性的超磁致伸缩材料并制成了超磁致伸缩驱动器。浙江大学研制的超磁致微直线电机的激荡频率达 1.5kHz,激磁电流为 0.8A,磁致伸缩位移 28μm,输出力 1200N。这种驱动技术利用磁致伸缩材料的伸缩效应产生的形变可以获得非常精密的微米级位移控制,且其是建立在材料分子运动的基础上,机械响应速度快达微秒级,同时其激励为外部磁场,可以实现无电缆驱动。这种精密控制的驱动器在精密仪器与精密机械、光学仪器、微电子技术、光纤技术以及生物工程等方面都有重要的应用。

3. 形状记忆合金驱动技术

形状记忆合金(Shape Memory Alloy,SMA)是一种特殊的合金。一旦使它记忆了任何形状,即使发生变形,当加热到某一适当温度时,它也能恢复到变形前的形状。利用这种能变形伸缩特点而制成的驱动器称为形状记忆合金驱动器。因为形状记忆合金有变形量大、变形方向自由度大和变形可急剧发生这三个特点,因此形状记忆驱动技术具有位移较大、功率 – 重量比较高、变位迅速、方向自由的特点,特别适用于小负载、高精度的机器人装配作业、反应堆驱动装置、医用内窥镜等。

4. 光驱动技术

用光致伸缩、光吸收而产生磁变化材料制成的驱动器称为光驱动器,属于微驱动器范畴,主要分为两类,一类是经过电、化学能和热转化为力,另一类是将光直接转换成力。经过电的类型是在微机电系统的表面上安装光电转换元件(如太阳能电池),将集成的微小光电转换元件以串联方式实现高压化,如双晶片执行器;经过化学能的类型是由光能改变有机分子的电子状态,使分子产生结构变化;经过热的类型是利用光热效应,光照射到物体上后,产生热,引起体积膨胀、折射率变化、压力变化等效应,如稀薄气体效应光马达等;直接转换成力的类型是利用光压作用,即光经物质反射、折射时,便产生称为光压(光辐射压)的力作用于物质。光驱动技术能够实现非接触操作,无需轴承、电线配置,但是驱动力小。

5. 静电驱动技术

静电驱动技术,就是利用电荷间的库仑力作为驱动力进行驱动的技术。这种输出力比电动机小得多,因此只用于电气除尘、静电夹、电子照相等,但由于结构简单、越小型化性能越高的特点,静电微驱动器在各种纤细复杂的微环境里有广泛的应用前景,如肠胃血管医疗领域、航天航空摄像等。

6. 其他各种非电磁类现代驱动技术

除了上述非电磁类驱动技术外,还有其他如超导驱动、金属氢化物驱动等非电磁类驱动技术。超导驱动主要利用超导材料在临界温度下呈退磁状态,在临界温度上呈磁性状态的性质来工作的。一般这种驱动器的转子(或次级)采用超导材料,定子(或初级)采用磁性材料,以其效率高、小温差能工作的优点,引起了人们的重视并得以研究发展。金属氢化物驱动是人们利用储氢合金在吸、放氢气的反应过程中平衡分压随温度可逆变化的性质,通过压力上升或下降来驱动物体。

8.4.4 新型驱动元件

1) 电滚珠丝杠

电主轴是主电动机转子与主轴连接成为一体的功能部件,电滚珠丝杠是伺服电动机转子与滚珠螺母连接成为一体的功能部件,其内部结构的剖面如图8－21所示。

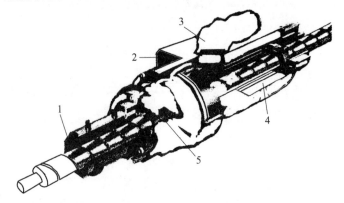

图8－21 电滚珠丝杠
1—滚珠丝杠;2—固定法兰;3—电缆接口;4—伺服电动机;5—滚珠螺母。

从图8－21中可见,电动机转子是中空的,滚珠丝杠从其内孔穿过,转子套筒与滚珠螺母相连。如果将伺服电动机固定在机架或万向铰链上,当电动机转子转动时,滚珠螺母也将随之转动,使滚珠丝杠沿电动机的轴线伸缩,即构成直接驱动的电滚珠丝杠。[JP2]电滚珠丝杠简化了滚珠丝杠与伺服电动机的连接,省去齿形带传动或齿轮传动,不仅使机床结构更加紧凑,传动的动态性能也有所提高。某些生产滚珠丝杠的公司(如INA)已经开始提供电滚珠丝杠的产品。电滚珠丝杠在一台并联运动机床的安装实例如图8－22所示。

2) 电磁伸缩杆

近年来,将交流同步直线电动机的原理应用到伸缩杆上,开发出一种新型位移部件,称之为电磁伸缩杆。它的基本原理是在功能部件壳体内安放环状双向电动机绕组,中间是作为次级的伸缩杆,伸缩杆外部有环状的永久磁铁层,其原理如图8－23所示。

电磁伸缩杆是没有机械元件的功能部件,借助电磁相互作用实现运动,没有摩擦和磨损以及润滑问题。若将电磁伸缩杆外壳与万向铰链连接在一起,并将其安装在固定平台上,作为支点,则随着磁伸缩杆的轴向移动,即可驱动动平台。安装在万向铰链上的电磁伸缩杆如图8－24所示。

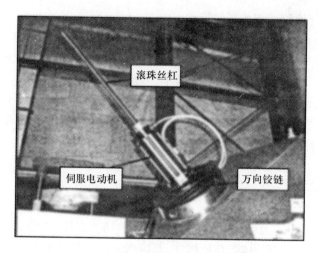

图 8 – 22　电滚珠丝杠在机床上的安装实例

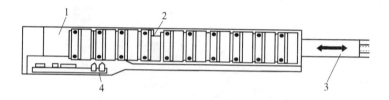

图 8 – 23　电磁伸缩杆的原理

1—定子外壳；2—双相电动机绕组；3—磁伸缩杆；4—位置传感器。

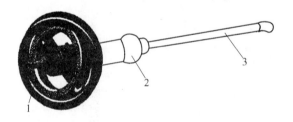

图 8 – 24　电磁伸缩杆

1—万向铰链；2—杆件外壳；3—磁伸缩杆。

德国汉诺威大学开发的采用电磁伸缩杆的并联运动机床的外观和主要结构,如图 8 –25所示。

从图可见,采用 6 根结构相同的电磁伸缩杆、6 个万向铰链和 6 个球铰链连接固定平台和动平台就可以迅速组成并联运动机床。

3）球电动机

球电动机是德国阿亨工业大学正在研制的一种具有创意的新型电动机。其工作原理如图 8 –26 所示。

从图 8 –26 中可见,在多棱体的表面上间隔分布着不同极性的永久磁铁,构成一个磁性球面体。它是具有三个回转自由度的转动球(相当于传统电动机的转子),球体的顶端有可以连接杆件或其他构件的工作端面,底部有静压支承,承受载荷。当供给定子绕组一

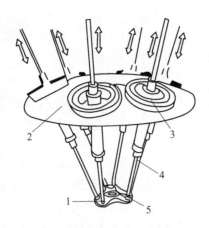

图 8 - 25　采用电磁伸缩杆的并联运动机床
1—球铰链；2—固定平台；3—万向铰链；4—电磁伸缩杆；5—动平台。

定频率的交流电源后,转动球就偏转一个角度。事实上,转动球就相当传统电动机的转子,不过不是实现绕固定轴线的回转运动,而是实现绕球心的角度偏转。

应该指出,尽管球电动机仍处于研究阶段,还没有在并联运动机床上获得实际应用,但它的出现,必将给并联运动机床的发展带来很大的影响。

三个回转自由度

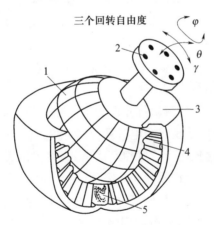

图 8 - 26　球电动机的工作原理
1—转动球(转子)；2—工作端面；3—定子；4—绕组电极；5—静压支承。

第9章 电液伺服系统

伺服系统有多种定义。在机电一体化装置中,它主要是指自动控制机械位置、角度等对象的系统。它通过控制电动机等能换器将电能或其他形式的能量转换成具有装置所需转矩、转速或转角的机械能。液压伺服系统可以使系统的力、位移或速度等输出量自动而精确地随输入量而变化,而且输出功率也被大幅度放大。根据系统采用的是电气信号还是机械信号,液压伺服系统分为机液伺服系统和电液伺服系统。电液伺服系统综合了电气和液压的优点,比机液伺服系统应用更为广泛和便捷。

9.1 电液伺服系统概述

9.1.1 电液伺服系统组成

电液伺服系统是一种反馈控制系统,主要由电信号处理装置和液压动力机构组成。典型电液伺服系统组成元件如下:

(1)给定元件。它可以是机械装置,如凸轮、连杆等,提供位移信号;也可是电气元件,如电位计等,提供电压信号。

(2)反馈检测元件。用来检测执行元件的实际输出量,并转换成反馈信号。它可以是机械装置,如齿轮副、连杆等;也可是电气元件,如电位计、测速发电机等。

(3)比较元件。用来比较指令信号和反馈信号,并得出误差信号。实际中一般没有专门的比较元件,而是由某一结构元件兼职完成。

(4)放大、转换元件。将比较元件所得的误差信号放大,并转换成电信号或液压信号(压力、流量)。它可以是电放大器、电液伺服阀等。

(5)执行元件。将液压能转变为机械能,产生直线运动或旋转运动,并直接控制被控对象。一般指液压缸或液压马达。

(6)被控制对象。指系统的负载,如工作台等。

以上六部分是液压伺服系统的基本组成。此外,可增设校正元件来改善系统性能;增设比例元件来使输入信号按比例变化。

9.1.2 电液伺服系统种类

由于电液伺服系统具有相同的基本元件,它们的工作原理可以采用结构框图表示,见表9-1。

表 9 – 1　常用电液伺服系统及其框图

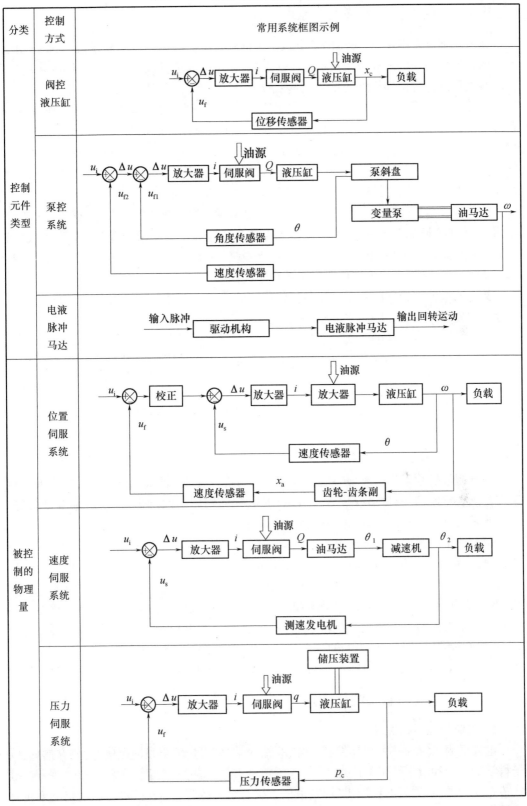

分类	控制方式	常用系统框图示例
控制元件类型	阀控液压缸	
	泵控系统	
	电液脉冲马达	
被控制的物理量	位置伺服系统	
	速度伺服系统	
	压力伺服系统	

9.1.3　电液伺服系统工作原理

在液压伺服系统中,最常见的是电液位置伺服系统。特别是近年来,随着工业自动化水平的普遍提高和国内外液压技术的飞速发展,应用电液位置伺服系统的应用越来越广,要求对液压缸进行位移检测的场合也越来越多。

电液位置伺服系统是最基本和最常用的一种液压伺服系统,其根本任务是通过执行机构实现被控量对给定量的及时和准确跟踪。由于它能充分地发挥电子和液压两方面的优点,既能产生很大的力和力矩,又具有高精度和快速响应,还具有很好的灵活性和适应能力,因而得到了广泛的应用,如机床工作台的位置、板带轧机的板厚、带材跑偏控制、飞机和传播的舵机控制、雷达和火炮控制系统以及振动实验台等。

电液伺服系统由于所采用的指令装置、反馈测量装置和相应的放大、校正的电子部件不同,构成了不同的系统:当采用电位器作为指令装置和反馈测量装置时,就可构成直流电液位置伺服系统,如双电位器电液位置伺服系统;当采用自整角机或旋转变压器作为指令装置时,就可构成交流电液位置伺服系统[2]。

常见的电液位置伺服系统一般包括伺服阀放大器、伺服阀、液压执行元件(液压缸)、线性反馈元件(位移传感器)。系统结构框图如图 9 - 1 所示。

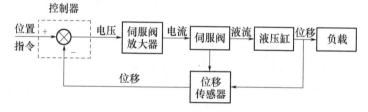

图 9 - 1　电液位置伺服系统结构框图

带钢跑偏控制系统是典型的电液位置伺服系统。在带状材料生产过程中,卷取带材时常会出现跑偏,即带材边缘位置不齐的问题,如轧钢厂卷取钢带、造纸厂卷取纸带等。为了使带材自动卷齐,常采用跑偏控制系统来控制跑偏。

带材的横向跑偏量及方向由光电位置检测器检测。光电位置检测器由光源和灵敏电桥组成,当带材正常运行时,电桥 - 管的光敏电阻接收来自光源的一半光照,使电桥恰好平衡,输出电压信号为零。当带材偏离检测器中间位置时,光敏电阻接收的光照量发生变化,电阻值也随之变化,使电桥的平衡被打破,电桥输出反映带边偏离值的电压信号。该信号经伺服放大器放大后输入电液伺服阀,伺服阀则输出相应的液流量,推动伺服液压缸,使卷筒带着带材向纠正跑偏的方向移动。当纠偏位移与跑偏位移相等时,电桥又处平衡状态,电压信号为零,卷筒停止移动,在新的平衡状态下卷取,完成自动纠偏过程。

9.1.4　电液伺服系统优缺点

1. 电液伺服系统优点

电液伺服系统为一个闭环控制系统,其输入是电信号,输出是液压信号,兼有信息、电子科学的长处和液压技术的优点。如:电子信号有便于测量、校正、放大、处理的特点;电气传感器种类多,测量的精度也较高;液压系统有结构轻巧、执行速度较快、输出功率相对较高的优点。由于电液伺服系统兼有这些优点,因而它受到了广大工程技术人员的青睐,在诸多领域都得到了广泛应用。

2. 电液伺服控制系统缺点

电液伺服系统缺点如下:

(1)电液伺服阀的抗污染能力差,故电液伺服系统对油液的清洁度要求很高。

(2)远距离控制比较困难。

(3)公差与配合相对严格,制造精度要求高,工艺性差。

(4)对操作和维修人员的技术素养有较高要求。

(5)同时系统负载,外界干扰,不同温度下液压油的弹性模量和黏性的变化等使得系统存在大量的不确定性。因此,寻找对模型要求低、控制综合质量好、在线计算方便的控制策略比较困难,控制对象的数学模型很难建立,甚至有的根本无法建模。

(6)混入油液的空气对其体积弹性模量影响较大,油液的温度升高对精度影响比较大,进而影响系统的控制性能。

(7)不像电阻和电位的关系可以通过欧姆定律等精确描述,液流受雷诺数(层流和紊流)、液压元件的几何尺寸、摩擦系数、流量系数等一系列因素的影响,状况复杂,理论描述近似,使液压伺服系统理论的成熟程度受到限制,经验和试验显得特别重要。

9.1.5 电液伺服系统发展方向

电液伺服控制系统今后主要有以下几个发展方向:

(1)与电子技术和计算机技术相结合。随着电子组件系统的集成,电子组件接口和现场总线技术逐步应用于系统的控制中,从而实现高水平的信息系统。

(2)更加注重节能增效。变频技术和负荷传感系统等技术的应用将很大程度上提高系统效率。

(3)新型电液元件和一体化敏感元件将得到广泛研究,如具有抗污染、高精度的直动型电液控制阀,液压变换器及电子油泵等。

(4)计算机技术将广泛应用于电液控制系统的设计、建模和仿真试验中。包含 CAD(计算机辅助设计)、CAE(计算机辅助分析)、CAPP(计算机辅助工艺规划)、CAT(计算机辅助测试)、CIMS(计算机制造系统)将会在电液系统的全过程中发挥更大的作用。

(5)在电液系统中,像电磁材料、聚合物等新材料,无线电电液比例遥控系统将得到进一步的研究和应用。

9.2 电液伺服阀

电液伺服阀是电液伺服控制中的关键部分,既起到电液转换的作用,又可以对功率进行放大。电液伺服阀输入信号功率很小(典型的仅有几十毫瓦),功率放大系数越高,将小功率的电信号输入转换为更大的功率液压能(压力和流量)输出能力越强,从而实现对液压执行器各参数如位移、速度、加速度和力的控制。因此,电液伺服阀在各种工业自动控制系统中所占的比例越来越大。

9.2.1 电液伺服阀组成

电液伺服阀由电气-机械转换器、液压放大器和反馈(或平衡)机构三部分构成,如图9-2所示。电气-机械转换器首先将小功率的电信号转换为阀芯的运动,然后通过阀芯的运动又去控制液压流体的流量与压力。电气机械转换器在流量比较大的情况下,由于输出力或力矩很小,所以无法用它来直接驱动功率阀,此时,需要增加液压前置放大级。通过放大电气-机械转换器的输出来控制功率阀,这就构成了多级电液伺服阀。前置级可以采用滑阀、喷嘴挡板阀或射流管阀,功率级采用的是滑阀。

在二级或三级电液伺服阀中,通常采用反馈机构将输出级(功率级)的阀芯位移、输出流量或压力以位移、力或电信号的形式反馈到第一级或第二级的输入端,也有反馈到力矩马达的衔铁组件或输入端,平衡机构一般用于单级伺服阀或二级弹簧对中式伺服阀。平衡机构通常采用各种弹性元件,是一个力-位移转换元件。

伺服阀输出级所采用的反馈或平衡机构是为了使伺服阀的输出流量或压力得到与输入电气控制信号成比例的特性。反馈机构使伺服阀本身成为一个闭环控制系统,提高了伺服阀的控制性能。

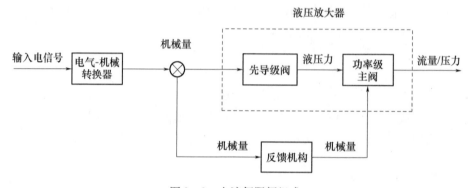

图9-2 电液伺服阀组成

9.2.2 电液伺服阀分类

1. 按电气-机械转换器分为动圈式和动铁式

1) 动圈式

动圈式电气-机械转换器产生运动的部分是线圈组成的控制绕组,故称为"动圈式"。输入电流信号后,产生相应的力信号,再通过反馈弹簧(复位弹簧)转化为相应的位移量输出,故简称为动圈式"力马达"(平动式)或"力矩马达"(转动式)。动圈式力马达和力矩马达的工作原理是位于磁场中的载流导体(即动圈)受力作用。

2) 动铁式

由永久磁铁、导磁体、衔铁及控制线圈组成。没有输入信号时,衔铁受到的电磁力相互抵消而使衔铁处于静止状态。当输入控制电流时,衔铁产生与控制电流大小和方向相对应的转矩,从而使衔铁转动,直至电磁力矩与负载力矩和弹簧反力矩等相平衡,达到一个新的平衡状态。

2. 按用途、性能和结构特征可分为通用型和专用型

通用型电液伺服阀在技术性能方面可以满足一般电液伺服系统的要求,由于其用量大,适应性强,设计制造电液伺服系统时一般优先考虑。专用型电液伺服阀是为实现系统的某些特殊功能而专门设计制造的伺服阀。专用型伺服阀按特殊的功能、工作环境以及其他特殊要求而分为高温伺服阀、防爆伺服阀、高响应伺服阀、自监测伺服阀等。

3. 按伺服法功用可分为流量控制伺服阀和压力控制伺服阀

在位置或速度控制系统中,电液伺服阀的输出是流量,这就是所谓的流量伺服阀,是最常见的伺服阀,在力或压力控制系统中使用这种阀时,有时不能得到满意的结果,故另有压力控制伺服阀可选用。压力控制伺服阀中主阀具有一定的负遮盖量,以减小其压力增益。某些压力控制伺服阀中,存在压力反馈通道,可以保证其输出的压力不受通过流量的影响。

4. 按液压放大级数可分为单级、双级和三级伺服阀

1)单级伺服阀

此类阀结构简单、价格低廉,但由于输出力矩或力小、定位刚度低,使阀的输出流量有限,对负载动态变化敏感,阀的稳定性在很大程度上取决于负载动态,容易产生不稳定状态。只适用于低压、小流量和负载动态变化不大的场合。

2)双级伺服阀

此类阀克服了单级伺服阀的缺点,是使用最多的形式。

3)三级伺服阀

此类阀通常是由一个两级伺服阀作前置从而控制第三级功率滑阀。功率级滑阀阀芯位移通过电气反馈形成闭环控制,实现功率级滑阀阀芯的定位。三级伺服阀一般只用于大流量的场合。

5. 按电气－机械转换后的动作方式可分为力矩马达式(输出转角)和力马达式(输出直线位移)

力马达和力矩马达都是利用电磁原理工作。永久磁铁或激磁线圈产生固定磁通,直流电气控制信号通过控制线圈产生控制磁通,两个磁通在工作气隙处的相互作用,使电气－机械转换器的运动部分－动铁式中的衔铁或动圈式中的控制线圈产生一个与电气控制信号大小成一定比例并能反映电气控制信号极性的力矩或力,该力矩或力与弹性支承(弹簧管、弹簧片或其他平衡弹簧)的恢复力矩或力能够达到平衡,产生转角形式(对力矩马达)或直线位移形式(对力马达)的机械运动。

6. 按液压前置级的结构形式可分为滑阀式、射流管阀式和喷嘴挡板阀式

1)滑阀式

根据滑阀上控制边数的不同,有单边、双边和四边滑阀控制式三种结构类型

2)射流管阀式

射流管阀的优点是结构简单,加工精度低,抗污染能力强。缺点是惯性大,响应速度低,功率损耗大。因此,低压及功率较小的伺服系统通常使用这种阀。

3)喷嘴挡板阀式

喷嘴挡板阀因结构不同分为单喷嘴和双喷嘴两种形式,优点是结构简单,加工方便,运动部件惯性小、反应快,精度和灵敏度较高。缺点是做的无用功较多,抗污染能力也较

差,常用在多级放大式伺服元件中的前置级。

9.2.3 电液伺服阀特性

电液伺服阀主要性能如表9-2所列。

表9-2 电液伺服阀主要性能

伺服阀的工作性能	伺服阀实验	特性曲线	性能指标
静态特性	负载流量特性	负载流量曲线	额定流量、流量增益、非线性度、不对称度、滞环、分辨率
	空载流量特性	空载流量曲线	
	压力特性	压力特性曲线	压力增益
	内泄漏	内泄漏曲线	零位泄漏
动态特性	频率响应	频率响应曲线	频宽
	阶跃响应	阶跃响应曲线	响应时间
零位特性	零偏		零位偏移
	零漂	供油压力零漂曲线	
		回油压力零漂曲线	
		油温零漂曲线	
	零点阈值和分辨率		零点阈值和分辨率

1. 电液伺服阀的静态特性

电液伺服阀的静态特性一般包括负载-流量特性、空载流量特性、压力特性、压力增益、内泄漏特性、静耗流量特性等。

1）负载-流量特性

伺服阀的负载流量曲线表示在稳定状态下,输入电流、负载流量与负载压降三者之间的函数关系,负载-流量特性曲线完全描述了伺服阀的静态特性,但要测得这组曲线却是目前面临的一个难题,特别是在零位附近的精确数值很难得到。而伺服阀却正好是在此处工作。因此,曲线的功能就是用来确定伺服阀的类型和估计伺服阀的规格,以此来选择合适的伺服阀。力反馈二级伺服阀实际频率静态情况下的传递函数为

$$\frac{X_v}{U_g} = \frac{\dfrac{2K_uK_t}{(R_c+\gamma_p)(r+b)K_f}}{\left(\dfrac{s}{K_{vf}}+1\right)\left(\dfrac{s^2}{\omega_{mf}^2}+\dfrac{2\zeta'_{mf}}{\omega_{mf}}s+1\right)} \tag{9-1}$$

式中 X_v——阀芯位移;

U_g——阀电压;

K_t——力矩马达的中位电磁力矩系数;

K_u——放大器每边的增益;

K_f——反馈杆刚度;

288

R_e——每个线圈的电阻；

r_p——每个线圈回路中的放大器内阻；

K_{vf}——力反馈回路开环放大系数；

ω_{fm}——衔铁挡板组件的固有频率，$\omega_{mf} = \sqrt{\dfrac{K_{mf}}{J_a}}$；

ξ'_{fm}——由机械阻尼和电磁阻尼产生的阻尼比。

由式(9-1)可得静态情况下伺服阀的传递函数：

$$\frac{X_v}{U_g} = \frac{2K_u K_t}{(R_c + \gamma_p)(r+b)K_f} \qquad (9-2)$$

力矩马达的静态电压平衡方程为

$$2K_u U_g = (R_c + \gamma_p)i_c \qquad (9-3)$$

由此可得，在静态下

$$X_v = \frac{K_t}{(r+b)K_f}\Delta i = K_s \Delta i \qquad (9-4)$$

将式(9-4)代入滑阀放大器的综合特性方程并化简，即可得到负载—流量特性方程：

$$Q_L = C_d W \frac{K_t}{(r+b)K_f}\Delta i \sqrt{\frac{1}{\rho}(P_s - P_f)}$$

$$= C_d W K_{xv}\Delta i \sqrt{\frac{1}{\rho}(P_s - P_f)} = K_s K_q \Delta i \qquad (9-5)$$

式中　P_s, P_f——分别是供油和回油压力；

W——滑阀的面积梯度；

C_d——流量系数；

K_q——流量放大系数。

其中，$K_s = \dfrac{K_t}{(r+b)K_f}$ 是电液伺服阀的滑阀位移 x_v 对输入控制电流 i_c 的增益；在供油压力 P_s 不变的情况下，改变电流，阀的开度随之改变，在不同开度(电流)情况下，可得到一簇负载流量随负载压降变化的曲线。每条曲线代表输入的一定电流值(电流一定，开度一定)，如图9-3所示。

2. 空载流量特性

空载流量特性曲线(简称流量曲线)是输出流量与输入电流之间的函数曲线，曲线是闭合的回环状，它是在伺服阀压降一定以及负载压降为零的条件下，使输入电流在正、负额定电流值之间变化，同时输出流量为因变量所描绘出来的连续曲线。

伺服阀的空载流量曲线简称为流量曲线，它指的是在供油压力 P_s 一定、负载压力(ΔP_L)为零时，输出流量 Q_L 与输入电流 i_c(一般情况下 Δi 用 i_c 表示)之间的函数关系曲线。由式(9-5)可知在满足上述条件的情况下，空载流量特性方程为

$$Q_L = C_d W \frac{K_t}{(r+b)K_f}\sqrt{\frac{P_s}{\rho}}\Delta i \qquad (9-6)$$

式(9-6)表示空载流量曲线应该是一条经过坐标原点的直线，但是由于伺服阀(力

矩马达)的滞环及饱和现象的存在,实际流量特性曲线如图9-4所示。理想情况下,可用输入电流在正负最大值之间扫描一个完整的循环,而在输出设备上连续绘制流量变化的曲线而获得。它是输入电流在一个周期内变化的过程中,记录输出流量和输入电流所得到的曲线,根据此曲线可以确定出伺服阀的额定流量、流量增益、滞环、对称度、零偏等参数. 流量增益表明静态滞后的宽度、线性度、对称性,最重要的是它能揭示出零位特性的类型(如零开口、正开口、负开口)。

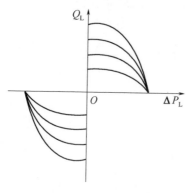 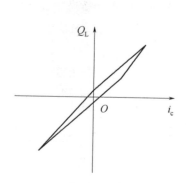

图9-3 负载-流量特性　　　　　　　　图9-4 空载流量曲线

3. 压力特性

伺服阀的压力特性表示在供油压力 P_s 为定值,两个负载口关闭,即 $Q_L=0$ 时,负载压力与输入电流的关系。由于压力特性与泄漏有关,通常通过试验测定,曲线如图9-5所示。

压力特性曲线的测试,要求供油压力为伺服阀的额定压力,负载口关闭,电流在正负额定值之间一个循环周期内,测出负载压力与电流关系曲线。由曲线可求出在最大负载压降士40%之间压力特性曲线的平均斜率,即为压力增益。如果伺服阀压力增益高,那么伺服系统刚度大,克服负载的能力强。

4. 内泄漏特性

在电液伺服阀输出流量等于零和供油压力 P_s 为常数的情况下,其回油口流出的流量 Q_L 与控制电流 i_c 间的关系。内泄漏特性随输入电流而变化,当阀处于零位时为最大。零位泄漏流量对新阀可作为滑阀制造质量指标,对旧阀可反映其磨损情况。内泄漏特性曲线如图9-6所示。

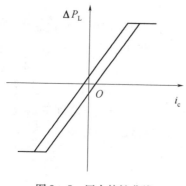 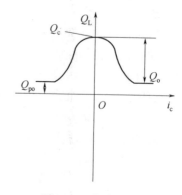

图9-5 压力特性曲线　　　　　　　　图9-6 内泄漏曲线

伺服阀的内泄漏是指当输出流量为零时,从回油口流出的全部流量也称静耗流量,用 Q_L 表示。它与电流之间的曲线近似等于一条抛物线,当阀芯处于零位时泄漏量最大。内泄漏特性需要通过测量获得,且要求供油压力 P_s 为额定值,输出流量 $Q_c = 0$ 时,在半个输入电流周期内,记录下回油口流量与电流的关系曲线。对于两级伺服阀来说,内泄漏包括前置级泄漏量 Q_{po} 和输出级泄漏量 Q_c 两部分。如图 9 - 6 所示,其中 Q_c 表示零位时泄漏量。最大内泄漏量对于制造新阀质量和评价旧阀磨损情况有着很关键的作用。

5. 伺服阀的动态特性

伺服阀的动态特性通常用频率响应特性(频域中)或阶跃响应特性(时域中)来表示。

1) 频率响应特性

一个常系数线性系统的动态特性,可以用脉冲响应函数 $h(t)$ 来表述。若系统的输入信号为 $x(t)$,那么系统的输出为

$$y(t) = x(t) * h(t) \tag{9-7}$$

若式(9-7)中,$y(t)$ 是有界的,那么可以说系统是稳定的。同样,若常系数线性系统在物理上稳定且可实现,则存在频率响应函数来描述该系统的动态特性。

$$H(f) = \frac{Y(f)}{X(f)} \tag{9-8}$$

即系统的频率响应特性等于输出信号与输如信号分别进行傅里叶变换之后的比,复数极坐标形式表示为

$$H(f) = |H(f)| e^{-j\phi(f)} \tag{9-9}$$

式中:$H(f)$ 称为幅频特性;$\phi(f)$ 称为相频特性。当输入为正弦激励信号时,稳态输出信号与输入信号的振幅比随频率的变化即为幅频特性,稳态输出信号与输入信号之间的相位差随频率的变化即为相频特性。幅频特性和相频特性是在频域内衡量系统动特性的两项主要指标。

2) 阶跃响应特性

阶跃响应是在额定压力下,负载压力为零时,输出流量对输入阶跃电流的跟踪过程。根据阶跃响应曲线可以确定伺服阀的时域品质指标,如超调量、过渡过程时间和振荡次数等。时域性能参数比频域性能参数更加直观,但测量精度要比频率响应低。这是因为,被控对象是在稳态情况下测试的频率特性;而测试阶跃响应曲线时,则发生在过渡过程状态,这个过程相比较而言并不稳定,外来的随机干扰对测试阶跃特性的影响要比对频率特性测量结果的影响大得多。通过选择适当的输入振荡的幅值,有可能得到足够大的被控参数的波动,使测量仪器的误差对实验结果的影响减少。在测试阶跃响应曲线时,仪表的测量误差对响应曲线的起始段影响较大,而起始段往往是计算参数最重要的部分,从而使得测量精度也降低了。

9.2.4 电液伺服阀的选用

伺服阀的选用首先应正确选择阀的类型,其次应选择合适的规格,使阀的静态性能指标和动态性能指标满足控制系统的使用要求,最后考虑价格、服务、使用与维护等。

1. 种类选择

根据使用要求,先选定是流量阀、压力阀还是压力 - 流量阀;再根据性能要求选定是

力矩马达式还是动圈式,是单级还是多级等等,可参考前述分类及特点并查询有关产品样本进行选择。

2. 静态指标选择

包括额定值、精度、寿命及安装等。

1）额定电流

阀的额定电流应与放大器匹配. 通常为正负几十毫安至几百毫安。伺服阀的生产厂家一般同时供应配套的伺服放大器。放大器的输入电压一般为直流 $±10V$。有的阀带有内置式的放大板,这类阀的输入为电压信号。

2）额定压力

在恒压定量泵油源下电液伺服阀的最大功率输出点在 $P_L = \frac{2}{3} P_s$ 处,而且在 $P_L < \frac{2}{3} P_s$ 范围内负载刚度（抗负载能力）较好,所以通常取最大负载压力为 $P_{Lmax} = \frac{2}{3} P_s$,则 $P_s = \frac{3}{2} P_{Lmax}$,阀的额定压力取大于系统压力 P_s 的标准系列值,常用的有 21MPa 及 31.5MPa。

3）额定流量

阀的流量根据最大负载流量要求并考虑不同的阀压降选取相应的规格。额定流量总是对应于某一阀压降,通常为 7MPa,有些则为额定压力时。实际工作中当最大负载流量工作点对应的阀压降与额定流量对应的阀压降不等时,应按下式进行换算:

$$q_{ve} = q_{vL} \sqrt{\frac{p_v}{p_{vL}}} \qquad (9-10)$$

式中　q_{ve}——所需额定流量;

　　　q_{vL}——最大负载流量;

　　　p_v——额定流量对应的阀压降;

　　　p_{vL}——最大负载流量对应的阀压降。

额定流量也可根据厂家提供的流量－阀压降规格曲线由最大负载流量和对应的阀压查取相应的规格。额定流量不应选得过大,否则会降低分辨率,影响控制精度和工作范围。

4）精度阀的滞环、分辨率、零漂及非线性度等

这些静态指标直接影响控制精度,必须按照系统精度要求合理选取。

5）寿命

阀的寿命与阀的类型、工况和产品质量有关,连续运行工况下一般寿命为 3～5 年。有些可以更长,但性能明显下降。

3. 动态指标选择

伺服阀的动态指标根据系统动态要求选取,通常必须保证伺服阀的频宽为系统要求频宽的 5 倍以上。样本上提供的动态指标都是指在空载的情况下,带载后会有所下降。注意同输入条件时动态指标也不同:工作参数越小,动态响应越高。

4. 安装

伺服系统通常要求响应速度要快。为了保证响应速度,使控制油液容腔体积尽可能小,伺服阀应安装在尽可能靠近执行元件控制油口的地方,以减少控制油路的长度。同

时,应尽量使阀处于水平状态,以免因阀心自重造成零偏。可将阀安装在液压缸缸筒上或液压马达上,与缸或马达的结构作为一个整体考虑。

9.3 电液伺服马达

电液伺服马达简称电液马达,是机械电子工程中的一种机电一体化产品。它采用电子技术(含计算机等),并通过电液伺服阀、电液比例阀或数字阀对液压马达实施控制。

9.3.1 电液伺服马达组成及工作原理

电液伺服马达由步进电动机和液压扭矩放大器组成。步进电动机是将电脉冲信号转变为角位移的特殊电机。它的旋转角度与输入脉冲信号的数目成正比,转动速度与输入脉冲信号的频率成正比,通过改变步进电动机绕组的连接方式可以使它反转。液压扭矩放大器由伺服阀和液压马达组成,可以实现转速和转矩的输出。伺服阀由阀体和阀套构成,可用于驱动液压马达。

电液伺服马达的工作原理为:它将计算机发出的脉冲信号转换为模拟量,经过功率放大后输出液压转矩,驱动执行机构按照指令作严格运动或进行精确定位,故又称为电液脉冲马达或电液步进马达。

9.3.2 电液伺服马达分类

电液伺服马达可以按不同方式分为不同的种类。

1. 交流式和直流式

直流式机体较细长,转子惯性较小,而且具有线性反应佳与简单易于控制特性,因为直流伺服马达操作容易,也就是旋转方向由电流决定,并且旋转速度由改变施加的电压来控制,控制简单所以广泛使用,因此现在直流伺服马达是使用最多的马达。

交流式多用于感应马达与交流无刷马达。为了让感应马达旋转速度发生变化,须改变电源频率,为此而使用变频器。由此可知,因为伺服马达是以回馈信号控制,可以与借由输入脉冲电流控制的步进马达有所区别。

2. 中空式和连续回转式

1)中空式

中空式电液伺服马达是一种低转速大扭矩的强力执行元件,其结构简单、紧凑,无需中间传动机构,可直接驱动负载,提高了马达的工作压力。但由于负载长,重量大,若做成一般的支撑负载的方式,将导致中框和外框负载转动惯量过大,且马达尺寸较大,故将马达做成中空式。

图9-7为工作原理图,它由伺服阀1、阀块2、缸体4、中空转轴5、轴承8、轴承座7、端盖9、定叶片3、动叶片6和圆感应同步器10组成。

马达的工作腔由缸体4、固定在缸体4上的定叶片3(两片)、中空转轴5、固定在中空转轴5上的动叶片6(两片)组成。油源输出的高压油经P口由伺服阀导入伺服马达的高压工作腔A(或B),低压工作腔B(或A)的油液由伺服阀经T口流回油箱,两个工作腔内油液压差作用在马达动叶片上,使中空转轴输出回旋运动。

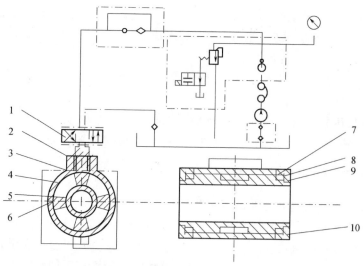

图9-7 中空电液伺服马达工作原理与结构示意图

1—伺服阀;2—阀块;3—定叶片;4—缸体;5—中空转轴;

6—动叶片;7—轴承座;8—轴承;9—端盖;10—圆感应同步器。

2)连续回转式

连续回转式电液伺服马达是一种低转速小扭矩的执行元件,它可实现连续回转,无角度限制;流量和扭矩脉动小,低速性能较好;转动惯量小,回转跟随性能较好,能够实现快速起动和制动,而且能承受频繁的正反转切换,可用于绕某一目标连续旋转的仿真转台和低速转台。

如图9-8所示,实线表示马达工作腔的控制油路,虚线表示叶片根部供油油路。马

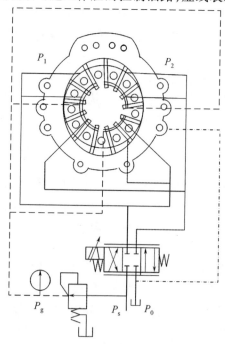

图9-8 连续回转电液伺服马达工作原理示意图

达的工作原理为：当叶片运行在定子工作区（定子内曲线大、小半径圆弧段）时，叶片两侧的高压油腔和低压油腔产生的压力差作用在叶片上，形成驱动力带动转子运转，叶片根部油腔油液的压力由减压阀进行调控，在保证平衡叶片顶部所受的液压力的同时，保证叶片顶部与定子内曲面的可靠密封。当叶片运行到定子过渡区（定子内曲线过渡段）时，叶片根部油腔油液和顶部工作腔油液通过特定的配流机构——配流盘连通。这样，马达定子过渡曲线段的形状不影响马达的瞬时流量，因此消除了理论流量和理论转矩的结构性脉动。

9.3.3 电液伺服马达的应用

电液伺服马达功率放大能力比较强，一般可达几千倍甚至几万倍，最高转速可达 2500～3000r/min，步距角累积误差为 5∶0.5。因而电液伺服马达具有惯性小、输出力矩大、反应灵敏、精度高等优点。目前在数控机床中，电液伺服马达获得广泛应用，可以用来驱动机床工作台。其原理是：电液伺服马达使滚动丝杠将旋转运动转变为带动机床工作台的直线运动。每个脉冲信号可使工作台移动一定距离，改变脉冲信号的发生频率，即可调节工作台的运动速度。

在多坐标（一般为双坐标或三坐标）的数控机床中，有多个工作机构要协调动作，使工件作设定规律的运动，这时可并联多个电液伺服马达，使它们各自控制一个坐标方向上的运动。电子计算机根据编制的程序，在一定时间内对每个运动坐标产生相匹配的脉冲数量，使工件在多个坐标上按设定规律运动，加工出一定外形的工件。

9.4 电液伺服油缸

电液伺服油缸是包含步进电动机、液压滑阀、闭环位置反馈的液压缸，是用于开环控制的伺服元件，可以实现精确的位移。电液伺服缸的脉冲当量可达 0.01mm/脉冲，精度比较高。它可以直接提供往复直线运动的动力，因而在某些情况下比电液伺服马达使用方便。

9.4.1 电液伺服油缸组成及分类

伺服液压缸总是由电液伺服阀和反馈传感器组成一个独立产品，即电液伺服缸，组成部分包括电液伺服阀、伺服液压缸、位置传感器（LVDT）、载荷传感器、耳座式支撑与耳叉式支撑座等。

电液伺服油缸类型很多，特点不同，可以按表 9-3 所列不同方式对其进行划分。

表 9-3 电液伺服缸的类型

分类方式	类型	说明
按运动方式	直线往复式伺服缸	
	旋转往复式伺服缸	
按对称性	双杆伺服缸	双向输出特性不同，常用于位置、速度伺服系统中
	单杆伺服缸	双向输出特性不同，常用于力伺服系统中

分类方式	类型	说明
按在系统中的作用	位置伺服缸	电液位置伺服系统中用来控制被控对象,缸上装有 LVDT、电位计等位置传感器
	力伺服缸	在电液力伺服系统中给被控对象施加载荷,缸上装有如拉力传感器、压力传感器等负载传感器
按传感器安装方式	内装传感器的伺服缸	位置传感器安装在活塞杆的内腔,以便更好地保护传感器
	外装传感器的伺服缸	位置传感器安装于缸筒之外,以便于安装和调试
按支撑活塞杆的方式	接触式摩擦副支撑的伺服缸	活塞与缸筒、活塞杆与端盖采用橡胶密封圈压缩密封原理,用低摩擦密封件组成摩擦副支撑活塞杆,较为常用
	非接触式静压支撑的伺服缸	活塞与缸筒、活塞杆与端盖采用间隙密封与静压支撑原理,组成非接触式无摩擦副的静压支撑,常用于高响应伺服系统

9.4.2 电液伺服油缸原理

电液伺服油缸的工作原理:当正向指令脉冲信号进入步进电动机后,带动阀芯和精密丝杠旋转,同时拖动阀芯向某侧位移,这时四边滑阀的阀口打开,压力油便从阀套开口进入液压缸腔内,使活塞反向运动。活塞通过丝母、精密丝杠反向推动阀芯复位,此时切断油路,使活塞停止运动,从而完成一次指令动作。一次指令信号的脉冲数目越多,活塞运动的距离越长,脉冲信号的频率越高,活塞运动的速度越快。当反向指令信号进入步进电动机后,活塞反向运动。

9.4.3 电液伺服缸与普通液压缸的比较

1. 电液伺服缸与普通液压缸要求上的区别

电液伺服系统所用的液压缸简称为伺服缸,它是电液伺服系统中应用最多的执行器,它将液压能转变成机械能,同时可对工作机构实施控制。由于伺服缸是工作在电液伺服系统的闭环回路中,是其中一个重要环节,其性能指标会很大程度上影响系统的精度和动、静态品质,所以它与一般液压缸在结构和性能方面大有不同,见表9-4。

表9-4 电液伺服缸与普通液压缸的区别

区别		普通液压缸	伺服液压缸
功能不同		作为执行元件,用来驱动工作负载,实现工作循环运动,满足运动速度及平稳性要求	作为执行元件,用来在高频下驱动工作负载,以实现高精度、高响应控制
强度及结构方面	强度	满足工作和冲击压力要求	满足工作压力和高频冲击压力下的强度要求
	刚度	一般情况下无特别要求	要求刚度较高
	稳定性	满足压杆稳定性的要求	满足压杆高稳定性的要求
	导向	良好的导向性能,满足重载或偏载要求	良好的导向性能,满足高频下重载或偏载要求
	安装	只需考虑机座与缸体以及工作机构与活塞杆的连接	除考虑与机座、工作机构的连接外,还应考虑传感器与阀块的安装

	区别	普通液压缸	伺服液压缸
性能方面	摩擦力	较低的气动压力	很低的气动压力和运动阻力
	泄漏	外泄漏不允许,内泄漏较小	外泄漏不允许,内泄漏很小
	寿命	较高寿命	高寿命
	清洁度	较高清洁度	很高清洁度

2. 伺服液压缸与普通缸设计上的区别

伺服液压缸可内置活塞、外置缸体或不同传感器,集成伺服阀及放大器于一体,实现速度、力、位置的闭环控制。虽然已经有很多将伺服缸、伺服阀和反馈传感器组成一体的产品,但是在实际应用中,经常需要自行设计。

首先,在设计计算时,伺服缸必须与伺服阀同时考虑,首先要根据力和速度选择合适的伺服缸的缸径、杆径,此外还需要对其固有频率进行校核,以尽可能满足系统或伺服阀的要求。为提高系统响应速度,伺服阀还应尽量装在缸体上,以避免增加阀与缸之间的管路。在结构设计上,伺服缸的密封和导向设计十分关键,因为伺服缸和普通缸的性能指标要求不同,不能简单地沿用一般液压缸的密封与支撑导向。伺服缸要求起动压力低即低摩擦,通常双向活塞杆和单向活塞杆的最低起动压力分别不高于 0.2MPa 和 0.1MPa。而普通缸根据密封形式及压力等级等的不同,最低起动压力在 0.1 ~ 0.75MPa,在标称压力高的情况下,按百分比计算确定,有的可高达 1.8MPa。只有密封和支撑导向的低摩擦才能保证无爬行、高响应,而无外漏、长寿命等要求也都和密封与支撑导向密切关联。

其次,伺服缸和普通缸最本质的不同就在于密封和支撑导向。现在,已有大量专门用于伺服缸的比较成熟的密封产品,可同时保证密封效果和低摩擦。因此,设计伺服缸的关键是合理设计密封和支撑导向部分。

此外,设计伺服缸要考虑如何保证缸的刚性,如何安装传感器等。

伺服缸总体来说在各方面要求比普通缸高,但在内泄漏方面却并非如此。伺服缸的内泄漏量一般要求不大于 0.5mL/min,而普通缸内泄漏量最低可达 0.03mL/min。可见,伺服缸的内泄漏量指标甚至可以低于普通缸的要求。这是因为伺服系统一般都有反馈控制,内泄漏引起的误差可以通过系统的闭环反馈得到调节。另外,内泄漏量能够影响系统的稳定性、响应速度等动态指标,故内泄漏量稍大一些有时可以增大系统稳定性。

9.5 电液伺服系统模型及分析

为了进行电液伺服系统的分析和仿真,需要建立电液伺服系统的模型。电液伺服系统建模主要有以下两种方法:机理建模法和智能建模法。电液伺服系统最常用的方法是机理建模法,即通过对系统特性的完全理解,构造系统的传递函数模型。但与系统控制相关的一个严重问题是内部干扰,包括压力的波动,摩擦力特别是在小流速范围内的变化,工作液体压力和温度的函数中压缩系数的和黏度的变化。这些非线性特性是由运动的惯性、力、摩擦、机械部件的弹性、流体的压缩性和控制阀的特性等引起。这些特性难以通过线性模型直观地得到体现,但系统的输出输入数据相对容易获得,且充分激励后的数据包含了电液伺服系统的所有特性,因此基于数据的智能建模方法在电液伺服系统建模中得到了大部分学者的重视。

在电液控制系统中用于位置控制的系统是最常见的,因此本节以电液位置伺服系统为例,主要介绍通过机理建模法建立模型,由于篇幅原因其分析只做简单介绍。

9.5.1 电液伺服系统模型建立

典型的电液位置伺服系统如图9-9所示。在图9-9(a)中,两电位器接成桥式电路,以测量输入(指令电位器)与输出(工作台位置)之间的位置偏差,结果用电压来表示。当反馈电位器滑臂和指令电位器滑臂处于不同电位位置时,两者偏差电压经伺服放大器放大,通过电液伺服阀转换并输出液压能,推动液压缸,驱动工作台向消除偏差的方向运动。当反馈电位器滑臂与指令电位器滑臂在相同电位位置时,两者偏差电压为零,工作台便停止运动。从而,工作台位置可以随指令电位器给定的规律而变化。

在图9-9(b)中,用一对自整角机来测量输入轴与输出轴之间的位置偏差。测角装置输出的是载波调制信息,通过相敏放大器解调、放大,然后送入功率放大器中,从功率放大器流出的电流信号可以控制伺服阀阀芯的位置。若系统采用串联校正的方式,则校正装置可接在相敏放大器和功率放大器之间。

在图9-9(c)中,采用伺服变量泵控制液压马达作为系统的动力机构,阀控液压缸作为系统的前置级,用来控制液压泵的变量机构。图中液压泵变量机构的位置反馈回路用虚线画出,表示内部回路可以闭合或不闭合。当内部回路闭合时,由于消除了液压缸的积分作用,前置级便没有积分环节,系统成为Ⅰ型位置伺服系统;内部回路不闭合时,系统成为Ⅱ型位置伺服系统。图中压差传感器和测速机作为可能采用的反馈和校正元件,可以用来改善系统的动态品质,图中用点划线画出。图9-9(c)所示的位移传感器和位置指令可以是旋转变量差动变压器、电位器或是同步机(图9-9(b)),也可以采用数字式传感器。若系统中反馈信号和指令信号均为数字形式,则经数字加法器输出的是数字误差信号,该信号经数模转换后又一次送入伺服放大器。数模转换器在图中用虚线表示。但系统的动力部分不变,仍是模拟元件。事实上该系统是一个典型的数模混合式伺服系统。因为模拟式传感器虽然有很好的重复精度,但有时满足不了系统对绝对精度的要求,数字式传感器有非常高的分辨能力,可以使系统具有很高的绝对精度,所以当要求较高的绝对精度而不是重复精度时,经常采用的是数字式系统而不是模拟式系统。

图9-8(a)、(b)所示系统为节流式电液伺服系统(阀控系统)。图9-8(c)所示系统为容积式电液伺服系统(泵控系统),它一般多用于大功率场合。

在图9-9(a)所示系统中,反馈电位器用比例环节 K_f 表示。伺服阀电流 i 与系统偏差电压 e_e 之间的关系取决于伺服放大器的设计,按放大器或所采用的抗亨电路形式不同,在一定的频率范围内,可近似为惯性环节、振荡环节、微分环节或二阶微分环节。这里假定采用电压负反馈放大器,对线圈电感不加超前补偿,则伺服放大器和力矩马达线圈的传递函数可近似看成惯性环节,即

$$\frac{I}{E_e} = \frac{K_a}{\dfrac{S}{\omega_a} + 1} \qquad (9-11)$$

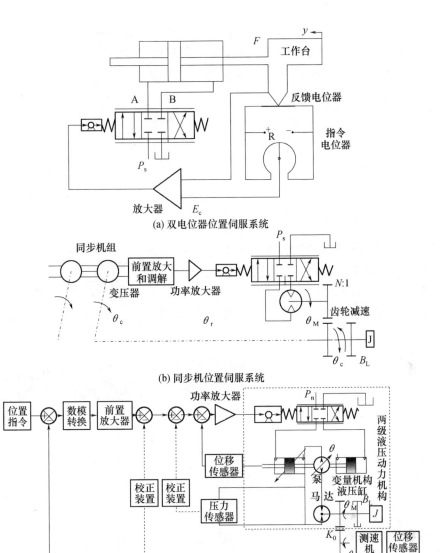

(a) 双电位器位置伺服系统

(b) 同步机位置伺服系统

(c) 泵控位置伺服系统

图 9 – 9　典型电液伺服系统原理图

式中　K_a——放大器与线圈电路增益,A/V;

　　　ω_a——线圈转折频率,rad/s。

线圈转折频率为

$$\omega_a = \frac{R}{L} \tag{9 - 12}$$

式中　R——力矩马达表现电阻,Ω;

　　　L——力矩马达表现电感,H。

　　力矩马达的电阻 R 和电感 L 都与伺服阀两个线圈的接法有关。控制线圈的接法有差动、串联、并联单线圈等接法。R 与 L 的数值由伺服阀制造厂家给出,可参阅有关伺服阀样本。其中的电感 L 应按伺服阀试验标准由实测确定,这是因力矩马达线圈是非线性

299

电感元件,其表现电感值与伺服阀供油压力、输入电流的幅值和频率有关。当线圈串联时,要考虑线圈之间的互感,因此总电感通常为单个线圈自感的 3~4 倍。

电液伺服阀的传递函数通常用振荡环节来近似,即

$$W_V(s) = \frac{Q}{I} = \frac{K_V}{\dfrac{s^2}{\omega_V^2} + \dfrac{2\zeta_V}{\omega_V}s + 1} \tag{9-13}$$

当动力机构固有频率低于 50Hz 时,电液伺服阀的传递函数可表示为

$$W_V(s) = \frac{K_V}{T_V s + 1} \tag{9-14}$$

式中 K_V——电液伺服阀流量增益,$(m^3/s)/A$;

　　　ω_V——电液伺服阀的固有频率,rad/s;

　　　ξ_V——伺服阀的阻尼比,无因次;

　　　T_V——伺服阀的时间常数,s。

当选用的伺服阀固有频率较高,而系统频宽较窄时,伺服阀也可近似看成比例环节:

$$W_V(s) = K_V \tag{9-15}$$

当没有弹性负载时,动力机构的传递函数为

$$Y = \frac{\dfrac{K_q}{A}X_V - \dfrac{K_{ce}}{A^2}\left(\dfrac{V_t}{4\beta_e K_{ce}}s + 1\right)F}{s\left(\dfrac{s^2}{\omega_h^2} + \dfrac{2\zeta_h}{\omega_b}s + 1\right)} \tag{9-16}$$

$\omega_h = \sqrt{4\beta_e A^2/(V_t m)}$——液压固有频率:

K_{ce}——总的流量 - 压力系数;

ζ_h——液压阻尼比,无因次。

若 B_e 小到可忽略不计时,则 ζ_h 可近似写成

$$\zeta_h = \frac{K_{ce}}{A}\sqrt{\frac{\beta_e m}{V_t}} \tag{9-17}$$

由上述各元件的传递函数可给出系统的方块图,见图 9-9(a)。

在图 9-9(b)所示系统中,前置放大器和相敏放大器的动态与液压动力机构相比可以忽略,作为比例环节,其增益为

$$\frac{E_g}{E_s} = K_d \tag{9-18}$$

同步机的输出为

$$e_a = K_e \sin(\theta_r - \theta_c) \tag{9-19}$$

在小误差时,可认为 $\sin(\theta_r - \theta_c) \approx \theta_r - \theta_c$,因此同步机的增益为

$$\frac{E_s}{\theta_r - \theta_c} = K_e \tag{9-20}$$

齿轮减速器的传动比为

$$\frac{\theta_{\mathrm{c}}}{\theta_{\mathrm{M}}} = \frac{1}{N} \tag{9-21}$$

功率放大器和伺服阀的传递函数分别由式(9-11)和式(9-13)确定。液压动力机构的传递函数为

$$\theta_{\mathrm{M}} = \frac{\dfrac{K_{\mathrm{q}}}{D_{\mathrm{M}}}X_V - \dfrac{K_{\mathrm{ce}}}{D_{\mathrm{M}}^2}\left(\dfrac{V_{\mathrm{t}}}{4\beta_{\mathrm{e}}K_{\mathrm{ce}}}s + 1\right)T_{\mathrm{L}}}{s\left(\dfrac{s^2}{\omega_{\mathrm{b}}^2} + \dfrac{2\zeta_{\mathrm{h}}}{\omega_{\mathrm{h}}}s + 1\right)} \tag{9-22}$$

式中

$$\omega_{\mathrm{h}} = \sqrt{\frac{4\beta_{\mathrm{e}}D_{\mathrm{M}}^2}{V_{\mathrm{t}}J}}$$

$$\zeta_{\mathrm{h}} = \frac{K_{\mathrm{ce}}}{D_{\mathrm{M}}}\sqrt{\frac{\beta_{\mathrm{e}}J}{V_{\mathrm{t}}}} + \frac{B_{\mathrm{M}}}{4D_{\mathrm{M}}}\sqrt{\frac{V_{\mathrm{t}}}{\beta_{\mathrm{e}}J}}$$

由上述各元件的传递函数,可绘出系统方块图,如图9-9(b)所示。

对于图9-8(c)所示模拟系统,前置放大器的频宽一般超过1kHz,因此,它的动态对整个系统的影响可以忽略不计,其增益为K_{e}[V/V]。泵变量机构的位移传感器和马达位移传感器均可看成比例环节,其增益为K_{f}和K_{f}'[V/m]。测速机和压差传感器的动态不予考虑,其增益分别为K_T[V/s]和K_{fp}[V/N]。如果伺服放大器设计得好,那么放大器-线圈环节对系统动态特性的影响也可以忽略不计。比如采用电流负反馈放大器,驱动放大器的输出级采用耐高压晶体管(比如耐压60V),并采用较高的强激倍数。当有误差电压输入到放大器时,线圈电流瞬态响应的前缘很陡,与误差电压相应的电流可近似看成瞬间建立,这样就抵消了力矩马达线圈电感的影响,使放大器-线圈动态可以忽略。这时,式(9-11)可表示为

$$\frac{I}{E_{\mathrm{g}}} = K_{\mathrm{a}} \tag{9-23}$$

图9-9中,伺服阀、由伺服阀流量到液压泵变量机构的摆角、泵的摆角到马达轴的角位移等三个环节的传递函数分别由式(9-13)和以下两式确定:

$$\frac{Y}{X_V} = \frac{\dfrac{K_{\mathrm{q}}}{A}}{s\left(\dfrac{s^2}{\omega_{\mathrm{h}}^2} + \dfrac{2\zeta_{\mathrm{h}}}{\omega_{\mathrm{h}}}s + 1\right)} \tag{9-24}$$

$$\frac{\theta_{\mathrm{M}}}{\alpha} = -\frac{\dfrac{n_{\mathrm{p}}k_{\mathrm{p}}}{D_{\mathrm{M}}}}{s\left(\dfrac{s^2}{\omega_{\mathrm{h}}^2} + \dfrac{2\zeta_{\mathrm{h}}}{\omega_{\mathrm{h}}}s + 1\right)} \tag{9-25}$$

由上述各元件的传递函数可绘出系统的方块图,如图9-9(c)所示。

由图9-10(a)可写出系统的开环传递函数为

$$W(s) = \frac{K_v}{s\left(\dfrac{s}{\omega_a} + 1\right)\left(\dfrac{s^2}{\omega_V^2} + \dfrac{2\zeta_V}{\omega_V}s + 1\right)\left(\dfrac{s^2}{\omega_h^2} + \dfrac{2\zeta_h}{\omega_h}s + 1\right)} \tag{9-26}$$

式中：$K_v = K_a K_V \left(\dfrac{1}{A}\right) K_f$——开环增益（也称速度放大系数），Hz。

式(9-26)中有一个积分环节，因此系统是Ⅰ型控制系统。

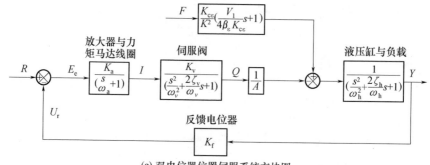

(a) 双电位器位置伺服系统方块图

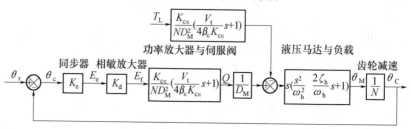

(b) 同步机位置伺服系统方块图

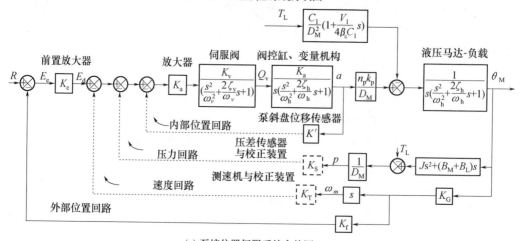

(c) 泵控位置伺服系统方块图

图9-10　典型电液伺服系统方块图

图9-10(b)所示系统的开环传递函数为

$$W(s) = \frac{K_v}{s\left(\dfrac{s}{\omega_a} + 1\right)\left(\dfrac{s^2}{\omega_V^2} + \dfrac{2\zeta_V}{\omega_V}s + 1\right)\left(\dfrac{s^2}{\omega_h^2} + \dfrac{2\zeta_h}{\omega_h}s + 1\right)} \tag{9-27}$$

式中

$$K_v = K_e K_d K_a K_V \left(\frac{1}{D_m}\right)\left(\frac{1}{N}\right)$$

比较式(9-26)和式(9-27)可见,两者有着相同的结构形式,因此只需分析其中一个即可。这个传递函数还是比较复杂的,我们希望得到一个比较简单的稳定判据,因此需对式(9-27)加以简化。通常伺服阀的响应较快,动力机构的液压固有频率往往是控制回路中最低的,它对系统动态特性有决定性的影响,因此回路传递函数可近似地表示为

$$W(s) = \frac{K_v}{s\left(\dfrac{s^2}{\omega_h^2} + \dfrac{2\zeta_h}{\omega_h}s + 1\right)} \qquad (9-28)$$

这个近似式是相当实用的。由此,图9-9(a)可简化成图9-10,该图已简化为典型单位反馈系统的方块图。

在图9-10(c)中,若内部位置回路闭合,整个系统也是Ⅰ型位置控制系统。在内部控制回路中,变量机构的液压缸—负载固有频率通常高达100 Hz以上,因此阀控变量机构的动特性可看成只有一个积分环节,其中放大器和伺服阀的动态是否应该考虑可视电子部分的设计和伺服阀的频宽而定。通常用于变量机构的前置位置伺服系统的频宽可达10~20Hz以上,实际上对大多数大功率工业用伺服系统只要求它的频宽有5Hz左右就够了。这样,由系统的电气部分到泵的流量之间建立了精确的高响应联系,在分析这类系统时,可以把前置级位置系统看成一个惯性环节或比例环节。这样,图9-9(c)所示的方块图,在不加任何校正的条件下,也可简化为图9-11的形式。还可以再举出一些典型的位置伺服系统的例子加以分析。总之,随着所用检测元件、指令装置、电子部件以及传递信号方式的不同,系统的组成是多种多样的。有简单的机液伺服机构和双电位器电液伺服机构,有数字式和模拟量伺服系统,有数模混合式和计算机控制的复杂系统。但系统的电-液部分并不变得十分复杂,整个位置回路中最基本部分常常具有式(9-28)和图9-11的形式。

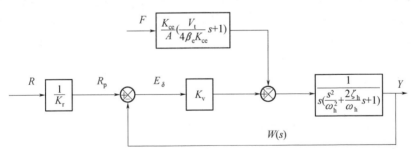

图9-11　位置伺服系统简化方块图

9.5.2　电液伺服系统模型的动态分析

系统的动态分析不只是对已知系统的动态品质进行评价,也是构成系统设计的重要步骤之一。动态分析包括稳定性分析、频率响应分析和瞬态响应分析,下面只做简单的介绍。

1. 稳定性分析

如果系统中伺服阀、放大器和位移传感器等环节的频宽远高于动力机构的固有频率，那么它们的动态可以忽略而看成比例环节。因而，这样电液位置伺服系统的开环传递函数可简化为如式（9-28）所示，其单位反馈的方块图如图9-11所示。由式（9-28）可求出闭环系统的特征方程为

$$W(s) + 1 = 0 \tag{9-29}$$

即

$$s\left(\frac{s^2}{\omega_h^2} + \frac{2\zeta_h}{\omega_h}s + 1\right) + K_v = 0 \tag{9-30}$$

系统的稳定条件为

$$\frac{2\zeta_h}{\omega_h} - \frac{K_v}{\omega_h^2} > 0 \tag{9-31}$$

即

$$K_v < 2\zeta_h\omega_h \tag{9-32}$$

式（9-32）给出了系统稳定条件下允许的最大速度放大系数 K_v 值。由于 $\omega_c \approx K_v$，故稳定条件也同时限制了系统允许的穿越频率（幅频穿越 0dB 处的频率），即限制了系统的频宽。通常液压阻尼比 $\xi_h = 0.1 \sim 0.2$，则稳定条件可以写成

$$K_v < (0.2 \sim 0.4)\omega_h \tag{9-33}$$

可见，速度放大系数 K_v 被限制在液压固有频率 ω_h 的 20% ~40% 以内。因此，对于一个未经校正的电液位置伺服系统来说，要使系统频宽大于 ω_h 是难以做到的。在电液位置伺服系统中采用加速度或压差负反馈校正来提高阻尼比也是比较常见的，采用这种办法有可能使伺服系统的频宽达到或超过 ω_h 值。

某些电液位置伺服系统的伺服阀或其他环节的动态不能忽略，其开环传递函数比较复杂，参见式（9-26）和式（9-27）。这时难以用上述方法得到一个比较简单的稳定判据。我们可以用系统的伯德图校验系统闭环的稳定性。考虑到系统中元件参数变化造成的影响，为了得到满意的性能指标，应保证系统有适当的稳定裕量。从伯德图可以确定系统的相位裕量和幅值裕量（增益裕量）。

相位裕量：穿越频率 ω_c 处的相角与180°之和。用 γ 表示，则

$$\gamma = 180° + \varphi_c \tag{9-34}$$

式中　φ_c——开环相频特性在穿越频率上的相角。

幅值裕量：在相位等于 $-180°$ 的频率上，$|W(j\omega)|$ 的倒数叫幅值裕量。开环相频特性上的相角等于 $-180°$ 时的频率 m_φ 叫相位穿越频率，若幅值裕量用 K_g 表示，则

$$K_g = \frac{1}{|W(j\omega_\varphi)|} \tag{9-35}$$

以分贝（dB）表示时

$$K_g = -20\lg|W(j\omega_\varphi)| \text{ dB} \tag{9-36}$$

一般液压伺服系统只有当相位裕量和幅值裕量都是正值时，系统才是稳定的。为了

得到满意的性能,通常相位裕量应大于$30° \sim 60°$,幅值裕量应为$6 \sim 12dB$。未经校正的液压位置伺服系统的阻尼比很小,所以相位裕量易于保证,一般为$\gamma > 70° \sim 80°$,但要保证有较大的幅值裕量则是不容易的,除非将K_v值压得很低。

2. 闭环频率响应

分析系统对输入信号和对外负载扰动的频率响应是研究系统动态特性的重要手段,并由此可求得系统的频率域性能指标。

1)对输入信号的闭环响应

由图9-10所示简化方块图可得系统的闭环传递函数为

$$\frac{Y}{R_p} = \frac{1}{\dfrac{\omega_h}{K_v}\left(\dfrac{s}{\omega_h}\right)^3 + 2\zeta_h\left(\dfrac{\omega_h}{K_v}\right)\left(\dfrac{s}{\omega_h}\right)^2 + \dfrac{\omega_h}{K_v}\left(\dfrac{s}{\omega_h}\right) + 1} \qquad (9-37)$$

系统的特征方程是三阶方程,用一个一阶因子和一个二阶因子表示,式(9-37)可以写成

$$\frac{Y}{R_p} = \frac{1}{\left(\dfrac{s}{\omega_h} + 1\right)\left(\dfrac{s^2}{\omega_{nc}^2} + \dfrac{2\zeta_{nc}}{\omega_{nc}}s + 1\right)} \qquad (9-38)$$

式中　ω_b——闭环惯性环节的转折频率,rad/s;

　　　ω_{nc}——闭环振荡环节的固有频率,rad/s;

　　　ζ_{nc}——闭环振荡环节的阻尼比,无因次。

通常,这些量只有当特征方程的系数为具体的数值时才能得到,表达式不易求解。但是可以利用式(9-37)与式(9-38)三阶方程系数间的关系,通过待定系数(比值K_v/ω_h),用图解法建立闭环参数ω_b、ω_{nc}和ζ_{nc},以及ζ_{nc}与开环阻尼比ω_h的关系曲线,对系统的初步设计与分析起到一定的指导作用。

根据式(9-38)可给出简化位置伺服系统的闭环幅频和相频特性曲线,由系统的闭环频率特性可以引出一些频率域性能指标,诸如幅频宽、相频宽和峰值等。

对于某些不能简化成三阶的复杂电液位置伺服系统,可利用尼柯尔斯图由系统的开环频率特性求出闭环频率特性,也可利用相应的频率域数字仿真程序,直接由开环传递函数求出系统的开环和闭环频率特性,绘出曲线,并找到相应的频率域品质指标。

2)对外负载力的响应

对外负载力响应的研究,主要是为了分析系统的闭环动态刚度特性。参见图9-10和式(9-38),可写出系统对外负载力的传递函数

$$\frac{Y}{F} = \frac{-\dfrac{K_{ce}}{K_v A^2}\left(\dfrac{V_t}{4\beta_e K_{ce}}s + 1\right)}{\left(\dfrac{s}{\omega_h} + 1\right) + \left(\dfrac{s^2}{\omega_{nc}^2} + \dfrac{2\zeta_{nc}}{\omega_{nc}}s + 1\right)} \qquad (9-39)$$

式(9-39)称为系统闭环柔度特性,其倒数称为闭环刚度特性,即

$$\frac{F}{Y} = \frac{-\dfrac{K_{v}A^{2}}{K_{ce}}\left(\dfrac{s}{\omega_{b}} + 1\right)\left(\dfrac{s^{2}}{\omega_{nc}^{2}} + \dfrac{2\zeta_{nc}}{\omega_{nc}}s + 1\right)}{\dfrac{s}{\omega_{1}} + 1} \tag{9-40}$$

由于 ω_1 和 ω_b 之间很接近,可近似认为这两个环节互相对消了。这样式(9-40)可简化为

$$\frac{F}{Y} = -\frac{K_{v}A^{2}}{K_{ce}}\left(\frac{s^{2}}{\omega_{nc}^{2}} + \frac{2\zeta_{nc}}{\omega_{nc}}s + 1\right) \tag{9-41}$$

据式(9-41)可画出对应的频率响应曲线,进而分析刚度的变化趋势。由于系统的闭环刚度是对外负载力引起的位置误差的度量,它与 K_v 成正比,从提高刚度、减少外负载引起的误差出发,也希望提高开环增益 K_v。

应该指出,在上述分析中没有考虑机械连接、机座和传动部件等结构刚度的影响。如果它们的刚度比电液伺服系统的刚度还要低,只增加电液伺服系统的刚度并不会使总刚度提高。此时应着重对机械结构加以改进,提高结构刚度或采用其他补偿措施。

3. 瞬态响应分析

系统在阶跃信号作用下的过渡过程反映了系统的动态品质。过渡过程品质常用超调量、过渡时间和振荡次数等指标来衡量。系统动态品质的好坏,由系统的速度放大系数 K_v、动力机构的固有频率 ω_h 和阻尼比 ζ_h 对系统的瞬态响应的影响决定。

对比较复杂的高阶电液位置伺服系统,可利用模拟计算机或数字计算机进行仿真计算,求取系统的过渡过程。对闭环传递函数有式(9-38)形式的简化系统,可利用下式求出单位阶跃响应的解析解:

$$y(t) = 1 - \frac{e^{-\zeta_{nc}\omega_{nc}t}}{\beta\zeta_{nc}^{2}(\beta - 2) + 1}\left\{\beta\zeta_{nc}^{2}(\beta - 2)\cos\sqrt{1 - \zeta_{nc}^{2}}\,\omega_{nc}t + \frac{\beta\zeta_{nc}\left[\zeta_{nc}^{2}(\beta - 2) + 1\right]}{\sqrt{1 - \zeta_{nc}^{2}}}\sin\sqrt{1 - \zeta_{nc}^{2}}\,\omega_{nc}t\right\}$$
$$- \frac{e^{-\omega_{b}t}}{\beta\zeta_{nc}^{2}(\beta - 2) + 1} \tag{9-42}$$

式中 ω_b、ω_{nc} 和 ζ_{nc}——三阶系统闭环传递函数的参数,其值可由已知开环传递函数的 $\dfrac{K_v}{\omega_h}$ 和 ζ_h 值计算得到;

β——闭环实数极点与复数极点实部之比,即

$$\beta = \frac{\omega_{b}}{\zeta_{nc}\omega_{nc}} \tag{9-43}$$

由式(9-42)和式(9-43)经计算可绘出过渡过程曲线,得到最佳过渡过程,为系统的设计提供参考。

9.6 典型电液伺服系统应用

电液伺服系统在负载质量大又要求响应速度快的场合最为适合,其应用已遍及国民经济的各个领域,比如飞机与船舶舵机的控制、雷达与火炮的控制、机床工作台的位置控

制、板带轧机的板厚控制、电炉冶炼的电极位置控制、各种飞机车里的模拟台的控制、发电机转速的控制、材料试验机及其他实验机的压力控制等。

本节以液压阀控制液压缸形式的机械手电液伺服系统的实例,进一步说明伺服控制的原理:性能特点和组成伺服系统所必需的元件。

ZJS - 1 机械手用于冲压机床的上料和下料,它包括四个伺服系统,分别实现对机械手的伸缩、回转、升降及手腕的控制。每个伺服系统的工作原理基本相同,故仅以伸缩伺服系统为例来对工作原理做简单介绍。其原理如图9 - 12 所示。

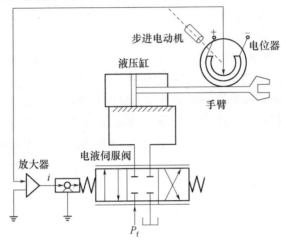

图9 - 12　ZJS - 1 机械手手臂伸缩电液伺服系统原理图

指令信号是由数字控制部分发出一定数量的脉冲通过步进电动机转换成一定大小的转角。步进电动机带动电位器的动触头旋转(如逆时针方向),动触头偏离电位器中点,动触头的引出端就产生与指令信号成比例的微弱电压,此电压经放大器后再输入伺服阀的控制线圈。该线圈获得一定量电流后,将导致滑阀产生一个与伺服阀控制线圈电流成正比关系的位移,使液压泵提供的油液经滑阀开口处进入液压缸左腔,推动活塞向右运动。液压缸右腔的油液通过伺服阀的另一开口处流回油箱。由于机械手手臂上的齿条与电位器外壳上的齿轮啮合,故当机械手手臂向右运动时,电位器的外壳也作逆时针转动。直到电位器碳膜的中点重新转到与动触头相重合的位置时,动触头引出端无电压输出,放大器输出端电压也为零,电液伺服阀线圈中无电流流过,滑阀开口便关闭,液压泵不能通过伺服阀向液压缸供油。此时,机械手手臂就停止运动。反之,若步进电动机顺时针转动,机械手手臂向左运动,即缩回来。同样,当指令脉冲频率增大,步进电动机转速加快,机械手手臂运动速度亦增大。如果指令脉冲的数目增加,步进电动机转角就会加大,机械手手臂的行程就长。显然,机械手手臂的伸缩位置和运动速度取决于指令脉冲的和频率。

从上面叙述的机械手伺服系统的工作原理显示出该系统是一个典型位置伺服系统。为了对该系统理解得更清晰,用图9 - 13 所示的方块图来表示。

图9 - 13 中步进电动机为指令器,它所发指令为位置信号 P_f(电位器动触点的转角),通过电位器检测机械手实际位置 x 所对应的值进行比较得误差值为

$$\Delta\theta = \theta_i - \theta_0 \tag{9 - 44}$$

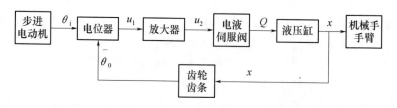

图9-13 机械手手臂伺服系统方块图

又称误差角。电位器输出电压 u_1 的大小与误差角 $\Delta\theta$ 成比例关系。u_1 经过放大器放大后获得电压为 u_2。u_2 具有输出一定功率的能力。因此,把电位器称作比较检测元件,放大器为信号放大元件。电量 u_2 输给电液伺服阀控制线圈,伺服阀输出液压能,即压力 P 与流量 Q。压力 P 和流量 Q 具有对液压缸做功的能力,因此称电液伺服阀为功率放大元件。同时由于它起着电量与液压量之间的转换作用,故又称为电 – 液转换元件。伺服阀压力油输给液压缸,液压缸将带动机械手和负载做直线运动。只有当机械手手臂到达预定位置 x 时,直线位移量 z 通过齿轮齿条的啮合作用,转化为电位器外壳的转角,此时 $\theta_i = \theta_0$,即实际位置与指令位置相等,误差角 $\Delta\theta = 0$,机械手手臂运动停止。

参 考 文 献

[1] 王爱玲.现代数控机床伺服及检测技术[M].3 版.北京:国防工业出版社,2009.

[2] 陈甫良.伺服系统的现状及发展趋势分析[J].科技资讯.2014(33).

[3] 唐军,赵波.自适应模糊控制的再制造数控机床进给伺服系统动态特性分析[J].河南理工大学学报,2014,33(1):59-63.

[4] 杨林霖.数控机床伺服进给系统精度保持性试验研究[D].杭州:浙江大学,2014.1.

[5] 何安国,鲁双全.球栅尺读数头电路系统研究[J].仪表技术与传感器,2008(9):109-112.

[6] 彭婷婷.球栅尺数显表应用系统开发[D].兰州:兰州大学,2013.4.

[7] 史敬灼.步进电动机伺服控制技术[M].北京:科学出版社.2006.

[8] 王栋,张苏新.基于DSP的混合式步进电动机伺服系统的硬件设计[J].企业技术开发,2015(12):11-12.

[9] 刘景林,王帅夫.数控机床用多步进电动机伺服系统控制[J].电机与控制学报,2013(5):80-86.

[10] 张大为,刘迪,李世改.基于双闭环控制系统的单片机驱动步进电动机[J].仪表技术,2012(11):28-30.

[11] 刘源晶.基于三相逆变器的两相混合式步进电动机伺服系统的研制[D].广州:华南理工大学,2014.

[12] 李国立.基于FPGA步进电动机细分驱动装置的设计[D].哈尔滨:黑龙江大学,2014.

[13] 蔡晶晶.基于单片机的步进电动机伺服控制器的设计[D].呼和浩特:内蒙古农业大学,2014.

[14] 任晓虹,周启炎,孟丽荣.步进电动机闭环控制的研究[J].沈阳工学院学报,2003,(6):7-9.

[15] 孙冠群,等.控制电机与特种电机[M],北京:清华大学出版社,2002.

[16] 钱平.伺服系统[M].2 版.北京:机械工业出版社,2011.

[17] 姚晓先.伺服系统设计[M].北京:机械工业出版社.2013.

[18] 孙莹.数控机床伺服驱动系统的设计与应用[M].成都:西南交通大学出版社.2014.

[19] 李军.三相交流伺服电机驱动系统的研究[J].机电元件.2012(5):16-19.

[20] 于少娟,齐向东,吴聚华.迭代学习控制理论及应用[M].北京:机械工业出版社,2005.

[21] 李丽娜.电液伺服系统迭代学习控制算法研究[D].武汉:武汉理工大学,2007.

[22] 舒迪前.预测控制系统及其应用[M].北京:机械工业出版社,1998.

[23] 李波,安群涛,孙兵成.一种交流位置伺服系统[J].机械与电子,2006(3):54-56.

[24] 许建新,侯忠生.学习控制的现状与展望[J].自动化学报,2005,31(6):943-955.

[25] 陶永华,等.新型控制及其应用[M].北京:机械工业出版社,2000.

[26] 徐宇馨.数控机床伺服系统智能测控算法研究[D].秦皇岛:燕山大学,2005.

[27] 孙冠群.控制电机与特种电机及其控制系统[M].北京:北京大学出版社,2011.

[28] 孙冠群.控制电机与特种电机[M].北京:清华大学出版社,2012.

[29] 廖沛群,龚文均,等.直线电机驱动技术及其应用[J].重庆科技学院学报,2013,6(15).

[30] 叶云岳.现代驱动技术综述[J].电机技术,2005(1).

[31] 叶云岳.现代新型直线驱动技术其应用[J].电气技术,2005(5).

[32] 唐振宇.直线电机进给驱动技术在数控机床上的应用[J].机床与液压,2009,3(37).

[33] 叶云岳.直线电机在现代机床业中的应用与发展[J].电机技术,2010(3).

[34] 于立娟,李登举,等.永磁直线同步电机现代控制策略综述[J].电气传动自动化,2014,6(36).

[35] 吴军强,廖敏,等.机床进给系统用直线电机的冷却系统设计[J].机床与液压,2011,15(39).

[36] 吴一祥.永磁直线同步电机伺服系统的研究[D].广州:广东工业大学,2011.

[37] 陈幼平,张伏林,等.基于DSP的直线电机位置伺服控制策略研究[J].电机与控制学报,2006,1(10).

[38] 张伟,等.直线电机驱动技术在高速机床上的应用[J].机械工程师,2012,8.

[39] 王守城,容—鸣,段俊勇. 液压传动[M]. 北京:北京大学出版社,2013.

[40] 黄志坚. 新型液压元件结构与拆装维修[M]. 北京:化学工业出版社,2013.

[41] 周小鹏,丁又青. 液压传动与控制[M]. 重庆:重庆大学出版社, 2014.

[42] Piotr W, Ryszard D. Adaptive Control of the Electro – Hydraulic Servo – System with External Disturbances[J]. Asian Journal of Control. 2013,15(4):1065 – 1066.

[43] 梁利华. 液压传动与电液伺服系统[M]. 哈尔滨:哈尔滨工程大学出版社, 2005.

[44] 王先逵. 机床数字控制技术手册[M]. 北京:国防工业出版社,2013.